大赢家 II

转型升级中的中国畜牧行业十大名牌案例研究

张利庠 著

图书在版编目（CIP）数据

转型升级中的中国畜牧行业十大名牌案例研究 / 张利庠著 .
-- 北京 : 企业管理出版社 , 2016.4
(大赢家 ; II)
ISBN 978-7-5164-1255-8
Ⅰ . ①转… Ⅱ . ①张… Ⅲ . ①畜牧业－农业企业管理－案例－
研究－中国 Ⅳ . ① F326.35

中国版本图书馆 CIP 数据核字 (2016) 第 072277 号

广告经营许可证：京海工商广字第 8127 号

书　　名：大赢家II：转型升级中的中国畜牧行业十大名牌案例研究
作　　者：张利庠
责任编辑：尤　颖　徐金凤
书　　号：ISBN 978-7-5164-1255-8
出版发行：企业管理出版社
地　　址：北京市海淀区紫竹院南路17号　邮编：100048
网　　址：http://www.emph.cn
电　　话：总编室（010）68701719　发行部（010）68701816　编辑部（010）68701638
电子信箱：80147@sina.com
印　　刷：北京宝昌彩色印刷有限公司
经　　销：新华书店
规　　格：170毫米×240毫米　16开本　29.25印张　500千字
版　　次：2016年4月第1版　2016年4月第1次印刷
定　　价：128.00元

作者简介

张利庠，1966年12月26日出生于山东省嘉祥县，祖籍山西晋城。管理学博士，中国人民大学农业与农村发展学院党委书记、副院长、教授、博士生导师。

中国人民大学农牧MBA中心主任、中国畜牧饲料产业研究中心主任。全国十佳企业培训师、全国十佳策划师、中国人民大学十大教学标兵。斯坦福大学高级访问教授。兼任中国林牧渔业经济学会副会长、中国饲料工业协会常务理事、中国畜牧协会副秘书长兼常务理事等职。

张利庠教授科研团队

大北农集团董事长　邵根伙

大北农（北京）科技园

康达尔股份有限公司总裁　季圣智

康达尔股份有限公司

安佑集团　安佑猪文化博物馆

安佑集团董事长　洪平

安佑集团　安佑培训中心

安佑集团

华夏新农科技集团董事长　李勇军

华夏新农科技集团展会

华夏新农科技集团

华裕农业科技有限公司董事长　王连增

华裕农业科技有限公司

广东瑞生科技有限公司董事长　林宜生

实验室

公司厂房设备

广东瑞生科技有限公司

沈阳博阳饲料有限公司董事长　王国良

沈阳博阳饲料有限公司员工

沈阳博阳饲料有限公司

新希望集团董事长　刘永好

新希望集团

益客集团总裁田立余在中国肉类食品产业发展大会上讲话

益客总部大楼

新泰益客产业园

粤海饲料集团董事长　郑石轩

粤海饲料集团总部

正大四兄弟，左起：谢国民先生、谢正民先生、谢大民先生和谢中民先生

正大集团

序一

著名经济学家　刘国光

畜牧饲料产业是中国农业经济的重要组成部分，“十二五”期间，我国饲料产业年均递增率达7.6%，2015年，我国饲料总产量超过2亿吨，仅次于美国，连续多年位居世界第二位。饲料工业产值达3000多亿元，在我国统计的40个工业门类中排名19位，邓小平同志很早就指出，饲料工业是个大产业，要大家办！

“十二五”时期饲料业发展的实践证明，中国饲料业是我国畜牧水产养殖业发展的基础支撑和战略保障，是促进粮食高效转化增值和农产品精深加工的中轴产业。饲料业作为现代农业的重要组成部分和全面建设小康社会的重要方面，在农民增收、农业增效和农产品竞争力增强等方面发挥着不可替代的作用。因此，开展对中国畜牧饲料经济的研究具有重大意义。

第一，开展对畜牧饲料经济和企业管理的研究有助于推动我国社会主义新农村的建设。现代农业产业是我国社会主义新农村建设的首要任务和主要途径。现代畜牧饲料产业能够带动种植业，支撑养殖业，降低排泄物对环境的污染，提高养殖生产效益，增加农民收入，促进农村生产发展、生活富裕、生态良好的协调统一。一些规模较大的畜牧饲料企业已经积极地投入到社会主义新农村建设中。如正大集团专门成立现代农业事业部；新希望集团与洪雅县政府联手启动了新农村建设工程，计划用3~5年的时间带动周边农户致富，为现代饲料业参与新农村建设开了个好头；大北农集团通过“互联网＋”实现了信息化和金融业助推美丽乡村建设的梦想。

第二，加强对畜牧饲料经济和企业管理的研究有助于推动现代农业的快速发展。农工贸紧密结合、产加销一体化是现代农业的主要特征。畜牧饲料业的发展水平决定着一个国家现代农业的发展水平，也是衡量一个国家农业国际竞争力的重要标志之一。目前畜牧饲料企业在国家级农业产业化重点龙头企业中的比重达到了1/4强。畜牧饲料企业规模化程度的提高，推动了现代农业向规模化、集约化方向发展，提高了农业综合效益。

第三，开展对饲料经济和企业管理的研究为建设现代畜牧业奠定坚实的基础。饲料是发展畜牧业的物质基础，据测算，推广使用1吨配合饲料可为养殖业增收200元。当前，我国畜牧业正处于转变增长方式的关键时期，推进健康养殖方式和实施养殖生产的全程监控都离不开可持续发展的现代饲料业。从世界各国现代农业发展规律看，在种植业发展到一定阶段以后，大力发展产业关联度更高、比较效益更大的畜牧业，并形成从养殖场到餐桌的畜牧业经济体系，这是许多发达国家现代农业发展的成功之道，发达国家畜牧业产值已经占到农业总产值的60%以上，欧洲和北美一些国家达到了70%~75%，而我国截至2015年年底是40%左右。

第四，开展对畜牧饲料经济和企业管理的研究有助于从根本上解决困惑我国的食品安全问题。饲料是动物性食品安全的源头，不研究饲料安全根本不可能解决食品安全问题，饲料安全是食品安全的基础。现代饲料业拥有完备的质量管理体系，采用标准化生产工艺，实行规模化经营，只要实施严格的质量追溯制度，加强管理，才能最大程度保证动物源性食品的安全。

马克斯·韦伯说过，伟大的时代产生伟大的思想，而这种时代背景下产生的思想又将促进经济的飞速发展。美国经济的崛起造就了福特等一批杰出的企业并使得美国的管理思想升华，日本的经济迅速起飞成就了松下等著名公司并使得日本的管理思想名扬世界。如今中国的畜牧饲料企业创造了奇迹般的伟大成就，在短短的20年中不但使中国饲料总产量稳居世界第二，解决了13亿中国人的肉食品需求，而且也创造出许多鲜活的经济和管理经验，理所当然地应该为世界经济学和管理学做出应有的贡献。因此，中国农业经济学界有责任也有义务系统总结中国农业企业特别是饲料企业的管理实践和案例，在世界经济学和管理学领域彰显中国独特的管理经验和贡献。

遗憾的是，长期以来我国农业经济学界很少展开对中国畜牧饲料经济和企业管理领域的系统深入研究。令人惊喜的是，张利庠教授的《大赢家》系列专著正式由企业管理出版社出版了！这套专著是专门针对转型升级中的农业企业案例展开系统规范的研究，这是目前为止我看到的研究农业企业经营管理中最全面、最系统、最深入的学术著作之一。我之所以非常高兴地为他作序推荐，基于以下理由：

第一，张利庠教授是中国人民大学农业与农村发展学院的党委书记兼副院长，他致力于中国畜牧饲料经济和企业管理的理论研究长达17年，参与创办了中国饲料经济委员会并担任副理事长，长期担任中国畜牧业协会副秘书长，而且还长期跟踪研究正大集团、新希望集团、大北农集团等近百家农业企业的经营管理实践，是一个非常“接地气”的学者，他创造性地对农业企业的战略管理、商业模式、人力资源管理和金融财务管理形成了全方位、立体化的研究，学术成果颇丰。

他的研究团队长期收集畜牧饲料行业的第一手信息和数据，建立行业动态数据库，每年出版《中国饲料产业发展报告》《中国奶业发展报告》等书，为我们研究农业产业提供了很好的资料和数据。

他从经济学和管理学的角度规范地研究中国农业产业与畜牧饲料经济的问题，先后主持了国家社科基金重大招标课题《开放条件下中国农业产品价格形成与调控机制研究》、商务部重大课题《中国农业走出去》、农业部重大课题《工商资本进入农业研究》《循环经济成长模式仿真研究（36107003）》《江苏虾蟹产业链规划设计研究（36107034）》《基于循环经济的饲料安全研究（36105163）》等科研课题，界定了畜牧饲料经济的概念和体系，系统分析了饲料产业的需求与供给状况、产业集中度、产业细分和饲料安全等关键问题，提出了健康养殖园区、饲料产业链建设、提升产业综合竞争力、饲料安全工程、大企业战略、大联盟战略等实用的政策建议。

他毕业于中国人民大学商学院，现在又在人民大学主讲涉农企业管理课程，管理学是他的老本行。近几年他先后主持了中国农牧企业案例研究（36106375）、中国饲料企业运营研究（36105248）、多元化还是专业化：正大集团（中国区）战略规划研究（36106430）、中国饲料企业难点研究（36105248）、河北凯特集团发展战略与市场营销设计（36106158）等中国人民大学科研课题，结合中国饲料行业的具体情况，分析了环境混沌与企业资源连动优化是农牧企业经营管理的基础，提出了饲料企业的精确营销、主动人力资源管理、GEIF 战略模型、四大经营策略等经营新观点，并在一些优秀的饲料企业运用，得到了实践检验。

他还长期从事畜牧饲料行业的教育培训工作，出版了深受畜牧饲料行业企业家欢迎的广为流传的《中国农牧企业经营宝典》《中国饲料行业王牌营销员全套课程》《经销商致富宝典》等培训 VCD 光盘，并且还主持了国家社会科学基金教育学“十一五”规划国家一般课题《新农村建设中校企合作的职业教育的机制与策略研究——以农牧行业为例》（课题批准号：BJA060050）。除此之外，作为主要讲师和特约班主任，跟中国饲料行业有关单位一起，主办了中国饲料行业 MBA 高级研修班，至今已经 80 多期、学员 6000 多人，并在此基础上形成了中国农牧行业企业家俱乐部，成员基本涵盖了我国整个畜牧饲料行业的成功人士。这样能使他的学术思想通过教育培训迅速转化为畜牧饲料企业家的行为，方便学术思想的社会转化。

中国畜牧饲料企业创造了世界奇迹——突出展现了中国饲料行业的辉煌与成就，但与中国涉农企业经济奇迹不对称的是，国内外大专院校农业经济管理专业的学生学习的案例没有一家是中国畜牧饲料行业的，为了传播中国畜牧饲料企业的经典管理案例，他长期跟踪正大集团、温氏集团、新希望集团、大北农集团、双汇集团等数十家最具竞争力的中国农业企业，写成了《大赢家》农业案例系列学术专著。

第二，这套书籍内容新颖，体系完善，填补了该学科研究的空白。他的案例研究不局限于畜牧和饲料行业，也扩展到农资行业、兽药行业、有机农场、农业名牌产品等众多领域，填补了中国农业规范化案例研究的空白，具有较大的理论价值和实践意义。

第三，研究方法科学实用，大大提高了研究的学术价值。作者不但使用了大量主流经济学的研究理论和方法，而且通过中国农牧企业“千百十”调研项目的实施，开展了大量的案例研究分析，通过理论与实践的相互印证、相互补充，使研究结论更加适合中国国情和企业实际，针对性和实效性大大提高。

第四，学术观点有创新，对策建议有实效。在中国农业产业与畜牧饲料经济领域，作者首次界定了“饲料经济”的概念和体系，系统研究了饲料产业的需求与供给状况、产业集中度、产业细分和饲料安全等关键问题，提出了健康养殖园区、饲料产业链建设、大企业战略、大联盟战略等实用高效的政策建议；在饲料企业管理方面，独特地分析了环境混沌与企业资源连动优化是企业经营管理的基础，创造性地提出了饲料企业的精确营销、主动人力资源管理、GEIF 战略模型、四大经营策略等崭新的观点，并得到了企业的实践检验。

全书思路清晰、逻辑严密，论点明确，论述充分，规范分析与案例分析相结合，具有较高的学术水平，值得理论研究者和实践工作者一读。

当然，中国农业产业与畜牧饲料领域的案例研究才刚刚起步，有些问题还需要继续深入研究，希望作者能继续努力，百尺竿头、更进一步！

刘国光

2016 年 3 月

刘国光简介

著名经济学家，1923 年出生，江苏省南京市人。1946 年毕业于国立西南联合大学经济系，毕业后考入北京清华大学。曾任《经济研究》杂志主编、国家统计局副局长、中国社会科学院副院长等职。现任孙冶方经济科学基金会名誉理事长兼评奖委员会名誉主任。第八届全国人大常委。刘国光教授是当代中国最著名和最有影响的经济学家之一，2005 年曾获“首届中国经济学杰出贡献奖”，对促进中国经济体制改革、确立和发展中国社会主义市场经济学理论做出了巨大贡献。

序二

“三农”问题专家　温铁军

此书问世可谓恰逢其时。因为，中国的一般实体经济都在全球危机市场萧条的压力下利润摊薄，甚至大面积亏损；而资金无利可图势必大量析出、流入投机经济，在带动虚拟资本顺周期扩张的同时，无论谁，都感觉到泡沫崩溃的威胁。俗话说“形势比人强”，在中国接受全球危机代价的宿命中，农业类企业当然不可能独善其身。业内人士都理解，在经历了十几年的高增长之后，大部分农业企业也处在进退两难的困境之中；近年来，随着中国与资源性大农场农业国家签订的自由贸易协定（FTA）的不断增加，国内这种依赖资本投入的农业竞争力就越差；而且，越是在“资本深化”上已经表现出“路径依赖”的大型产业化龙头企业，越是要依赖政府补贴才能维持。

规律就是不可逆。在这种宏观趋势无法避免的情况下，就越是应该重视真正能够反映出客观规律的企业案例研究。尤其要重视对那些走出去的农业企业做案例分析与研究，以缓解国内企业界对海外社会文化的总体无知。如果只被国内这种意识形态化的媒体和学者忽悠着，盲目走出去的还不都在那亏着呢！

我到高校工作这十几年来，非常认可跨学科的案例研究。因为，这是中国农业企业管理学科可堪称为学科的重要研究方法之一，但是由于在千差万别的农业资源地理条件下形成的不同企业实践中的差异性强、财务数据不足和牵涉到企业管理的方方面面等原因，中国农业经济学界大部分人难免偷懒，热衷于用那些书斋中把玩出来的精细模型去证明教科书上的废话，据此参加各种“邯郸学步”大赛，甚至按照远离实际的扭曲程度来评价所谓“学科水平”，却很少有人扑下身子去专门开展企业案例的研究。这个靠废话支撑的主流学科体系越是走向企业不理、学生不爱的反面，就越是凸显了我校青年学者张利庠教授的难能可贵。他从 1997 年开始致力于中国农业产业的研究，至今已经整整 19 年，成了一个在农业类企业中几乎算是尽人皆知的人物。

最近，他的《大赢家Ⅱ：转型升级中的中国畜牧行业十大名牌案例研究》将要出版了，要我作序，纵览全书，我认为这项研究成果具有以下几个特点：

第一，内容丰富，体系完整，填补了中国农业企业案例规范性研究的空白。张教授从中国畜牧饲料产业的基本概念界定开始，依靠最新的数据资料和他深入调研收集的第一手资料，用现代产业组织、产业经济的理论和工具，系统、深入地分析了中国畜牧饲料产业的市场需求、细分市场、区域竞争力、产业集中度、饲料安全、产业链整合等关键问题，并且从大量的案例研究出发，分析了环境混沌与企业资源连动优化是饲料企业经营管理的基础，提出了饲料企业的精确营销、主动人力资源管理、GEIF 战略模型、四大经营策略等经营新观点，并在一些优秀的畜牧饲料企业管理运用中得到了实践检验。

第二，研究的基础扎实，数据全面，资料翔实，第一手资料具有说服力。张利庠教授参与创办了中国饲料经济委员会并担任副理事长和中国畜牧业协会副秘书长，与中国畜牧业协会和全国饲料办有着非常好的合作关系，能够率先系统全面地得到官方统计数据，而且还亲自主持了中国畜牧饲料行业的大型调研活动——“千百十”调研工程。他长期调研在农业企业实践的第一线，属于“长在企业的学者”，深入掌握了大多数农业企业的财务数据，获得了大量的第一手资料，使得整个研究具有良好的数据和资料支撑。

第三，研究方法规范科学。对于中国畜牧饲料经济的研究主要运用了产业组织理论、计量经济分析方法；对于中国饲料企业管理的研究主要运用了实证分析和案例分析法。值得一提的是，张教授运用了大量案例研究，取得了不俗的研究成果。与基于大样本数据的实证研究相比，案例研究具有获得资料丰富、详细和信息深入的特点，特别适合于对现实而又具体的问题进行全面考察。因此，案例研究在产业经济理论研究和企业研究中占有极为重要的地位。通过案例研究可以对企业管理现象和问题进行描述、解释以及更深入地探索，不仅可以为新经济理论的形成提供基础，同时还有助于我们深入地认识与求证一般性理论在特定情境下的应用范围。

案例研究在学术史上一直发挥着巨大作用，特别是在企业管理领域。20世纪70年代末一批日、美管理学者包括威廉·大内、武泽信一、怀特希尔A.M等人，深入日本企业开展企业案例研究，产生了一批以Z理论为代表的日美企业比较研究的成果；20世纪80年代初美国学者Ouchi W.、Peter T.J.和Waterman R.H.研究了多个企业的典型案例，并进行跨案例分析（cross-case analysis），总结出美国本土43家优秀企业的管理精华，提出适合美国企业学习的经验及企业精神“追求卓越”。

总之，《大赢家》系列书籍是一套具有相当现实性学术价值的著作，也是一套对中国农业企业经营管理者具有重要参考价值和应用价值的畅销书，值得理论工作者和企业实践工作者一读。

当然，本研究属于开创性的工作，很多问题有待进一步深入研究，这就与我在序言开头说的全球化背景有关了。如果研究者能把具体的案例研究中一般都重视的微观资料梳理，进一步与宏观趋势的分析有机结合起来，就可能形成从一个产业的个别经验上升到具有普遍意义的经济学理论，那就能具有更多的指导意义。张利庠教授不仅是深受企业界欢迎的全国十佳策划师和培训师，又是深受学生爱戴的中国人民大学十大教学标兵，还主持过国家社科基金重大课题，我希望他这样的多面手能坚定实事求是的科研作风，保持并且拓展自己既往的优势，在今后的学术研究中增加国际比较的内容，努力做到“顶天立地”，注重理论联系实际，为农业企业走出去服务。只有我们的研究有利于中国的企业并取得更大的成就，我们这些研究才算有实际价值。

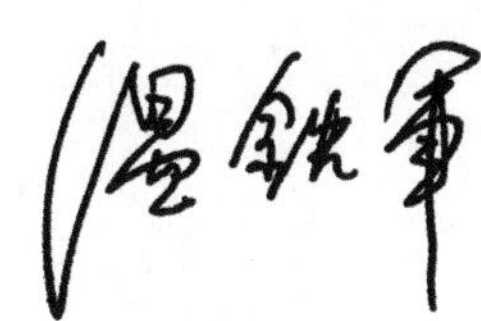

2016年3月

温铁军简介

男，祖籍河北昌黎，1951年5月生于北京。著名“三农”问题专家。历任中央农村政策研究室、国务院农村发展研究中心研究人员，全国农村改革试验区办公室调研处长、副主任，农业部农村经济研究中心科研处长，中国经济体制改革研究会副秘书长，《中国改革》《改革内参》杂志社社长兼总编辑，中国人民大学农业与农村发展学院院长，乡村建设中心主任等职。2005年被聘为国家环保部战略环评专家，曾获“农业部科技进步一等奖”（部级，第一获奖人）、“CCTV年度经济人物奖”“杜润生基金会农村发展研究优秀论文一等奖”以及被授予“中国环境大使”称号。

目　录

第一章　智慧大北农，引爆新农业

摘要：中关村被誉为“中国的硅谷”，是我国最关键的“村庄”，这里聚集了我国顶尖的高等院校、科研院所和一大批高科技企业，是我国人才资源最密集的区域。大北农集团坐落在中关村的核心地带，立足中关村的优势，以科技创新、金融服务带动全国农村发展，在瞬息万变的时代，走出了一条坚实的“报国兴农”之路。

当前，适逢农业现代化、生物技术、移动互联网、食品安全、全球化竞争等新背景，我国农业将迎来空前的变革。放眼全球，没有一个行业像中国农业这样同时面临如此多挑战和前所未有的发展大机遇。在这个伟大的时代，实现中国农业崛起是广大农业从业者共同的使命！

大北农始终坚信农业是最富潜力、最值得奋斗的行业，以强烈的使命感和责任感，勇挑行业发展重担，积极融入时代潮流、融入全球竞争、融入国家崛起，以创新的发展机制与服务模式引领行业发展，以前瞻性的视角实施“互联网+农业”战略，利用技术、资金、服务等方面的强大优势，团结和鼓舞更多农民朋友，开创农业行业新一轮产业革命。

关键字：大北农；农业；科技；文化；互联网

一、新农业的冲击波

在我国经济深度转型发展的进程中，农业转型的发展依然跑在前面。以农村土地经营体制机制改革创新为核心内容的农村改革，催生了新型经营主体、农业绿色增长、农业互联网、农村金融改革等方面的增效。农村改革创新的加快，既拓宽了农业投入领域，使过去较为单一的土地投入产出逐渐转变为全链条、宽领域的投入产出格局，同时因为绿色发展的增重又促进了科技投入、信息化投入、种子投入、环境投入比重的增加，使农业可持续发展的内生动力更加强大，从而对经济发展形成更加宽泛、更加强劲的拉力和助力。

面对农业一系列的变革，大北农集团董事长邵根伙博士认为，没有一个行业能像中国农业这样面临如此多的挑战和机遇。农业强则国家强，农业是最有发展前景的行业，农民是令人尊重的职业，中国人的饭碗要端在我们自己手里。作为农业从业者，要肩负起国家赋予我们的时代使命，要把中国农业发展起来，达到国际领先水平。

“报国兴农、争创第一、共同发展”是邵根伙博士创建大北农集团的初衷，也是大北农集团一直践行的企业理念。自 1993 年创建以来，从“两个人、两间房、两万元”到一家产业涵盖养殖科技与服务、种植科技与服务、互联网农业三大领域，拥有 2.8 万余名员工、1500 多人的核心研发团队、140 多家生产基地和 240 多家分（子）公司，在全国建有 1 万多个基层科技推广服务网点和农业高科技综合服务企业集团，大北农集团用自身的成长见证了中国现代农业的变迁。2010 年，大北农集团在深圳证券交易所挂牌上市，成为中国农牧行业上市公司中市值最高的农业高科技企业之一。

二、科技成就兴农梦

在科技革命深入发展的今天，科技创新在现代农业、农业的国际化竞争中，其基础性地位早已成为现实，而不再是一种趋势。作为农业产业化国家重点龙头企业、国家高新技术企业，大北农集团走出了一条特色鲜明的企业科技创新之路，在行业中树立了一个标杆。

1. 体系完善　全面发展

大北农集团自创立以来，致力于以科技创新推动我国现代农业发展，一步一个脚印，坚实地朝着“创建世界级农业科技与服务企业”的目标迈进。

大北农集团通过自主研发、技术引进、科技成果转化及产学研合作等途径，形成国内一流的企业技术创新体系与核心竞争力。大北农集团在生物饲料、生物育种、生物制品等多个农业科技领域搭建了包括“饲用微生物工程国家重点实验室”“作物生物育种国家地方联合工程实验室”“动物医学研究中心”等 8 个研发平台；同时，在福建省、吉林省等还设有多个省级研发中心，其中 11 个被当地科技管理部门认定为省、市级技术中心。此外，集团拥有中关村海淀园博士后工作站分站、北京市首家民营企业院士专家工作站、3 家农业产业化国家重点龙头企业、18 家国家级高新技术企业，是国家认定企业技术中心、国家创新型企业，并与国内外近百家科研院所建立长期合作。

2. 精准定位　高效产出

多年来，大北农集团利用自身的转化基地与技术服务网络，将科研院所的农业科技成果中试熟化与转化，将科技成果盘活，将社会成果资源变成大北农发展的战略资源，通过“开放竞争的产学研合作”与“成果中试熟化转化”两大自主创新特色模式，解决了行业关键性共性问题，开发出大量可持续的产品储备，显著增强了公司的核心竞争力。

大北农集团参与多项国家科技创新项目，拥有的自有知识产权数量在国内农业企业中位居前列。目前，大北农集团参与的项目“两系法杂交水稻技术研究与应用”荣获国家科技进步特等奖、“大北农猪圆环病毒疫苗技术”荣获国家科技进步一等奖、“大北农猪早期营养技术”荣获国家科技进步二等奖；集团获得省部级科技奖 3 项；累计承担和参与国家、省市级项目 60 多项，申请专利 900 多件，获批 400 多件；植物新品种权申请 300 多件，获授权 38 件；获计算机软件登记权 8 项、参与制定国家标准 1 项、行业标准 44 项、获国家三类新兽药 4 项、国审作物新品种 30 项。

大北农集团不断进行技术创新的基础就是人才队伍的建设，每年按20%的速度扩大科研队伍，形成一支内外联合、上下互动、持续创新的科技人才梯队。大北农集团实施以事业吸引英才、以待遇留住人才、以情感凝聚人才的策略，优化科技队伍的专业结构和年龄结构，增强企业持续创新能力。

3. 产学研结合　协同创新

大北农集团始终保持与科研机构的良好合作关系，主要表现在大量委托及合作研究、设立大北农科技奖励、共同转化国家农业生物高科技成果和协助进行知识产权管理，共同规范科技成果的市场行为，等等。

大北农集团与中国农业大学、浙江大学、东北农业大学、南京农业大学、江西农业大学、福建农林大学等多所农业高等院校，以及中国农业科学院、北京市农林科学院、中国科学院微生物所等科研院所建立了产学研深度合作关系，同时与美国北卡罗来纳州立大学等国外知名大学建立了良好的合作关系，形成合作研发、委托与合资育种、共建研究机构和产业联盟等模式，充分发挥各自的人才、技术、资金、市场和资源优势，在双方一致的目标下，制定个性化的工作机制，有力地促进了农业科技创新技术的进步，推动了农业产业化的发展进程。

2007年2月，大北农集团牵头联合中国农科院饲料所、北京伟嘉集团、奥瑞金种业等38家单位发起成立“北京中关村农业生物技术产业联盟”。联盟以建立一个立足中关村、辐射全国，主要面向我国农业生物技术企业和大学科研院所，组建产学研专业合作小组，攻克我国生物育种、生物饲料、生物疫苗、生物农药、生物肥料、生物能源等主要农业生物技术高端产品产业化生产工艺技术与参数，成为集农业生物技术研发、标准制定、成果转化、人才培训、投融服务、产品推广为一体的综合性服务平台。

在大北农集团深入实施创新驱动发展战略、构建科研创新平台的同时，大北农集团同样关注成果转化、推广以及终端市场的需求。

大北农集团在国内首创的“服务中心”推广模式，致力于建成以互联网为工具、培训为手段、服务为内容、产品为载体、推广服务人才为主体的无处不到、无时不在的全新知识型推广服务网络。这一服务网络每年在全国广大乡村开展的形式多样的科普培训会、研讨会数以万次计，给农民带去最前沿的农业理念、最实用的科学知识和最安全的科技产品；在与农民打交道的过程中，及时捕捉农民的实际需求，将市场信息汇总反馈给集团的管理层。目前，大北农集团的推广服务网络遍布全国，这一后端优势在企业的科技创新中发挥了重要作用。

大北农集团是个有远大抱负的企业，她的目标是想通过企业这个载体，利用强大的科技研发优势、遍布全国的推广网络优势和报国兴农的信念来实现以科技创新推动中国农业现代化的发展进程。未来，大北农集团将实施农业生物技术创新战略，不断加大科研投入力度，把更多、更优秀的科研成果推向社会。

三、互联网＋创辉煌

从一号文件，到政府工作报告，再到李克强总理的“互联网+”，预示着中国传统产业进入互联网新时代已势不可挡。

邵根伙博士曾表示：“农业是最需要互联网的。”因此，面对农业移动互联网时代的重大机遇与挑战，大北农集团率先布局，全力推行智慧大北农战略。如今，大北农集团农业互联网与金融生态圈建设等项目已然进行得如火如荼，“智慧大北农”也成为各行业关注和研究的对象。

1. 打造农业生态圈

2013 年，大北农集团正式实施“智慧大北农”战略，公司信息化、智能化、互联网化战略开始加速推进，以“用互联网改变农业”为使命，专注于农业互联网金融生态圈建设，致力于成为中国第一个农业互联网平台运营商，推动中国农业智慧化转型升级。

目前，大北农集团已初步建成“数据 + 电商 + 金融”三大核心业务平台，并以“农信网”为互联网总入口，“智农通”APP 为移动端总入口，构成了从 PC 到手机端的快乐生态圈，实现对农业全链条的平台服务。

公司的数据业务以“农信云”为基础平台。利用互联网、物联网、云计算、大数据及现代先进的管理理念，联合农村种养户及相关中小微企业，打造农业大数据共享平台，以提高中国农业的整体经营效率。目前“农信云”以服务于规模猪场的“猪联网”、服务于种植户的“田联网”和服务于涉农企业和个体工商户的“企联网”等为主。

公司的电商业务以“农信商城”为核心平台，通过建立涉农电子商务市场，解决交易链条过长、产品品质无法保证、交易成本居高不下、交易体验差等问题。具体规划包括：服务于畜牧业农业生产企业和农户的“农牧商城”、服务于种植业农业生产企业和农户的“农资商城”、连接猪场与屠宰场的网上商城“生猪交易所”，以及售卖农产品的“农产品商城”等专业平台。

公司的金融业务以“农信金融”为主要载体，利用农信云、农信商城积累的大数据基础，依托自主开发的农信资信模型，形成一个不同于传统商业银行，面向农户的行业内第一个普惠制的、可持续的农村商务金融新体系。具体规划面向农户及涉农企业的征信业务“农信度”、农村理财和货款结算业务“农富宝”、农业互联网贷款业务“农信贷”（包括农富贷、农银贷、农农贷、扶持金）、农村第三方支付业务“农付通”等金融产品。

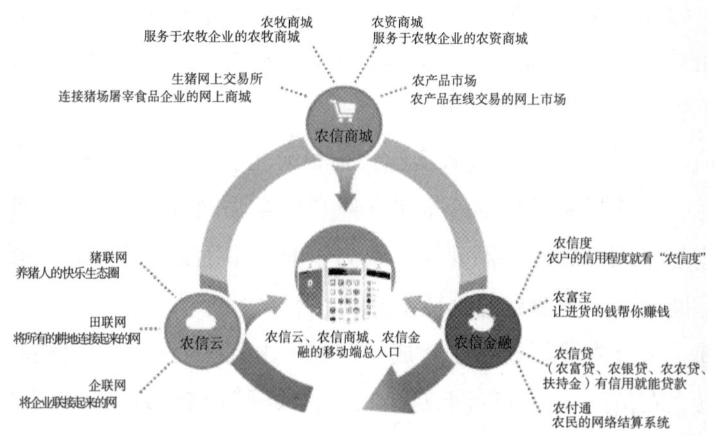

图 1　大北农“互联网 +”产品体系

未来，大北农集团将利用自身在行业的品牌、团队、渠道、资金优势，打造服务于整个农业行业的互联网与金融服务专业平台。

2.“互联网 +”农业模式特点分析

（1）依托平台交易数据发挥大数据优势。

大北农集团依托“三网一通”平台交易数据，进行大数据分析，具备了对养殖户和事业伙伴的信用了解，搭建农村信用网作为大北农的资信管理平台，建立以信用为核心的普惠制农村互联网金融服务体系。农信网具体嫁接了农信度、农富宝、农付通、农信贷四个服务板块。

大北农集团在农业产业领域深耕多年，积累了丰富的用户数据与客户资源，凭借客户信用数据的累积优势，插上互联网的翅膀，迅速地进入农村金融服务商行列，提供独特的农村互联网金融解决方案。大北农集团提供的农村互联网金融产品中，农信度为农信贷提供了信用数据基础，农银贷为银行放贷提供征信服务，农富贷直接为生产者与经销商提供小额贷款，扶持金提供赊销服务，农农贷提供金融撮合服务，农富宝提供理财服务；基于自有的大数据资源提供农村金融解决方案，不仅服务了客户，而且还延伸产业链服务。

（2）完整的闭环金融生态圈助推产业链驶入高速盈利轨道。

大北农集团通过猪联网帮助养殖户提高效率，掌控养殖业大数据。在掌控的大数据及养殖业核心的资源——猪的基础上，发展农资交易平台及生猪交易平台，以及开展农村金融业务，通过猪联网（企联网）——农信商城（原智农商城）——农信网（智农通）形成一个完整的闭环，随着智慧大北农战略的落地，将衍生出众多商业模式，潜在利润空间巨大。随着猪联网覆盖猪只数目的增加，以 5 年中期来看，仅智慧大北农创新业务部分的市值将至少达到千亿级别。

（3）去中间化，直接服务于终端农户的服务模式。

大北农集团尝试将市场推广人员整体转变为终端用户的驻点服务人员，在服务内容、服务方式、推广模式、差旅管理、绩效评估等方面试行全面改革；整合优化经销商资源，重点与有服务意识、有团队且愿意跟随公司转型的事业伙伴进一步加强合作关系，推动经销商向服务商转变，主动解除与一些思想老旧，依然靠买卖差价为主要盈利模式的经销商的合作关系；进一步连接终端用户，依靠互联网思维全面加强与重点种养殖户的直接联系，力图在低迷的市场中逐步探索出一条去中间化或少中间化，直接服务于终端农户的新型营销服务模式。

农业作为传统的行业，在借助资本力量转型的话题上，一直争论不休，互联网的出现，让大北农集团很可能成为行业标本式的成功案例。大北农集团这种将“互联网+”农业全产业链打通的模式，如果能达成预期，可以实现将传统的农业行业嫁接现代信息技术，以实现指导生产，进而引导消费市场的目的。

四、报国兴农铸梦想

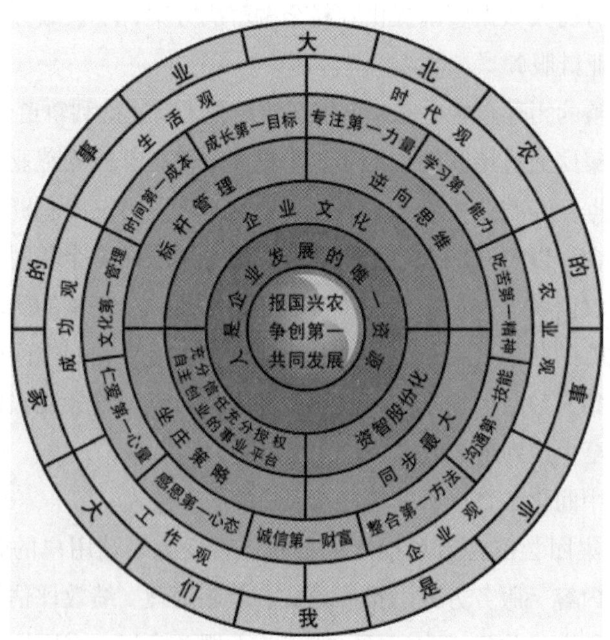

图 2　大北农企业文化罗盘

人类因梦想而伟大，企业因文化而繁荣。每个企业都有自己的企业文化，而只有文化企业才能基业长青。具有鲜明时代特征和高远价值取向的企业文化是引领企业不断前进的法宝，只有永不满足、永不言败、坚韧不拔、不懈追求，才会永远立在潮头，引领行业发展。

大北农集团是一个具备灵魂的文化企业，一个将企业文化渗透到每个员工骨髓里的企业，一个将大北农集团和中国农业崛起紧密相连并变成员工集体意识的企业。在大北农集团的成长历程中，企业文化起到了至关重要的作用，鼓舞了一批又一批大北农人为“报国兴农”的事业奉献自己的青春和热情。可以说正是企业文化的正确指引，才换来了大北农集团今天的辉煌成就。大北农企业文化的建设成果和宣贯能力得到了行业的普遍认可和尊重。

大北农企业文化历经 20 多年的不断发展、提炼，经历了导入→形成系统→整理与修改→学习升级→发挥作用→自动自发 6 个阶段，由最初的物质文化、行为文化、制度文化上升为深层精神文化，成为体系完善的成功学、指导全体员工开展工作的规范、大北农发展的行动纲领。

在大北农集团，每一位员工都是因为企业文化的感召，成为大北农集团的一员，加入大北农集团之后，要经过系统的企业文化培训，才能进入工作岗位。随着对工作的了解，不断学习和领悟企业文化，通过实际行动，践行企业文化，身体力行地宣贯企业文化。

全体大北农人以“报国兴农”为使命，形成了使命共同体；以“创建世界级农业科技与服务企业”为目标，搭建充分信任、充分授权的创业平台，形成事业共同体；以“共同发展”为道路，通过股权激励凝聚核心人才，形成利益共同体。

在企业文化的感召下，大北农集团决策层和高管队伍稳定、领导有力。目前，大北农集团决策层和管理层大部分为本行业及相关领域的资深专家，其中，第一批创业者仍然工作在重要的工作岗位，保持着稳定、团结、协作的创业精神，他们对大北农集团的发展起到了至关重要的作用。大北农集团各子公司和总部各职能部门的负责人，均是用文化、平台、机制培养起来的年轻干部，他们大多数从基层的岗位做起，接受公司企业文化的熏陶，逐步成长为集团发展的中坚力量。大北农员工大部分活跃在县、乡、村一线市场，高度敬业，充满激情与朝气，形成了大北农集团强大的竞争力和战斗力。

“争创第一”的价值取向是大北农企业文化的集中体现，是大北农企业价值观的核心，也是大北农集团所有员工前进的动力，激励着员工不断成长。在大北农集团，有一句话是每位员工耳熟能详的，那就是“不是第一的企业就是要倒闭的企业，不是第一的产品就是废品，不是第一的员工就是要被淘汰的员工”。

人是企业发展的唯一资源，打造过硬的“狮、虎、狼型”团队是推动大北农发展的源动力。

大北农集团注重人才的内外兼修。为了全面提升领导层的经营管理和服务市场的能力，为实现全面跨越式发展提升和储备人才，联合清华大学、中国人民大学、中国农业大学等知名院校共同开设MBA研修班，课程涵盖管理学、法律、人力资源、财务、企业战略等内容，通过学习提升了领导层的专业素养与综合管理能力。

为了进一步提升员工的综合素质，大北农集团面向一般员工、中层骨干及高级管理人员组织了多次新员工培训、职能体系工作培训会、干部熔炼营等活动，并推荐骨干员工参加大北农外部培训。大北农集团通过多层次、立体化的培训体系，完善了员工的职业发展规划，统一了员工的价值观，增强了大北农集团的凝聚力。

在大北农集团，强调“文化留人、事业留人、机制留人”。经过不断总结、提炼，人才发展机制将更先进、更适合发展的要求。未来，大北农集团要让更多的员工事业成功、家庭幸福、财富富足！

五、事业合伙人创业机制

大北农集团能够快速地发展壮大，一方面得益于先进的企业文化，另一方面得益于领先行业的发展机制。

随着互联网时代的到来，大北农集团意识到合伙人机制终究是要替代雇佣制，为此，大北农集团顺应时代潮流，积极开拓创新，让每一位员工、事业伙伴成为企业的创业者，共同分享企业的发展成果，建立人人可以共享的事业合伙人机制，为大北农集团新时期的发展奠定了坚实的基础。

目前，大北农集团内部去管理层，去组织机构，形成不断裂变、扁平化的创业单元组织，给予员工充分信任和充分授权的创业平台，虽然无提成、无佣金，没有斤斤计较的考核和报销制度，但每一位员工在新机制的激励下，自动自发地工作。

大北农集团通过期权、共同奖励、持股创业、扶持创业等措施，全力完善共同发展机制，推进“百千万”工程，即造就一百个价值过亿的、一千个价值过千万的、一万个价值过百万的员工。

2014 年 9 月，“3000 创业者 9800 万股共同发展计划”正式启动，标志着大北农集团进入互联网时代创业发展、财富分享的新时期，“人人都是创业家”成为大北农发展的主旋律，更多创业者将成为大北农集团真正的主人。“3000 创业者 9800 万股共同发展计划”体现了大北农集团致力于让尽可能多的优秀员工持有公司的股份，力争在企业文化、创业机制、财富分享上创造决定性优势，进一步完善公司的激励和约束机制，激发大北农人永不止息的积极性、创造性与责任心，全力推动大北农集团在新时期战略转型目标的实现，吸引行业内外优秀专才。共同发展计划的实施，对大北农集团的长远发展及员工个人价值的自我实现产生意义深远的影响。

在事业伙伴层面，大北农集团于 2012 年年初提出“大北农事业财富共同体”的发展理念，通过建设一个集品牌、技术、产品、人才、管理、金融、信息等资源为一体的全方位支撑平台，为事业伙伴打造成功创业的孵化器，与事业伙伴分享价值、共享财富。

大北农集团通过组织事业伙伴参加行业大型论坛、清华大学 MBA 高级研修班、游学等活动，有效地提升了事业伙伴的思想格局、综合素质和管理理念；通过嫁接无与伦比的优势资源，帮助事业伙伴的事业规模快速发展，成为当地的创业领袖；通过推行“智慧大北农”战略，颠覆事业伙伴传统的运营模式；通过实施“百千万”工程、共同奖励等财富分享机制，增强事业伙伴的归属感和成就感。

“大北农事业财富共同体”的建设，不仅仅是一种理念，更是一种战略考虑，一种适应时代发展需求的商业模式。“大北农事业财富共同体”的成功运作，得到了全行业的高度关注，并被广大事业伙伴津津乐道。目前，“大北农事业财富共同体”在全国遍地开花，越来越多的有梦想、有事业心、有创业魄力的事业伙伴融入大北农事业财富共同体，与大北农集团共同前进、共同发展，共同推动中国农业行业的转型升级。

大北农集团通过建立事业合伙人式的创业机制，把公司的发展与员工、事业伙伴紧密地结合在一起，最大程度上增强了员工与事业伙伴的稳定性和凝聚力，也进一步增强了企业的持久竞争力。

六、大爱无疆润社会

在大北农集团的企业文化中有这样一句话：“奉献社会，强大国家”，大北农集团之所以能够践行在公益事业上矢志不渝，离不开企业文化的理念支撑。作为一个以“大爱”为基石、以“报国兴农”为使命的企业，追求的正是对于这份“社会责任”的担当，对公益事业孜孜不倦、对产品质量严格把关、对客户无“商”合作、对利益相关者责任共担，履行这份“社会义务”的情怀！

大北农集团通过设立“大北农科技奖”鼓励科技创新，设立“大北农励志助学金”捐资助学，设立“大北农金榜题名奖励”鼓舞员工、事业伙伴子女奋发向上，设立“大北农爱心基金”扶助困难员工创建和谐企业，创办“中国农民大学”、农业院校“大北农班”培养新型现代农民和优秀农业学子，在中国农业大学设立“大北农教育基金”，在北京农学院设立

“大北农奖教金”，在浙江大学、南京农业大学、东北农业大学等农业院校设立“大北农学者计划基金”，为中国畜牧兽医学会等单位捐资推动产学研合作，资助重要行业活动促进行业发展，在重大自然灾害事件中积极捐款捐物。

财富有形，大爱无疆。大北农集团以自己的方式积极投身公益事业，回馈社会，实践了一个企业应有的社会责任。多年来，大北农集团在追求自身成长的同时，携手农民朋友、农业学子、农学专家，共同为中国现代农业的发展努力着、拼搏着。

七、开放共享创未来

什么是伟大的企业？伟大企业能推动人类文明的进步；伟大企业是国家力量的象征和标志，能为国家和民族带来自信、自豪与尊严；伟大企业最有资格代表时代或引领世界发展方向，具有最先进的技术、最先进的管理、最先进的理念与实践，是行业乃至整个经济领域的精神领袖。

大北农就要做这样的伟大企业。

2020 年，大北农集团将服务 100 万新型农业主体，服务范围覆盖 2 亿头猪、2 亿亩耕地，年销售收入和市值将达到 2000 亿元。随着大北农集团各项事业的发展壮大，大北农集团将继续肩负报国兴农伟大使命，强化公司独有的核心竞争能力，建立更加适应未来的企业文化体系，进一步完善共同发展的激励机制，整合更多优势资源，联合更多有识之士，积极探索符合大北农发展的特色之路，相信大北农集团“创建世界级农业科技与服务企业”的目标一定能够实现！

我国农村的未来会是什么样子？我们冀望邵根伙博士和大北农集团能用大北农的模式激活我国农村的潜在力量。

第二章　康达尔：中华农业第一股

摘要：面对突飞猛进的城市化浪潮和人们对自我生活环境要求的不断提高，都市农业以一种前所未有的姿态呈现在世界各地城市发展的日程和日常活动中，成为世界城市当前和未来发展一个重要的新兴领域。本文使用案例分析方法，以康达尔作为分析对象，首先以产业升级转型为分析节点梳理了康达尔集团的发展历程；其次基于历程梳理从品质追求路径和商业模式塑造对康达尔集团都市农业发展基础进行充分分析和论证；最后从康达尔集团都市农业的发展经验和发展战略入手，探讨了立足城市的农业发展路径，为我国都市农业发展研究提供有益的补充。

关键词：康达尔集团；都市农业；供应链；商业模式

一、引言

深圳市康达尔股份有限公司创立于1979年，前身为深圳市养鸡公司。以“汇集一流人才，创造一流产品，提供一流服务”为经营宗旨，经过多年的资源整合和产业调整，初步形成了以公用事业、房地产业、现代农业为三大支柱产业及运输、供水、地产、物业、饲料、养殖为六大品牌的经营格局，已形成集低碳都市农业、公用事业、房地产、金融投资等多种产业于一体的多元化集团公司。在1994年11月，公司股票在深圳证券交易所挂牌上市，注册资本为39077万元，是我国第一个农牧上市企业。截至2013年年底，公司资产规模达133057万元。旗下目前拥有运输、供水、房地产、物业、工业园、饲料、养鸡、养猪等十余家控股子公司，行业分布跨广东、上海、陕西、河南、安徽、湖南、江西等地，在香港地区也有多家控股子公司。

二、文献回顾

都市农业率先产生于欧美日等发达国家和地区，自 20 世纪 90 年代，我国一些经济发达城市开始了都市农业的实践探索。世界粮食与农业组织 FAO 对都市农业的定义是：存在于城市范围内或靠近城市地区，以为居民提供优质、安全的农产品和优美和谐的生态环境为目的的区域性、局部性农业种植。

国外学者对都市农业功能的研究，主要是从生态保障、景观多样性、提供就业岗位、社会稳定等方面进行。如 Mougcot(1994) 认为农产品生产、食品安全是都市农业的主要功能。美国农业经济与城市环境学者欧文 · 霍克 (1959) 指出，在大都市地区发展都市农业是保护城市环境的主要方式。Klemesu(2000) 认为，城市地区发展都市农业还可以循环利用城市的垃圾、提高城市绿化率、减少城市污染和交通拥堵情况。Hirtum(2002) 也认为，在大都市地区发展都市农业可以有效地减少大都市的“生态足迹”，丰富大都市地区的生物多样性。Steckely 等 (2003) 认为，发展都市农业可以优化区域土地利用结构，提高农民对土地的可进入性。

对于都市农业的功能，方志权 (2000) 认为，都市农业是集城乡融合性、集约性、开放性和功能多样性于一体的农业发展形式。之后，方志权、吴方卫 (2007) 认为，都市农业除了上述功能外，还有一些不具备市场性质的产品，如文化传承、生态保育等，并且其发展容易受到城市污染的影响，因此又将都市农业的功能扩展为城乡融合性、集约性、开放性、功能多样性、外部性和脆弱性六大功能。冯雷等 (2001) 认为，都市农业除了经济、社会文化和生态功能外，还包括辐射和示范功能。韦有群等 (2006)

则提出，都市农业对保持城市生态系统多样性、实现传统农业向现代农业转型、解决城乡居民就业、实现城乡一体化发展具有重要的意义。杨振山(2006)认为，都市农业与其他产业的主要区别在于其具有经济、生态环境和社会文化价值体现的同步性、协调性，城市化是实现农业、农村发展和提高农民收入的主要推动力，而都市农业又是伴随城市化过程而产生的，因此大力发展都市农业能够实现农村产业结构的调整和升级。

三、凤凰涅槃、浴火重生：康达尔的前世今生

深圳市康达尔（集团）股份有限公司在全国几十家农业型的上市公司中属于经济实力较强、上市较早的集团公司。

（一）创业阶段——服务向生产的转型

1979 年深圳特区刚刚创建，为满足深圳人的菜篮子和毗邻的香港市场对活鸡的需求，同时也为促进养鸡业的集约化发展，急需创建一个在组织、经营和服务等方面起积极示范作用的养鸡龙头企业，经深圳市政府批准，贷款 38 万元成立了公司的前身——深圳市养鸡公司，隶属市畜牧局。初期主要从事养鸡饲料、药械的服务性经营。1982 年深圳市恢复宝安县建制，市畜牧局编制撤销，深圳市养鸡公司更名为宝安县养鸡公司，成为独立经营的企业法人。通过接收原畜牧局管辖的种鸡场，并兴办新的种鸡场，到 1983 年年底，该公司已成为全国最大的出口黄鸡苗生产基地，从而实现了由服务型向生产型企业的转变。

（二）扩展阶段——两条腿走路的产业延伸

1984 年年底，第一次外贸体制改革，康达尔养鸡业高速发展，使养鸡公司成为深圳市四家具有活鸡输港权的单位之一，康达尔黄鸡一度占有香港活鸡市场的 1/3，为发展外向型养鸡业提供了机遇。香港市场每年需要

活鸡约 3000 多万只。为顺应市场要求，增强市场竞争力，企业首先将种苗的培育作为突破口，投资 150 万元与有关科研机构一道培育出了深受粤港市场欢迎的岭南黄鸡，并迅速建立了自己的品牌。

以岭南黄鸡为牵引，康达尔公司为迅速占领输港肉鸡市场、缓解企业创建初期生产能力的不足，在肉鸡的生产上采取了分三步走的办法：初期采取“公司 + 农户”的模式，即由企业与农民饲养户订立合同，定价供应饲料和鸡苗，无偿提供技术服务，并定价收购活鸡；随着企业实力的增强，为进一步稳定肉鸡供应渠道，降低运营成本，在肉鸡的生产上又接着实施了第二和第三步战略，即“公司 + 养殖基地 + 农户”和“公司 + 养殖基地”的模式，从而逐渐减少了对农户货源的依赖，并最后过渡到完全自产。在政府部门的支持下，企业在深圳市区内和原宝安县范围内，相继征用 380 亩土地，迅速建立起年产 450 万只肉鸡的生产基地。1987 年起，企业输港活鸡数超过 300 万只。至此，企业的养鸡业已发展成种鸡肉鸡并举、产供销一条龙、内外贸易一体化的养殖生产经营体系。

随着养鸡产业的发展，饲料的需求量大增，但 1988 年全国性的通货膨胀使得鸡饲料成本急剧上涨了 30%，为了降低成本、增强企业的整体竞争力，康达尔集团开始涉足饲料加工行业。

20 世纪 80 年代，饲料工业作为一门产业在我国刚刚起步，国内市场的饲料绝大多数为进口或少数三资企业生产，价格较高，而且供不应求。企业对饲料加工业的涉足很快便见到了效益，产品不久就突破了自需的范畴，迅速向外辐射。作为传统的养鸡企业，饲料业的风险相对较低（11% 自用，滞销积压的风险相对较低），利润率较高（毛利润率可达 78%，而养鸡业利润率为 2%~3%），因此，饲料业成为企业一个新的经济增长点。其后，企业注入巨资扩大生产规模，增加产品品种，产品逐步覆盖华南、西北、中原、东北、香港等地区。至此，公司赖以生存的两大支柱产业割据基本形成。

（三）蓄势阶段——资本助力下的产业协同发展

基础产业的形成，使企业的实力进一步增强，康达尔开始拓展业务范畴，积极参与深圳市的交通运输、城市供水以及房地产建设等领域。

1992年年底，企业正式更名为深圳康达尔实业总公司，并相继设立了房地产公司、食品公司、贸易公司、养鸡公司和饲料公司五个全资二级公司。经过几年的扩展与兼并，公司营业范围由原来单一的养殖、饲料业逐步扩展到房地产、运输、电力、商贸、食品加工、饮食娱乐等行业，从此走上了集团化集约经营之路。为进一步分散运营风险、降低融资成本，1993年起，企业开始进行股份制改造，并于次年成功上市，正式定名为深圳市康达尔（集团）股份有限公司，至此，完成了从一个小型养殖服务性企业到大型上市企业集团的成功蜕变。1995年康达尔以全国最大的家禽饲养企业获得“中华之最”的至高荣誉。随着康达尔品牌的建立，凭借着过硬的产品质量和市场认同，1995年深圳市政府批准立项和兴建康达尔养猪业务。康达尔养猪业以技术为依托，以种猪繁殖为中心，大力培育新品种，实现农业的科技化，在农业部种猪质量检测中心测定评比中多次获得一、二名的好成绩，康达尔养猪场连年被授予“健康与合格猪场”“原种猪场合格单位”“重点生猪养殖场”“先进养猪企业”等荣誉称号。

（四）腾飞阶段——凤凰涅槃、浴火重生的康达尔

2012年成为企业发展关键的一年，迎来企业发展的新机遇。这一年康达尔定下了“前有奔头后有保障”的总体发展战略，确立农业作为战略核心主业，农业、房地产、公共事业三大板块协同发展，全力打造康达尔品牌农业产业，扎实构建房地产与公共事业两大稳健平台，实现“五年十倍”的跨越式发展。为此，2012年3月，收购惠州正顺康畜牧发展有限公司70%股权，着手打造一个高标准体验式核心示范养殖基地。2013年1月，全资收购厦门牧兴实业有限公司和厦门源生泰食品有限公司，以跨越式发展方式实现农业产业链的延伸，为集团战略的实现打下坚实基础。同

年 5 月成立前海投资有限公司，以金融投资作为规模扩张的战略配套型业务，为集团战略的顺利实施保驾护航。

回顾康达尔集团成长的四个阶段，可以看出公司的发展并不是一帆风顺的，“凤凰涅槃、浴火重生”，这离不开公司董事长罗爱华女士的领袖魅力与领导能力。罗董拥有研究生学历，1987 年毕业于武汉城建学院城市规划系，曾就学于西安西北建筑工程学院建筑系。历任武汉职工大学教师；武汉建科院、深圳建科中心、深圳设计装饰公司建筑项目负责人；深圳口岸管理服务中心基建部长、中外建深圳设计公司负责人、中外建南方工程建设公司副总经理等职。现任深圳市华超投资发展有限公司董事长、深圳市康达尔 (集团) 股份有限公司董事长。多年的领导工作，使她具有敏锐的洞察力和灵活处理事情的能力，具有女强人的风范。在康达尔困难重重之际，罗董临危受命，担当重任，解决公司所有债务，处理了各种危机，打破了各种对公司不利的流言蜚语，成功地挽回公司的形象，使得康达尔顺利蜕变，浴火重生。

四、持续供港三十五年：康达尔的品质追求

（一）供应链理论的实践典范

供应链是从扩大生产发展而来的，它将企业的生产活动进行了前伸和后延。日本丰田公司的精益协作方式就将供应商的活动视为生产活动的有机组成部分而加以控制和协调。哈理森将供应链定义为：“供应链是执行采购原材料，将它们转换为中间产品和成品，并且将成品销售到用户的功能网链。”美国的史蒂文斯认为：“通过增值过程和分销渠道控制，从供应商的供应商到用户的用户的流程就是供应链，它开始于供应的源点，结束于消费的终点。”因此，供应链就是通过计划、获得、存储、分销、服务等活动而在顾客和供应商之间形成的一种衔接，从而使企业能满足内外部顾客的需求。

我国供应链管理理论的应用和研究起步较晚，始于20世纪90年代中后期，且国内对供应链管理问题的研究主要集中于机械制造业、零售业和批发企业。进入21世纪后，供应链管理的思想、理论和方法开始向农业领域延伸。

康达尔集团的供应链将商品到达消费者手中之前各相关者的连接或业务进行衔接，围绕康达尔集团核心企业，通过对康达尔集团信息流、物流、资金流的控制，从采购原材料开始，制成中间产品以及最终产品，最后由销售网络把产品送到消费者手中。康达尔集团将供应商、制造商、分销商、零售商直到最终用户连成一个整体的功能网链结构。康达尔集团供应链管理的经营理念是从消费者的角度，通过企业间的协作，谋求供应链整体最佳化。现在，康达尔集团的供应链管理能够协调并整合供应链中所有的活动，最终成为无缝连接的一体化过程，如图1所示。

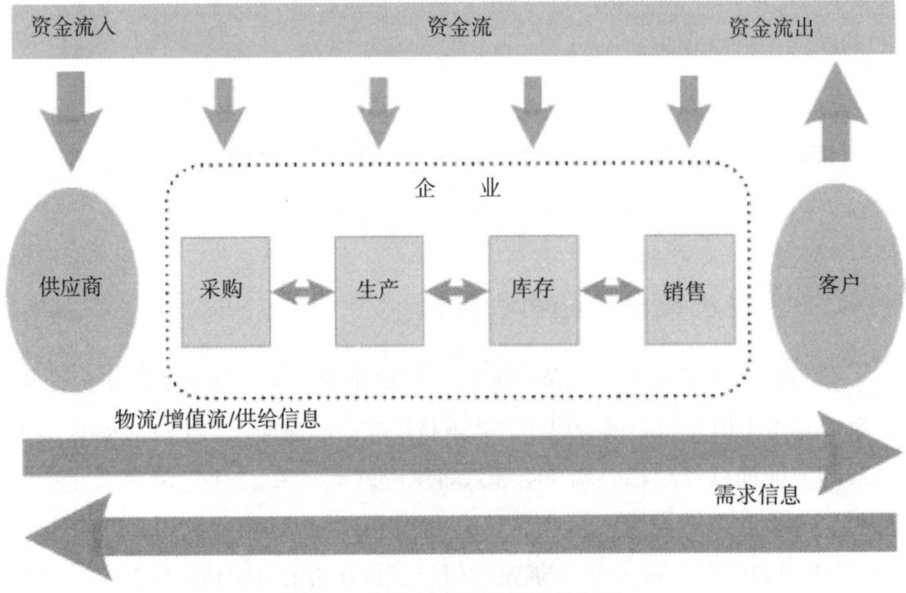

图1　康达尔集团高效的供应链

从图1中我们可以看出，康达尔集团的供应链包括物资流通、商业流通、信息流通、资金流通四个流程。四个流程有各自不同的功能以及不同的流通方向。

康达尔集团的物资流通主要是物资（商品）的流通过程。该流程的方向是由康达尔集团经由厂家、批发与物流、零售商等指向消费者。由于长期以来企业理论都是围绕产品实物展开的，因此物资流程最初就被康达尔集团重视，并且实现了物资流通过程在短时间内以低成本将货物送出去的目标。

康达尔集团的商业流通主要是买卖的流通过程，就是接受订货、签订合同等的商业流程。该流程的方向是在康达尔集团与消费者之间的双向流动。现在康达尔集团的商业流通形式趋于多元化：既有传统的店铺销售、上门销售、邮购等方式，又有通过互联网等新兴媒体进行网销的电子商务形式。

康达尔集团的信息流通是商品及交易信息的流程。该流程的方向也是在康达尔集团与消费者之间双向流动的。过去康达尔集团往往把重点放在看得到的实物上，因而信息流通一直被忽视。现在，康达尔集团已经认识到本身的物流落后与把资金过分投入物质流程而延误对信息的把握不无关系，对信息流的建设投入正进一步加大。

康达尔集团的资金流通就是为了保障企业的正常运作、确保资金的及时回收，以便建立完善的经营体系。该流程的方向是由消费者经由零售商、批发与物流企业、厂家等环节后指向供货商。

康达尔具有30多年的供港食品经营，现在结合自身实践，在供应链理论的基础上，衍生出属于自己的一套独特高效优质供应链，该供应链也是在食品产业领域的具体应用，是食品产业化经营的高级组织形态。

（二）精益严控质为先的管理先锋

1. 康达尔的集团质量管理指引

康达尔的集团质量管理指引主要依托于爱德华兹·戴明的质量管理“14点”：

（1）树立改进产品和服务的长久使命，以使企业保持竞争力，确保企业的生存和发展并能够向人们提供工作机会。

（2）接受新的理念。在一个新的经济时代，管理者必须意识到自己的责任，直面挑战，领导变革。

（3）不要将质量依赖于检验。

（4）不要只是根据价格来做生意，要着眼于总成本最低，立足于长期的忠诚与信任，最终做到一个物品只跟一个供应商打交道。

（5）通过持续不断地改进生产和服务系统来实现质量和生产率的改进和成本的降低。

（6）做好培训。由于缺乏充分的培训，人们常常因为不懂得如何工作而不能把工作做好。

（7）进行领导。领导意味着帮助人们把工作做好，而非指手画脚或惩罚威吓。

（8）消除恐惧以使每一个人都能为集团有效地工作。许多雇员害怕提问或拿主意，即使他们不清楚自己的职责或不明白对或错时，他们也不敢提问，而正如众所周知的"最愚蠢的提问也胜于不提问"，所以应该努力消除员工的恐惧，鼓励他们发问，进而解决工作中的问题。

（9）拆除部门间的壁垒。不同部门的成员应当以一种团队的方式工作，以发现和解决产品和服务在生产和使用中可能遇到的问题。

（10）取消面向一般员工的口号、标语和数字目标。质量和生产率低下的大部分原因在于系统，一般员工不可能解决这些问题。

（11）取消定额或指标。定额关心的只是数量而非质量，人们为了追求定额或目标，可能会不惜任何代价，包括牺牲集团的利益在内。

（12）消除影响工作完美的障碍。人们渴望把工作做好，但不得法的管理者、不适当的设备、有缺陷的材料等会对人们造成阻碍，这些因素必须加以消除。

（13）开展强有力的教育和自我提高活动。集团的每一个成员都应该不断发展自己，以使自己能适应未来的要求。

（14）使集团中的每个人都行动起来去实现转变。

2. 康达尔集团质量管理的八大原则

康达尔集团的质量管理确定质量方针、目标和职责，并通过质量体系中的质量策划、控制、保证和改进来使其实现全部活动，并制定了以下八大原则：

原则 1：以顾客为关注焦点。因为集团依存于他们的顾客，所以集团应理解顾客当前和未来的需求，满足顾客需求并争取超过顾客的期望。

原则 2：领导作用。领导者建立本企业相互统一的宗旨和方向。他们应该创造并保持使员工能充分参与实现组织目标的内部环境。

原则 3：全员参与。各级人员是集团之本，只有他们的充分参与，才能使他们的才干为集团带来收益。

原则 4：过程方法。将相关的资源和活动作为过程来进行管理，可以更高效地得到预期的效果。

原则 5：管理的系统方法。识别、理解和管理作为体系的相互关联的过程，有助于集团实现其目标的效率和有效性。

原则 6：持续改进。集团总体业绩的持续改进应是集团的一个永恒的目标。

原则 7：基于事实的决策方法。有效决策是建立在数据和信息分析基础上。

原则 8：互利的供方关系。集团与其供方是相互依存的，互利的关系可增强双方创造价值的能力。

3. 康达尔集团质量管理的两大层面

质量管理八项原则是康达尔集团在质量管理方面的总体原则，这些原则在康达尔集团的具体活动中得到体现，分为质量保证和质量管理两个层面。

就质量保证来说，主要目的是取得足够的信任以表明集团能够满足质量要求，因而所开展的活动主要涉及：测定顾客的质量要求、设定质量方针和目标、建立并实施文件化的质量体系，最终确保质量目标的实现。

就质量管理来说，康达尔集团把其作为集团经营管理（这里说的不是营销管理）的重要组成部分，保证经营目标的实现。

4. 康达尔集团质量链与供应链的融合

近几年来，康达尔集团开始着手研究供应链管理与农产品质量安全之间的关系，认为组建供应链，实施从源头控制和管理，能改善康达尔集团产品质量安全问题，确保消费者身心健康，是尽快提升康达尔集团产品国际竞争力的有效途径。

康达尔集团尝试将供应链与质量链管理结合起来，认为质量链管理是面向整个供应链的集成，致力于在整个供应链范围内的质量优化，追求集团企业间的质量协作，符合了目前供应链管理与质量链管理融合发展趋势。

现在，康达尔作为优质禽畜产品的供港供应商，一直将提供优质安全放心的禽畜产品作为企业的使命，而优质禽畜产品是由核心产品、形式产品和延伸产品构成的整体概念。优质禽畜产品供应链的三个基本构成主体分别在各自的生产经营活动环节中发挥着优质禽畜产品饲养、屠宰加工和销售的作用，共同实现着禽畜产品生产的全过程质量监控。

（1）核心产品。

核心产品主要包括禽畜产品的卫生、安全、营养和风味等要素。其质量水平由三类指标衡量：一是感官指标，即通过人的嗅觉、视觉、触觉、味觉等感觉器官来对禽畜产品的物理特性进行鉴定评价的一系列指标，主要包括色泽、风味、系水力、嫩度、黏度、肌肉组织状态等。二是理化指标，即通过物理和化学的方法对禽畜产品的品质进行鉴定的评价指标，主要包括脂肪含量、pH 值、肌肉胶原蛋白含量、有害物质残留（微量元素超标、农药兽药残留、重金属残留、激素残留）等。三是微生物指标，即从生物学角度对禽畜产品中所含有的微生物进行鉴定的评价指标，主要包括细菌菌落总数、沙门氏菌属、大肠杆菌数等。这些重要的微生物指标可表明禽畜产品是否被细菌、寄生虫等感染。不仅仅是禽畜产品本身携带的病菌、病毒或寄生虫能够引起人发病，禽畜产品在屠宰加工、运输、销售过程中的二次细菌感染也会导致人们腹泻等疾病。

（2）形式产品。

形式产品主要包括禽畜产品的部位、品种、品牌、包装和商标等要素，其质量水平由两类指标衡量：一是品类指标，包括部位和品种。比如说即便对同一品种的禽畜产品，用同一温度在同一时间对不同肌肉部位进行热处理，肌肉剪切力值亦不同，禽畜产品的嫩度也存在差异。二是营销指标，包括品牌、包装和商标。禽畜产品的品牌和商标协调反映了产品使用的方便程度、服务环境以及禽畜产品品牌等外延品质，从侧面映衬了企业素质和禽畜产品的内涵品质，是禽畜产品整体造型和外观质量的重要组成部分。

（3）延伸产品。

延伸产品主要包括禽畜产品的质量承诺、食用说明、信息传递和物流配送等要素。其质量水平由两类指标衡量：一是诚信指标，包括质量承诺和食用说明；二是服务指标，包括信息传递和物流配送。禽畜产品的质量承诺是质量保证的重要内容，能够反映出相关主体在市场交易中的诚信程度，是决定并证实该生产经营主体质量水平的一个重要衡量因素。将质量承诺要素作为质量评定指标之一，有助于禽畜产品供应链质量安全信用体系的建设。

从上述三个方面来看，康达尔集团不论在核心产品、形式产品抑或是延伸产品方面，都是优质禽畜产品供应商的典范。

（三）持续供港三十五年放心肉

提起康达尔，也许会有少数坐过康达尔出租车的人有印象，以为它是一家出租车公司，其实它更是一家现代化的农产品企业。它创立于特区成立之初，其前身是宝安养鸡公司，是深圳市首批具有活鸡输港权的单位之一。35 年来健康安全的康达尔产品每天送往香港市场，进入每一位香港市民的家中，出现在香港市民的餐桌上，成为名副其实的放心食品。

香港地区地方不大，人口密集。香港人消费鸡喜欢现宰，还经常拿回家中自行宰杀烹饪，使肉禽处在一个非常复杂的环境中，它们在运输途中和宰杀前，经常挨饿、缺水、惊吓或与各种污染物、粪便接触，经常处于环境应激状态。它们的粪便、羽毛、呼吸道排出物，可以说“通街满巷”都存在。从兽医防疫角度来讲，简直是防不胜防。企业为香港地区供应农产品30多年来，无一例质量问题。

康达尔的农产品是如何做到这一点的?

首先是过硬的技术和优质种源保证。农产品的质量保证要从种源开始。康达尔黄鸡被列入国家基因库；康达尔种猪在农业部种猪质量检测中心测定评比中两次获得第一名的好成绩；好的种源为康达尔生产优质产品提供保证。在市场上各种土猪土鸡泛滥成灾时，康达尔一直坚持自繁自养自产，绝不收购外来猪源、外来鸡蛋，从源头保证食品安全。

其次是完善的食品监测体系。康达尔生产管理体系通过了ISO9001、HACCP等一系列质量管理认证，并在生产活动中严格按照认证程序执行，从而保证每一批产品顺利通过供港检测。

最后是严格的企业管理机制。康达尔曾以全国最大的家禽饲养企业获得“中华之最”的至高荣誉；康达尔养猪场连年被广东省养猪行业协会评为“健康与合格猪场”；它还是深圳市“菜篮子工程”的龙头企业、深圳市第26届大运会农产品供应生产基地。随着内地食品安全事故增加，康达尔在不断为香港市民输出优质安全产品的同时，也开始关注内地食品安全问题。

五、农业地产比翼齐飞：康达尔的商业模式

（一）寻根问底，铸就发展宏图：康达尔的商业模式探源

作为一种系统性的理论，商业模式大致形成于20世纪90年代，只有大约20年的发展历程，但商业模式意识早已开始。最早的具有商业模式意识研究的是熊彼特，他在1936年就指出：创新是指“企业家对生产

要素新的组合”，是把一种从来没有过的生产要素和生产条件的“新组合”引入生产体系，从而形成一种新的生产力，以获取潜在利润。Bellman 和 Clark（1957）最早在其论文中使用了商业模式（businessmodel）一词，但并没有对其进行系统论证。Jones（1960）首次将商业模式作为论文题目开始运用。直到 20 世纪 90 年代，随着信息技术的蓬勃发展以及由此带来的管理理念改变才开始了对商业模式密集的研究。目前国内外商业模式的定义总体上是从经济向运营、战略和整合递进的。

1. 康达尔的商业模式理念

康达尔的商业模式秉承企业能够获得并且保持其收益流，旨在使康达尔集团对战略方向、运营结构和经济逻辑等方面一系列具有内部关联性变量进行定位和整合，以便康达尔集团在特定市场上建立竞争优势。具体而言，在康达尔集团的商业模式中可以表现为产品、服务和信息流的架构，内容包含不同商业参与主体及其相互作用、潜在利益和获利来源，其本质是康达尔集团为寻求和维持持久竞争优势（核心竞争力）而做出的有关全局筹划和谋略。

为此，要想确立康达尔集团商业模式时，康达尔集团首先全面了解本身应该进入哪些业务领域。对于康达尔集团而言，盈利点较多，但需要选择重点发展潜力大、利润高、符合企业长远利益的业务，因此必须要了解哪些现有业务值得企业投资，相应地应剥离哪些业务以及哪些新的业务和市场企业可以进入。其次，了解康达尔集团需要怎样的竞争优势以求在行业中发展及胜出。竞争是企业在发展过程中不可避免的问题，要想在竞争中获胜就要做到知己知彼。为此，康达尔集团对自身进行充分调研后，重点掌握康达尔集团拥有的合适技术，合理的生产流程和合适的人力资源。最后，应根据康达尔集团特点、团队结构和融资方案确定康达尔集团商业模式，以及康达尔集团应该做什么样的事来实现这一模式。

2. 康达尔集团商业模式的特征

康达尔集团的商业模式能提供独特价值。康达尔集团商业模式独特的价值是新的思想，它是产品和服务独特性的组合。这种组合可以向客户提供额外的价值，使得客户能用更低的价格获得同样的利益，或者用同样的价格获得更多的利益。

康达尔集团的商业模式是脚踏实地地，使企业做到量入为出、收支平衡。这个看似不言而喻的道理，要想年复一年、日复一日地做到，却并不容易。现实当中的很多企业，不管是传统企业还是新型企业，对于自己的钱从何处赚来，为什么客户看中自己企业的产品和服务，乃至有多少客户实际上不能为企业带来利润、反而在侵蚀企业的收入等关键问题，都不甚了解。

（二）齐头并进，打造商业帝国：多元化产业下繁荣的商业生态圈

康达尔集团总体战略定位为以农业作为战略核心主业，以持有型物业和公共事业作为平衡风险和现金流的长期战略保障型业务，以房地产开发业务作为持续战略支持型业务，各项业务平行发展，互相促进、互相保障，有利于康达尔实现长期稳定的发展。中短期以地产开发搭建现金流平台为农业发展蓄势，农业打通产业链终端；中长期加大农业产品线与区域扩张，关注利润与规模实现。其中，各产业对于康达尔集团2003—2010年毛利的贡献比例为：房地产17%，农业27%，公用事业45%，其他11%。各产业对于康达尔集团营业收入的贡献比例为：房地产12%，农业62%，公用事业23%，其他4%。

1. 康达尔农业——战略核心主业

33年以来，康达尔对农业事业的追求一如既往。康达尔坚持先进的农业产业理念，现代化的生产管理，质量控制及食品安全追溯体系，按照国际标准向港澳地区、广东省及内陆地区源源不断地输送高品质的农产品。虽然，今天的康达尔已经是横跨公共事业、房地产等多个领域的多元化集团企业，但农业始终是康达尔的主业，如图2所示。农业将是康达尔新的起点，是未来腾飞的基石。目前，康达尔都市农业核心业务包括养殖、饲料、农产品销售等。

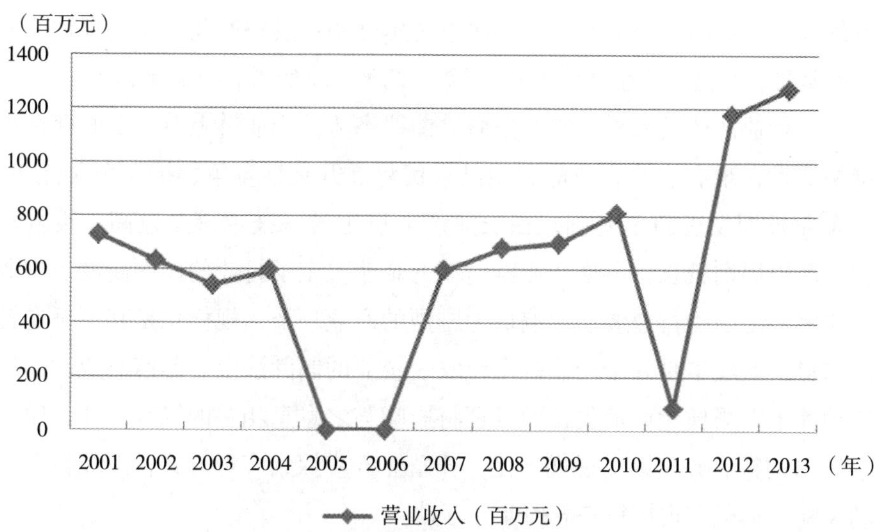

图 2　康达尔农业板块营业收入

数据来源：深交所年报。

（1）康达尔农业的方向选择。

从行业发展阶段来看[①]，农业已进入高资本技术阶段，加速发展趋势渐现，能够把握机会、占据资本和技术优势的企业将在未来的竞争中取得优势，因此从事农业的企业应该摆脱传统农业发展观念，对农业投入更多资本，开发新技术，为企业后续发展打下坚实基础；从行业外部环境来看，农业具有弱质属性和民生保障功能，这些特点为从事农业的企业带来很好的政策环境，但自然灾害是农业企业需尽可能规避的风险，因此作为农业企业应趋利避害，在更好地利用现有国家对农业行业的扶持政策之外，应通过发展产业链和投保等形式降低农业行业的自然风险；从国内企业发展方向看，承接国外技术、遴选突破点、量力投入，是大部分涉足产业链上

① 我国农村人口及农业从业人员占比仍然较大，尚未达到国际标准，这主要与我国目前的户籍制度有关，农村人口实际已大量进城就业，但其户口仍保留在农村，造成数据上农业就业人口比重过大，剔除户籍制度的影响我们认为，我国工业化已经进入中高级阶段。

游的农牧企业的主要运作方式，而康达尔已初步具备产业链前端育种业务发展基础，遴选重点业务、严控风险、实现突破是当前的主要选择。

从行业产业链来看，农业呈微笑曲线态势，产业链上游与下游存在高壁垒属性，现有农业企业应利用已有优势展开良性竞争、扩大企业优势，为企业长期发展奠定基础，在农业产业链上游，技术壁垒较高、投入较大、产出周期较长，占据产业链前端的企业决定了行业的发展高度；农业产业链中游是受行业波动影响最为剧烈的产业环节，规模化是其不可逆转的趋势，低成本是处于产业链中游农业企业的制胜法宝。养殖行业的周期波动并未随规模化而消失，而且还将影响与之息息相关的饲料行业，康达尔集团饲料业务应该实现规模化，养殖业务应探索多种方式，严控行业波动风险，伺机实现饲料—养殖业务互动。

在农业产业链下游，农产品消费已由“吃饱”向“吃好”过渡，农产品需求差异化开始显现，细分市场的潜力必将得到逐步释放。近年来食品安全事件频发，民众对优质农产品的需求愈发提升，同时食品事故问责机制的建立，必将提升地方政府对大型优质品牌农业企业的扶持。从康达尔自身来看，只要深度挖掘品牌潜力，精耕深圳区域市场，以优质农产品打开终端市场，握住行业咽喉，必将能够在众多农业企业中脱颖而出并持续成长。

（2）康达尔的饲料业务。

康达尔饲料已在广东东莞、陕西高陵、河南孟州、湖南邵阳、安徽萧县成立五大饲料生产基地，年总生产能力已超过 90 万吨，产品遍销全国 28 个省市及港澳地区。

广东康达尔农牧科技有限公司（以下简称东莞公司）位于广东东莞市，被认定为广东省高新技术企业；通过 ISO9001 质量管理体系、ISO22000 食品安全管理体系。以年产 60 万吨饲料的东莞康达尔饲料公司为主体，以茂名康达尔饲料公司和汕头康达尔饲料公司为两翼，并通过整合社会资源，形成生产规模为 120 万吨的饲料产业布局。在东莞麻涌镇建设了标准化大型示范基地，建立标准化生态养殖质量控制和管理体系，通过示范和带动作用，推动健康养殖持续发展。

陕西康达尔农牧科技有限公司（以下简称高陵公司）创建于1992年，是陕西第一家也是目前发展最好的外来饲料加工企业，陕西省产业化重点龙头企业、陕西省民营科技企业，通过ISO9001质量体系认证。产品曾获国家免检资格，并被列为陕西省名牌产品。公司致力于畜、禽、水产饲料生产销售，同时进行动物营养的科学研究和技术推广，并保持与西北农林科技大学、省畜牧兽医研究所、省水产研究所等多家相关科研单位密切合作。建厂以来连续十年居西安市饲料生产企业单厂产销量第一名。年产销鸡、猪、牛羊、鱼等配合、浓缩饲料四大系列50多个品种及猪、禽复合预混料近10万吨。随着2009年新的鱼料专用生产线投入运行，公司整体产能达到15万吨。产品遍销陕西、山西、甘肃、宁夏、内蒙古、河南、四川等省区，备受用户青睐。2012年5月高陵公司斥资500余万元在陕西省扶风县成立巨良分公司，建成具有国内一流水平的江苏牧羊饲料加工生产线，每年向市场提供安全、优质、高效的鸡、猪饲料5万余吨，将成为推动关中西部、甘肃、宁夏市场养殖业发展的新发力点。

河南康达尔农牧科技有限公司（以下简称孟州公司）创建于1997年10月，现公司总资产8000万元，历经15年发展，产销量及效益逐年上升，特别是水产料已稳居河南省产销排行榜前三名。公司选用牧羊、申德等知名厂家设备，采用美国进口先进电脑配料系统，应用集团动物营养专家数十年饲料配方之精华，并进行严格缜密的品质控制，生产“康达尔”“金创”两大系列猪、鸡、鸭、鱼饲料，先后被授予“全国名牌饲料”“农业产业化龙头企业”“河南省优质产品”等荣誉称号，产品辐射河南、安徽、河北、山西、陕西等地。为做大做强企业，延伸农业产业链，深圳康达尔集团和孟州市人民政府再次签署投资框架协议，投资建设“深圳康达尔（河南）农牧科技产业园群”项目，该项目总投资6亿元，其中第一期包括三个项目：年产50万吨饲料生产基地项目、万亩生态水产养殖基地项目、研发中心及后勤配套设施建设项目，其中年产50万吨饲料生产基地项目已破土动工，研发中心及后勤配套设施项目正在规划中，万亩生态水产养殖基地项目已经完成并开始运营，各项工作都在有条不紊地进行。

深圳康达尔邵阳饲料有限公司(以下简称邵阳公司)于1998年6月建成并竣工投产，2008年公司生产设备进行了全面升级，年生产能力达到10万吨，其中包括猪、鸡、鸭、鱼等系列全价料、浓缩料、预混料共100多个品种。2008年被评为邵阳市“3·15”消费维权红榜单位，2010年被湖南省饲料工业协会评选为常务理事单位，2011年被邵阳市授予质量诚信建设示范单位。公司拥有先进的自动生产线，完善的检测设备，拥有高素质的管理、技术、营销人才，并于2012年通过ISO9001质量体系认证。公司产品康达尔牌饲料投产以来以其“品种齐全，质量可靠，价格适中，服务周到”而赢得广大用户的好评。

深圳康达尔安徽饲料有限公司（以下简称安徽公司）成立于1999年，总投资2000万元，占地面积2万多平方米，是一个生活、办公设施齐全，库容充裕、生产设施配套的花园式企业。公司引进澳大利亚APV公司的先进生产设备，年产各种饲料6万吨。公司现在员工80多人，其中畜牧兽医、动物营养和饲料加工等各类专业技术人才50人，技术力量雄厚。公司一方面聘请了来自山东农业大学、安徽农业大学、南京农业大学的动物营养、病理学、畜牧养殖等方面的六位专家，还与高等院校联合成立了康达尔经理人学院和康达尔经销商学院。公司已形成了以畜禽预混料、配合料、浓缩料，淡水鱼料、饲料用微生物制剂为主的生产体系，构建了较为完善的销售网络，产品畅销安徽、江苏、河南、山东等省区。

（3）养殖业务。

养殖业是康达尔集团的传统产业，1984年开始成为深圳市四家具有活鸡输港权的单位之一。培育的康达尔黄鸡被列入国家基因库，康达尔杜洛克种猪多次在测定评比中获得第一、第二名的好成绩。康达尔农牧以深圳生物疫苗研发基地和康达尔特色养殖服务体系形成服务产业布局，构建“研发中心——远程诊断中心——服务中心”服务平台，推广健康养殖模式，完善农村社会化服务体系，共建社会主义新农村。目前，康达尔拥有惠州、厦门两大养殖生产基地。

惠州正顺康畜牧发展有限公司（以下简称惠州公司）于2005年注册成立，占地4000多亩，是供港活鸡定点生产场，供港冰鲜家禽定点生产场和出口原料基地，惠州市农业产业化龙头企业，无公害产地，广东省肉鸡标准化示范场。在2012年3月康达尔收购70%股权，惠州公司成为康达尔集团控股子公司。目前，公司已开发利用养殖1000亩，配建鱼塘1000亩，种植速生经济林1200亩，已建成2万平方米养猪舍，10万平方米养鸡舍，孵化房1座，配套饲料加工厂1座。截至2012年12月31日，拥有存栏种鸡26万套，存栏商品肉鸡35万只，商品蛋鸡15万只。在康达尔集团新的战略规划下，惠州公司在康达尔都市农业发展战略中承载着重要任务，康达尔集团将投入巨资大力建设，基地将高标准、高起点建设成为都市农场旗舰示范基地、休闲观光农业的模板试验、政府——公司——家庭农场模式的模板基地。

厦门牧兴实业有限公司（以下简称牧兴公司）成立于2000年年初，在同安郊区有4个规模化养殖场，年存养2.5万头生猪，其中能繁殖母猪4000多头，年出栏商品猪8万头，是目前厦门地区规模最大的养猪企业及政府的生猪储备基地。在2013年1月康达尔集团全资收购牧兴公司，为集团实现战略目标，农业产业一体化进程打下坚实基础。

（4）农产品销售业务。

厦门源生泰食品有限公司（以下简称源生泰公司）是牧兴公司于2007年投资组建，与牧兴公司一并在2013年1月被康达尔集团全资收购。源生泰公司依托牧兴公司，构建起自繁自养、自产自销、品牌运营优质猪肉的创新商业模式。其自主研发的"圆香黑猪肉"，来源于优质品种、优质饲养和优质环境，是安全性及品质俱佳的猪肉精品，肉味纯真浓香、品相突出，一经上市，大获消费者好评。公司现已在厦门市区"好又多""沃尔玛""大润发""麦德龙""家乐福""天虹""新华都""乐购"等大型超市和"凯旋""松柏"等农贸市场开设了40多个专卖柜、专卖店，直销"圆香黑猪肉"。

深圳市都市农场有限公司成立于2013年，是一家农场土猪、农场土鸡等一系列生态产品的销售企业。“康达尔农场土猪”是公司经过多年实践与研究，自主开发的优质猪肉品牌，它具有口感醇香、营养健康、安全卫生等特色，因此投放市场以来，一致受到消费者的青睐与赞许。公司以提供健康优质农产品，保护和改善生态环境，造福社会，促进人类健康为发展方向。都市农场公司是康达尔集团在战略规划下，布局终端市场的一项重大举措，它承载了康达尔集团农业战略实施的关键任务。未来，都市农场公司将依托惠州、厦门两大生产基地，深耕深圳市场，打造农产品终端销售模板，进而围绕康达尔全国各大生产基地进行全国布局发展。

（5）农业金融支持业务。

金融投资业是集团规模扩张的战略配套型业务。深圳市康达尔前海投资有限公司于2013年5月在深圳前海注册成立，注册资本1亿元。康达尔前海投资有限公司是基于康达尔农业板块的战略布局考虑，公司成立后，将根据康达尔农业产业链的推进及发展状况、行业及政策环境，研究建立农业产业链发展模式，尝试为农业产业链的发展搭建金融服务平台。公司主要业务方向为：小额贷款、融资租赁、股权投资、财务管理，最终发展成为我国最具影响力的农业综合性控股集团。

2. 公用事业——社会责任、形象塑造

公用事业是康达尔集团的长期战略保障型业务。康达尔积极参与深圳市的城市交通与供水事业，先后组建了康达尔运输公司，控股了深圳市布吉供水公司。运输与供水这两大传统产业的发展，为康达尔的壮大增添了强劲动力。借着政府对公用事业管理的逐步开放，逐渐实现民营化、外资参股经营的良机，康达尔将充分利用各方面的优势，把握时机，加大行业内部整合及外部的并购重组力度，进一步拓宽公用事业的发展空间。

（1）供水行业分析。

水务行业已基本完成由政府主导向竞争型市场的转变，供水行业目前已处于行业生命周期的成熟期。城市供水行业过去长期处在行政垄断之下，形成了“低价＋亏损＋财政补贴”的经营模式，无法满足市场需求和投资需求的增长。针对这种问题，政府启动了水务改革，通过开放市场、鼓励私营资本进入等方式，政府转变为监管者，强化了市场竞争机制，但从长远来看，由于水务行业的资源垄断性，水务公司必将获得持续的、稳定的回报；从企业扩张模式来看，“地域扩张”和“产业链一体化”是主要方向，水务项目“大投资换取长期稳定回报”的运作模式使中小型企业较难获取扩张机会，不利于中小企业在供水行业的发展。康达尔集团在水务行业具有一定优势，它经历了区域内结构性整合、区域经济增长与人口增加，并且正在努力探索产业链延伸，致力于扩大企业在水务行业的已有优势。深圳市布吉供水有限公司（以下简称供水公司）前身为沙湾自来水厂，1992 年 9 月正式成立。2000 年 2 月康达尔完成对供水公司 70% 股权收购。供水公司依托 280 千米的供水管网，日供水能力达 28 万吨，满足了布吉片区 90 多万人的用水需求，相当于深圳市总人口的 1/8 强。目前，正在筹建坂雪岗三水厂。经过整合，水务业务能够为康达尔提供稳定的现金支撑，成为集团稳定的利润贡献点。

对比国外水价，国内水价依然处于较低水平，政府倡导节水政策，水价上调空间存在，但是由于民生性质，上调难度大，频度应该也会比较低；行业竞争加剧，呈现为强者恒强，中小企业资金有限，获取新的资源难度大。从深圳市场竞争环境看，市场格局已经形成，新的扩张机会渐无；水务业务能够为康达尔提供稳定现金支撑，但是市场竞争格局和行业特性决定很难成为利润增长点，重点应放在企业管理精细化。

（2）公共交通行业分析。

深圳市康达尔（集团）运输有限公司（以下简称运输公司）组建于 1993 年，本着“安全为本、真诚服务”的经营理念，以“红的”经营为起点，逐步进入到中巴、大巴、特区外“绿的”、省内外长途客运经营以及客运站场经营，经过多年不懈的努力，已经形成以市内公交、省内外长途客运为核心的运输体系，拥有客运车辆 1000 多辆。运输公司获得国家二级运输企业资质认证，并跻身我国道路运输资质企业 100 强，并且通过了 ISO9000 质量管理体系的认证。

公共交通行业属于资源垄断性行业，发展较为稳健，能够为康达尔提供稳定的现金支撑，成为企业持续稳定的利润贡献点，为公司提供稳定利润来源。但从目前国内运作模式来看，公共交通行业具有公益属性，该属性在中短期内不会发生改变，北京、上海相继进行公交体制改革，市政府推行“努力降低市民出行成本、提高公共交通社会效益”的政策，将公交公司收归国有。从现有经营模式看，政府补贴较大难以为继，但是借鉴国际先进经验（中国香港模式、新加坡模式），公交公益性质定位将不会改变，只会从改变补贴方式、提供多品种公交服务等方面入手，因此公交公司盈利低的特点不会改变。

因此，应该紧抓行业扩张机会，利用公共交通业务为康达尔提供稳定的现金支撑，但从公交运输行业特性来看，公交定位于公共事业，缺乏进一步发展的空间和优势，很难成为企业的利润增长点。

3. 房地产业——土地资源整合

房地产业是康达尔战略的支持、保障业务。自1996年康达尔进入房地产业，引入先进的规划设计理念，注重良好居住环境和文化环境的营造，强调亲情和沟通，体现了高尚的人文价值。在不断开发新项目的同时，康达尔积极地进行土地储备并进一步拓展市场，让房地产业真正成为可持续发展的、可为集团带来持续收入和盈利的产业。

康达尔在房地产事业上的运营模式和战略规划定位十分清晰，即存量土地资源实现价值最大化，积累开发运营经验以盈利为先导，实现项目价值最大化与快速变现，加强项目管理，控制项目风险，积累开发经验，形成核心能力，锻炼人才队伍，积蓄专业人才储备，在确保项目收益的情况下，获取土地资源，持续扩张。在此战略定位下，康达尔的地产事业又分为销售型物业和持有型物业，其中，持有型物业主要用于商业和办公用途，为康达尔公司创造了丰厚可观的年租金收入和租赁利润，这给康达尔的农业投资提供充分的现金流，并保证了公司层面的净资产收益率和项目层面的内部收益率。目前，康达尔房地产业包括：房地产开发、物业租赁和物业管理等。

深圳市康达尔（集团）房地产开发有限公司（以下简称房地产公司）是深圳市康达尔（集团）股份有限公司所属全资子公司。自1998年开始介入房地产开发，当年就推出了位于深圳市景田生活区的高层商住项目“康欣园”，该项目总建筑面积4.2平方米，销售率达到100%。为了顺应郊区住宅发展的趋势，2000年公司在布吉成功地推出康达尔花园1～3期；2003年又推出第4期（香槟谷），2008年推出第5期（蝴蝶堡），自此康达尔花园已经成为深圳布吉大型生态园林住宅小区。康达尔花园，在2001年荣获中国住交会“新郊区主义代表作”金奖，2002年获得深圳十大明星楼盘推介单项奖“最佳山景物业”金奖，康达尔花园4期于2003年获得建筑结构实物质量检查评比第一名，在深港两地房地产市场上有极高的知名度。

深圳市康达尔(集团)物业公司（以下简称物业公司）成立于1998年，现管理80万平方米的物业。经10余年的发展，现已升级为国家二级资质企业，深圳市物业管理协会会员单位。多年来，物业公司始终秉持“业主至上、服务第一”的服务理念，以“业主满意，持续发展”的质量方针，严格按ISO9001、9002质量体系运作，不断提高服务的科技和文化含量，为广大住户营造温馨、祥和、安全、文明的美好家园。所管理的小区案件发生率为零，被评为深圳市“花园式·园林式”小区，先后通过了“区优”和“市优”的评选，康欣园获得“安全文明小区”的称号。

从整体来看，随着我国城市人口不断增加，住房面积将持续攀升，预计到2020年我国城镇住宅市场将长期稳定在10亿平方米左右，到2023年城镇平均每户住房套数达到1套，房地产供给大于需求，市场供需将出现转折。因此，房地产行业已经从过去十年的黄金时代进入到未来十年的白银时代，房地产企业规模化扩张虽然还有约十年的发展机会，其红利可能会持续减弱。在这种情况下，房地产行业将对企业规模提出更高要求，大幅度提高企业资本门槛要求，行业加速整合、市场集中度加速上升，中小规模企业面临被整合和边缘化的危险。在过去几年内，房地产行业并购案例持续增加，百强企业市场份额不断提高、内部化趋势越来越明显。大型企业继续高周转，强者恒强，中型企业则将面临发展选择问题，小型企业机会型生存；行业竞争已经进入不确定性时代，必须依赖规模化或差异化制胜，而专业化是前提。

对于康达尔集团而言，从土地开发来看，待开发项目才刚过百万平方米，开发经验相对较少，且房地产业务多为历史遗留项目，根据目前财务状况，未来三年内很难持续从市场上获得类似优质项目，房地产开发持续性较弱；从开发能力来看，房地产开发经验欠缺，尚未形成自身的核心竞争力，土地获得、楼盘建设、后期销售等业务配合不够密切，能力有待于进一步提高；从房地产经营人才来看，现有开发团队分散在各个项目公司、尚需磨合，协调不够通畅，整体实力无法充分发挥，给企业发展带来一定隐患，影响了房地产业务的盈利能力。因此地产业务与业界领先企业存在较大差距，难以支持企业的可持续发展，康达尔的核心任务是将现有项目价值最大化和风险最小化，加快开发进度为企业下一步发展争取时间。

4. 金融投资业——战略配套

深圳市康达尔前海投资有限公司于2013年5月在深圳前海注册成立，涉及农业担保、农村金融租赁、P2P及小额贷款等领域，为众多上下游配套企业和农户来进行金融产品设计和服务创新，充分利用三中全会的政策红利和互联网促农的行业驱动等有利条件，支持现代农业发展，进一步提升公司品牌价值。

2014年11月，康达尔前海投资有限公司正式签约控股深圳本土新锐P2P平台及时雨贷，完成了集团介入互联网金融领域的首次“落子布局”，正式发力金融板块。紧接着，康达尔斥资1.8亿元投资成立黑龙江康达尔农业金融租赁有限公司，抢占政策红利先机，进一步布局农村金融领域，以满足公司所涉猎的都市农业中众多农户、家庭农场等的金融信息服务需求，谋划与小额贷款、村镇银行、互联网金融等业务的互相配合，建立公司立体金融服务生态体系，增强品牌核心竞争力，延伸产业的价值链，形成新的利润增长点，保证公司发展战略规划的实现。

（三）农业地产、比翼齐飞：前有奔头后有保障

康达尔集团的罗董事长毕业于建筑专业，对建筑行业的发展趋势和建筑理论了解较为深刻。康达尔很早就看出来西乡与沙井两地块的投资价值，这很大程度上与罗董事长在建筑方面的眼光有关，因为对于一个建筑方面有专长的人来说是可以预见前海开发后这些地块的增值前景的。2013年12月22日下午，第七届深圳购房者大会上前海湾百万级生态综合体项目——康达尔山海上城被评为“2014年度深圳最值得期待楼盘”。在此之前11月24日举办的“2013中国地产年会”，以及12月11日举办的“中国梦·深圳最美人居”评选暨第二届中国（深圳）地产电视颁奖盛典中，康达尔山海上城项目已分别获得了“2013年度生态人居大盘奖”“最佳生态综合体大奖”。能够在一个月内先后获得如此多的奖项，可见项目生态环境的宜居性、资源配套的完备性、产品品质的优良性。康达尔山海上城占地面积约11万平方米，总建筑面积约70万平方米。集35万平方米生态人居、近10万平方米总部商务、10万平方米商业绿谷、20公顷国际儿童主题公园以及九年一贯制公立名校资源五大组团于一身，是区域首个近百万级的都市生态综合体。

康达尔在房地产事业上精确的战略目标和科学策略，不仅为企业贡献了丰厚的利润，更为农业生产提供了更广阔的空间和发展前景。农业的产业化需有更多的投入才可能完成战略的布局，这就要求康达尔集团有更多的资金投入才能实现战略目标，而康达尔历年的盈利不多，现在只有四五亿元的征地补偿款，这对于农业这一块来说是不够的，缺乏资金的康达尔单靠这些资金是无法完成农业的产业布局的。根据康达尔上一年的征地补偿公告，征地补偿分为两部分，一是补偿款7亿多元，二是两块可开发的地块：西乡地块和沙井地块。这两块地块的开发才是康达尔未来发展的资金最大来源。所以在公司的战略中就有以房地产开发业务作为持续战略支持型业务这一战略，正是这两地块，为康达尔农业未来的发展奠定基础，因为康达尔不但可以因此获得发展的资金，并且会因这两个项目的开发获

得多达二三十万平方米的商端物业，这为康达尔未来的发展源源提供巨大的现金流入，从而提高公司未来的抗风险能力。所以说，康达尔集团能够在我国众多农业企业中出奇制胜的要素之一，就是农业与地产的良好融合，“农业＋地产”比翼双飞，铸就了康达尔现如今雄厚的资金实力和多元化健康的商业生态圈。

在康达尔近几年的发展过程中，地产开发加速，为集团发展搭建现金平台，提供充足现金流，同时为农业发展蓄势，农业产业则尝试进入终端市场，建立渠道与品牌效应，上端的育种业务也加大研发投入，铸就行业壁垒，增强企业竞争力。在过去的2012—2014年年终，康达尔地产集中力量加速现有存量项目开发，实现项目价值最大化，风险最小化，积累开发运营经验，使得房地产累计投资净现金流转正，为农业终端渠道的打造提供了稳固的资金基础。不仅如此，房地产在完成既有项目的同时，也伺机获取土地资源，这为农业上游育种、中游养殖和下游终端市场的建立均提供了土地资本这一生产要素，大大节约了成本；同时，房地产事业持有物业的落成还可以产生租金收入，这又为农业前期的资金投入产生了保障性的稳定现金流。就像深圳康达尔集团于2012年8月在青青世界举行了主题为“引领健康生活，铸就百年基业”的集团战略宣贯大会上罗董事长的总结，农业是核心主业，地产、公用事业是长期支撑和保障，农业是以终端市场为导向，以产业链前端为支撑，以饲料基地为战略纽带，布局终端产品供应链，梯次发展一体化的康达尔品牌农业产业。公用事业是集团的战略保障型业务，供水业务力争五年内达到中等城市供水规模，效率和效益要在行业同等规模企业中领先。公交业务力争实现业务规模突破与利润攀升。房地产中近期，以现有项目价值最大化，风险最小化为目标，实现资源快速变现；中长期，获取土地资源，进行持续扩张。三大产业有重点、有协同，共同铺就康达尔的大发展。

总之，康达尔的发展战略是以农业作为战略核心主业，以持有型物业和公共事业作为平衡风险和现金流的长期战略保障型业务，以房地产开发业务作为持续战略支持型业务，地产业务作为集团稳定现金流的有力提供者，迅速积累资源以支撑核心——农业的投资和发展，总体上看，三大产业在资金保障、资源获取、增加盈利、客户资源等方面实现协同。

六、都市农业、休闲低碳：康达尔的康达人生

都市农业以生态绿色农业、观光休闲农业、市场创汇农业、高科技现代农业为标志，以大都市市场需求为导向，融生产性、生活性和生态性于一体，是高质高效和可持续发展相结合的后现代农业。“都市农业”的概念最早见诸学者青鹿四郎于 1935 年发表的《震案释济地理》一书中：“所谓都市农业是指分布在都市工商业区、住宅区等区域内，或者是分布在都市外围的特殊形态的农业。”

（一）都市人的田园梦——都市农业国内外发展新趋势

1. 都市人的田园梦——对后现代农业的需求

随着社会经济的发展，人类已经突破了对物质的单一追求，而向更高目标迈进，尤其在世界经济一体化的大趋势下，人类对生态需求、精神需求的阈值更高。马斯洛的需求五层次论把人的需求分为生存需求、安全需求、社会需求、尊重需求和自我实现需求 5 个层次。他认为，人总是在满足了低层次的需求之后，才会将注意力转向更高层次的需求上。托夫勒进一步揭示了从生存到发展直至自我实现的利害和逻辑过程。他在马斯洛需求理论的基础上，将人的需求进一步界定为生存需求、发展需求、享受需求、自我实现需求以及生命需求，也可以把它称作新的需求五层次论。对应于经济体系，人的需求转化为对农业经济、工业经济、服务经济、体验经济、生态经济的需求。最终追求顺应生态发展规律，与自然环境和社会环境和谐共存的人的需求。

在现代化带来极大物质财富的同时，也带来了理性专制、机器统治、人性淡化、精神空虚、生态灾难等“现代病”，现代农业建立在现代理性

和科学基础上，遵循人与自然分离、人与人分离的二元对立的现代化思维，完全以利润最大化为导向、以农民收入为核心衡量标准，把工业化当作农业发展的唯一出路，在生产中广泛运用现代技术手段和高强度耕作技术，投入大量高水平的无机化学产品，进行某单一品种的工厂式、规模化的连续耕种，虽然短期内确实取得了巨大成果，满足了人类对农业增长的消费需求，但“它迟早会给所有人带来毁灭”，这是因为现代农业并非以人类健康、人与自然的共同福祉为宗旨。然而基于后现代农业的都市农业，倡导“和谐”，即和谐的思维方式、和谐的生活方式、和谐的责任伦理及和谐的审美旨趣，具有生态性、可持续性、可再生性，和谐、多元、感恩等特征，以“共同福祉”为旨归，不排斥“大”但“以小为美”，不“反对”现代农业，但“超越”现代农业，是传统、现代、后现代和当代现实的有机整合。都市农业是一种可持续的“健康农业”，其首要目的是为“作为整体的人类”提供健康的和愉悦的食品、农业工作和农村生活。

我国正处于工业化社会转型的现代化进程中，更重视现代性对于社会发展的引领作用，这是后现代性所无法替代的。现代性发展产生了理性专制、精神荒芜、生态危机等负面效应，这就需要构建一套本土化的促进社会协调发展的现代性理念和修正方案。

2. 国际都市农业发展新趋势

面对突飞猛进的城市化浪潮和人们对自我生活环境要求的不断提高，都市农业以一种前所未有的姿态出现在世界各地城市发展的日程和日常活动中，成为世界城市当前和未来发展一个重要的新兴领域。

（1）伦敦都市农业。

都市农业作为伦敦绿带的重要组成部分，对于伦敦打造“最适宜居住的城市”功不可没。伦敦城市外围的环城绿带中，不允许修建房屋和居民点，这不仅阻止了城市的无序蔓延、保持了原有的乡野风光，还通过楔形绿地、绿色廊道、河流等，将城市的各级绿地组成了生态网络。伦敦都市农业的主要载体为多种形式的生产农场，包括划拨地块、城市农场、社区公园果园、本地政府的出租农场等多种类型。伦敦的城市农场中，只有少部分是完全由当地政府所有并经营的，其他的大部分都是由各个慈善基金运营。这些农场针对社区，并由城市农场和社区公园联合会（FCFCG）管理，且大多数城市农场是在城市荒地或是在垃圾填埋地的基础上建成。伦敦的都市农业特色就是开展种植和水果、蔬菜、鸡蛋、奶制品、家禽的生产。据估计，伦敦有大约 3 万名小地块生产者，种植的各种蔬菜年产出达 746 万吨。还有很多人在自家的后院或窗台上种作物，而且这种非正规作物种植为家庭粮食安全筑起一道保障线。

（2）纽约都市农业。

纽约都市农业的主要形式是耕种社区或称市民农园，这是采取一种农场与社区互助的组织形式，在农产品生产与消费之间架起了一座桥梁。纽约拥有大约 600 个小型社区支援型农场，这些农场尽最大努力为市民提供安全、新鲜、高品质且低于市场零售价的农产品。社区为农民提供了固定的销售渠道，实现了双方互利、共同发展的目标。社区支援农业型家庭农场大部分由城市低收入群体社团来经营，为低收入者提供了就业增收渠道，保障了城市农产品质量安全。目前纽约至少有 24 个蔬菜农场，为遍布纽约 5 个区的 6500 名会员服务。纽约都市农业具有农贸一体化的农业生产组织。其形式有如下几种：①为农民提供生产资料服务的各类工业公司，如农机公司、化肥制造公司、农药制造公司等。②按合同制组成的各类联合企业，一般由工商、公司与农民签订协作合同，如加工企业、商贸企业等。③由农民联合投资举办的供应生产资料和销售农产品的合作社。④农民自行组织并自愿参加的农民联盟组织——农场局联盟和各专业协会。⑤由农民自愿加入的各类技术和信息协会组织。

（3）巴黎都市农业。

巴黎是法国农业最先进的地区之一，农业用地面积占全区总面积的 50%，生产高品质的农产品，如甜菜、小麦、燕麦、蔬菜和葡萄，是法国第三大玉米产区和水果、蔬菜、鲜花的主要产区。巴黎的都市农业以家庭农场为核心载体。家庭农园的主要作用体现在：一是安排就业；二是充分利用土地；三是供市民休闲体验活动；四是作为城市景观。家庭农园一般设在距市区较近、交通停车都便利的地方。租种农园的市民需要加入家庭农园协会、交纳入会费并按面积交租金；委托农园主作业的，还要另付费用。家庭农园的土地，有的属于家庭农园协会，有的是国有土地，有的是租用私人土地。同时，农场功能多样，包括教育农场、家庭农园、自然保护区等。其中教育农场由政府向土地所有者租用土地，然后将一部分作为农业部门所属培训中心来使用，一部分辟为“自然之家”教育中心，还有一部分租给农业工作者耕种。有的农场规模达到上万亩，其中开设了供学生和游人免费参观的牛圈、挤奶室等设施。这些教育中心的经费一般要自行解决，主要通过农业和土地的经营取得收入来维持教育设施。

（4）东京都市农业。

东京的都市农业是日本都市农业的缩影。由于日本人多地少，日本政府为保护耕地采取了一些较为有效的土地税制制度，所以在市区还保留了一些面积不大(5公顷以下)的点状分布和面积较大（5公顷以上）的片状分布的耕地。东京的耕作面积有一半以上用来种植蔬菜，其次是花卉和苗木。东京的都市农业以生产优质新鲜的时令蔬菜为主，同时也保留了一定规模的畜牧生产，为有机蔬菜生产提供重要的优质堆肥供给源。东京作为都市农业的典型，尤为重视高科技含量和设施农业发展，提高土地生产率，发展高附加值农业。在财政重点扶持下，园艺设施基本上实现了小型化、集约化和现代化，蔬菜从播种到成品包装基本上实现了机械化操作，80%的蔬菜与花卉生产实现了现代化园艺栽培，商品率在90%以上。此外，利用科技手段开发的高楼农田与地下农田，代表了“城市农业”在东京的新发展趋势，实现了将农业生产引入城市绿化的功能。比如，在东京闹市区的高层楼楼顶和地下室里，通信巨头日本电信电话公司为解决“热岛效应”，推出“绿色马铃薯”项目，在公司总部大楼楼顶引进了红薯种植，该项目起到了较好的遮荫和绿化效果，并且改造成的室内农场极大提高了城市的空间利用效率。

（5）阿姆斯特丹都市农业。

阿姆斯特丹都市农业是以创汇经济功能为主的都市农业，即主要是以园艺业和畜牧业为主的出口型农业。借助于发达的农业设施，集约生产经营花卉、蔬菜及奶制品，已经成为世界都市农业的典范。阿姆斯特丹通过大力发展工厂化农业，将生物技术、设施栽培、计算机管理等技术融为一体，重点发展蔬菜和花卉业，尤其是外向型园艺业，使其成为世界高效农业的典范。阿姆斯特丹与周边几个城市共同发展现代设施园艺业，花卉占国际花卉市场总贸易量的60%。阿姆斯特丹有十分兴旺且有特色的农业合作社事业，其作用主要体现在两个方面：一是联合起来进行农产品生产、加工和销售；二是利用农民的合作银行筹集资金，对农业投资。此外，都市农业中的温室产业具有高度工业化的特征。由于摆脱了土地的约束和天气的影响，温室园艺产品可以实现按工业方式进行生产和管理，其种植过程不仅可以安排特定的生产节拍和生产周期，在产后的包装、销售方面，也做到流程化生产，实现了都市农业的产业化发展。

世界都市农业发展日趋成熟，融生产性、生活性、生态性于一体，拓展农业的生产、生活、经济、人文、生态、社会、服务、示范等功能，借助于先进的科技手段、完善的农业生产流通体系、全方位的农业社会化服务及有力的政策支持，深度发掘都市农业的经济、科技、文化及品牌等多种价值，实现农业生产经营的专业化、科技化、标准化、生态化、低碳化和品牌化，真正实现农业与二三产业，城与乡融为一体。它所形成的市民农园、设施农业、有机农业、生态农业、农业园区以及融入生态农业理念的现代农业等新形式，正是后现代农业的主要实践形式。

3. 国内都市农业发展定位及趋势分析

都市现代农业是北京、上海等主要一线城市“十二五”时期农业的发展方向与目标。北京都市现代农业融生产性、生活性、生态性于一体，以高端、高效、高辐射为主要标志，以基础完善、科技领先、产业高端、服务完备、装备现代、人才一流为主要标准，农业的多功能实现深度开发；杭州构建以现代都市农业为发展方向，以农业增效、农民增收、农村繁荣为目标，基本形成高产、优质、高效、生态、安全、特色的现代都市农业产业体系；上海着力确保地产农产品有效供给和质量安全，都市高效生态农业稳定发展，农业设施、农业组织和农业科技水平显著提升，农业的经济功能、生态功能和服务功能明显增强；武汉以开发农业多种功能为重点，以农业科技创新、体制创新和资源资本化为动力，着力完善现代都市农业产业体系，推进农业生产经营专业化、标准化、规模化、集约化；西安发展资源节约型、环境友好型现代农业，建设现代农业示范园区，推进农业产业化进程，提高农业组织化程度，改善农业生产设施及水、电、路、机械、信息等基础设施，提高农业可持续发展能力。可以看出，它们都注重都市农业的多元化功能目标，提升都市农业的经济效益及其服务于城市的能力，开始关注农业与自然的关系，强调农业的生态性与安全性，但并未以人类与自然环境的共同利益为根本出发点，仍以居民利益与安全需求为中心，突出农业的经济功能，强调农业的供给保障，相对轻视农业的生态价值，尚未考虑到资源的掠夺使用和环境污染所造成的累积性后果及长远影响，也未将农业环境综合治理列入规划内容。

相对于以上城市，深圳市走在了前列，2005 年就做出了《深圳市“十一五”都市农业发展规划》，依据率先基本实现农业现代化及适应深圳城市化和建设国际化城市的要求，建设具有“深圳特色”都市农业为总目标，以农业园区、无公害生产基地、观光农园为主要形式，以实现都市农业的经济、社会、生态功能为发展方向，建成集科技示范、休闲观光、生态屏障和提供安全优质农产品等功能于一体的现代都市农业体系。2011 年根据“将大农业的建设与发展、与城市生态建设、与城市环境提升、与现代高科技发展结合起来，使传统产业做新贡献、做大贡献”的新要求，为大力转变农业发展方式，加大民生保障力度，建设深圳现代农业生物育种创新示范区、深圳国家农业科技园区、深圳国家现代农业示范区，加快农业科技创新，提升农业自主创新能力，不断拓展农业综合功能，逐步实现都市农业创新发展，深圳市制定了《深圳市现代农业发展“十二五”规划》，以实现都市农业与城市总体发展和谐统一，全面推进深圳现代农业向“民生、科技、生态、低碳、安全”的创新型都市农业发展。

（二）战略布局：铸就康达尔农业发展的华彩篇章和都市农业的基石

康达尔集团的产业发展战略规划确立了集团的农业产业总体战略：以终端市场为导向，以产业链前端为支撑，以饲料基地为战略纽带，布局终端产品供应链，梯次发展一体化的康达尔品牌农业产业。中短期内，核心是关注产业链前端与后端，前端决定农业产业发展的高度，后端决定发展的广度，因此在前端将建立技术优势，在后端将建立品牌和渠道优势，为将来多种农产品进行渠道与品牌嫁接打造终端平台，如图 3 所示。

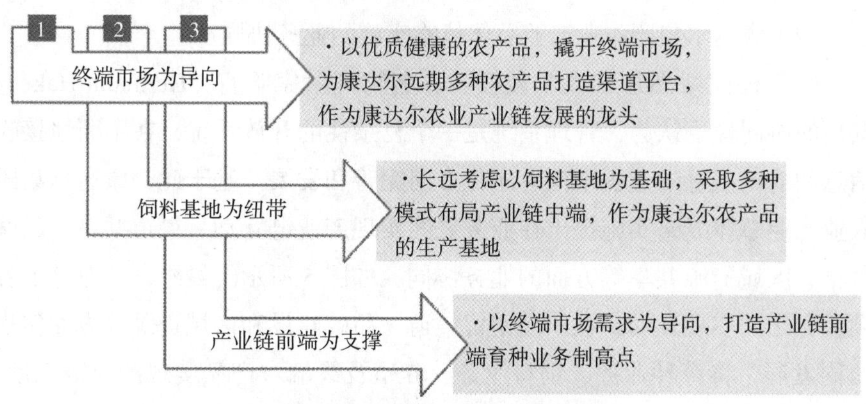

图 3　康达尔集团农业发展战略图

1. 康达尔集团农业产业总体战略业务组合和实施

（1）基于价值微笑曲线的战略业务组合。

微笑嘴型的一条曲线，两端朝上，在产业链中，附加值更多体现在两端，设计和销售，处于中间环节的制造附加值最低。基于此，康达尔集团的农业业务组合中，在农业产业链后端——以中高端猪、品牌鸡蛋撬开终端市场，树立高端品牌形象；产业链中端——饲料业务、蛋鸡养殖、中高端猪养殖谋发展，探索多元化的终端导向养殖模式；产业链前端——发扬既有优势，发展黄羽鸡、蛋鸡、普通猪和中高端猪的育种业务和动保业务，实现终端导向的业务突破。如图 4 所示。

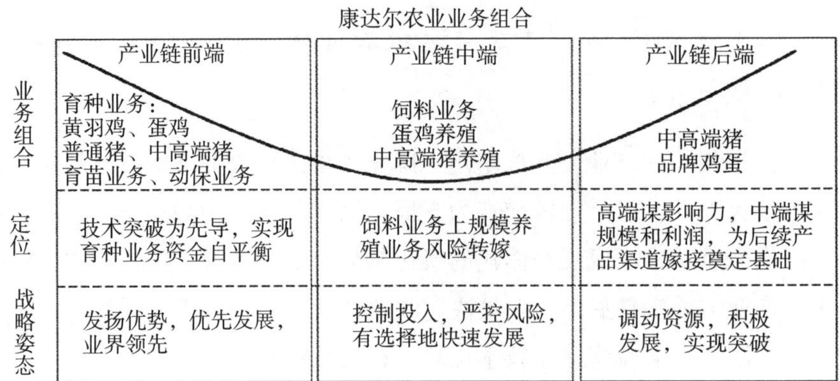

图 4 康达尔集团农业发展战略业务组合图

（2）康达尔集团农业产业总体战略实施的业务协同。

联邦德国斯图加特大学教授、著名物理学家哈肯（Hermann Haken）提出的协同理论认为，管理系统是一个复杂性的开放系统，在不断地接收信息和输出信息的过程中向有序化方向完善和发展。基于此，康达尔集团农业产业总体战略实施提出在业务之间实现产业链互动、渠道共享、品牌共享、区域资源共享等方面的业务协同，如图 5 所示。最终，产业链上各项业务之间实现互动，在产品销售渠道、品牌建设和区域资源等方面实现协同发展：将育种业务、饲料业务、养殖及终端农产品实现产业链互动，进行一体化发展，将鸡蛋与中高端猪肉等终端产品在同一渠道上进行推广、实现渠道共享，树立中高端品牌形象，在产品多样化时，形成品牌共享和溢价。

产业链互动	· 育种业务、饲料业务、养殖及终端农产品在产业链一体化上形成互动
渠道共享	· 终端产品的渠道推广上可以共享，如鸡蛋与中高端猪肉
品牌共享	· 树立中高端品牌形象，在产品多样化时，形成品牌共享和溢价
区域资源共享	· 各区域在社会资源、品牌资源上存在终端、中端共享的潜在可能性

图 5 康达尔集团农业发展战略业务协同图

2. 康达尔集团农业产业战略业务发展

（1）鸡蛋业务。

南方市场鸡蛋需求量巨大，南蛋南产尚未普及，行业集中度不高，有利于集中优势突破，相比于其他农产品，鸡蛋业务风险小、前期投入相对较低，有利于企业开始布局。因此，鸡蛋业务是康达尔集团打通农产品终端核心业务，是建立集团终端产品营销渠道的重要手段，应聚焦中高端鸡蛋市场，立足深圳、渗透珠三角，成为集团未来利润与规模的重要增长点。如图 6 所示。

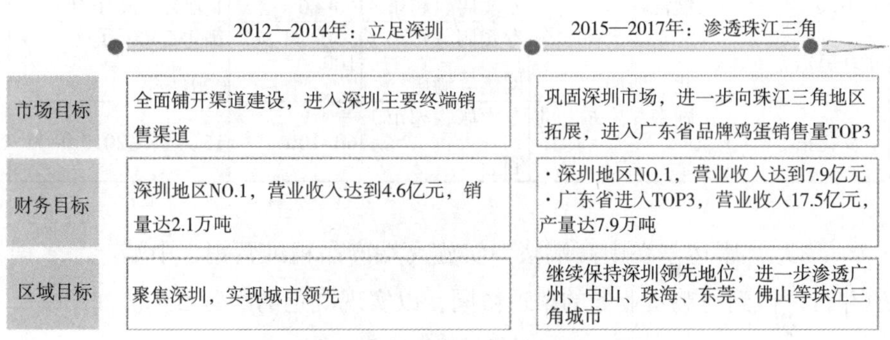

图 6　康达尔集团鸡蛋业务经营目标图

康达尔发展鸡蛋业务的先天优势：一是康达尔目前推出初生蛋、农场蛋，在市场运作、品牌营销方面已经有一定的基础；二是康达尔在过去鸡养殖业务上已经有深厚的技术和管理积累，因此蛋产品资源获取比一般刚起步的企业更有优势。同时，鸡蛋业务易于形成规模，是企业稳定的资金来源，为企业提供持续不断的利润，而且可以将鸡蛋业务打造成康达尔在终端消费市场的品牌，为以后其他产品进行渠道嫁接奠定基础，具有十分重要的战略意义。

（2）中高端猪业务。

目前市场上的中高端猪肉品牌多为区域性品牌，且规模均有限，存在很大的整合、发展空间，如表 1 所示。同时，中高收入群体逐渐增多，消费分层显现，中高端农产品有很大市场空间，作为国内最大的肉类消费品，中高端猪领域市场机会显现，是潜在蓝海。因此，康达尔集团把中高端猪业务作为集团农业终端市场进入的战略突破业务和集团高端农产品品牌建设的突破口。

表1　我国中高端猪肉品牌分布表

品牌 / 品种	主要投放市场	销售渠道	售价（元 / 公斤）	年销量 / 产值
雪山来客（兴安野猪）	东北、杭州	专卖店、超市	160	产值 800 万元，利润 300 万元（2010 年）
壹号土猪	广东	专卖店、超市	30~60	10 万头（2011 年）
两头乌	浙江	专卖店、超市	60~80	1 万头（2010 年）
北京黑六	北京、天津、东北、西南	专卖店、超市、网络、酒店	100	销售 2700 万元（2011 年）
宁乡花猪	湖南、广东、北京、上海	专卖店、超市、酒店	60~100	15 万头（2010 年）

为此，康达尔在中高端猪肉实施高端产品精准营销，中端产品多渠道并行，做到与鸡蛋业务的渠道协同，以实现既定的经营目标。如图 7 所示。

	阶段一　市场探索期 2012—2014	阶段二　加速发展期 2015—2017	
目标区域	·深圳	·深圳	·珠三角
产品组合	·高端产品（鲜销+肉制品）	·高端产品（鲜销+肉制品） ·中端产品（鲜销为主）	·高端产品（鲜销+肉制品）
发展目标	·高端产品以直销为主，营销渠道覆盖深圳50%以上的高星级酒店和高级餐饮场所	·高端产品覆盖深圳70%以上高星级和高级餐饮场所，并实现异地扩张 ·中端产品基本完杨深圳区域布局	

图 7　康达尔集团中高端猪业务经营目标图

2013 年，鉴于厦门牧兴实业有限公司、厦门源生泰食品有限公司经过十几年的发展，在生猪产业链各个节点包括优质种猪选配、养殖模式、屠宰加工、配送、终端渠道等建立了较为成型的商业运营模式如图 8 所示，处在发展成长的起步阶段；同时，因厦门源生泰食品有限公司深圳市菲赛迪食品有限公司在厦门、深圳、福州、泉州和漳州等城市设立了 44 个网点，集团收购牧兴公司、源生泰公司和菲赛迪公司（后更名为深圳市康达尔都市农场有限公司）作为集团实现农业产业总体战略的一项重要举措，使公司快速进入终端市场，并进一步布局终端产品供应链，拓展中高端客户市场，梯次发展一体化的康达尔品牌农业产业，从而实现集团农业产业总体战略，为打造现代都市农业奠定基础。

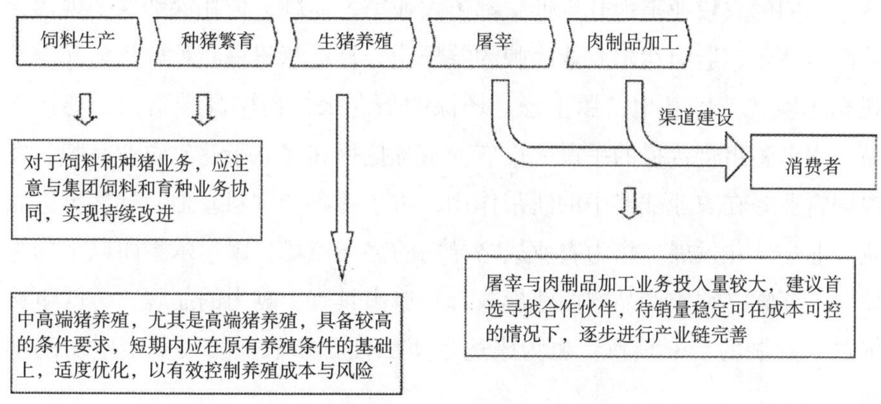

图 8　康达尔中高端猪业务产业链发展图

（3）养殖、饲料、育种业务。

养殖业务是康达尔集团农业板块关键业务。康达尔集团围绕现有饲料基地，抓住饲料基地纽带作用，以多种模式打造终端产品供应链，形成全国五大农产品供应基地，同时打造了惠州核心种群基地和生态观光体验式养殖基地。随着养殖业的高速发展，沿产业链拓展康达尔农业的发展方向，康达尔注入了巨资加速发展饲料业务，以自身优势为基础的内涵式扩张，向终端市场拉动的外延式扩张演进，产品逐步覆盖了华南、西北、中原、东北、香港等地区。现康达尔饲料已实现全国布局，建立了广东东莞、陕西高陵、河南孟州、湖南邵阳、安徽萧县五大饲料生产基地。在中远期关注与集团终端导向的养殖业互动，扩张过程中实现了多模式并举。同时，康达尔饲料业务关注技术突破与管理沉淀，从单纯的产品生产者向技术标准、工艺标准、运营标准制定者转变，为长期产业的规模化发展奠定基础。

作为康达尔集团未来产业链体系完善的制高点的育种业务是农业板块重点培育业务，已经在种猪业务和种鸡业务两大品类实现快速发展，并在普通猪业务、差异化猪（中高端猪）业务、黄羽鸡业务、蛋鸡业务四个细分业务实现了技术集中突破。

康达尔集团一方面感觉到了农业品牌建设的责任感和紧迫感；另一方面也感到大力发展优质安全农产品和品牌农业，将迎来重大发展机遇。康达尔集团的农牧业努力开创低碳都市农业第一品牌，依托深圳这个现代化的都市逐步塑造康达尔农业品牌的差异化。打造惠州核心种群基地和生态观光体验式养殖基地，用生态、环保的概念来推出中高端猪肉、鸡蛋产品，用多种组合传播的手段来推广，系统挖掘和建立康达尔农业品牌。发挥饲料业务在农业战略中的纽带作用，将依托各个饲料基地，梯次推进农业产业一体化发展。作为农业战略导向的终端市场，康达尔集团以市场为导向，探索终端农产品的商业模式，打造出具有影响力的品牌，铸就康达尔农业发展的华彩篇章，也为康达尔集团向都市农业发展奠定坚实的基础。

（三）都市农业、休闲低碳：康达尔的康达人生

都市农业的发展趋势已经让康达尔意识到，都市生态农业才是康达尔集团农业的未来发展道路。也就是，依托大城市并与城市充分融合，视城乡居民的幸福指数为首要目标，以“康达尔利益最大化”和“社会与环境代价最小化”为核心衡量标准，以生态为前提，深度开发农业的生态服务、休闲娱乐、体验教育、辐射示范等多功能，融合农业与二三产业，为城乡居民提供优质安全的农产品，享受农业休闲文化，接受农耕文化教育，美化城市环境景观，提升农业生态服务水平，这些才是康达尔集团未来农业发展之路。

1. 良好的外部环境支撑康达尔都市农业发展

（1）政府政策支持康达尔都市农业发展。

国家高度重视“菜篮子”工程建设，并将农业生物育种产业列为国家战略性、基础性新兴产业。2010 年，国务院印发《国务院办公厅关于统筹推进新一轮“菜篮子”工程建设的意见》等一系列重要文件，提出实施新一轮“菜篮子”工程等政策措施，强调要实行“菜篮子”市长负责制，要加强生产基地、蔬菜流通业、蔬菜信息体系建设，稳定和提高大城市蔬菜自给能力。2011 年 4 月 10 日国务院印发《国务院关于加快推进现代农作物种业发展的意见》，明确提出农作物种业是国家战略性、基础性核心产业，是促进农业长期稳定发展、保障国家粮食安全的根本，要整合农作物种业资源，增加农作物种业投入，快速提升农作物种业科技创新能力、企业竞争能力和供种保障能力。《广东省农业和农村经济社会发展第十二个五年规划纲要》和《广东省农业功能区划研究报告》中均将深圳划入珠三角都市综合农业功能区，重点发展观光、旅游和体验型都市休闲农业。深圳市委、市政府高度重视生物产业发展，在全国率先出台了生物产业振兴发展规划及产业政策，将生物产业列为深圳市战略性新兴产业发展重点领域，年投入 5 亿元发展生物产业，2015 年将实现生物产业收入 2000 亿元，培育 3 家年销售收入超百亿元龙头企业，约 50 家超 10 亿元企业，并积极推进深圳市现代农业生物育种创新示范区、深圳国家农业科技园区、深圳国家现代农业示范区的建设。良好的政策环境为康达尔都市农业发展提供了巨大动力和政策支持。

（2）优良的经济环境为康达尔都市农业发展提供强有力的经济支撑。

深圳市三种产业构成比例为：0.1 ∶ 47.2 ∶ 52.7，实现了从“二三一”到“三二一”的战略性调整；现代产业体系框架已经基本形成，高新技术、金融、物流、文化四大支柱产业增加值占 GDP 的比重超过 60%；战略性新兴产业迅速崛起，经济发展质量明显提高，2010 年，深圳市生产总值达到 9581.5 亿元，平均 GDP 产出为 4.77 亿元 / 平方千米。雄厚的物质基础和经济实力为康达尔都市农业发展提供了强有力的经济支持。

（3）广阔的市场空间为康达尔都市农业发展提供强有力的发展空间。

深圳地处珠三角、毗邻港澳，是全国唯一同时具有海、陆、空口岸的城市，农产品供销信息丰富、渠道畅通，外贸出口条件优越，是我国最大的农产品物流交易中心和国际农产品转口贸易基地，产品销往北美、南非、日本、韩国、东南亚及西欧等多个国家和我国港澳台地区。未来深圳农产品市场将进一步发展和扩张，能为康达尔都市农业发展提供广阔的市场空间。

（4）和谐的社会环境和创新的文化氛围为康达尔都市农业发展提供良好的社会文化条件。

深圳作为移民城市，已形成了鼓励创新、宽容失败、脚踏实地、追求卓越的新时代创新文化氛围，其和谐的文化环境和创新氛围为康达尔都市农业发展提供了良好的社会文化条件。

2. 康达尔的都市农业

康达尔集团是中国第一个农牧上市企业，在农业领域具有无可比拟的深厚积淀，并且集团确立了“以终端市场为导向，以产业链前端为支撑，以饲料基地为战略纽带，布局终端产品供应链，梯次发展一体化的康达尔品牌农业产业”的农业发展战略，并以此为基础，以“民生保障、科技创新、生态低碳”为都市农业发展理念，研究设计了“以市民农庄服务城市、带动农村，产业一体化保障低碳循环、食品安全”的都市农业发展模式，致力于通过求实的态度、创新的精神为消费者提供优质、安全、放心的产品，引领健康生活，做我国最受信赖的百年健康企业。

（1）康达尔的生态都市创意农业。

康达尔集团以创新为动力，充分利用深圳创意产业良好的发展氛围，利用深圳现代都市农业发展基础，挖掘康达尔农业地域景观价值、环境价值、体验价值、旅游价值等，改善农业生态环境，提升农业教育、休闲、观光、旅游功能，大力发展了康达尔的生态创意农业。

（2）康达尔的都市农业生物育种创新示范区。

在政府的引导和支持下，康达尔集团坚持以市场为导向，科技为支撑，新兴农业生物产业为核心，着力建设康达尔的都市农业生物育种创新示范区，大力发展生物育种、生物质能等战略性新兴农业生物产业，推动康达尔都市农业生物产业快速发展。

（3）创汇的康达尔都市农业。

康达尔都市农业依托深圳对外开放和良好的口岸，冲破地域，实行与香港等国际大市场接轨的大流通、大贸易经济格局，加快农副产品国内、国际的流转创汇增值，提高农产品的附加值。

（4）城市“自然化”下的康达尔都市农业。

屋顶农园是一种环保节能的建筑技术，微环境、景观、有机食品生产相互依存，绿色植被覆盖于屋顶表面，在遮阳的同时还可以有效调节室内、室外温度，减少建筑能耗，遏制温室气体的排放。房地产业的强力支撑使得康达尔农业可以充分利用土地设计出环境优美、空气清新、生态环保的城市农园，将劳作的园区变成一个风景宜人的休憩场所。

目前在康达尔集团都市农业、休闲低碳的理念下，康达尔集团投入巨资以高标准、高起点大力建设惠州都市农业旗舰示范基地、休闲观光农业的模板试验、政府——公司——家庭农场模式的模板基地。为此康达尔集团还借助金融创新对农业的推进力，2013 年 5 月，在前海设立了康达尔前海投资公司作为对外的投融资平台，积极探索“以金融为前导，实业做支撑，多快好省”的产业发展模式，同时，搭建以集团为主体、合理风控前提下的农业金融平台，成为实现康达人生建设“健康中国都市农业”的重要推动力。

（四）康达尔都市农业发展的战略保障

腾飞阶段的康达尔，以都市农业、公共事业、房地产业、金融投资业为四大支柱，正快速发展，引领健康生活，铸就百年基业。但这都离不开康达尔集团的“企业家精神领袖”罗爱华董事长和她的优秀团队。

1. 康达尔都市农业发展的领头人

“企业家精神”是一种重要而特殊的无形生产要素，是企业家所具有的独特个人素质、价值取向以及思维模式的抽象表达，是对企业家理性和非理性逻辑结构的一种超越、升华。企业核心竞争力从某种意义上讲，是企业家精神的一个反映或扩展，它体现的正是企业的创造与冒险、合作与进取。企业家在企业中的独特地位，决定了企业的核心价值观必然受其重要影响，决定了企业的组织创新、管理创新、价值创新等冒险活动只能由企业家自身承担。它同时也决定了企业的经营发展状况，从而决定了企业核心竞争力能否形成。因此，企业家在其精神的鼓励下对企业核心竞争力起着关键性保障作用，企业家精神通过企业家自身保障了企业核心竞争力的培育与提升。现任康达尔集团有限公司董事长罗爱华以女性独有的韧性、坚定的毅力、稳健的作风化危机于无形，在困局中坚守前进，体现了极高的战略眼光和坚强领导力，形成了未来集团领导核心力量。罗董事长曾就学于西安西北建筑工程学院建筑系，担任武汉职工大学建筑教学工作，是武汉建科院、深圳建科中心、深圳设计装饰公司建筑项目负责人，长期担任深圳口岸管理服务中心基建部长、中外建深圳设计公司承包人、中外建南方工程建设公司副总经理等职，从事建筑设计、房地产开发和企业管理工作多年，具有很强的专业综合知识、投资管理能力和丰富的企业管理经验。

2. 康达尔都市农业发展的企业精神

美国著名管理学者托马斯·彼得曾说：“一个伟大的组织能够长期生存下来，最主要的条件并非结构、形式和管理技能，而是我们称之为信念的那种精神力量以及信念对组织全体成员所具有的感召力。”企业精神是现代意识与企业个性相结合的一种群体意识，是企业全体或多数员工共同一致、彼此共鸣的内心态度、意志状况和思想境界。它可以激发企业员工的积极性，增强企业的活力，构成企业文化的基石。

康达尔多年的历程形成了“立正理，树正气，行正道，出正果”的企业精神。其中，立正理是理直则气壮，要求康达尔设立的规章制度、行为准则符合社会、道德规范，符合法律法规要求。树正气是在政治、道德、思想、言论、礼仪等方面符合原则、标准或规定，公司在社会中有浩然正气之形象，员工在企业中有光明正大之言行。行正道是无论是企业还是员工，都以正当的渠道获取正当的利益，在遵纪守法的前提下，以最佳的途径、最有效的方法达成目标。出正果是立正理、树正气、行正道的最终目的，要求企业运营有效益，员工工作富有成效。作为在市场中打拼的经济实体，经济效益的实现是康达尔生存和发展的根本要求，员工卓有成效的工作是实现经济效益的根本保证。

康达尔集团的企业精神形成了康达尔员工的心理定式，通过明确的意识支配行为，提高员工主动承担责任和修正个人行为的自觉性，从而主动地关注企业的前途，维护企业声誉，为企业贡献自己的全部力量。

3. 康达尔都市农业发展的核心价值观

菲利浦·塞尔日利克说："一个组织的建立，是靠决策者对价值观念的执着，也就是决策者在决定企业的性质、特殊目标、经营方式和角色时所做的选择。通常这些价值观并没有形成文字，也可能不是有意形成的。不论如何，组织中的领导者，必须善于推动、保护这些价值，若是只注意守成，那是会失败的。总之，组织的生存，其实就是价值观的维系，以及大家对价值观的认同。"企业价值观为企业的生存与发展确立了精神支柱，是企业领导者与员工据以判断事物的标准，一经确立并成为全体成员的共识，就会产生长期的稳定性，甚至成为几代人共同信奉的信念，对企业具有持久的精神支撑力。

康达尔集团树立了"诚信、正直、包容、高效"的核心价值观，其中诚信是康达尔对社会、顾客、员工、股东、合作伙伴恪守诚信；员工对企业真诚务实，克己奉公，坚守承诺。正直是顺道而行，顺理而言，公平无私；领导正，员工正，团队正，企业正。包容是在符合道德规范、法律法规的前提下，能容人容事；尊重领导、尊重同事、尊重下级，包容不同的意见、不同的言行，讨论工作以事论事，尊重人。高效是基于既定的目标、标准而言；企业经营管理目标、员工工作任务目标明确，实现目标的方法方式行之有效，追求效率、效益最大化。现在康达尔员工价值观争相向企业的核心价值观靠拢，把为企业工作看作是为自己的理想奋斗。在企业遭遇顺境和坎坷的过程中，康达尔的核心价值观使全体员工接受，并为之自豪，使得康达尔集团具有了克服各种困难的强大的精神支柱。

4. 康达尔都市农业发展的团队凝聚

随着经济的全球化、国际化，企业越来越重视对人力资源管理，优化配置人力资源，发挥人的积极性、主动性就成为企业的重中之重。因为高绩效的管理团队一是可以产生强大的凝聚力，发挥团队智慧，使组织目标易于实现；二是使高层管理者集中精力进行战略性思考；三是团队员工组成的多元化易于产生新颖的创意；四是提高业绩，能够提供更好地利用雇员才能的环境。因此企业经营管理团队建设能否将管理团队建设成为高绩效团队，不仅是其企业团队管理水平的体现，也将直接影响着企业团队管理工作的成效以及企业的长远发展。因此，就需要建设有效的企业经营管理团队，而作为一支高效团队首先是具有明确的目标，团队成员清楚地了解所要达到的目标，以及目标所包含的重大现实意义；二是团队成员能力的互补，团队成员都具备实现目标所需要的基本技能，并各有专长，在能力上是互补的，能够良好合作；三是共同的诺言，这是团队成员对完成目标的奉献精神；四是良好的沟通，团队成员间拥有畅通的信息沟通；五是明确的责任，团队中每个人都应该知道自己的责任；六是合适的领导，高效团队的领导往往担任的是教练角色或起后盾的作用，他们对团队提供指导和支持，而不是试图去控制下属。

基于以上理念，康达尔制订了“率先垂范，以人为本，互爱互助，共同进步”的经营管理团队方针。火车跑得快，全靠车头带；上梁不正下梁歪。康达尔的团队方针首先强调的是领导的带头作用，而且认为企业的一切价值是通过“人”的活动创造出来的，以人为本是一切工作的基础。同时认为康达尔是全体员工的利益共同体。一方面，企业要生存、要发展，离不开员工的共同努力、勤勉工作；另一方面，企业只有提供完善的工作平台、良好的发展前景以及具有竞争力的报酬激励，才能吸引、留住优秀人才。我们相信，任何个人的能力都不能超越团队之上，在团队中，只有互爱互助、取长补短，才能发挥团队的作用，达到共同进步的目的。

七、互联网金融、引领现代农业创新：康达尔二次腾飞的助推器

我国农业以鼓励家庭农场为标志，以农村土地三权三证的确立为重要支撑，以新型农村经营主体为重要力量，以发展农村金融为重要手段，正在面临从传统农业到现代农业的转变。2014 年，国家惠农扶持资金超过 1.4 万亿元，如果按照每年国家惠农扶持资金递增 15% 来算，2015 年国家的惠农扶持资金将超过 1.6 万亿元。未来几年我国经济改革有三个方向：一是金融自由化（市场化）；二是国企民营化；三是土地私有化。土地私有化将引发我国农业进入黄金时代——未来农业行业三大投资机会，会将金融改革和农业现代化进一步具体结合。未来十年，将是中国农业的十年，将是中国金融的十年，所以企业选择做农村金融是迎合政策的行为，符合价值投资的逻辑。

伴随着现代农业的规模化、标准化、集约化、产业化水平的持续提高，农业进入了高投入、高成本、高附加值的发展阶段，在新型城镇化浪潮的推动下，三农领域对金融支持和服务的需求必将越来越旺盛。以互联网为载体的商业模式和投融资方式将是未来现代农业发展的加速器，金融板块将是康达尔集团未来着力打造的业务板块。2013 年，康达尔集团在前海注册成立了全资子公司深圳市康达尔前海投资有限公司，开始了金融业务的战略布局。2014 年 11 月，康达尔前海投资有限公司正式签约控股深圳本土新锐 P2P 平台及时雨贷，完成了集团介入互联网金融领域的首次“落子布局”，正式发力金融板块。这是国内上市企业第一次将自己的企业品牌和 P2P 平台整合在一起，P2P 将正式被纳入上市公司产业版图，引领 P2P 行业专业化细分、规模化发展的新潮流。康达尔的金融旗舰——前海投资公司借此合作，将全面涉及农业担保、农业金融租赁、互联网金融及小额贷款等领域，充分利用三中全会的政策红利和互联网促农的行业驱动

等有利条件，支持现代农业发展，进一步提升公司品牌价值。

同时，公司拟与下属子公司深圳市康达尔前海投资有限公司、深圳市及时雨金融信息服务有限公司共同投资 2 亿元设立黑龙江省康达尔农业金融租赁有限公司（最终名称以政府公司行政管理部门核定为准）。其中，公司拟自筹出资 1.8 亿元，占黑龙江康达尔农业金融租赁有限公司注册资本的 90%，康达尔前海投资公司与及时雨金融信息服务公司各出资 1000 万元，各占 5%。新成立的黑龙江康达尔农业金融租赁公司主要业务范围涉及为农业生产、农产品储运、农产品加工以及农村基础设施建设提供设备租赁，为农村土地提供信用托管、促进土地规模化经营，为农业经营主体提供信贷服务，等等。此举抢占了政策红利先机，进一步布局农村金融领域，满足公司所涉猎的都市农业中众多农户、家庭农场等的金融信息服务需求，与小额贷款、村镇银行、互联网金融等业务互相配合，建立公司立体金融服务生态体系，增强品牌核心竞争力，延伸产业的价值链，形成新的利润增长点，保证公司发展战略规划的实现。

以互联网为载体的融资运营模式，必将成为未来农业发展提速的一个利器。越来越多的农牧企业互联网意识已经开始觉醒，康达尔集团作为 A 股农牧行业第一股，未来如何在利用互联网、移动互联网平台的基础上进行金融创新，服务与支持三农领域，推动现代农业的整体升级，社会各界拭目以待。

参考文献：

[1] 余永跃，王治河．当代西方的永续农业与建设性后现代主义 [J]. 马克思主义与现实，2008，（5）：114-123.

[2] 檀学文．现代农业、后现代农业与生态农业——“‘两型农村’与生态农业发展国际学术研讨会暨第五届中国农业现代化比较国际研讨会”综述 [J]. 中国农村经济，2010，（2）：92-95.

[3] 曾书琴．发达国家都市农业的成功经验对我国的借鉴与启示 [J]. 广东农业科学，2011，（10）：191-193.

[4] 吴德慧 . 国外都市农业发展经验研究 [J]. 世界农业，2012，(4)：28-30.

[5] 郭光磊 . 城与乡在博弈中共享繁荣——北京市农村经济研究中心 2010 年研究报告（下）[M]. 北京：中国农业科学技术出版社，2010.

[6] 刘娟，张一帆 . 四大世界城市的农业啥模样 [J]. 科技潮，2011，(10)：32-39.

[7] 大江论坛 . 各国都市农业发展状况一瞥 [EB/OL].

http://bbs.jxnews.com.cn/forum.php?mod=view thread&tid=83531.2005.

[8] 杨兴龙 . 美国市场农业的成功经验及其启示 [J]. 世界农业，2005，(11)：33-35.

[9] 信军 . 国外都市农业的实践与启示 [J]. 世界农业，2005，(12)：37-39.

[10] 刘文杰，韦恒 . 国外农产品物流的经验与启示 [J]. 中国科技信息，2005，(24)：87-88.

"如果我们把机会、鼓励和奖励给予那些平凡而普通的员工，以使其尽最大努力，那么他们的成就绝对是无可限量的。"

——沃尔玛公司创始人山姆·沃尔顿 (SamWaltlon，1918—1992)

第三章 科技安佑幸福中国

摘要：安佑是台湾地区首家幼畜料及辅助饲料专业生产厂。在创始人洪平先生的带领下，安佑以科技挂帅，敢为人先，十分注重企业管理和产业发展，成立研究院着力于科技研发和团队建设，于成立之初首倡乳猪断奶专用料的新观念，并提供全面性猪饲料饲养管理技术，为提升台湾地区养猪成绩做出了重要贡献。经过多年发展，安佑在猪饲料领域的发明专利已有16项，并打造出一支由50余名国内外博士、硕士所组成的专业研发团队，为安佑未来的领先发展奠定了扎实基础。

关键词：科技创新；低碳环保；猪饲料；幼畜料

一、引言

安佑于 1992 年创立于台南，是台湾地区首家幼畜料及辅助饲料专业生产厂。在创始人洪平先生的带领下，安佑以科技挂帅，敢为人先，于成立之初首倡乳猪断奶专用料的新观念，并提供全面性猪饲料饲养管理技术，为提升台湾地区养猪成绩做出贡献。1999 年，安佑在大陆的第一家合资企业——漳州安佑建成投产；2010 年，约 8000 万头乳猪使用安佑人工乳；安佑集团在大陆的参股、控股、独资企业已达 20 余家，年产值超过 20 亿元。安佑“舍大求精、专注优畜”的精神，终于换来了满意的回报。发展至今，每年约有 6500 万头乳猪使用安佑人工乳；安佑集团在大陆的参股、控股、独资企业已达 40 余家，遍布全国各地。安佑品牌已成为中国教槽料最佳品牌、最大品牌。安佑集团董事长洪平荣获“改革开放三十年中国饲料工业十大开拓人物”奖章，安佑集团也荣获“科技型企业”“创新型企业”“低碳实践”等奖项。

二、文献回顾

我国饲料工业经历了 30 多年的高速发展之后，已跃居为全球饲料产量第一的市场。我国工业饲料 2006 年以前每年享受超过亿吨的规模红利拉动；2006 年以来，随着养殖量增速放缓、规模化水平提高、集团饲料企业的扩张等因素，工业化饲料市场渗透率快速提升，产品规模红利在逐渐消失。目前，我国饲料工业已进入资源整合阶段。大企业实施国际化战略，兼并重组实现常态化，深度合作正在加速中。另外，营销的高端化、服务更加体现价值。在技术方面更加关注基础研究，深度研发产生差异化，种猪料迎来了黄金时代。目前生猪养殖的数量以 2%~5% 的幅度稳步增加，随着规模化养殖的进程，饲料工业化率将快速提升，配合猪饲料潜力巨大。假定未来中国前 10 大的饲料企业控制猪饲料 40% 的占有率，同时工业化率达 50% 的话，那么平均每家前 10 强饲料企业将拥有 400 万吨 ~500 万吨的猪饲料。因此，猪饲料在未来几年的发展潜力仍然巨大。猪饲料行业未来的发展，主要有十大新趋势：

（1）猪饲料在总体饲料中的比重会进一步增加，全价饲料会大幅提升；

（2）猪饲料会迅速向大型、超大型饲料集团聚集，猪饲料发展不是单技术或单营销所能迅速提升的，需要的是综合实力；

（3）猪饲料的绝对销量和占公司销量的比重将会成为评价集团公司在我国饲料地位的最重要指标之一；

（4）猪饲料的全程概念将会深入人心，而且将会继续延伸，甚至延伸到母猪的终身肥猪贡献，呈现全局观念；

（5）各大集团继教槽料之后，会大力发展种猪料，是下一个蓝海；

（6）猪料在未来几年全程料肉比降低 0.2 是可能和现实的，就商品猪而言，100 千克控制在 2.4 以内；

（7）基于原料的进口难度和高价位运行，凡是能提高利用效率的技术将大力使用，比如低甚至超低蛋白饲粮、酶制剂、各种微粉、熟化、膨化技术等；

（8）生物技术、抗生素替代品将在饲料中大力推广和使用，比如酸制剂、寡糖、微生物、抗菌肽等；

（9）饲料企业也要从饲料的角度配合猪场考虑如何降低环境污染问题；

（10）猪饲料营销的服务价值会体现得淋漓尽致，而且服务的内涵会逐渐延伸，从产品、技术到融资贷款，再到养殖企业的运营提升。

目前，饲料产业发展面临两大突出问题：一是饲料产业和原料资源短缺的矛盾日益突出，二是养殖业造成的恶性污染事件日益严峻。因此，在动物营养研究方面凸显了四大新任务，即营养代谢调控机理研究、营养与动物福利健康研究、实现最小的环境影响、实现长期可持续性发展。

对此，许多专家鼓励行业应多推广新型发酵饲料，如乳酸菌、芽孢杆菌、酵母菌等为主的生物饲料。

三、痴迷的安佑人：洪平与安佑人

（一）洪平生平

1. 勤劳善良的少年

洪平先生籍贯安徽芜湖，1949 年父母随着军队来到台湾地区，1952 年，这个在战乱中颠沛流离的家庭欣喜地迎来了第二个孩子，父母为他取名为“平”，认为人生最幸福美好之事莫过于平安。但在洪平出生后不久父亲就病重住院，他的母亲便为全家生计四处奔波，而一家四口则住在租来的“竹筒房”内。幸而他的母亲天性热心，人缘好，所以得到邻居们的帮助及接济。在洪平六岁那年，屋主把房子和旁边的一亩地租给了他们，洪家除了居家之外还饲养了一些家畜，八九岁开始，年幼的洪平就在家里的农场里帮忙，这就是小洪平最早接触的养殖业。童年时代的经历、父母的善良坚毅的品质深深影响了他，使得他自小就喜爱动物，并且养成了勤劳、富有责任感的品格。

2. 开窍奋进的青年

小时候的洪平，大哥在外地求学，除了母亲以外，很少有人陪他说话，且因天性木讷，小洪平直到三岁多才开始牙牙学语。因为开窍晚，又必须在家帮忙工作，洪平小学时成绩平平，参加初中联考时，基本没有人看好他。但通过刻苦努力，他竟然考上省立员林初中。但随后意想不到的事情发生了，第一年功课完全跟不上，便被刷了下来，留级了一年。这是少时洪平成长的挫折与转折点，自此在学业上他像是突然开了窍似的，每个学期都保持在前三名。初三时迷上了课外读物，先是武侠小说，再是古典名著，然后是传记文学，最后是连小品散文均爱不释手，因此养成他爱读书的习惯，国文程度也因而增进不少。因为当时成绩优秀，便直升员林高中，基于对动物的喜爱，他选择了丙组（农、医）。1973 年洪平顺利考上中兴大学畜牧系。

一上大学，周围一下子有了来自四面八方的同学，洪平也有了更多自己的时间，真正的人生好像才自此开始，他学习交朋友，学习新知识，学习加入社团也参与各种活动。大三时他被选为系学生会总干事，虽说能力、经验均不足，但从小承担家里工作使得洪平有着其他同龄人难得的责任心，在老师和同学们的帮助下，规划了许多活动。从新生接待、建立学长制、办刊物、办活动到办系友联络，一年下来也交出不错的成绩单，大学的锻炼为其为人处世奠定了良好的基础。大四除了准备预官考试外，空暇时间很多，洪平便开始学习整理与收集资料。他说当时在求学过程中影响最大的事，第一是邱文石博士所开之专题研究的课程，让他了解如何收集资料及整理报告；第二是一本国外翻译的书——《知识诞生的奥秘》，让他知道如何分类资料与分类心得。这些对他日后的写文章、出书及演讲帮助非常大。最终，洪平以优秀毕业生的身份从中兴大学毕业。

3. 刻苦钻研的学者

1976 年，洪平毕业于“台湾中兴大学”农学院畜产学专业。大学毕业及退伍后，洪平到了一家饲料公司，做饲料研究员。大学时代的学习让洪平对畜牧学构建起了系统的知识体系，而在饲料公司的任职则让他把书本上的知识运用到了实际的操作中，使他更加喜欢上了这个行业。

青年洪平勤奋、努力，痴迷、热爱技术，工作之余埋首案前，研究饲料原料，在资料匮乏的情况下，钻研攻读日文文献。日本的饲料技术在当时处于世界领先的地位，但洪平并不懂日文，他仅仅凭着对学术的热爱和执着，一手日文字典，一手原版资料，硬生生地把整本书翻译了出来，刚开始两天才能翻译一员，到后来可以一天翻译一员，再后来一天可以翻译好几页，洪平就利用下班后的点滴时间，持之以恒地翻译完了整本的《科学饲料》。当洪平将手稿交到出版社时，出版社认为很有价值并决定尽快出版。洪平因此收到生平第一笔版税收入，虽然数额不大，但这件事对于任何一个初入行业的年轻人来说都是莫大的鼓励。从此，洪平更加积极地钻研技术，也常常投稿一些关于饲料方面的文章，久之整理成册，在 1986 年出版了他的第二本书《饲料原料要览》，1994 年这本书的大陆版传入大陆以后，成为国内饲料配方师的必备工具书，影响了几代饲料从业者，被誉为饲料业的“圣经”，有很多人因为这本书认识了洪平这个人。后来，他还与庄建隆博士合写了一本《水产动物营养与饲料》，还同时出版了《实习手册》等学校用书，在专业的道路上取得了不菲的成就。

4. 踏实肯干的创业人

在饲料公司的经历不仅让洪平把专业知识运用于实际，还让他结识了一群有能力同时也热衷于饲料行业的朋友，同时，还让他遇到了和他在事业、人生上相伴一生的人——苏美俐。1992 年，洪平开始同妻子一起经营饲料企业。说起创业实在并非洪平本意，认识他的人都知道以他的性格并不适合在商场上打拼，幸而爱人苏美俐头脑灵活，顶下了舅舅的公司，洪平则全力协助。刚开始只是代理一些国外的新产品，后来看到台湾地区的自配料越来越普遍，于是在1992年集资建立了一个辅助饲料工厂。时机、运气加上产品品质优良，业绩年年快速成长。时机好是因为当时做生意不需要应酬，客户对技术较为重视，才让洪平有充分发展的空间。运气好是因为公司推出产品不久，猪价即节节上涨，形成一股助力。公司初成立时所定下的宗旨便是：品质、科技、服务——永远领先！洪平为公司起名“安佑”，则是内心期待最美好的“平安”之意，他还自己亲手写了一副对联“安猪安宅安全家，佑国佑民佑天下”，表达了洪平成为一个有社会责任感的企业家的愿望。公司的英文名字是Animal Nutrition Specialties，简称ANS，取其Answer之意，代表公司专门为客户提供满意的答案与结果。从原料进口加工到产品生产均采用一贯作业，严格控制各个环节品质，降低生产成本，增强市场竞争力，1994年，公司的幼畜料占台湾地区市场的20%以上，1996年产品外销东南亚。

5. 理念先进的教槽料之父

与大陆以注重产品营销的企业比，初入大陆市场的安佑，带来了2599（爱我久久）大乳猪计划，这个让最难养的乳猪发挥最大的生长潜能的理念，被喻为“乳猪饲养观念的一场变革”。“乳猪就像婴儿一样，需要照顾它，让它发挥好的品种和潜力。”洪平说，安佑办推广会和客户沟通，从来不谈产品，一开始就谈观念，谈猪的生理是怎么样，猪的环境是怎么样，你该怎么做，这么做会得到怎样的结果？安佑是低调的，从没有广告，“当客户开始替你宣传时，事就成了”。

安佑有着先进的乳猪饲养理念，但乳猪教槽料理念的推广、说服工作却进展得十分缓慢，大陆养猪的理念比较落后，加之教槽料较一般饲料要贵很多，客户刚开始并不能接受。但是，洪平坚持不懈地对客户面对面说服，并加以示范，其间默默耕耘的几年，在安佑看来，不急功近利，方能做得扎实。“从开始客户跟我们说，养猪不可能这么麻烦，不可能用这样贵的料，到今天客户告诉我们说不这么养，猪养不好了。”这种成就感，让洪平喜悦。山东一个50头猪场的老板，初试用安佑料持怀疑态度，他出差5天后回来，怎么也找不到两头做试验的小弱猪，饲养员却美滋滋地告诉他，那两个宝贝已经成正常的猪宝宝了。还有一个更有趣的故事：一位经销商投诉说，人工乳袋子经常有破损，销售代表赶过去了解情况，终于搞清楚，原来邻居小孩子偶尔发现人工乳很好吃，就经常趁人不注意将袋子挖破偷着吃。

安佑乳猪料适口性好，容易消化，能够大大增强乳猪的免疫力，促进乳猪健康成长，在养殖户中有非常好的口碑。1999—2014年，从最简单设备、最艰苦办公环境、最少人员逐步发展，安佑人工乳由零到年产14万吨，相当于6500万头猪使用这种产品。“高档饲料在安佑”，这是养猪业界的共识，提到高质量的乳猪料立即会联想到安佑，安佑乳猪料是东南亚第一品牌，洪平也被誉为“教槽料之父”。

安佑带来了我国养猪的变革，攻克了早期断奶的技术难关，推动了我国教槽料的发展，为我国的养猪业做出了巨大的贡献。

6. 科技安佑的领军人

洪平是动物营养专家，在安佑发展过程中，一直注重抓养猪技术的进步，并投入巨资成立研究院，广揽科研人才，以研发促生产，推动养猪科技进步。他始终坚持以技术为导向，以科技服务客户，把安佑打造成为科技实力雄厚的企业。

目前，洪平已经带领公司的研发团队共申请了68项知识产权，其中35项发明专利（16项授权）、8项实用新型专利（6项授权）、10项外观专利（全部授权）及15项著作权。

洪平研发的主导理念是高效、环保、健康，并把这三者在养殖上贯彻得淋漓尽致。

高效养猪，洪平的专利产品饲料采用独特日粮配方，加以科学的饲养管理模式，大大提高了猪只成活率，实现瘦肉日增量的最大化，达成高效养猪目标。安佑推出的肉猪最高利润计划，160日龄达110千克，料肉比2.4以下，瘦肉率提升3%~6%，粪便、氮、磷排泄物降低20%~40%。

环保养猪，20 世纪 90 年代，安佑就成为供港猪的主要饲料供应商。今天，安佑通过环保三段论—环保配方体内减量、猪舍设计体外减量、功能性有机肥计划猪粪变绿金，同时达到优化环境、降低成本的环保目标。

健康养猪，洪平的专利产品饲料致力减少抗生素、降低重金属残留，通过微生物研发，采用绿色添加剂免疫营养，为新鲜、安全、美味、健康的优质猪肉提供保障。

洪平的高效、环保、健康养猪有巨大的经济意义。2012 年开发的超母奶及奶妈房技术，可以实现弱小仔猪的人工哺育，将仔猪的育成率提升 10%，这也就意味着母猪可以少养 10%。再加上安佑先进的净能体系配制的生长猪饲料，可以将料肉比从 2.8 降到 2.4 以下；种猪挑战 30 饲养模式可使每头母猪每年提供上市肉猪头数由 18 头进步到 25 头以上。这些技术的应用，都可以大大减少生产每头生猪所需要消耗的饲料量。如果在全国推广，全国母猪可以少养 1500 万头，少吃 1500 万吨粮食；每头肉猪少吃 40 千克饲料，全国可再减少 2400 万吨粮食支出。在我国，其经济意义是不言而喻的。

7. 有社会责任的企业家

洪平有着强烈的社会责任感，事业做大了，还不忘一个企业家应尽的社会责任。为弘扬中华猪文化，普及养猪知识，洪平在总部建立了独树一帜的猪文化博物馆。博物馆八角造型，徽派建筑风格，分上下两层，总面积 800 多平方米。一楼大厅布展了关于猪的历史、猪与人类的关系、猪的文学记载等文字与文物，二楼布展了关于猪的品种、猪的习性、现代养猪等内容，陈列了猪肉石等珍贵的物件。整个博物馆收藏了古代猪舍、陶猪、青铜猪尊等文物物品 50 余件，汉砖猪纹饰拓片 3 本，近代各类铜器、木雕、陶艺、瓷器、石器等各类猪造型展品 50 余件，各国猪邮票 40 余件，猪肉石（彩霞石）2 件。这些各式各类猪主题的收藏品都是洪平一件件地收集起来的，猪文化博物馆以博物馆为平台，传播养猪技术与文化，唤起当代人对猪的关注与热爱。我国是世界上最早把野猪驯化为家猪的国家之一，现今我国的养猪水平却不如欧美国家，洪平希望通过一点一滴的努力让 21

世纪中国养猪技术领先全球，让中华民族成为最懂猪的民族。博物馆目前参观人数已达7600余人，参观者有养猪企业，有农牧合作单位，还有中小学生，等等，博物馆免费向社会各界开放，学生接受了科普教育，到安佑接受了爱与感恩的教育，都真心觉得安佑是一个有爱和包容的企业。目前，太仓岳王学校已把安佑猪文化博物馆作为德育基地。

洪平不遗余力地进行养猪培训，把自己的知识技术传播给养猪人，建立了安佑学堂，在总公司的走廊上挂着许多可爱的猪的照片，还有安佑员工抱着刚出生的小猪的照片，洪平说每天走过这里的时候看看这些照片心情都会立马好起来，它们给人一种莫名地舒畅、暖暖的感觉。提起任何关于猪的事情，洪平立马兴致勃勃，他对于猪的喜爱已经超过了泛泛地关注，而是发自内心深处的喜爱。

洪平有令人折服的敬业精神，一年365天，他的行程总是排得满满的，每天都工作到深夜，一有新的研发思路，总是要执着地做到有结果，每一次演讲，总是要精心准备材料，力求完美地呈现给养猪朋友。洪平总说，“还有好多事情可以做”，他是一个能在工作中找到最大乐趣的人。洪平的这种敬业精神也感染着公司每一个员工，让大家为企业发展而努力，并且，在洪平的带动下，安佑人有一个共同的理想，就是“为养猪业播撒成功的种子”，希望能为中国的养猪业贡献一份力量。

这么多年来，社会也给予了洪平很多赞誉。2007年，洪平被《饲料科技与经济》评为“中国农牧企业”品牌风云榜之“隐形冠军”风云人物；2009年，洪平当选为“中国畜牧业协会”猪业分会常务理事，并荣获“全国饲料工作办公室”颁发的“改革开放三十年推动饲料工业发展的十大开拓人物”奖；2010年，洪平领导下的安佑集团荣获“2010中国饲料行业最具成长性企业”称号；2011年，洪平获得台湾地区“中国畜牧学会”颁发的“畜牧事业奖”，同年，他领导研发的“低碳氮排放的高效环保饲料配方技术研究”项目荣获“中国饲料重大技术进步奖”；2012年，“安佑”商标荣获“中国驰名商标”称号；2013年，安佑获得“中国饲料行业十年持续成长综合创新奖”和“最受欢迎的乳猪料品牌”称号；2014年，安佑获得“第三届畜牧行业先进企业”称号，洪平先生获得“第三届中国畜牧行业先进工作者”称号。

（二）安佑团队

企业的发展壮大不仅得益于洪平先生的领导，更是有一群踏实肯干的追随者助推着安佑的快速成长。

汪德中

汪德中先生，安佑研究院院长。英国阿伯丁大学(University of Aberdeen)动物营养及生物化学博士，欧洲氨基酸理论先驱和著名的动物营养专家，师从氨基酸理论先驱 FULLER 博士，贯通中西文化，专长于养猪学、动物环境、动物行为、家畜禽营养、畜舍策划与自动化、家畜禽废弃物管理、畜牧推广等领域。汪博士于 2007 年夏天来到安佑，协助安佑规划未来产品及经营发展，提升公司快速成为国际领先企业。在汪博士的带领下，安佑集团组建了集科研、服务、国际交流于一体的安佑研究院。汪博士关注国外最新饲料、养殖相关科技成果，并引入公司，保证公司产品技术领先优势，同时致力于扩大公司与国外著名高校以及技术专家的交流与合作。2012—2014 年，汪博士带领公司的跨部门团队建立了安佑自己的云端养猪系统，为公司、为行业的发展又做出了新的贡献。

陈佐邦

陈佐邦先生，安佑集团常务副总裁，主要负责华南事业部，包括广东、广西、福建、台湾区域的管理。1990 年毕业于台湾中兴大学畜牧学系。

陈总裁胸襟开阔，为人宽厚，作风踏实，言谈诙谐，深受员工爱戴。他从台湾到大陆，几十年来长期从事饲料销售管理工作，为中国乳猪教槽料的推广工作做出了极大贡献。

他一直是洪平先生的得力助手和安佑董事会战略的坚定执行者，他在安佑集团组建、运营管理、团队建设等各方面亲力亲为，为集团在短时间构建并有效运转，做出了很大努力。尤其在安佑的品牌推广和产品销售方面，陈总裁具有较强的专业素养和强大的实战能力，他组织制定现代营销组织架构，构建具有安佑特色的以6S技术服务为有力保障的营销战略、专家服务战略，推动安佑销售节节攀升，使安佑集团近几年每年以平均40%以上的速度增长。

段绍钧

段绍钧先生，安佑集团副总裁，主要负责山川集团及安佑集团养殖事业部。1990年华中农业大学硕士研究生毕业，师从国家级养猪专家熊远着院士，曾担任湖北省粮油食品进出口集团公司总经理助理、湖北良友畜禽有限公司总经理等高管职务。1999年，段绍钧先生担任安佑集团第一家饲料厂——武汉安佑的总经理。2005—2011年期间组建山川集团，奠定了安佑集团在饲料添加剂领域的领导地位。山川集团被行业内称为“均衡油粉开创者”。

朱华

朱华先生，安佑集团副总裁，主要负责华东事业部，包括江苏、山东、湖北、安徽、浙江区域的管理。1999年，从事饲料添加剂的研发、销售，先后将一些国际知名饲料添加剂品牌引进国内，成为华东地区最大的饲料添加剂经销企业。2004年3月，被洪平先生感召，与安佑合作创建江苏安佑科技饲料有限公司，任董事长。江苏安佑获得2013—2014年度科技料销量亚军，2014年更成为总销量冠军。2013年，安佑集团以江苏安佑销量为基础，投资设立了南通安佑生物科技有限公司。

郑磊

郑磊先生，安佑集团副总裁，主要负责华北事业部，包括东北三省、津京冀地区、河南、陕西、山西区域的管理。1987年7月毕业于北京农业大学（现在中国农业大学），被分配到天津市种禽公司（隶属于天津市畜牧局）工作，1997年7月辞职创建天津市世昌科技发展有限公司，主要生产和销售饲料。2006年9月进入安佑，任天津安佑总经理至今。天津安佑2013年销量达4.8万余吨，且90%都是科技料。2012—2013年连续2年科技料销量和利润都排名全安佑第一。2013年年底以天津安佑的销量为基础，安佑集团分别投资兴建了邢台安佑和辽宁安佑。

赵刚

赵刚先生，安佑集团副总裁，主要负责华西事业部，包括四川、重庆、云南、贵州、湖南、江西、新疆、青海、西藏区域的管理。1987—1991 年，毕业于西南大学食品科学系。1991 年以四川省 70 名优秀大学毕业生之一被选调到四川省畜牧局工作。1997 年毅然辞去公职，下海经商，从事饲料添加剂的开发，先后将一些国际知名饲料添加剂品牌引进国内，成为西部区域最大的饲料添加剂经销企业。2006 年 5 月，被洪平先生感召，与安佑合作创建安佑（四川）科技饲料有限公司，任董事长。2013 年年底，任安佑集团副总裁。

赵刚先生是四川饲料行业高档饲料引进和推广的先驱者，长期服务于西部农牧行业，凭其在畜牧及企业管理的丰富学识及经验。在饲料的生产、行销、质量管理与企业绩效提升等领域取得优秀的成效。

近几年，四川安佑在赵总裁的领导下，2007—2014 年不断获得“创建四川省用户满意企业”“连续三年监督抽查合格达标单位”等荣誉称号。月销量也从之前的几百吨、几千吨到现在的万吨，销售覆盖整个大西南，辐射区域有四川、重庆、贵州、云南，四川安佑已是安佑集团在西部地区的中心区域。2010 年起，以四川安佑销量为基础，安佑集团在西南地区先后投资设立了云南安佑生物科技有限公司、广汉安佑饲料有限公司、重庆渝东南安佑菁禾饲料有限公司、重庆安佑饲料有限公司，计划 2 年内再新增 2~3 家工厂。

邬本成

邬本成先生，1979 年生，安佑集团助理总裁、品管总监。

曾就读于湖北农学院动物科学系动物营养与饲料科学专业，并于 2012 年获得南京农业大学硕士学位。

从 2001 年在漳州安佑负责技术服务与品管工作，截至目前，已有 13 年的品管工作经验，对行业内品管工作有着深入的了解及独到的见解，多次受邀在全国各地讲学、研讨等。2003 年年底到安佑技术中心，负责产品研发及各安佑兄弟公司的品管服务工作。2010 年年底任执行总裁助理。

2014年年初任安佑集团助理总裁，分管总生产处（包括建设发展中心、生产中心、品管中心、中心工厂）。

目前还担任“中国畜牧业协会猪业分会”理事、江苏省饲料工业协会常务理事、江苏省饲料营养研究会常务理事等职务。自2006年以来曾在国内知名期刊上发表专业论文共计14篇，参与申报发明专利4项。

刘春雪

刘春雪女士，1978年生，安佑研究院副院长。江西农业大学动物营养与饲料科学硕士研究生。2004—2006曾在湖北省农科院畜牧兽医研究所任助理研究员。2006年4月加入安佑，任安佑技术中心研发部经理。2011年任安佑集团研究院猪营养研究所所长，2012年7月始任安佑研究院副院长，负责安佑研究院新产品开发、知识产权管理、研发体系建设与实施、项目申报等工作。刘春雪全面了解畜牧业知识，掌握行业动态，对养猪新技术、新知识较敏感，能较准确地把握产品研发方向。有10年动物营养与饲料研发经验，精通猪的饲养试验、消化代谢试验、采食偏好性试验、原料评估试验等试验技能。2006年至今已负责安佑集团近百个自主研发项目的开展，2012年参与苏州市科技支撑项目“新型育肥猪低蛋白饲料研发及产业化”和国家星火计划“健康节粮型育肥猪饲料的创制与产业化”研究；2013年参与江苏省工业科技支撑项目“早期断奶仔猪高免疫无抗生素饲料配制技术”研究。在国内知名期刊上发表专业论文10余篇，申报发明专利5项。2013年，获得太仓市科技进步奖一等奖（仔猪人工哺育和早期断奶综合技术）；2014年获得月“中国饲料行业信息网”颁发的“十大最具创新力营养师”称号。刘春雪在长期从事研发工作的过程中，积累了丰富的研发项目管理经验及知识管理经验。2014年正在为安佑研究院建立一套完善的研发管理体系，并推动安佑集团实施GB/T29490-2013“企业知识产权管理规范”标准，为推动安佑研究院成为国内领先的企业研究院而不断努力。

四、科技铸就企业：研究院与安佑技术

安佑集团一直以科技领先著称。从台湾到大陆，从公司的始建之初到现在的蓬勃发展，安佑，从来都是以研发型公司作为自己的定位。每当问到业内人，安佑最大的特色是什么，大家都会异口同声地回答："科技！"安佑之所以能够如此迅速地成长，也与自身在科研上的大力投入紧密相关。安佑早在1999年就在漳州成立了技术中心，2003年迁址苏州，2011年，安佑集团总部落户太仓，安佑研究院正式命名成立，由汪德中博士担任院长。从此，安佑不断加深猪饲料方面的研发，同时向安佑产业链的各个方向拓宽研究领域。短短数年，安佑研究院迅速发展成集科技创新、产品研发、国际交流于一体的专门研发机构，为集团的技术升级打下了坚实的基础。

（一）机制与组织——安佑研究院的运作

安佑专门设立研究院，不仅为了自身产品的技术升级，更是公司为解决行业困境所做出的重大决策。饲料行业是个非常依赖于粮食生产的行业，而我们的国情却是缺粮严重与浪费粮食严重并存。据统计，我国每年75%的黄豆靠进口(2012年达6000万吨)，与此形成鲜明对比的是，中国人每年在餐桌上扔掉的食物折合粮食约5000万吨，占我国粮食总产量的1/10。在养殖方面，中国的养猪历史虽然久远，但是养殖水平近些年来却一直处于低下水平。欧美发达国家，每头母猪每年出栏仔猪已经将近30头了，我国的平均水平才十五六头。近些年来，大规模养猪场越来越多，同时由于粪污处理水平落后，造成的污染也是越来越严重。可以看出，国内的饲料与养殖行业问题太多，而安佑的决策者们，希望能够通过建立专门的研究院，进行相关研发，从而为这些问题的解决，为行业的发展，乃至为国家竞争力的提高，尽自己的绵薄之力。

1. 研究院简介

早在2009年年初，洪平先生与汪德中博士就开始规划安佑技术中心的转型。早期的安佑技术中心研发的重点在于饲料配方的改良，而新规划的研究院研究范围更广，将功能性添加剂的评估、微生态制剂研发、副产品开发以及检测技术的建立纳入规划。同时安佑研究院开始招兵买马，在上海成立了安佑研究院的雏形——一个较小规模的微生物实验室和检测中心实验室，当时的人数只有10人左右。

2011年，安佑总部在太仓建立，新建成的研究院是其中的重中之重。研究院下设猪营养研究所、微生物研究所、副产品研究所、检测中心、国际交流中心以及专家服务中心，占据了整个办公楼东半面一楼和二楼约2000平方米的面积，其中实验室面积达到1200平方米，设备投资总额达1100多万元。同时，集团下属的安徽宣城猪场正式化为研究院的试验猪场，每年开展动物试验50余项。经过短短三年的发展，到2014年年底，安佑研究院又扩展建立了生态农业研究所、低碳环保研究所、智能研究所和水产研究所，专职研发人数达到58人，研究领域不断拓宽，为公司产业链的发展，为“全球幼畜料及低碳农牧产业领导品牌”的愿景，踏踏实实地做着自己的贡献。

2. 研究院团队介绍

安佑研究院团队是一支实力雄厚、踏实奋进、勇于探索、开拓创新的团队。在集团的大力支持以及院长汪德中、副院长刘春雪的带领下，研究院聚集了众多国内外知名专家、学者，吸纳了一群年轻有为、朝气蓬勃的科研工作者，为公司，乃至为我国的饲料行业源源不断地注入科技能量。

研究院院长汪德中博士2007年加入安佑集团。他是欧洲氨基酸平衡理论的先驱，同时也是著名的动物营养专家。长期国外求学与研究的经历，使他贯通中西文化，对行业的发展趋势有着超乎寻常的远见。副院长刘春雪，是动物营养与饲料科学方面的专家，曾经参与多项省级科研课题及科技攻关项目的研究工作，对国内饲料业的发展也有着自己的真知灼见。一位是世界著名的动物营养专家，一位是熟知国内动物消费市场的顶尖动物饲料人才，两人的通力合作赋予了安佑研究院不同寻常的战略前瞻性以及贴合我国国情的市场导向性。

目前安佑研究院已拥有一支由58名专业人才组成的专职研发团队，其中，博士研究生11名，硕士研究生23人，本科生24人，其专业涉及农牧产业的各个领域，包括动物科学、动物医学、微生物学、园艺学、植物保护、信息技术等。研究院还引进了一批国内外知名的专家，以他们丰富的学识和经验为研发人员培训、答疑，帮助年轻的研发人员快速成长。

3. 研究院构建

研究院从2009年成立至今，已经发展到七个研究所和三个中心，即猪营养研究所、微生物研究所、副产品研究所、生态农业研究所、低碳环保研究所、智能研究所、水产研究所，检测中心、国际交流中心、专家服务中心，主要从事的研发方向包括现代农牧行业相关新技术研究，如饲料新产品及新配方开发、新饲料原料开发、养殖新技术及管理模式开发、养殖相关微生物技术研发、生态农业技术开发、养殖及饲料加工过程智能化研发等。

安佑研究院各个研究单位分工明确，如图1所示。最早成立的猪营养研究所的研发项目和公司的主营产业直接相关，重点在于环保健康高效的饲料开发以及饲养技术的开发；微生物研究所主要的项目都和绿色微生物态制剂有关，辅助公司的饲料产品添加剂开发以及低碳农牧产业发展；副产品研究所主要是做副产品的开发和利用；检测中心主要为其他研发部门做好检测服务，并有原料评估、检测方法建立的项目。近两年来成立的生态农业研究所致力于安佑产业链上无公害农业的研究，智能研究所致力于养殖过程、饲料生产过程以及农牧业其他方面自动化、信息化技术的开发；低碳环保研究所致力于安佑涉足的各个领域碳排放的测算以及减少碳排放方式的指导；水产研究所致力于安佑水产方面的饲料技术的开发。安佑研究院每个研究所自成体系，但又互相协作，不可分割。所有的研发项目都以跨部门的项目小组形式来承担和开展，集中项目所需要的各方面人才，最大限度地保证项目的顺利进展。所有的项目管理与协调工作，均由项目管理部来主导进行。

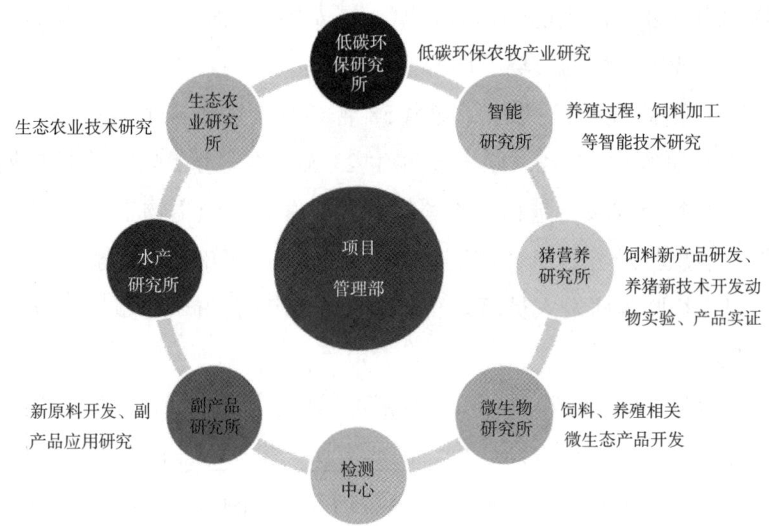

图片来源：安佑研究院

图 1　安佑研究院各部门介绍

（二）核心竞争力——安佑的科技成果

洪平董事长对知识的重视、注重人才的引进以及安佑集团对于科技的不断追求都让安佑研究院在安佑集团中有着举足轻重的作用，而安佑研究院也从没让安佑集团失望，在成立短短 5 年左右的时间里，硕果累累。

1. 哺乳仔猪专用饲喂系统

哺乳仔猪专用饲喂系统俗称“奶妈房”，即仔猪人工哺育系统。其相当于人类医院里面照顾早产儿的新生儿病房。主要用来为保障疫情暴发时母猪无法使用、母猪在泌乳后期泌乳量及奶水质量无法满足众多小猪生长需求、母性差或奶水不好的母猪的供奶压力和仔猪的成活率而设计制造的。“奶妈房”系统由一套中央配奶装置、一套输送装置和若干个“奶妈房”组成，每个“奶妈房”安装有专用奶杯、专用保温灯、粪尿排放等设施，并通过添加膜过滤系统保证水质，全程实现自动加热、自动配奶、保温循环、采食完成后自动清洗、自动排出废奶，如图 2 所示。

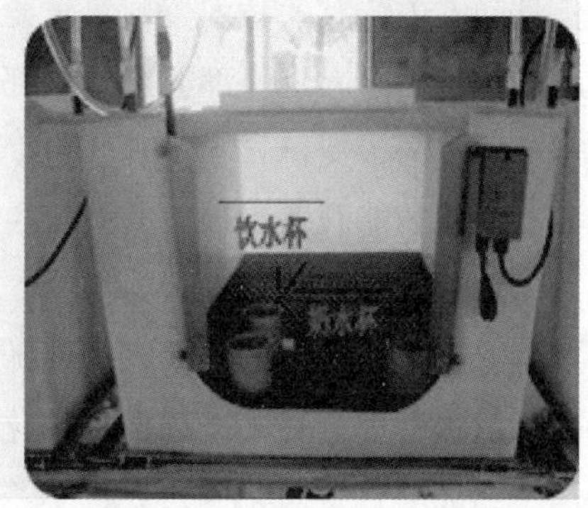

图片来源：安佑研究院

图 2　安佑自主研发的"奶妈房"

根据实验结果，如表 1 所示，无论是"普通组"仔猪和"弱仔组"仔猪，在"奶妈房"的"悉心照料下"存活率都能达到 100%。并具有：仔猪集中饲养，提高全群 PSY（母猪年产断奶仔猪数）和均匀度；奶水无限量供应，更能满足小猪生长需要；无须寄养，降低疾病传播风险等优势。已经成为生猪饲养行业中炙手可热的科技产品。

表 1　安佑"奶妈房"实验结果

组别	头数	初重（kg/ 头）	断奶重（kg/ 头）	成活率（%）	日采奶量（g/ 头·天）	奶肉比	日增重（g/ 头·天）	腹泻率（%）
A	24	2.43	7.76	100	286	0.99	333.3	0
B	24	1.70	5.64	100			246.1	1.56
C	30	2.07	6.12	96.7	-	-	252.9	2.98

表格来源：安佑研究院。

注 1：A. 奶妈房正常组 B. 奶妈房弱仔组 C. 产房对照组。

注 2：21 日龄断奶。

2. 安佑成功养猪云端系统

安佑研究院的另外一个研发重点是建立成功养猪云端系统（已更名为"安佑云养猪平台"，简称安佑云），如图 3 所示，安佑云养猪平台是一个利用云存储、云计算、云推送、云学习以及云服务，对客户数据、营销信息和安佑特有的技术资料等重要信息进行收集、传输、加工、存储、更新和维护，以满足外部客户及内部人员日常管理、知识获取和问题解决等需求为目的，支持日常管理、自助查询、线上学习、远程协助和会员管理等功能的智能服务平台。安佑云主要有五个子系统组成，它们分别是安佑猪事通智能养猪系统、云端照护、产品体验、养猪百科和安佑大学。在数字信息时代，安佑的养猪理念伴随信息潮流发生了巨大的改变。安佑人深信，牧场管理会越来越趋向精细化、智能化和生态化，养殖行业也即将脱离“药品时代”进入全新的“大数据时代”。安佑人通过各种研究手段采集养殖过程中关于猪只品种、猪场管理、猪舍环境、猪只健康和饲料等各个方面的数据，建立分析预测模型，通过大数据的统计分析，指导牧场进行决策调整，并跟踪执行，以达到更好的养殖成绩为目标。

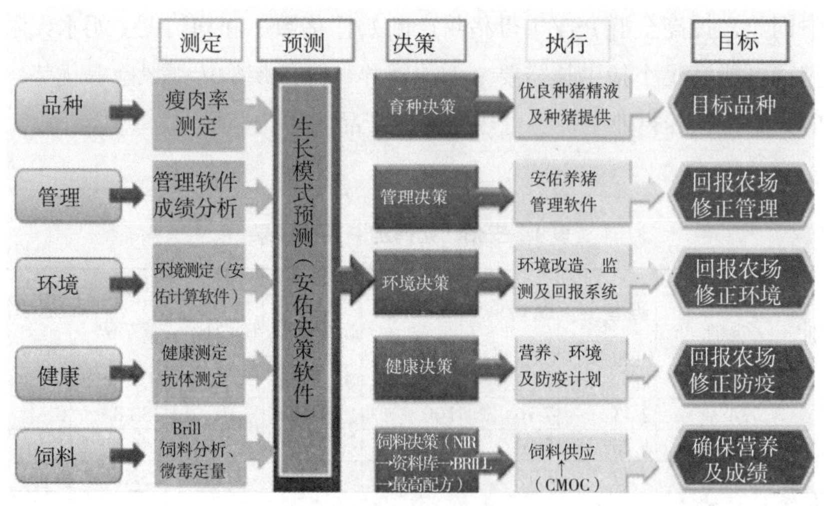

图3　成功养猪云端系统

图3所展示的正是成功养猪云端系统的规划蓝图，图中从左到右包含了该系统从源头获取必要信息直到最终执行的各个环节，从上到下则以牧场经营成绩和猪只生长效率的五个要素为导向，从而形成了安佑企业独具特色的目标考核与具体流程相结合的监控体系。以生态养殖、绿色高效和

环保健康的目标为导向，安佑从养猪生产最关键的5个方面监控和采集信息，进而根据安佑集团建立的模型进行预测分析，在6S技术服务专家的指导下进行决策分析，从而进入执行环节，根据执行结果与目标设定的偏差及时对执行做出修正，依托安佑猪事通智能养猪系统让猪场管理轻松实现量化管理和精细化管理。

以管理与环境要素为例，牧场通过"猪事通"记录生产信息，结合传感器组建的物联网实时获取猪舍温度、湿度、有害气体浓度和饮水量的信息进行分析判断，找出可以提高经营成绩的关键点，在6S技术服务专家的指导下做出合理决策，利用系统跟踪执行效果并及时修正，实现提升生产成绩和经营效益的目标。

3. 安佑研究院其他科技成果

安佑研究院的这些研发项目贯穿的研发理念都是与环保、健康、高效分不开的。通过环保配方、改善猪舍设计、配合功能性有机肥计划，以达到体内减量、体外减排、猪粪变绿金，同时达到优化环境、降低成本的环保目标。安佑饲料致力于减少抗生素添加，降低重金属残留，通过微生物研发，采用绿色添加剂免疫营养，为新鲜、安全、美味、健康的优质猪肉提供保障。采用独特日粮配方，科学的饲养管理模式，提高猪只成活率，实现瘦肉日增量最大化，达成高效养猪目标。

作为拥有全国乃至世界领先科技的农牧企业，目前安佑集团（截至2014年3月24日）已经拥有59项知识产权，其中27项发明专利、7项实用新型专利、10项外观专利、15项著作权。但安佑研究院从未停止探索前沿科技的脚步，研究院提出近几年的科研目标为：降低幼崽死亡率，总体要提高育成率21%；提高母猪年产子数量，总体努力达到每头母猪每年上市25头；提高饲料利用率，将育成一头肉猪所需饲料量从280千克降为240千克；在配方上，采用低蛋白环保配方，每吨饲料豆粕少用50千克。所有这些都是以科技手段为依托，这充分说明了安佑超群的研发能力和优越的企业核心竞争力。

从财务角度来分析，公司的科技成果为安佑的稳步发展也提供了强劲的动力。公司的饲料销量、营业收入与利润增长基本匹配，但是利润增长率并没有紧跟上营业收入和饲料销量规模的扩张，尽管如此，公司未来有极大的盈利空间和产能扩张的趋势，因为安佑集团一直以专注科技和核心竞争力为主打，在饲料品质上一直遥遥领先，且公司每年投入到科研开发的净利润一直不低于15%，这显示出公司注重品质、打造品牌影响力的执着和坚持。

饲料业务贡献大部分的营业收入和利润。公司尝试着准备向下延伸产业链，目前已有一些实质性的项目及效果，养殖业务及品牌肉也在2014年正式启动。目前公司的经营重心在饲料业务板块仍然处于大幅成长中，而产业链项目将逐渐成为公司发展的新亮点。

（三）产业领导者——安佑成果的转化

安佑研究院不但拥有实力超群的研发人员、团队并且已经取得众多科研成果，其在科技成果转化方面也具有卓越的能力。其突出的转化能力主要体现在安佑的三大构想上，他们分别是安佑标准、安佑理念和安佑产品。

1. 安佑增值型生态养猪产业链——安佑标准

安佑研究院通过研究我国目前养猪行业的特征得出：农产品化肥、农药使用过量以及添加剂的过量导致猪饲料重金属含量过高，使得猪粪失去利用价值，一方面造成粪便的二次污染，另一方面无法保证猪肉品质的问题亟待解决。研究院通过近五年的研发，逐步找到了解决这一系列问题的方法，即建立科学、完整的安佑生态养猪产业链，用安佑标准解决行业困境。

“安佑标准”的生态养殖产业链，养猪方面：通过建设人工授精站，改良种猪品种，以及自建猪场或与猪场合作，扩大养殖规模；通过自动化器材的使用，提高自动化，降低人工成本；通过使用安佑饲料，以及副产品的利用，降低饲料成本；通过绿色添加剂的使用，提高安全性；通过专家团队的指导，科学饲养，提高猪只生长速度以及瘦肉转化率；通过统一的屠宰、加工流程，形成品牌肉。同时，由于绿色饲料的使用，降低了猪粪尿的重金属含量，养猪的粪尿可以进行有机肥发酵、还田，从而减少化肥的使用，发酵的沼气能够发电；另外，通过养藻形成新的蛋白原料，既降低了养猪成本，又使得产业链不断增值，从而带动我国养殖产业的发展。

这套生态养殖系统即将在江苏南通建成一个试验基地，这不仅是单纯的猪场，更是一个生态农业示范基地，更远期的目标是实现智能农业。有高成绩的养殖效果，有废弃物环保处理方式，有养殖的全程监控和品牌肉的追溯系统，有养殖、种植结合的示范。

2. 疫病防控新办法——安佑理念

我国传统养殖业往往大量使用药物以达到控制疫病的目的，但这种做法一方面造成了大量药物残留于畜牧产品体内及排泄物中；另一方面，使得药物用量逐步增大，既带来了食品安全、环境污染问题，又使得养殖成本逐年递增。在安佑研究院的不懈努力和强大科研能力支持下，他们找到了一条更加健康、高效、稳定的疫病防治道路——如何养猪不生病的防治理念。

依靠云端养殖技术的大数据优化选种，让仔猪品种更加优良、瘦肉转化率更高、体质更强，让仔猪赢在起跑线上；通过其研发的高科技教槽料对幼猪全方位的营养补充，增强幼猪的免疫力，从而减少疫病风险；通过安佑自主研发的更科学地建造猪舍，使得其患病传染率大大降低；通过成功云端养殖技术的使用，实时监控猪场情况，做到第一时间解决突发疫情。由此，不难看出，安佑疫病防治的新理念并不是把重心放在与疫病的对抗上，而是依靠把自己强大的技术、知识以及数据储备转化为饲料、服务等内容从而提高猪的自身免疫力，以降低疫病风险。这种全新的理念，既解决了消费者关注的食品安全问题，又降低了畜牧产品粪便难以利用所造成的污染问题。

安佑通过环保配方、改善猪舍设计、配合功能性有机肥计划、减少抗生素使用、通过微生物技术使用绿色添加剂免疫营养等等一系列科技手段达到体内减量、体外减排、猪粪变绿金、优化环境、降低成本、提高成活率以及保障健康、安全猪肉品质。毫无疑问，安佑的新理念正是建立在他们雄厚的科技实力基础之上的，每一个理念的提出也都充分体现了安佑强大、成熟的科技转化能力。

3. 教槽料新方案——安佑产品

安佑研究院经过 5 年来的潜心研究、科学实验，根据仔猪的生长、生理特性把各个时期的仔猪进食特征分为母乳期、断奶期、保育期和离乳期，并根据这四个不同阶段把教槽料进一步细化，推出针对各个不同时期的教槽料、仔猪料。

为解决母猪奶水存在的产量有限、氨基酸有缺陷、奶质会改变、脂肪酸利用速度不够等问题，安佑研发了含有双性氨基酸、使造肉更多更快的；含有母乳特有的免疫球蛋白、乳铁蛋白，具有提升免疫、消炎以及防止贫血功能的；含乳糜化的脂肪球，适合小乳猪吸收的；全乳制品、易溶易泡，12 小时不变质的；脂肪中含大量 C8 中链油，迅速提供能量，并具杀菌功能，可提升幼崽成活率的“超母奶”产品。“超母奶”无论对弱仔还是断奶重量都有着显著的表现。如表 2、表 3 所示。

表 2　安佑“超母奶”对断奶弱仔生长性能的改善

组别	头数	初重（kg）	末重（kg）	实验天数	干饲料日采食量（g）	超母奶总采食量（g）	日增重（g）
实验组	24	6.13	7.33	4	384	140	300
对照组	17	6.42	7.66	6	313	—	207

表格来源：安佑技术中心试验报告（2008 年，苏州封氏猪场，李元等）。

表 3　补充安佑“超母奶”对断奶重量的影响

组别	实验天数	开始头数	10 日龄均重（kg）	结束头数	26 日龄均重（kg）	成活率（%）	总增重（kg）	日增重（g）
实验组	16	63	3.45	62	7.74	98.4	4.29	268
对照组	16	53	3.43	48	7.05	90.6	3.62	226
比较							0.67	42

表格来源：安佑研究院（2007 年 4 月，刘春雪等）。

提早断奶是仔猪养殖的发展趋势，为解决断奶后仔猪的食量、生长问题以及仔猪病多难养等问题，安佑推出“好离奶”产品。其主要为改善仔猪免疫力和消化率问题，经试验证明“好离奶”是目前最符合教槽及断奶的饲料，可达到易养、速长、疫病少、育成率高、整齐度强的目的，可明显提升养殖成绩。如表4所示。

表4 “好离奶”产品特性

特点	好处
超低抗原	避免肠绒毛过敏反应
补血因子	皮红毛亮，活力强
消化酸及杀菌酸	补充胃酸并抑制有害菌
预消化及超高乳制品	提升消化率、食量
细颗粒	不扬尘，不刺激鼻黏膜
嗜口性因子	食量大，长得快
含五大相乘免疫因子	免疫系统受伤害时仍能快速生长
刺激绒毛发育成分	消化道迅速茁壮，提升免疫力
内源酶加外源酶	帮助消化，吃多少料长多少肉
均质后的乳化油	辅助胆汁不足，提升热能
天然治菌及消炎因子	降低呼吸道及肠道疾病发病率
消化率92%以上	好消化，不怕多吃

表格来源：安佑研究院。

众所周知，仔猪断奶后的保育期是最难照顾的时期。35日龄后仔猪的消化能力和免疫能力仍在迅速发展中，根据国内外最新研究表明，35—42日龄仔猪应有转换期营养摄取，才能使42日龄后仔猪迅速成长并降低疫病风险，安佑经过研究试验针对这一时期推出了“好转奶”。如表5所示。

表5 安佑“好转奶”产品特性

特点	好处
促进容貌发育成分	提高吸收消化率
含益生素	提升仔猪健康状况
含五大相乘免疫因子	提升抗体及抗病力
高消化率易吸收原料	消化率88%以上
特殊蟹形矿物质	皮红毛亮更健康
杀菌酸加消化酸	补充胃酸、提升肠道健康
嗜口性因子	食量大、长得快
天然治菌及消炎因子	降低呼吸道及肠道发病率
立即能源补充及电解质补充	减少换料应激

表格来源：安佑研究院。

离乳期是又一个不容易照顾的时期，只有通过良好的管理和适合的饲料才能度过这段关键时期，为仔猪日后的茁壮、迅速成长奠定良好的基础。研究院经过试验研究，推出全新观念的仔猪浓缩饲料，以达到容易养、长得快、效率高的目标。如表6所示。

表6　安佑“乳猪旺”产品特性

特点	好处
五大相乘免疫因子	病少好养、抵抗力强
含有嗜口性因子	嗜口性好
特殊动物蛋白、精选优质原料、提供高量必须脂肪酸	消化好、饲喂效果佳、猪的表现一致
高酸化	补充胃酸不足、提升杀菌力及消化率
特殊蟹形矿物质小肽原料	吸收率提升、抗病力提升
整场剂	促进肠道正常、提高消化率
G+、G－的抑制剂	下痢及呼吸道病少
精选豆粕精选特殊油脂	使用方便、品质稳定

表格来源：安佑研究院。

安佑研究院的一系列科技成果和强大的转化力也取得了出色的成效和令人满意的客户反馈，安佑的科技成果卓有成效，深得消费者的认可。“十大最受欢迎乳猪料品牌”的统计结果，如表7所示。

表7　十大最受欢迎乳猪料品牌

企业名称	品牌
安佑生物科技集团有限公司	超母奶
深圳比利美英伟营养饲料有限公司	妈咪奶、妈咪妙、人工乳
大北农集团	贝贝乳、宝宝壮等
播恩集团	C1乳猪教槽料、C2乳猪教槽料
双胞胎（集团）股份有限公司	乳猪奶粉
深圳市金新农饲料股份有限公司	代乳王、八宝粥
金银卡（广州）生物科技有限公司	金卡人工乳、金卡断奶皇
四川铁骑力士实业有限公司	金乳
浙江国贸饲料有限公司	优乐乳
福建傲农生物科技有限公司	优能宝、香乳、傲农宝等

表格来源：饲料行业信息网、东北证券。

无论是安佑标准、安佑理念还是安佑产品，在安佑推出的每种理念、品牌的背后都深深打上了科技的烙印，毫无疑问，安佑的科技创新能力和转化力是我国大多农牧企业所不具备的，对于科技的注重、对于人才的重视使得安佑集团把科技作为第一驱动力，把研究院作为动力的核心，这种做法无疑将会成为我国农牧企业的榜样、未来我国农牧企业争相模仿的对象。这是个愿景，也是研究院的设立初衷：成为动物营养专家，创中国养猪最先进科技，科技养猪，幸福中国！

五、东方管理大成——安佑情

（一）台企管理人性先——企业文化

企业文化，或称组织文化，是一个组织由其价值观、信念、仪式、符号、处事方式等组成的其特有的文化形象。它是企业在生产经营实践中、逐步形成的、为全体员工所认同并遵守的、带有本组织特点的使命、愿景、宗旨、精神、价值观和经营理念，以及这些理念在生产经营实践、管理制度、员工行为方式与企业对外形象的体现的总和。

安佑集团作为在大陆发展的台资企业，一直致力于企业文化的不断建设。在安佑人眼中，人是企业最重要的要素，所以成功的企业一定要有明确的企业文化。

安佑集团企业文化体系如图 4 所示。

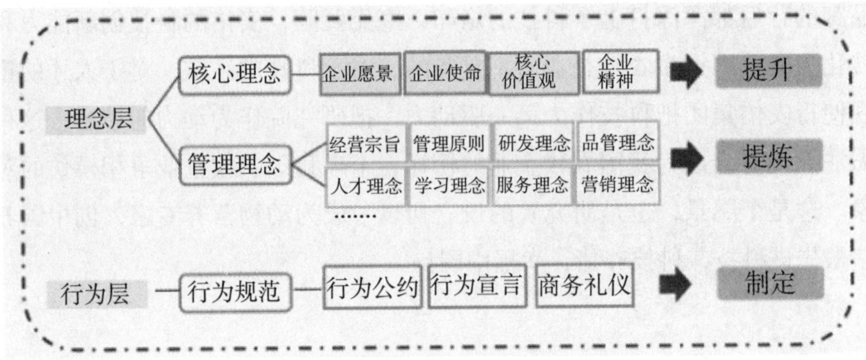

图 4　安佑集团企业文化体系

1. 核心理念

使命：科技安佑、幸福中国、低碳地球

依托安佑在饲料行业的科技优势，做以研发为主的公司，把科技作为最大特色，不断创新，坚持发展中国顶尖养猪技术，坚持高效环保健康养猪，坚持为健康食品、安全饲料、幸福中国、永续地球做最大贡献。

愿景：全球幼畜料及低碳农牧产业领导品牌

安佑集团立足全球视野，依托安佑农牧行业科技优势，以科技整合养殖产业链，永远领先，引领未来；以责任、使命、荣誉对待安佑事业，为绿色地球、人类福祉而努力，达成全球以低碳为诉求的农牧行业中居领导地位。

核心价值观：爱与感恩

核心价值观是企业和员工必须长期坚持的最重要的行为准则。安佑集团倡导“爱与感恩”的价值观，是要求企业中所有人员要爱父母、爱自己、爱猪、爱工作、爱客户、爱安佑、爱众人、爱中华、爱世界……。因为安佑人坚信，有爱我们才能更快乐、更幸福、更能感恩。同时，安佑集团还倡导员工学会感恩：感谢上天、感谢大地、感谢领导、感谢家人、感谢师友、感谢我们赖以生存及成长的客户。

企业精神：创新、诚信、追求卓越

企业精神说明了企业所有成员的行为取向。安佑集团倡导不断突破常规，创造新的事物、新的成果、新的业绩。待人处事真诚、务实、讲信誉。追求杰出，超出一般，是安佑“永远领先”理念的体现。

2. 管理观念

经营宗旨：质量、科技、服务——永远争先

安佑人始终认为，质量成就品牌，产品品质是决定企业品牌形象的最主要因素；成功源于科技，科学技术是第一生产力，而唯有不断地进行创新，才会拥有企业独有的核心竞争力；服务创造价值，市场的选择权在消费者手中，只有不断为顾客提供良好的售前指导、售中咨询以及售后服务，才会提高产品在顾客眼中的无形价值，从而提高产品的价值。

行为准则：社会为先，客户为根，员工为本

社会为先，是安佑人立足于环保、健康和高效的理念发展企业，承担社会责任。

客户为根，是安佑人始终以客户成功为己任，为客户创造最大价值。

员工为本，是安佑人为员工创造成长空间。

人才理念：人才是安佑最宝贵的资源

在人才理念方面，安佑一直遵循的理念是：筑巢引凤，吸引急需人才；未雨绸缪，储备未来人才；以人为本，留住关键人才。

安佑还认为，合适的人才才是最好的人才。在适用性的前提下，还要讲求员工的道德素养。有德有才，破格重用；有德无才，培训任用；有才无德，限制录用；无德无才，坚决不用。

学习理念：立足未来，好学不倦

安佑倡导：为安佑的未来、发展而努力学习；活到老，学到老。如何学、怎样学，是过程问题，是方式方法问题；而学什么、为什么学，是目标和方向问题。必须以用为学，做到学以致用，形成学习型的企业。

3. 执行理念

研发理念：身为动物营养专家，开发高效、环保、健康的产品

营销理念：为养猪业播撒成功的种子

在营销方面，安佑强调三种意识：快速灵活、随机应变的市场意识；磨炼自我、达成目标的营销意识；成就客户、用心服务的服务意识。

同时，安佑还坚持十二个信条：①想干的人永远在找方法，不想干的人永远在找理由；②不与顾客争论价格，要与顾客讨论价值；③带着目标出去，带着结果回来；④成功不是因为快，而是因为有方法；⑤没有不对的客户，只有不够的服务；⑥把被拒绝视为一种销售人员的生活方式；⑦老客户要坦诚，新客户要热情，急客户要速度，大客户要品味，小客户要利益；⑧客户不需要的是产品，需要的是一套解决方案；⑨客户的成功是我们最大的目的；⑩没有最好的产品，只有最合适的产品；⑪ 顾客至上，顾客是我们赖以生存的人；⑫ 爱与感恩是安佑人不变的信念。

4. 技术服务理念

技术服务理念：用 6S 体系创中国养猪顶尖技术

安佑集团 6S 成功养猪服务体系包括：成功的方案（Success Solution）、热忱的服务（Sincerity Service）、满意的体系（Satisfaction System）。该体系技术服务内容涉及环境监控、饲养分析、诊断改善、科技养猪等。

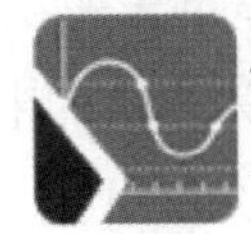

图 5　安佑的饲养流程图

5. 品管理念

品管理念：用 CWQC 标准，制造出每一批优质产品

安佑集团建立了 CWQC（全面质量管理）体系，建立 SOP（标准作业程序）和 Doublecheck（双重核对）体系，从原料、制程到成品，成就其精良质量。如图 6 所示。

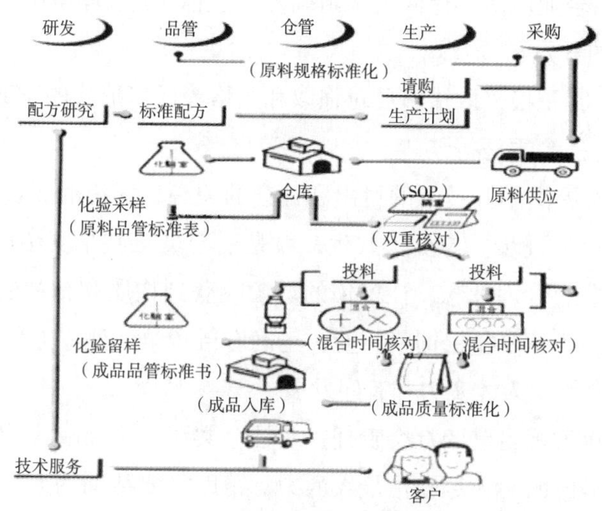

图 6　安佑的全面品管流程图

（二）立企安民惠天下——社会责任

1. 社会责任理论

企业社会责任概念最早产生于西方国家，不同学者对其有不同的定义。随着人们对“企业社会责任”认识不断提高，社会环境的不断改变，“企业社会责任”的概念和内涵也随之改变，经历了复杂的发展过程后，才形成了现代企业社会责任理念。

一般认为，企业社会责任是指企业在追求经济效益、实现企业自我发展的同时，承担对经济、环境和社会可持续发展的社会责任，强调企业要对社区、自然环境、员工、股东和利益相关者负责，同时要把企业社会责任融入到企业的发展战略运营中，实现企业的长远发展。它包括以下 10

大原则：

人权：①企业应在其所能影响的范围内支持并尊重对国际社会做出的维护人权的宣言；②不袒护侵犯人权的行为、劳动；③有效保证组建工会的自由与团体交涉的权利；④消除任何形式的强制劳动；⑤切实有效地废除童工；⑥杜绝在用工与职业方面的差别歧视。

环保：⑦企业应对环保问题未雨绸缪；⑧主动承担环境保护责任；⑨推进环保技术的开发与普及。

反腐败：⑩积极采取措施反对强取和贿赂等任何形式的腐败行为。

2. 安佑的社会责任行动

安佑的发展离不开员工的付出和社会的关心，安佑的成长也伴随着饲料行业的探索与进步。与员工共生，就是要与员工共享安佑的发展成果，凭借以人为本的管理理念，让安佑的员工收获到物质和精神的双重财富；与行业同行，就是要扎根饲料行业，正确看待竞争，建立诚信意识，提升行业的科技含量、人才实力和有序发展。

安佑一直重视自己的社会责任，与社会共荣，不断响应社会，回馈社会，用爱与感恩的心，尽安佑最大的力，帮助需要帮助的人，支持拥有梦想的事业，努力为健康食品、幸福中国、社会公益事业做贡献，为促进生态文明建设和精神文明建设，为国家的繁荣和社会的进步而努力。

（1）身为动物营养专家，开发高效环保健康的产品。

安佑采用独特日粮配方，科学的饲养管理模式，提高猪只成活率，实现瘦肉日增量最大化，达成高效养猪目标。通过环保三段论：环保配方体内减量、猪舍设计体外减量，再加上功能性有机肥计划猪粪变绿金，同时达到优化环境、降低成本的环保目标。致力减少抗生素，降低重金属残留，通过微生物研发，采用绿色添加剂免疫营养，为新鲜、安全、美味、健康的优质猪肉提供保障。安佑的高效、环保、健康养猪，为“幸福中国，低碳地球”做贡献。

（2）安佑培训，硕果累累。

安佑在进入大陆的13年的发展中，为改变传统养殖理念，举办了近千场中小型培训班，4 万多人受益。为提升养猪经营者的管理水平，创办了“安佑养猪精英培训班”，先后开班 20 余期，累计为行业培训 3000 余名专业养猪经理人。

（3）建立猪文化博物馆。

截至 2013 年 10 月，猪文化博物馆已接待政府、合作伙伴、学生、国际友人和社会各界朋友 7600 余人前来参观，产生了良好的社会效益。2013 年 1 月，岳王学校把安佑猪文化博物馆确定为德育基地。安佑猪文化博物馆期待集众人之力，弘扬猪文化，普及养猪知识，让 21 世纪中国养猪技术领先全球，让中华民族成为最懂猪的民族。

（4）设立奖、助学金。

为科教兴农，安佑先后在 5 所高校设立“安佑奖助学金”。

（5）资助孤儿。

2011 年以来，集团执行总裁叶祥所先生和安佑集团接力资助了安徽省阜南县黄岗镇李寨村的孤儿宋运乐、宋运婷、宋慧慧，直到他们完成大学学业。安佑每年都派人探望孩子们，时刻关注着他们的学习和生活。在安佑的爱心呵护下，三个孩子健康成长，都到最好的学校就读。

（6）为雅安震区捐款。

2013 年 4 月 20 日，四川省雅安市发生 7.0 级地震，给人民群众生命财产造成重大伤亡。大爱安佑，人间有情，洪平董事长非常重视为雅安地震灾区捐款工作，第一时间做了布置和要求。在巨大的灾难面前，全体安佑人弘扬爱与感恩的企业文化，携起手来，共同为雅安灾区人民献出一片爱心。上至集团高管，下至一般员工，都踊跃捐款，场面感人。安佑集团总部个人共捐款 20593.5 元，总部捐款 20 万元，安佑捐款总额超出 50 万元。这笔钱，用于受震灾损坏的学校的恢复重建。

（7）优秀员工家属参访公司总部。

2013 年 6 月 21 日，2011—2012 年度安佑集团总部优秀员工的家属们从全国各地抵达江苏太仓，参访安佑集团总部。活动的主旨是“感谢安佑员工和家属，让员工家属走进安佑，更全面了解在安佑工作、生活的现状和未来发展的前景，让家人放心”。

（8）救助救母进山养猪的初中女生阳艳梅。

就读于河源市宝源中学九年级的湖南籍16岁女孩阳艳梅的父亲阳昌双和母亲何秀荣，在紫金县临江镇澄岭村承包了一处养猪场养猪，2015年6月8日下午，何秀荣在喂猪时突发脑梗塞并发全身瘫痪，当场晕倒在猪舍内。治病不仅花光了家里所有积蓄，还欠下20多万元。有几次，父亲因一时无法筹到医疗费，急得意欲跳东江自杀。为了救妈妈，帮爸爸，16岁的阳艳梅离开了学校、课堂，挑起了全家重担，进山养猪。她每天起早摸黑，提着沉重的饲料桶走进养猪场，一日三餐准时把猪喂得饱饱的，她使用的饲料就是安佑饲料。安佑集团在得知这一情况之后，立即做出行动，专门委派广东安佑对阳艳梅一家进行爱心帮助，12月2日，安佑集团首批捐赠1万元以及3吨猪饲料送达阳家人的手中。广东安佑还派出6名员工为阳家修缮猪舍，同时免费为艳梅提供日后返校上课的所有食宿费以及阳家的日常生活费用。孝行可贵，爱心同行，在安佑大家庭的帮助下，社会上众多爱心人士也纷纷向阳艳梅一家伸出了援助之手，当地主流媒体《广州日报》、河源电视台、饲料行业重要媒体“爱猪网”、安佑集团所在地《太仓日报》等都予以关注、报道。如今，阳艳梅的学业有望继续，阳家的生活状况已有了很大的转机，阳艳梅的母亲也有了康复的迹象。

3. 安佑的社会责任计划

虽然安佑集团的社会责任行动已经取得了令人满意的成绩，但安佑人并不会骄傲自满而停滞不前。相反，安佑集团已经制定出了在新的一年中企业社会责任行动，并由各个部门负责牵头。安佑将承担更多的社会责任，做永远领先的安佑，引领未来的安佑，共享价值的安佑。

（1）继续坚持“品质、科技、服务——永远争先”的经营宗旨，以科技安佑整合资源，创新配方技术，建立猪场赢利模式，整合上下游产业，实现优化环境、增加效益、贡献社会的理想，争取于2014年获取环保企业奖项。

（2）继续做好培训养殖户的工作，全年培训达到30场3000人次，为养猪业播撒成功的种子。

（3）进一步发挥安佑猪文化博物馆的社会公益作用，全年组织一次以上博物馆主题活动。全年参观人数2000人以上，总人数突破1万人，社会影响进一步扩大。

（4）弘扬员工友爱精神，开展员工“感动你我”活动，年底评选“感动安佑十大人物”。

（5）为社区免费做教育培训。

（6）倡导低碳与环保，开展“公司一日不开车”等活动。

（7）出版安佑社会责任计划手册，让全员传播，全员参与。

（8）继续做好资助孤儿等慈善活动。

六、产业引领未来——安佑事

（一）教槽料市场的领军者

中国规模养猪概念及养殖用料模式是在引进学习中不断发展起来的，主要是通过从欧美养猪发达地区引种同时引进养殖观念，包括营养方案。我国在逐步引进学习国外先进的养猪技术过程中，不断摒弃传统的、落后的养猪习惯和观念，饲料的使用模式方法也随着饲料工业的发展一步步优化。在过去30年，饲料工业繁荣带动了整个中国养殖业尤其是养猪业的革命性进步。这个过程中体现最明显的是，猪用口粮阶段性逐步细分，即按照猪只各生长阶段的营养需求使用不同配方口粮，乳猪教槽料这个特殊阶段产品即是在此改变中引进普及起来的。

我国教槽料从20世纪90年代末才从国外引进这个设计理念，最初只是国内极少几家合资或引种猪场尝试使用这个阶段产品，2000年后才逐步在规模养猪企业普及。近十年来，教槽料的使用率提高很快，越来越多的人认识并接受了使用教槽料对猪整个生长阶段带来的好处。但是，由于养殖户养殖观念的局限，教槽料在整个养猪行业的普及率仍然处在一个很低的水平。据统计，2013 年全国饲料企业可以称得上教槽料的产量不到 100 万吨，换句话说，全国 2013 年出栏猪使用教槽料的不过 50%，市场潜力还很大。

为什么经过十多年的科普推广教槽料使用率仍然很低呢？一是散养农户及小规模用户对教槽料的功用及带来的效益认识不足，更多的只是考虑眼前的用料成本。调查发现，这部分养殖户乳猪断奶日龄大部分在 35 日龄以后，国内一些落后地区甚至满双月后小猪才隔栏断奶。这种养殖习惯因为母乳营养后继供应的不足，不仅极大地制约了仔猪后期的生长发育，延长了上市周期，导致效益下降；更重要的是透支了母猪体能，使母猪的能繁寿命大大缩短，利用率下降，也直接造成了母猪成本的增加。优质教槽料的使用，为解决乳猪早期断奶问题和提高母猪利用率从而增加整个养猪效益提供了很好的阶段性营养方案。

当然，由于教槽料产品利润相对较高，近几年来许多饲料企业都跟风逐利开发推出了这种产品。但到目前为止，真正称得上教槽料的好产品并不多，能被规模养猪企业认可的教槽料品牌全国不会超过 50 家；但被称作教槽料销售的产品却不少，几乎做猪料的厂家都在做，良莠不齐，各占各的销售客户群。

教槽料究竟怎么做？发展到今天应该说配方技术不再像十年前那么神秘了，但真正要做好它还是存在配方营养设计、工艺等方面的差异。乳仔猪从母乳过渡到固体日粮，关键点在如何使这个过渡更趋平稳。日粮营养设计主要是考虑到肠道的适应性，所谓断奶应激无非是从母乳到饲料的过渡性衔接失败，主要体现为采食量不足造成的能量负平衡而导致综合征产生。光着眼于让仔猪肯吃、喜采食还不够，重点是吃进去后，肠道能够适应得了，消化吸收率高；否则，出现营养不平衡或者肠道难以适应就一定会导致仔猪产生拉稀等更大生理应激，教槽培养肠道适应性目的就达不到。这也是为什么许多企业教槽料不被客户认可的主要原因。除了配方设计上的差别还有加工工艺上的要求。仔猪消化功能发育不全，需要日粮原料做好预消化处理，比如原料的发酵膨化糊化等，帮助仔猪提高日粮营养利用率。“近似母乳”是教槽料的最高要求也是难点所在，不光是体现在营养组成上难以“近似”，还表现在营养组成物质的形态结构上，更难以与母乳“近似”。这就要求教槽料生产企业在不断开发更合理的营养配方基础上，进一步关注原材料的加工工艺的改进和完善，借用更多的生物技术创新工艺，使原料经过加工后释放出更多易于消化吸收的短链小分子结构的物质，从而提高日粮内在品质，达到真正意义上教槽成功的目的。

近年来，随着养猪结构的调整和行业发展规范要求的严格，散养户逐渐退出市场已成必然趋势，教槽料作为先进的养猪用料模式必将大大提高其市场占有率。与此同时，作为规模养猪高端日粮市场也必将迎来更大的竞争，大品牌猪料企业在商业模式和产品技术上的创新方面都将占得优势，厂场合作、营养外包、订单定制、金融信贷扶植等新的商业合作模式将瓜分更大的高端客户市场。但归结到一点还是需要产品本身质量优势做支撑，离开产品这个实际载体，任何商业模式都只是空中楼阁。

今后十年乃至更长时期，将是我国养猪业大转型大发展的阶段，教槽料作为养猪日粮结构中的关键营养产品，其市场潜力巨大，甚至可以说，得教槽料市场者得猪料市场。

按全国生产母猪存栏4500万头计算，每头母猪每年提供16头上市商品猪，每头猪3千克教槽料，则7亿头仔猪教槽料的市场容量约200万吨，而目前国内品牌教槽料总量不过100万吨，教槽料的使用量不到理论需求量的50%，发展空间非常之大，前景看好！教槽料在我国尚有大量的发展空间（100万吨），教槽料将成为永恒的竞争主题；教槽料必然成为饲料企业进入规模猪场用户的敲门砖！

由于乳清粉、血浆蛋白价格的高走，市场主流教槽料都达到了8000元以上。同时，市场对高档教槽料的接受程度却在不断提升。所以，现在的市场教槽料，只要质量好，不怕贵！

（二）一流的产品服务产业链

安佑生物科技集团有限公司1992年创立于台湾地区，1999年在大陆投资建立第一家生产企业——漳州安佑；2011年，安佑“低碳氮排放的高效环保饲料配方技术研究”项目荣获“中国饲料重大技术进步奖”；同年，安佑集团总部落户江苏太仓。2012年，“安佑”商标荣获“中国驰名商标”称号。目前，安佑饲料的研究成果在我国饲料业界处于领先水平，已申请40余项国家专利，其中发明专利20多项。安佑集团在大陆已拥有40余家公司和生产基地。

就如小孩从出生到断奶、再到吃饭，是生长非常关键的时期，安佑自成立之初，就提出乳猪断奶专用饲料的新观念，并专注于乳猪断奶专用饲料的研发与耕耘，培训与提供全面的猪饲料管理技术，短短20年间，成为亚太地区动物营养及幼畜饲料领导者。

1999年，安佑进入大陆，当即通过供港猪的客户打开了市场。供港猪对生猪的重量、肉质品质、口感与安全，有着相当高的要求，当时大陆的养猪企业很难达到供港猪的要求，正好为安佑打开市场、树立品牌提供了机会。目前，安佑一步一步引领着非常规猪饲料的研发与进步，助力养殖业的健康可持续发展。安佑产品销售覆盖全国26个省市和东南亚地区，每年为7000万头小猪提供早期断奶日粮。创始人洪平更被行业誉为“教槽料之父”。

1. 三款产品打天下

“教槽料之父”，这是行内人评价洪平先生的一个实至名归的无冕荣誉，洪先生一直谦称不敢当、这是误会，但若听洪先生开口谈教槽料，可谓细微处见真章。洪平说，教槽料不是一个简单的饲料，而是一门很深的学问。就不同断奶日龄的乳猪而言，21天断奶和28天断奶的营养需求是不一样的，相比28天断奶的乳仔猪，21天断奶的小猪营养要求比较高，都要根据仔猪实际生理需要来设计。有些养殖场环境好，乳猪比较健康，需要的教槽料拥有正常的长肉及维持营养就足够了。但有的养殖场环境恶劣，乳猪健康压力大，免疫能力就差，一部分饲料的营养就被用来对抗疾病，导致乳猪生长受到影响。在选教槽料方面，要具体问题具体分析，如果仔猪健康度高、抗病力强的，教槽料的营养就不会被虚耗，只需选用正常营养标准、能够充分发挥遗传潜力的教槽料。如果乳猪抗病力弱、处于亚健康状态，教槽料的营养就会被虚耗，就得选用消化率较高，富含抗病因子的教槽料。

从三年前开始，安佑的教槽料就形成了“三款产品打天下”的格局。三款主打产品教槽料，一款是针对断奶超早的仔猪，另一款是针对正常断奶的仔猪，还有一款是针对发病率高的仔猪、能提高仔猪的抗病能力。从1999年开始在国内推出教槽料“分类产品”起，就受到了市场的欢迎，特别是提前断奶的仔猪，由于消化能力不足，免疫力下降，死亡率就高，使用安佑教的教槽料后，有效地解决了这些问题。

断奶教槽料在猪的整个成长过程中，所需的量是非常少的，所以大家都不愿意做。但断奶教槽料决定着生猪的体格、体质，影响着其后生长期的发育和成长。俗话说，“养猪要赚钱，关键30千克前”，断奶及保育期仔猪饲养成绩的好坏会影响养猪利润的1/3。一方面，断奶仔猪应激大、发病率和死亡率高、生长缓慢，这些都会造成直接经济损失；另一方面，保育期的生长成绩会影响猪之后的生产性能，从而影响养猪效益。目前，安佑的教槽料产品已经非常适应市场的需求，销量每年稳步增加。

2. 超强的产品研发团队

若论国内教槽料企业的研发能力，安佑可谓名列前茅。安佑集团教槽料产品研发能力之强就强在洪平先生亲率一支百余名专门做产品研究的研发团队，整合国际技术资源，致力于研发不断变化且适合市场需求的教槽料产品。

“一直被模仿，从未被超越”是安佑教槽料投入市场的一个真实写照。洪平说，不仅安佑的品牌一直被仿冒，安佑教槽料的配方，几种主要物质的用量，比如血浆蛋白质等，也是不断被仿造的，现在大家都在用，但安佑已升级不用血浆了。谈到教槽料的研究方向，洪平认为，降低原材料成本、降低生产成本是研发方向。在原料工艺使用上的特色，安佑不仅不怕被人家模仿，还加以特别推广，引领行业整体水平提升。在玉米豆粕的选材方面，安佑有特殊规格的要求，在霉菌毒素的测定方面，安佑是做得最好的，连试纸卡都是公司自己开发。

在加工工艺的改变方面，安佑做了很多试验。针对小猪牙不好、不能吃太硬的东西这一特征，安佑目前已在推出一个低温软粒的教槽料产品。许多企业尝试做液态教槽料产品，安佑也在开发，在开发过程中得出这样一个结论：液态料推广过程存在一些问题，除了增加成本，也容易引发仔猪的二次应激问题，所以目前安佑的饲料产品，以粒状和粉状形态的产品为主。

一般说来，仔猪饲养的关键在于能吃，但是光能吃难消化或者消化不了也不行，一些仔猪由于肠子没发育好，本来少吃没事，一多吃就拉稀的情况很常见。优质的教槽料能把消化跟抗病区别开来，安佑的教槽料就能对症下“料”解决这些问题，使用后仔猪提高抗病能力，有效降低发病率，育成率相应提高。教槽料选得好与不好，直接影响生猪上市时间。60天的仔猪是一个典型的“分水岭”，60天仔猪的体重，每提高1千克，基本上就可以提前3天上市；60天的时间体重多出3千克，就可以提前10多天上市。跟其他公司教槽料产品相比，同样是抗病，安佑加了整肠剂和益生菌，产品科技量更高一些，更贴近以猪为主，免疫的需要和营养的需要，养猪户很关心这些。

除了能够提高育成率、降低饲养成本，安佑教槽料还能在改善体型、提高瘦肉率方面为养殖户增加收益，此外，在提高仔猪健康水平、减少用药成本和缓解因免疫力低下造成的生长速度下降等方面产生良好的作用。而在提早出栏方面，根据自有猪场和养殖户的使用反馈，使用安佑的教槽料基本能够提高60日龄的体重2千克~3千克，能够提早出栏10~15天，降低后期饲料成本，提高整体经济效益。

3. 增值型生态养猪产业链

目前史料记载显示，我国境内最早的家猪饲养大约7500年前开始，自此，猪文化与中国文化密不可分。

农耕民族以农业为生活基础，种植各种谷物、蔬菜、水果等食物提供给人及动物，动物们吃完后排出的粪便回到土地，作为天然肥料，为作物提供营养。这种原始的做法，不浪费，不会给土地压力，呈现平衡的生态。但是，随着经济社会发展，这样的饲养模式不再能满足需要。因此，人类开始使用农药、化质肥料、杀虫剂，种出大量的可能损害健康的谷物蔬果。另外，为了提高动物的生长速率和节约饲养成本，社会专业化分工趋势下，养殖者开始集约式饲养，并使用抗生素及含重金属饲料，为处理集约饲养的大量排泄物，饲养者又得花费大量成本。另外，集约式饲养也增加了应激与猪病发生率，使得养殖者需要增加兽药支出，造成猪肉药残，进而影响消费者的购买意愿，呈现出人不健康、农产品残留、猪肉不安全、生态不平衡等问题。

随着现代养殖业向规模化、集约化方向发展，养殖小区和大型养殖场的高密度建设导致的畜禽粪便中氮、磷超标排放对水体和大气的污染，造成的环境问题日益严重。按粪尿排泄量计算，单头生猪从出生到出栏的排粪量为0.9~1吨，排尿量为1.2~1.3吨。2011年我国大陆地区出栏生猪6.5亿头，这意味着总排粪量达到约6亿吨，总排尿量约8亿吨。养猪业带来如此巨大的粪尿污染，日渐制约着整个行业生态发展。因此，降低粪尿中氮、磷、臭氧的低碳养猪排放，减少养猪业对整个环境安全的危害已成为当前畜牧业发展亟待解决的重要课题。

“危机就是转机”，安佑推动“科技养猪，节能减排”，开发环保饲料，推动生态链，帮助养猪户有效率地生产安心猪肉。经过不懈努力，安佑成功研制的新型低碳氮排放环保饲料，可将粪便中氮排放量降低30%，磷排放量降低45%。2011年安佑的一种环保型预混料销量20万吨，相当于减少了近万吨的粪尿污染物排放量。

不少大企业正推动垂直整合，饲料、养殖、屠宰、加工、销售，全部一手包办，以降低成本和分担风险。但目前主要仍是企业加农户的形式，这样虽然养猪户的风险看似降低，但养猪的价值没变，赚到的钱也集中在企业手中。

安佑这几年一直在推动“增值型生态养猪产业链”的工作，推荐农户使用自动化设备减少人力，配方上应用多种副产品减少粮食浪费，并开发多种绿色添加剂以取代抗生素。利用安佑对饲料厂管理及配方的优势，搭配各领域专家，提供养猪技术，也经由最新人工授精技术，快速改善品种，生产高瘦肉率、高抗病力、高繁殖率的优良种猪，提供高效精液，增加猪场的生产效率。此外，安佑也开发功能有机肥及养藻养虫，让农户也能从“排泄物”中取得收益，每个部分每个人均能达到增加价值的效果，而且整合的产业链又可达到生态平衡的目的，带动规模养猪场和农户的同步发展。

4. 一套成功的 6S 服务方案

随着当今规模化养猪的快速发展，养猪人在选择饲料时最关心的已不再是饲料产品本身，而是选用该饲料产品后能为他的企业发展或猪场效益带来什么成果。因而，在竞争日趋激烈的当下，服务的质量，客户的满意度、认同度就成了一个企业的隐形竞争力。

何谓安佑 6S 服务？

安佑，在致力于产品创新的同时，建立了一套完整的技术服务体系——6S 技术服务体系 [简称 6S——Success Solution（成功的方案）、Sincerity Service（热忱的服务）、Satisfaction System（满意的体系）]，旨在通过成功的方案、热忱的服务和满意的体系，解决客户的每一个问题。

（1）安佑 6S 服务主要内容。

安佑 6S 服务主要包括：霉菌毒素六大解决方案、猪场疾病六大解决方案、猪场设计与生物安全、核心猪场全服务营销、饲养管理 SOP 制定、健康监控、种猪繁育、客制化配方、安佑大学、安佑云养猪等方面。

（2）安佑 6S 服务工作流程。

安佑通过客户问题诊断，为猪场量身定制合理的可实施的改善方案，从“控制源头，解决根本，以简单方法解决复杂问题”出发，实现猪场效益最大化。值得一提的是，此处讲到的问题诊断不单单指狭义的猪病诊断，而是针对种猪、乳仔猪、生长育肥猪等各阶段，以及猪场设计、环境监控、饲养管理、疾病防控、经营策略等各个环节可能存在的或潜在的风险问题而进行的诊断。安佑的技术服务人员通过对猪场进行全面系统的了解，找出问题所在，并就问题对该场效益的影响进行分析，进而制定出相应的生产水平改善目标（简称 KPI 指标）和执行计划，通过“问题鉴定——问题对效益的影响分析——制定改善目标及 KPI——制定服务计划——KPI 完成与检核——问题鉴定……”如此一个又一个 PDCA 循环，不断帮助客户改善养殖成绩，获得更高效益。

（3）安佑 6S 技术中心承诺。

安佑 6S 技术服务团队给每一位客户、每一头猪许下承诺：当您信任我们，把技术托付我们的时候，我们会一点一滴记载您的每一个需求。猪虽然不会说，但我们会让她保持健康、快乐的心情长大，完成她为人类无私奉献的精彩一生！

（三）安佑的贡献

1. 行业标杆

安佑大量的投入研发，主要是针对技术和标准，为行业立杆。

我国的养猪行业整体技术水平至少落后欧美发达国家二三十年，养猪成绩比如母猪年平均提供上市活猪数这一项指标仅相当于欧洲 20 世纪 60 年代初水平，有很多的观念和技术上的东西需要加快引进学习，缩短差距。国外教槽料研发已经在概念上比我们更细化、更优化，研发的重点是紧盯着母乳的标准去开发。我们现在还是停留在纯粹的饲料大配方层面转圈，这是新的差距点。欧洲如荷兰、比利时等养猪技术发达国家已经把教槽阶段分得更细，按照乳猪出生日龄分段设计至少三段营养配方，就像婴儿配方奶粉一样，按照不同生长日龄阶段设计配方产品，把成本价值效益发挥到极致。事实证明大分段式的设计观念是不可能做出近似母乳的教槽料日粮产品的。相反的方向，根据猪的行为学原理，仔猪生下来几天后就会跟随母猪采食，而且越来越多，在安佑看来，是否可以根据我国养猪业的具体情况再往前思考，在产房阶段设计一套母子同食料作为前期母猪教导乳猪采食的产品。断奶后续教槽料设计另一套配方产品。诸如此类的创新设想，一定会有企业尝试去做。但不论是哪一种创新，如果能为养猪企业带来更大的养殖效益，都将会被市场所接受。

安佑进入大陆的十几年发展中，为改变传统养殖理念，为乳猪教槽料理念的推广、说服工作花了很多精力。因为断奶教槽料专用饲料确实比普通饲料贵一倍以上。规模养殖场一般不愿意选用这样贵的料，安佑是不断通过技术与理念的解说，一笔一笔的数字计算，才影响了大陆养猪理念的变革。

安佑一边践行传播科学理念，一边为行业培养出一大批优秀人才，为行业文化发展添砖加瓦。安佑一开始而且直到现在也没有大量销售渠道，一直在做的是传授先进与科学的养猪技术，在各地举办中小型技术培训班，现已举办近千场 4 万多人受益。为提升整个养猪行业经营者的管理水平，安佑也开办了“养猪精英培训班”，现已累计为行业培训了 3000 余名专业养猪经理人，还先后在 5 所高校设立了“安佑奖助学金”。

2. 行业布道者

安佑始终坚持推广动物营养新观念，研究饲料科技新技术，倡导科学化饲养，强调环境保护，为行业发展布道。

（1）环保养猪开创者。

20 世纪 90 年代初期，安佑即是供港猪的主要饲料供应商。今天，安佑通过环保配方、环保猪舍及功能性有机肥计划，以达到体内减量、体外减排、猪粪变绿金，同时达到优化环境、节粮低碳、降低成本的环保目标。安佑更是提出了“环保养猪产业链”等具有未来行业发展导向的决策观点。

看似再平常不过的养猪，其实有着数千年的历史，在我国农村，家家户户几乎都养猪，却基本上都不知道养猪也可以用“环保”的行为。安佑从创立即始，便致力于环保饲料的研发，并着手推动“环保三段论”的实施，以减少养殖污染。一是体内减排，即以科学的配方提高饲料中氮、磷养分的吸收利用，从而减少粪尿的排泄；二是体外减量，即以合理的猪舍设计，减少养猪过程中污染物的排放量；三是把猪粪升值，即以猪的粪尿为原料，发展功能性有机肥项目，将猪场的污染物变废为宝，真正实现养猪业的可持续发展。

（2）健康养猪引领者。

目前，我国动物养殖生产过程中普遍添加抗生素用来促进养殖生产效率，防病治病、降低死亡率。但是，由于抗生素的不规范使用，残留事件屡有发生，致使畜产品出口受阻，消费者信心下降，人的健康和生活环境安全同时也会受到危害。饲料是畜产品生产过程中最主要的投入品，确保其质量安全，提升畜禽健康是实现动物性食品安全的最关键环节。

致力减少抗生素，降低重金属残留，通过微生物研发，采用绿色添加剂及免疫营养，让猪长得健康、活得快乐，为新鲜、安全、美味、健康的优质猪肉提供保障。

饲料安全上，安佑始终坚持三大核心理念：一是减少抗生素用量，通过研发，在配方中强化免疫营养，使用天然绿色的添加剂，让养猪不再依赖药物添加剂；二是降低重金属和毒素含量，并建立微菌毒素防控中心，最大限度降低饲料和肉品中有毒有害物质的残留；三是专门设立微生物研究室，严格控制有害微生物污染，并自主研发替代动物同源蛋白的产品，减少动物感染疾病的风险。

2011 年，安佑人工乳和乳猪料销量分别达到 15 万吨和 20 万吨，按照每吨饲料减少 0.5 千克抗生素的使用量，相当于全年减少了 175 吨的抗生素使用。

（3）高效养猪推动者。

采用独特日粮配方，科学的饲养管理模式，提高猪只成活率，实现瘦肉日增量最大化，达成高效养猪目标。安佑提出的最高利润计划，160 日龄达 120 千克，料肉比 2.5 以下，瘦肉率提升 3% ~ 6%，成活率 90% 以上，粪便、氮、磷排泄物降低 20% ~ 40%。

面对近年来日益突出的饲料资源短缺问题，安佑通过不断地研发，提升养猪效率，减少饲料浪费，缓解粮食危机。安佑拥有全行业之首的猪饲料发明专利，占到6.5%，多项技术处于世界领先水平。

以前的饲料配方只注重动物长肉需要的营养，并没有考虑到原料成分的吸收效率及平衡，因此造成了许多营养物的浪费。安佑的环保饲料主打低蛋白高氨基酸配方及高免疫配方，可降低成本，提升饲养成绩，减少排泄物中1/3的氮、磷含量，降低臭味、排尿量，进而减少废水处理成本。安佑环保饲料用有效氨基酸、有效磷、净能、可消化蛋白等因子计算配方，不仅提供动物需要的营养需求，更考虑了各种原料的利用效率，以及营养成分吸收后的利用与排出，以期做到“用最少的饲料长出最多的猪肉”。

安佑采用的先进净能体系配置的生长猪饲料，已将料肉比从行业平均2.8:1下降到2.4:1及以下；种猪挑战使每头母猪每年提供上市肉猪头数由18头进步到25头以上。这些技术的应用，都可以大大减少饲料量。如果能在全国得到推广，全国母猪可以少养2000万头，少吃2000万吨粮食，每头肉猪少吃40千克饲料，减少全国2400万吨粮食支出。

七、贡献中国农业：安佑梦

从20世纪70年代开始，大部分发达国家都将经济发展的重点放在高新技术企业上，并把其作为增强综合国力的重要举措。近几年我国高新技术企业正在突飞猛进地发展，其规模和数量都在不断地增长，在国民经济构成中所占比例也显著提高，有力地促进了经济结构的调整。已经成为推动我国经济增长的重要组成部分，是拉动国民经济增长的中坚力量。核心竞争力是保持高新技术企业竞争优势的重要手段，是高新技术企业持续竞争优势的源泉。

在新古典经济增长理论强调了科技进步对经济增长的贡献，邓小平同志也指出，科技是第一生产力，要加快我国农业现代化进程，科技驱动力是关键。我国作为发展中国家，农民缺乏新技术，农民素质普遍偏低的现象是客观存在的。为加快我国农业经济发展，重视农业科技的研发必将成为重中之重。近两年从中央政府到地方政府对于农业科技研发的支持力度不断加大，这充分说明新时期，农业科技是我国农业健康、稳定、快速发展的核心要素；另一方面，为突破资源环境因素的限制以及生态环境、经济发展兼顾的策略，对农业科技创新的依赖程度也不断增强。在这种大环境下，安佑集团作为以科技为核心驱动力的农牧龙头企业，其对我国农业的贡献可见一斑。

（一）提升中国养殖业核心竞争力——安佑科技梦

饲料业作为养殖业的支柱产业，其发展水平的高低对养殖业水平的影响十分显著。由于我国饲料行业起步较晚，加之我国农牧行业从业人员素质普遍较低的现实，使得我国饲料行业缺乏科技创新能力，导致整个行业核心竞争力的不足。安佑集团作为我国饲料行业的龙头企业之一，其“科技先行、研发驱动”的经营理念为提升我国养殖行业核心竞争力打下了坚实的基础。更加值得欣慰的是，安佑集团早已把提升我国畜牧行业核心竞争力作为企业所应担负的重要责任。

1. 缩短“研发——推广——再研发”周期

安佑集团经过20多年来在饲料行业的技术、经验积累，已经形成了“研发——推广——再研发”为一体的、较为成熟的研发营销体系。在下一个时期，安佑集团的设想是：通过技术的积累、人才团队的经验积累缩短研发周期；通过市场团队推广经验的积累提高营销效率，从而实现加速良性周期的循环效率，提高绩效。稳固其在国内饲料行业的领先地位，并跻身世界一流饲料企业序列之中。

2. 横向交流拓宽研发渠道

在与安佑研究院的负责人员座谈交流中，我们发现：安佑人一方面以其技术的领先，对人才、研发的重视为骄傲；另一方面，又保持着相当的理智和谦逊。刘院长明确表示，一个行业的崛起并不能只靠一家或几家企业的领先，而是要靠全行业对研发的追求和渴望。安佑的研发团队，不仅要做好企业内部的科技项目攻关，还要加强与其他行业内的企业交流，相互学习，共同发展进步。以真正实现我国饲料行业的大发展，实现安佑乃至我国饲料行业的共同梦想——提升行业核心竞争力，屹立于世界饲料一流企业之列。

（二）高效、环保、安全——提升中国养殖业标准

高效、环保、安全是安佑从成立之初就在不断追求的目标，这也是安佑在饲料产业发展的指导思想。20 世纪 90 年代初，我国饲料行业刚刚发展，还处在技术含量低、品质相对差、行业缺乏规范的大环境中。作为安佑创始人的洪平先生并没有把精力放在追逐短暂利润上，与此相反，而是把眼光放远，界限放宽，提出高效、环保和安全的企业发展构想。经过 20 多年的不懈努力和奋斗，安佑终于在以上三方面取得了长足的进步和发展。

其各个系列饲料都以重金属含量低、排泄物环保获得业界一致好评和肯定；而安佑教槽料的稳定性极强，也是业界公认的事实，这些优秀的产品品质与已经埋藏在安佑人心里的梦想有着密不可分的关系。从另一个方面来看，也是以上这种种对品质的苛刻追求，使得安佑从未被卷入恶性的价格战之中，很少受到其他品牌的价格冲击。这一点也值得国内饲料企业认真思考和学习。

而今天，安佑凭借自己孜孜不倦的努力和踏实的积累跻身成为我国饲料业的领军企业之一。安佑在此时，又有一个更大的梦想——建立我国生猪养殖行业的新标准。目前，位于江苏南通的实验养殖示范基地即将竣工，在踏实勤奋的安佑人不断努力和探索下，相信安佑带领我国生猪养殖业建立循环生态养殖场的梦想一定会在不远的将来实现，这不仅会为我国消费者提供放心、安全的肉食品，也会让我国生猪养殖行业走上安全健康、平稳持续的发展之路。

（三）世界知名的断奶仔猪日粮供应商——安佑产业梦

近年来，安佑始终保持着平均 40% 以上的销量增长，已经成为亚太地

区幼畜饲料核心品牌企业和业内公认的成长最快的企业集团之一。

2012 年“安佑”商标被认定为“中国驰名商标”，一是扩大了集团的知名度和美誉度，二是有效阻止了越来越多的侵权行为。未来安佑的发展战略将聚焦猪饲料行业，继续保持高档猪教槽料的领先地位，同时向优质种猪饲料和高效、环保、安全肉猪饲料发展。计划 2015 年拟新建 10 家生产基地，共完成猪料销量 160 万吨，实现营业额 60 亿元。在服务方面，建立电子商务大服务平台的概念，把数据化养猪转化成智能化养猪，为客户创造更大的价值。此外，安佑将继续加大科研投入，积极发挥企业研究院优势，与国内外高校、研发机构建立稳定、高效的合作机制，提升企业竞争力。安佑已经着手构建“生态增值型产业链”，致力于成为产业链条上各节点的技术解决方案供应商。

这是一家坚持“为客户创造最大价值，为员工提供最大的成长空间”价值观的企业。他们秉承“品质、科技、服务——永远争先”的经营理念，坚守从精密配方、精选原料到精细加工，成就精良品质。如今，世界上最大的断奶仔猪日粮供应商已成为过去，优质种猪饲料和高效、环保、安全肉猪饲料是他们的下一个目标；建立电子商务大服务平台，把数据化养猪转化成智能化养猪是他们的下一个目标……。这是一家以爱与感恩，致力为我国的养猪事业做贡献的企业，只要坚守理念，我们相信，他们会在这条路上走得更远。

参考文献

[1] 洪平 .《安佑人》. 安佑集团内部刊物，2009，（10）.

[2] 洪平 .《安佑人》. 安佑集团内部刊物，2013，（9）.

[3] 檀学文 . 现代农业、后现代农业与生态农业——“‘两型农村’与生态农业发展国际学术研讨会暨第五届中国农业现代化比较国际研讨会”综述 [J]. 中国农村经济，2010，（2）: 92-95.

[4]《好伙伴》. 安佑集团文化刊物，2013，（5）.

第四章　华夏新农：中国皮毛全产业链模式领跑者

摘要：在竞争激烈、需求多样化的复杂市场环境下，我国农业产业链由于信息不对称、主体不对等问题导致结构断裂、价值错位，从而缺乏可持续发展的保证。在这种形势下，整合农业产业链，系统协调整个产业链上下游环节，已经成为农业企业建立竞争优势的重要源泉。本文使用案例分析方法，以华夏新农作为分析对象，首先分析了整个皮毛产业链的现状，以及华夏新农如何通过对关键环节的控制实现全产业链运营模式。其次分别对华夏新农的全农合作社、OTO直销、全球合作等具体战略进行了剖析。最后通过对农业4.0概念的阐释，展望了华夏新农作为特种农业产业组织者的实现路径，既是对农业产业链理论体系的发展，也为其他农业企业发展提供了启示。

关键词：华夏新农；皮毛产业链；全农合作社；OTO直销；农业4.0

一、引言

华夏新农于2010年11月20日进入皮毛产业，位于素有“中国养貉之乡”“中国皮毛产业化基地”称号的河北省昌黎县泥井镇，是河北省农业产业化重点龙头企业，主营特种动物饲料加工、育种养殖、皮毛贸易、兽用中药材。旗下拥有河北华夏新农特种养殖科技股份公司、河北秋毫皮草有限公司、河北奥仫裘革制品有限公司、河北枫亚林业科技有限公司、昌黎县全农畜牧养殖专业合作社等企业。公司以育种、饲料、贸易、中药材为产业抓手，合作社、电子商务为服务平台，创新皮毛全产业链商业运营模式。同时经营三个主要板块，分别是贸易（5 年）、育种（3 年）和饲料（2 年）。

二、文献回顾

产业链是以生产相同或相近产品的企业为单位形成的价值链，是承担着不同的价值创造职能的相互联系的核心产业，通过信息流、物流、资金流的控制，从采购原材料开始，制成中间产品以及最终产品，最后把产品送到消费者手中的过程中，形成的由供应商、制造商、分销商、零售商、最终用户构成的一个功能链结构模式（张利庠，2007）。产业链上的各个组成部分呈现出分离和集聚并存的趋势，它们存在着技术水平、增值与盈利能力的差异性，而掌握其中的关键环节可以控制整个产业，因此需要产业整合者定位关键环节并进行控制，从而达到控制整条产业链的目的（张利庠、张喜才，2011）。

很多国外学者认为，纵向一体化的产业链可以节约交易成本（Williamson，1981；Nathan & Scharfstein，2001），也有的学者关注企业能力与竞争优势的关系，认为可以通过产业链整合来获得可持续的竞争优势（Prahalad & Hamel，1990），而且不仅在一个企业内部完成，也可以由分散在产业链上的各个环节的主体企业完成，因而竞争优势依赖于企业与整个产业链上下游环节的系统协调。我国对产业链的研究始于农业产业链，农业产业链是指与农业初级产品密切相关的产业群的供给和需求关联构成的网络结构（张利庠、张喜才，2007）。关于农业产业链的研究也多集中于探讨农业产业链形成的原因、组织形式和连接机制（王春华，2003；王凯、颜加勇，2004；吴金明，2006），张利庠（2007）从解决中国饲料产业的问题出发，以产业环境、顾客价值和国情因素为逻辑起点，提出建立基于环境和企业能力不断联动优化的一体化产业价值链体系。

三、问题与出路：中国皮毛产业思想者

华夏新农集团在探索狐貉养殖、皮草经营等方面的过程中，确立了以“公司＋合作社＋基地＋农户”联营发展的方式为主要商业模式，逐渐将企业构建成为以规模养殖为核心、农民专业合作社为基础、贸易流通为龙头、皮草服装为引领的毛皮产业化集团公司，并坚持以“科技为先、主动创新、精细管理、合作共赢”为企业核心价值观，以实现皮毛产业的“八化”为宗旨（科学化、安全化、标准化、规模化、品牌化、现代化、资本化、国际化）。

（一）皮毛产业环境背景

裘皮是具有悠久历史的国际性高档消费品，因具有美观、保暖、身份象征等特点，在满足和丰富人们物质及精神生活中扮演着不可或缺的角色。随着世界经济的发展和人们生活水平的提高，裘皮产品的市场需求不断扩大，国际市场消费态势多年来稳中有升，如图1所示，裘皮出口效益可观，产业发展有效地促进农民增收就业，显著带动地区经济发展，具有重要的现实意义及广阔的市场前景。

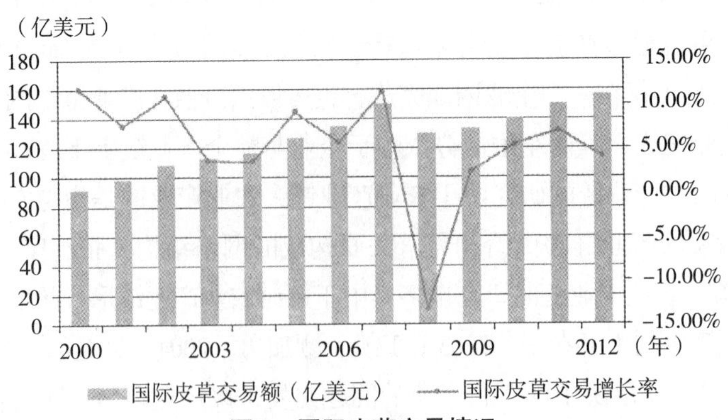

图1 国际皮草交易情况

数据来源：华夏新农市场部。

1. 国际市场

皮毛动物养殖在国外已有上百年历史，主要集中在北美、北欧等地，分布在美国、加拿大、丹麦、芬兰、挪威等国，如图 2、图 3 所示。国外养殖品种主要为水貂、蓝狐、银狐，貉子极少。水貂品种以美国短毛黑、丹麦的咖啡貂著名，芬兰的蓝狐品种为全球最佳，美国和挪威的银狐品种质量上等。国外采取以协会为主导，饲料厂、养殖场、拍卖行统一管理的产业模式，产出的皮张通过拍卖行专业分级，一年四次的全球拍卖会销售。国外的养殖环境好，饲料原材质量高，饲喂机械化程度高，产出的皮张质量明显高于国内。所以我国的贸易商、服装商每年在拍卖会上大量采购国外皮张，进行服装加工后再销往国外。

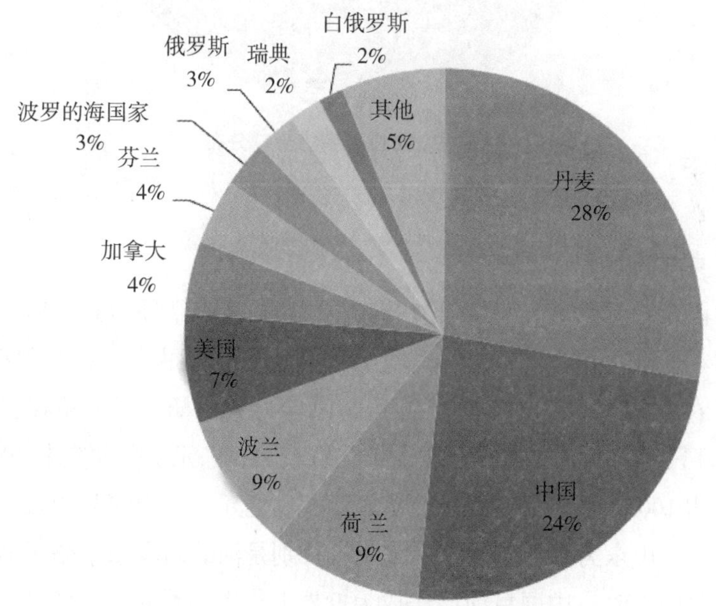

图 2　2010 皮草生产全球分布

数据来源：华夏新农市场部。

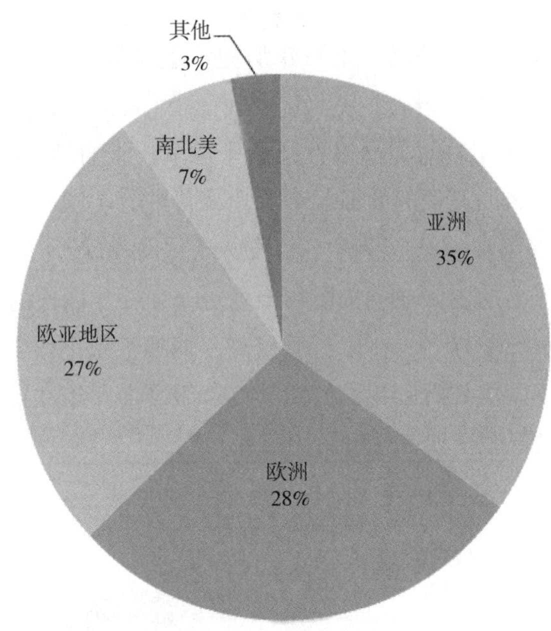

图3 2012皮草销售全球分布

数据来源：华夏新农市场部。

2. 中国市场

中国皮毛动物养殖业始于1956年，主要饲养品种为貂、狐、貉，主要分布在河北、山东、辽宁、黑龙江、吉林、内蒙古等14个省区市。据华夏新农市场部不完全统计，截至2014年，我国貂、狐、貉存栏量超过10000万只，饲料需求400万吨，年交易额250亿元；良种需求400万只，交易额达100亿元；皮毛贸易交易额达500亿元。其中河北为狐、貉养殖第一大省，山东为水貂养殖第一大省，特别是河北昌黎乐亭貉子养殖已占全球份额的70%。中国目前已经成为世界上毛皮动物养殖、贸易、皮草消费及深加工大国，如图4所示，各类皮毛制品加工收入逐年增长，皮毛行业增长率近几年稳定在20%左右，基本是GDP增长率的2~3倍。

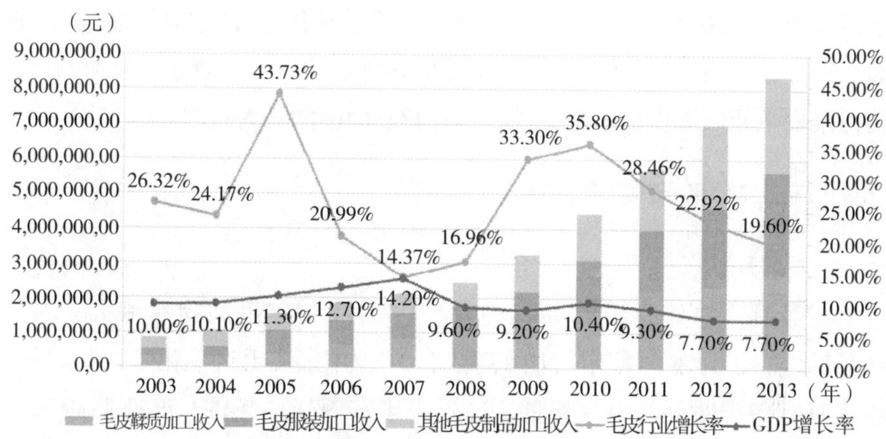

图 4　中国皮毛行业发展情况

数据来源：华夏新农市场部。

注：左侧纵轴为收入（元），右侧纵轴为增长率。

（二）华夏新农诞生纪要

华夏新农特种养殖科技股份公司成立于 2012 年。董事长李勇军，1994 年毕业于河北科技师范学院园艺系果树专业；2007—2010 年，就读于对外经济贸易大学国际商学院和中国人民大学商学院，获得高级工商管理硕士学位；2008 年，访学于美国芝加哥大学，在芝加哥商品交易所、期货交易所培训学习。从毕业后的教师行业下海做建材生意，2001 年从事房地产开发，2007 年和北京奥组委合作奥运黄金推广。2009 年撤出房地产行业，决定全资投入农业。

作为一个土生土长的昌黎人，李勇军董事长怀着回馈乡里的一腔热忱，回到昌黎，投资 2.8 亿元建成貂狐貉饲料加工、育种养殖、皮毛贸易及综合服务皮毛全产业链的华夏新农特种养殖科技股份公司。

为了掌握先进的科学技术以及管理方式，李勇军董事长于 2011—2014 年间，多次赴芬兰研修“毛皮动物产业化”课程；并于 2012 年 2 月，访学日本东京大学、九州大学，研修“日本农业产业化”培训课程。

在不断的探索中，李勇军董事长领导的团队研究分析了昌黎县皮毛产业的现状——快速发展的同时，也暴露了养殖销售等多方面的问题，特别是如何立足国际、国内形势，依托昌黎县特有的区位、资源和产业优势，将昌黎皮毛业做大做强，成为摆在华夏新农面前的一大难题。

（三）现状问题全面分析

1. 发展现状

昌黎县，地处北纬 40 度，拥有长达 30 年的皮毛动物养殖历史，养殖品种以貉子为主，素有“中国养貉之乡”“中国皮毛产业化基地”之称。不仅具有冬季时间长、气温低、冷资源丰富等气候条件，亦有连通京津唐、东北、环渤海三大经济区的区位优势，更有京哈铁路、沿海高速公路穿越和北戴河机场等有利交通环境，非常适合皮毛动物养殖和皮毛产业发展。

近年来，昌黎皮毛产业发展较快，初步形成以饲料加工、动物养殖、市场集散为主的经营发展格局，经济社会效益不断提升，集中体现出以下特点：

一是养殖总量递增，经济效益明显。近年来，昌黎县皮毛动物饲养量呈递增态势，据县统计局统计，2010 年皮毛动物存出栏合计 1120 万只，2011 年 1259 万只，2012 年 1385 万只。三年实现产值分别为 22 亿元、27.3 亿元、35.3 亿元，占全县农业产值比重为 28.4%、29.4%、35.7%，占地区生产总值比重为 17.1%、17%、20.2%。皮毛业吸纳 15 万人就业致富，已成为富民强县主导产业之一。

二是养殖品种丰富，呈区域化分布。养殖品种主要有乌苏里貉、金洲貂、银黑狐、蓝狐、彩狐和一些本地杂交品种。其中貉的饲养量最多，据县统计局数据，2012 年貉存出栏合计 818 万只，狐狸存出栏合计 484 万只，貂存出栏合计 83 万只，三大品种饲养比例为 59%、35%、6%。皮毛养殖覆盖全县 17 个乡镇 380 个行政村，其中尤以荒佃庄、刘台庄、茹荷、新集、团林、泥井和大蒲河 7 个乡镇规模较大，饲养量占全县总饲养量的 80% 以上。

三是小规模养殖居多，产业化程度低。昌黎县皮毛动物养殖目前主要有三种形式：家庭养殖、规模养殖场和园区养殖。家庭养殖地点多在自家庭院，数量从几十只到几百只，规模较小，占比在七成以上；规模养殖场是从家庭养殖发展而来，多以临时占地形式圈占土地，数量在千只以上，据县畜牧局粗略统计，这类养殖场约500个，占比近两成；园区养殖寥寥无几，以泥井秋豪养殖场为代表，2012年建成，占地230亩，采取“公司+合作社+基地+农户”模式，吸纳养殖户150名，2013年预计出栏量10万只。总体来看，家庭养殖仍居主导，规模化养殖有限，产业化程度不高。

四是销售渠道三分天下，交易市场作用初现。据县统计局数据，全县2010—2012年皮毛交易量分别为873万张、990万张、1089万张，其中生皮销量约占95%，主要销往浙江桐乡、海宁，河北留史、尚村、大营、辛集，北京等地，熟皮销量约占5%，主要销往浙江的桐乡、海宁。销售渠道分交易市场销售、商贩购销、外地客商直采三种，比重约为3∶4∶3。昌黎县功能较完善的交易市场2家，即昌黎皮毛交易市场（荒佃庄）和华夏新农泥井皮毛市场，共占地203亩，2010—2012年成交额为25亿元、40亿元、50亿元。以此为依托，昌黎县相继举办五届河北（昌黎）皮毛特养产品交易大会和第一届皮毛采购&裘皮服装艺术节，市场的聚合带动作用初步显现。

五是合作组织健全，龙头企业不断壮大。据县畜牧局统计，昌黎县现有皮毛产业协会1个，养殖专业合作社5个，覆盖农户15000户。其中规模较大的是全农畜牧养殖合作社，2012年建立，吸纳分社13个、社员8365名，养殖规模300万只。

2. 问题分析

近几年，昌黎县的皮毛产业较快发展，这得益于立足区位、资源优势以及政府大力扶持，更是国内外市场需求拉动的结果。然而发展的同时，由于皮毛产业一直处于小规模、低水平、无序化的粗放型扩张状态，所产生的问题也是不容忽视的，主要包括以下几个方面：

（1）种群品质退化严重，皮张质量持续下降。外销皮张普遍存在个小、毛空、绒薄等情况，品种退化是主要原因之一。以主要养殖品种乌苏里貉为例，原产地黑龙江饶和，近几年，由于无人组织、缺少资金等原因，已很少有人去原产地引种，圈内杂交，近亲交配现象严重，种群品质退化，优皮率持续下跌。

（2）喂养饲料良莠不齐，稳定性和保证性较差。全县经销饲料品牌200余家，有大有小，良莠不齐，养殖户对饲料认知度不高，经常更换品牌，随意增减喂养量，饲料来源及质量没有保证。本地饲料品牌匮乏，流通成本相对提升，售后服务也缺少稳定性。

（3）养殖领域盲目粗放，处于自发、无序和低水平状态。家庭养殖居多，其弊端日益显现：一是盲目性强。农户信息来源有限，养殖数量随市价波动，往往是卖降不卖涨，价愈高量愈大，缺乏计划性和科学性。二是污染大。粪便、动物死尸等处理不及时，环境污染较为严重，人畜共栖现状容易引发交叉感染，与新农村、幸福乡村建设目标相背离。三是无技术含量。全县皮毛养殖专业技术人才相对匮乏，主要以“土专家”“土方”饲养为主，缺乏有效技术支撑，皮张质量难以保证。四是诚信差。部分农户只关注眼前利益，激素皮、以次充好等现象时有发生。这些行为，致使皮毛业竞争力欠缺，皮毛养殖大而不强。

（4）不注重动物福利，屠宰方式不合理。取皮环节主要为养殖户自行取皮，存在违反动物福利、屠宰和胴体处理方式不当等现象。取皮多采用闷死、电击等形式，由于设备不合格，操作不规范，常常引发皮张掉毛等质量问题，影响了行业诚信和皮张价格。在动物肉体处理上，主要是农户食用和外地客商收购，存在极大的食品安全隐患。

（5）流通环节缺乏标准化，交易方式落后。农户销售时多为各品质皮张混搭销售，不按标准统一分级，直接造成交易价格偏低，甚至规模厂商不愿收购等问题。以貉为例，2013年优质皮张价格为800元/张，养殖户平均获利500元/只，而混搭销售价格仅为500元左右，获利率明显降低。再加上现有交易方式的地摊、无序、非透明性，缺乏统一的管理和规范，致使销售市场秩序混乱。

（6）深加工和产业品牌几乎为零，链条延伸严重受阻。昌黎县原有的皮毛产业链条大多局限在养殖领域，以生皮销售为主，皮毛加工尤其是深加工几乎为零，没有过硬的产业品牌，产业链条延伸受阻，缺乏做大做强的后劲与活力。

（四）深思熟虑另辟蹊径

通过一段时间的分析摸索，华夏新农根据现有问题，将发展重点集中于以下几个板块：

1. 育种养殖板块

占地229亩、年出栏10万只狐貉的华夏新农毛皮动物良种场是目前国内规模最大的狐貉良种场。公司正在建设的良种场2期占地1380亩，种群达30万只，将是世界上规模最大、品种最全的皮毛动物良种场。

其中，特种动物研究院依托育种事业部和饲料事业部成立，主要开展包括毛皮动物新饲料研发、毛皮动物疾病防控技术研究、狐貉育种核心群的建设、毛皮动物规模化养殖场饲养规程的制定等工作。

依托研究院的支持，华夏新农良种繁育技术成绩显著，包括：

（1）种兽科学饲养。种兽与皮兽区分饲养，采取阶段性定量饲喂，调整体况，促进发情，提高受孕率。

（2）种兽科学疾病防控。对所有留种兽体进行主要繁殖疾病检测，包括布鲁氏杆菌、加德纳氏菌等检测。

（3）优选种源技术。采用表观性状选择和育种殖两种方式结合进行。

（4）发情鉴定技术。采用外生殖器变化、阴道分泌物涂片及测情仪多种手段结合，依据各种手段特点整理汇编统一性鉴定标准。

（5）人工授精技术。蓝狐、银狐采用人工授精进行配种，将国外引进原种蓝狐、银狐的优良基因短时间内大量扩增，整体提高种群水平。

（6）狐貉谱系跟踪技术。采用普通耳标与芯片埋置两种手段进行种兽谱系记录，保证种兽交配对象的合理选择，避开血缘关系。

2. 饲料板块

依托公司育种事业部，设立饲料研发实验基地，根据毛皮动物独有的特性开展不同生理时期营养需求研究，研发性价比最高饲料。

公司已拥有全自动化生产线，其中干粉车间两条，年生产能力达20万吨；鲜料车间生产线是从芬兰引进的全套自动化貂狐貉鲜料生产设备，年生产能力达10万吨。

3. 贸易板块

公司作为中国皮毛专业供应商，拥有自主皮毛品牌奥仫“AUFU”，以及五大营销中心——北京雅宝路、正天兴、浙江崇福、昌黎泥井、河北尚村构建了公司强大的销售网络。同时，公司还创新了多条线上和线下结合的渠道：

一是皮毛仓储超市，将传统地摊式赶大集的皮毛交易方式创新为室内宽敞明亮的仓储超市交易模式。超市向养殖户及中小贸易商贩提供毛皮仓储、分级定价、贸易代理、毛皮质押借款等服务。

二是中国皮毛超市网（www.fursupermarket.com），全球首家网上毛皮交易平台，提供全球化、全天候、高效率、低成本的毛皮交易平台。

三是皮毛期货拍卖，2012年11月21日上午10:00，全球第一个毛皮期货拍卖正式诞生在昌黎县泥井镇。毛皮期货以确定的远期价格提前锁定利润，避免养殖风险；让销售现金流提前回笼，支持经营生产；可以全年多批次交易，避免季节性集中出货对价格的打压。

4. 珍稀中药材板块

河北昌黎乐亭每年副产出2000万只的狐貉胴体肉、油、心、胆、鞭、骨，药用价值开发有巨大的发展空间和利润空间，根据药用特性研发保健食品、药用原料及药用中间体，服务人类健康产业。

四、皮毛产业链：开创六产农业新模式

在我国经济步入新常态、农业农村发展进入新阶段的背景下，2014年年底中央农村工作会议对推进农业现代化做出重大部署。会议提出：要把产业链、价值链等现代产业组织方式引入农业，促进第一、第二、第三产业融合互动。第一、第二、第三产业的融合互动，也被称为“第六产业”（1×2×3=6），它在日本、韩国等国家已探索出较成熟的经验。根据这一概念提出者的设想：农业不仅仅是耕种农作物，还要延长产业链，农民还要自己搞加工，自己搞物流、经营、流通，把第二、第三产业都包括进来。“三产融合”的目的在于提高农业的产业化程度，吸引资源要素特别是资金进入到现代农业生产，同时通过新型农业经营主体的培育以及生产方式的集约化、专业化、组织化，提高农业综合生产能力。我国农业发展已进入从传统农业向现代农业迈进的关键时期，因此以“六产”理念发展我国农业产业化，将带来农业竞争力的提升以及产业结构的优化升级。现在，我国很多地区已经开展了对该理念的实践，并且鼓励加工企业和工商资本在保护农民利益的前提下进入农业产业链的上下游，比如“公司＋基地＋农户”、订单农业，以及中粮等企业在农业全产业链的覆盖。

皮毛产业具备“六产”农业发展潜力，饲养、育种、贸易、加工、服装形成了皮毛产业化链条，多方面的优势彰显出大力发展皮毛产业的必要性和重要性。首先，全球化趋势，以北欧、芬兰、丹麦、美国、中国为主，年产值达2000亿元。其中，我国大概占1000亿元，并且拥有1500亿元的加工能力，30%出口，主要面向俄罗斯和乌克兰，剩余70%内销。其次，产品稳定，附加值高。皮毛可以储存3—5年，作为高档、时尚产品的原材料。第三，产业稳定，供需周期平衡。一年一季，从2月份和4月份生产，11月份就可以取皮，次年的5月份外销，9月份内销。最后，地区集群效应凸显。河北昌黎的尼井镇40年的养殖历史，是我国皮毛养

殖集中度最高的地方，30 千米半径内就有 2500 万只，从业人员 10 万户，产值可达 60 亿元 ~150 亿元。同时，饲料年产 100 万吨，按照 5000 元每吨的价格，产值可达 50 亿元。另外，良种 500 万只，产值也在 10 亿元。

随着中国经济的高速发展和国家政策的鼓励支持，中国皮毛产业历经磨砺迎来了新的机遇和挑战。建立健全实效完善的法律法规，科学规范的分级定价标准，高校快捷的信息化系统；提供便利多样的金融配套服务，有效的动物福利保障；采用科学的育种饲养技术，先进的生产工艺和加工配套设备；打造具有国际影响力的皮草服装品牌，是中国皮毛产业化未来发展之路。在这样的背景下，华夏新农确定了新的全产业链服务战略，来解决毛皮在生产、流通、加工、转化为消费品的过程中有序化、便利化的问题。下文将具体分析在整合建立产业链的过程中，在各个节点上，华夏新农如何结合自身优势，最大化合理利润，推动皮毛产业的产业化。

（一）产业链一体化创新

1. 产业背景

我国虽然是养殖、加工、消费大国，但是受到国际因素影响，整个行情处于低谷。根本原因也是没有定价权，完全依赖国外拍卖行，80% 的中国客户是从国外拍卖行购买，他们可以分级、定标准，从而拥有较高信誉。这种模式的形成主要得益于国外养殖场采取参股形式，养殖规模大，并且与饲料生产一体化。

相比较而言，我国皮毛产业长久以来以家庭化养殖为常态，产品不标准、无规模，从而不利于贸易、育种和繁殖整个产业发展。整个行业无序杂乱，种群退化严重，特别是银黑狐等种群由于近亲繁殖、良种缺少致使质量下降明显，需要具备技术人员和饲养技术的大企业承担改善种群的重要角色。此外，农户缺乏的是经验总结和技术提升，个体农户即便饲养成功，也不愿与他人分享，但是公司合作社由于有利益分配，会定期培训农民饲养技术，帮助他们改善养殖状况，提高绩效。

因此，从生产环节所暴露的诸多问题来看，如图 5 所示，公司主导的产业一体化是一剂良方。此外，从流通环节分析，普通的皮毛交易模式是赶集，议价方式非常原始，阻碍了交易流通；如果是皮毛商贩直接收购，往往也因为标准不统一，导致多品种混搭；即便是皮毛商贩找中介商收购，也仅会介绍某家熟悉的农户。由于分级不标准，很多服装厂也不懂皮毛品质，成本都难以估算，使得大量客户流向国外标准、公平、可信的拍卖行。

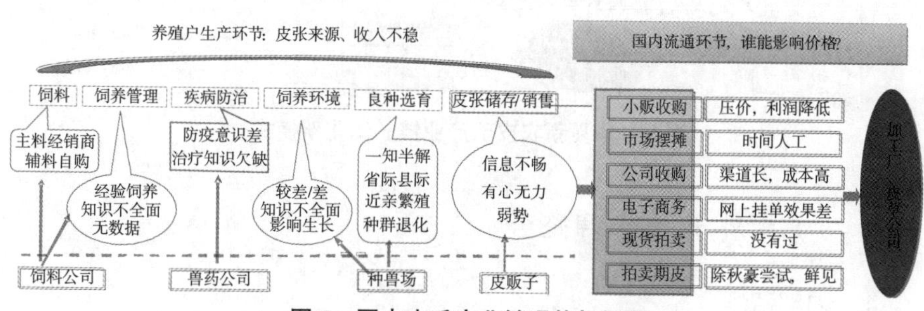

图 5 国内皮毛产业链现状与问题

2. 模式创新

集团公司成立以来，已拥有自己的育种研发中心，从芬兰、丹麦等国引进貂、狐、貉优良品种，改良与提升本地种群质量。建成占地 40 亩、年产 30 万吨，国内最大规模貂狐貉干鲜饲料厂。建成占地 229 亩、年出栏 8 万只，国内最大规模狐貉育种养殖场。建成占地 1380 亩兽用中药材种植基地。公司以全农合作社为服务平台，为养殖户提供资金支持、特供饲料、特供良种、皮毛收购、信息技术等一条龙服务，现有社员上万名，覆盖养殖量 300 万只。公司作为中国皮毛专业供应商，拥有自主皮毛品牌“AUFU”，北京雅宝路、正天兴、浙江崇福、昌黎尼井、河北尚村五大直营中心构建了集团公司的销售网络，全球首家皮毛电商平台——中国皮毛超市网实现了皮毛贸易的全球化、全天候、高效率、低成本。由此整合皮毛产业，如图 6 所示，成为国际著名皮毛科技龙头企业。

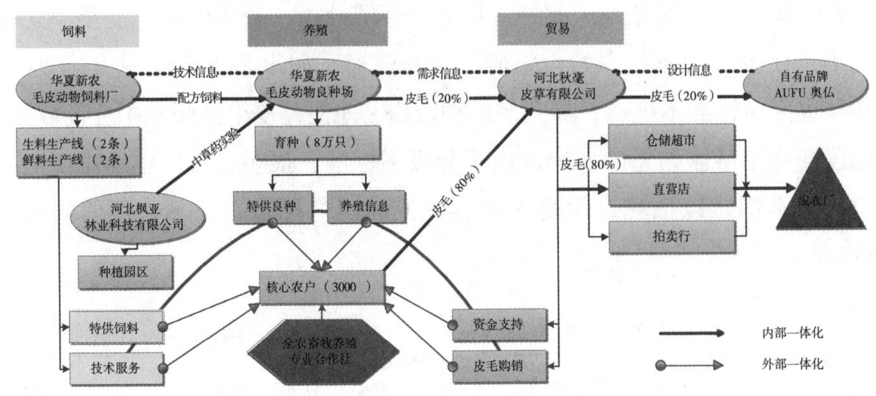

图 6　华夏新农皮毛产业链一体化新模式

（二）内外养殖资源整合

1. 内部资源

皮毛动物的养殖根基在于品种，品种的优劣直接导致经济效益的高低。由于人们的思想观念、养殖模式、地域差别、品种管理、资金投入等各种因素影响，造成国内品种远逊于国际水平。我国的皮毛动物养殖要想有质的突破必须要解决优良品种问题，通过龙头企业投入优良品种的研究和培育，着力培养技术人才，引进国外的优良品种，建立健全良种谱系，可以提升中国皮毛动物种源优势，保证我国皮毛质量逐步提高，增强我国皮毛的国际竞争优势。

因此，华夏新农首先从整合内部养殖资源入手，2012 年建立华夏新农皮毛动物良种场，位于河北省昌黎县泥井镇莫各庄二村，占地 229 亩。2014 年年底貂、狐、貉种群存栏量 10000 余只，主要优良品种有芬兰蓝狐原种、美国银黑狐原种、丹麦银黑狐原种、丹麦水貂原种以及公司正在自主培育的“华夏貉”品种。经过几年的科学管理和繁育，体现各方面的种群优势，包括：国外优良品种纯种基因；核心群、基础群、商品群的育种体系；采用国际鲜食饲喂技术，符合动物习性，营养更均衡；DNA 检测技术、各种疾病监测技术保证种群健康纯正；随时提供养殖技术、饲养管理、疾病防控咨询服务。特别是近期还尝试通过植入式电子芯片来控制时间节点信息，更加科学高效的管理养殖过程，也为未来产品可追溯体系的建设打下基础。

2. 外部资源

规模出效益，规模化养殖的综合成本低，综合管理能力强，但是规模化养殖的关键在于疾病防控和不同时期的科学饲养管理，而传统的庭院式养殖规模小、疾病防治能力弱、养殖技术经验化、信息不对称、抗风险能力差。因此，要规模化必须通过合作社，“公司＋合作社＋农户”养殖模式是规模化养殖的一种合作双赢模式，充分发挥公司的科技、资金、管理、信息等优势和养殖户的人员优势。华夏新农虽然尝试过合作养殖、销售提成等多种方式，但是最终发现还是介入合作社的模式来整合外部养殖资源最为有效，从而开创一种规模有序、集约高效、风险分散、收益稳定的新型养殖商业模式。

2012 年 5 月华夏新农成立全农畜牧养殖专业合作社，注册资金 500 万元，采取资金互助形式，每位社员 500 元入社费，进退自由，年底 10% 分红。全农合作社宗旨“及社员之所急，帮社员之所需”，主要做好“三个对接”：

第一，社员与技术的对接，提高科学养殖水平（详见纵向整合上游原料资源）。一方面，对接养殖场从国外引进优良品种，提升皮毛动物品质；另一方面，对接饲料厂，聘请教授讲座，指导养殖技术。

第二，社员与市场的对接，打造皮毛交易新模式（详见纵向整合下游流通资源）。为提高流通效率，为社员提供统一销售平台，积极创新皮毛交易模式，包括国内首创“皮毛仓储超市”交易模式，全球首家网上皮毛交易平台——中国皮毛超市网，以及全球首次皮毛期货拍卖会和正在洽谈中的国内首家国际毛皮拍卖行。

第三，社员与资金的对接，不断扩大养殖规模。与信用社合作，公司担保为主，为合作社社员提供免息担保贷款，同时开展资金互助，以皮毛质押的形式，借给有需求的社员，扩大了养殖规模。通过以上对接将本地优势转化为直销，为社员带来好服务、高利润和稳定市场，通过精神引领和经济支持的方式，将其外部社员资源内化为企业的无形资产。

（三）上游原料资源整合

1. 饲料行业

饲料加工行业的特点是入行门槛低、投资风险大、管理精细、创新周期长。目前仍有养殖户在自配饲料养殖，市场上饲料品牌数不胜数，生产规模大小不一，良莠不齐，竞争激烈，也导致比较微利。我国的饲料加工企业要想在市场上立足，必须改良配方、提升品质、降低成本；细分市场，重新市场定位；延伸产业链，分散风险；创新产品，增强核心竞争力。现在市场中排在前几名的例如大北农、华龙、双良，华夏新农从 2013 年正式投产销售饲料，排在第 5 名。

华夏新农皮毛动物饲料厂位于昌黎县泥井镇，一期占地 65 亩，总建面积 16000 平方米，总投资 7059 万元，2012 年建设完工正式运营，主要生产貂狐貉干粉饲料、颗粒料、粮食饲料，年产量 30 万吨。干粉饲料品牌“华夏新农”“华夏之星”“秋毫联盟”“四喜伴侣”。鲜食饲料分为水貂鲜食饲料、狐貉鲜食饲料、四喜丸子。在众多品牌当中，同时生产干料和鲜料的只有华夏新农，市场上常见的是干粉、颗粒，而鲜料在我国只有 2—3 年发展历程。鲜食饲料具有适口性好、吸收率高、保存周期短等特点。国际成功经验证明：喂食鲜食饲料的毛皮动物皮张质量要明显优于干粉饲料。鲜食饲料将成为国内毛皮动物饲料的换代产品，特别是华夏新农的创新产品“四喜丸子”，作为配合饲料。

华夏新农现有干料生产线两条，鲜料生产线两条，是公司斥巨资从芬兰引进 Petsmo 先进机械设备和生产工艺，从根本上保障饲料的品质和生产效率。通过对接全农合作社公司提供全方位一条龙售后服务，包括资金支持、特供饲料、特供良种、皮张收购、养殖信息、技术指导等一条龙售后服务。一方面，公司自有养殖场进行配方改良，安全试验，保证饲料的营养更均衡、更安全；另一方面，在流通环节，充分发挥本土企业优势，利用丰厚的人脉关系进行直销，将流通环节的费用让利于养殖户。由此，通过饲料带动贸易，饲料可以实验也有销路，有了社员供应量未来拍卖行的体量也就容易实现了。

2. 动保行业

为了解决饲料中抗生素的问题，华夏新农通过收购进入动保产品行业，建立了河北枫亚林业科技有限公司，主营中草药种植和经济林木种植。园区总占地1380亩，目前种植品类主要有板蓝根、决明子等。此外，公司还积极探索其他衍生产业，例如肉食、药材、化妆品等。

（四）下游流通资源整合

1. 饲料流通

华夏新农饲料的销售与流通主要采取直销模式，以合作社为平台，开发社员，聘请当地销售人员，构建渠道网络，提供技术支持、疾病防治等。利用微信公共号平台发布相关信息，紧密维系合作社3000户核心客户的关系。通过这种特色商业模式，华夏新农所产的饲料已覆盖全县，规划在五年内本区的市场占有率达到50%以上，并逐步打开华北、东北市场。

2. 皮毛流通

河北秋毫皮草有限公司成立于2010年，主营业务皮毛贸易。集团公司通过自有养殖、“公司＋农户”的激励模式以及全农合作社下的养殖示范户和其他饲料用户掌握了大规模毛皮货源，覆盖了昌黎县及周边地区的广大养殖户。河北秋毫皮草有限公司将集团公司自养皮张及社员皮张通过多种销售渠道及交易方式销售至全国各地。公司既可以采取买断式销售，也可以通过全农合作社以中介形式与养殖户、服装厂合作。我国目前传统皮毛交易环境差、批量小、松散无序，信息闭塞，价格不透明，时间受限制，买卖双方的交易成本都非常高。通过打造贸易平台，拓宽销售网络，创新期货、拍卖方式，掌握货源和定价流程，以及皮毛超市网拓宽线上和线下渠道。多样的销售途径使公司可以更加高效、迅速地实现皮毛的贸易与流通。

第一，为了尽量减少流通环节，公司在我国皮毛贸易最活跃地区设置直营店铺，如北京雅宝路营销中心、正天兴销售中心、浙江崇福营销中心、河北尚村营销中心、昌黎尼井营销中心。

第二，公司还不断创新交易方式，在全国首次采用仓储超市的形式进行皮毛贸易，皮毛仓储超市借鉴国际先进理念，彻底改变传统大集式交易方式，将交易地点移至宽敞明亮的室内大厅，可以随时交易，向养殖户提供皮毛仓储、分级定价、贸易代理、毛皮质押借款等服务，解决了传统毛皮贸易中服务解决的标准化、规模化、品牌化的问题，同时为养殖户提供了安全仓储和资金支持的服务。由此，为采购客商和养殖户搭建一个超市化交易平台，降低交易成本，提高流通效率。

第三，在互联网极其发达的今天，电子商务已经走入千家万户。皮毛交易仍停留在比较原始的面对面、不透明交易方式，这严重阻碍了皮毛产业的快速发展。随着人们思想观念的转变和皮毛分级标准的行业认可，电子商务将成为皮毛交易的主要方式之一。因此，公司建立了全球首家网上毛皮交易平台——中国毛皮超市网，在世界的每个角落，第一时间就能看到中国皮毛超市网的皮毛质量等级、存货数量、销售价格等，实现了皮毛交易的全球化、全天候、高效率、低成本。依托于该平台，通过线上线下交易，公司可以极大地扩展客户群体，使销售渠道进一步实现多元化。

第四，皮毛价格受国际、国内政治经济的影响每年的波动相对比较大，这就奠定了期货的基础。期货是相对现货而言的，对未来某个时点货物的一种契约，是分散风险、控制成本的一种手段。皮毛期货作为一种创新交易方式随着人们思想观念的转变和皮毛分级标准的行业认可，也将成为皮毛交易的主要方式之一。借鉴国内外商品期货交易所成熟的经营理念，依托规模化养殖基地的皮毛资源，依靠企业完善的信用保障，公司也实现了皮毛贸易的商品期货。2012 年 11 月成功举办全球首次皮毛期货拍卖会，2013 年 12 月 1 万张交割的貉子皮顺利成交，开创了皮毛期货交易发展先河。2013 年 9 月 6 日，全球著名的皮草推广组织芬兰世家皮草

SAGAFURS 高层进行业务考察。双方就合作育种、合作养殖以及国际贸易三方面的协作进行了洽谈，为潜在的最终合作打下了良好的基础。

3. 成衣流通

市场经济体制下的商品的竞争最终归结于品牌。品牌是信誉、口碑，无品牌的商品是没有生命力的。塑造一个好的皮草服装品牌需要特色优质原材、艺术灵魂设计、先进加工工艺、全方位市场推广、良好售后服务等综合资源的整合。集团公司与国际著名皮草设计大师刁梅女士合资奥仫刁梅皮草服装有限公司，以出口高档品牌“刁梅”和国内细分品牌“AUFU”为定位。该品牌向客户传递的是可持续的理念：永恒的皮毛，天然具有较长的生命力。它强调每一件皮毛产品都由技艺高超的男女匠人，用多年磨就的出众技术制作完成。从原产地到制成品服装的过程中赋予充分的尊敬，传达的是作为现代人的时代感。

了解到设计师和消费者都希望知道他们的皮毛和皮毛产品来源，未来华夏新农将实践原产地保障标识计划（OA™），促进产品原产地的透明。当消费者看到时，可以肯定无论野生还是养殖，来自一个由国家或者当地法规和标准来监管皮毛制造的国家。因为标识只能被用于 100% 有原产地保障的皮毛，标识的正确使用受一个独立的国际性监管机构的监管，因此在实现产业链一体化的基础上，华夏新农将实现从需求到供应链条上的信息共享与可追溯。

五、全农合作社：再造中国农村新主体

从产业链一体化模式来看，华夏新农和市场的对接主要通过合作社平台实现，全农合作社为社员提供一条龙六项服务：资金支持、特供良种、特供饲料、皮毛收购、技术服务、养殖信息。集团通过合作社的全方位服务将几万名社员集聚在一起，给他们创造更多的收益，社员对合作社的忠诚度和凝聚力超过其他组织和团体。优质的客户资源成为企业大发展的重

要支撑，是企业的核心和独有资源。集团依托事业部制组织结构和全民合作社的运行平台，致力于在2020年前实现全民合作社有效社员超过30000名，皮毛动物市场占有率超过25%，发展成为国家级农业产业化重点龙头企业。

（一）专业合作社的历史

我国改革开放前实行统购统销的计划经济，农业生产采取部门垂直管理，农民生产积极性低，为鼓励农民的积极性，20世纪80年代初中央政府开始重视农业行业协作，推行“家庭联产承包责任制”。然而在相当长一段时间内，我国的农业和农村经济发展面临这样一个现实：在家庭承包经营这一基本制度下，小规模农户经济与现代化共存。

20世纪90年代以来，我国的农业生产由单一的资源约束转为资源和市场的双重约束，2亿多小农户在适应市场经济发展和推进现代农业建设中逐步暴露出了许多问题与缺陷。为此，20世纪90年代初期，首先在山东等沿海发达地区，由农民创造了“龙头企业+农户”等农业产业化形式，但是，在这种模式下，处于农业产业化链条“产中”位置的农户，与处于产前和产后环节的龙头企业相比，实力和地位相差悬殊，往往造成广大农户的利益受到各种各样的侵害。虽然“龙头企业+农户”为主导的农业产业化模式在一定程度上促进了我国现代农业的发展，但由于自身的缺陷，无法也不可能解决小规模弱小农户的利益保护和相关利润分享问题。

国外解决这一问题的成功经验是大力发展和培育农产品生产、加工、流通等领域的农民专业合作社，通过合作社经营来克服农业家庭经营的局限性，而中国农业产业化政策的卓有成效的实施，提供了农民合作经济组织发育的土壤，在现实需求下，农民专业合作社在国内开始生根发芽。

国内农民专业合作社主要学习的是欧美专业合作社的经验，合作社以其成员为主要服务对象，提供农业生产资料的购买，农产品的销售、加工、运输、贮藏以及农业生产经营有关的技术、信息等服务，在一定程度上化解了小农户与大市场的矛盾，它既保持了农业家庭生产的效率，又完善了现代农业产业体系，提高了现代农业经营效率，同时成为维护农民利益的新型农业经营主体，在稳定农村基本经营制度和推进中国特色现代农业建设和进程中扮演了十分重要的角色。

（二）全农合作社的现状

1. 合作社的创建及发展

（1）合作社的创建。

昌黎县有着30多年皮毛动物养殖历史，是国家命名的“中国养貉之乡”“中国皮毛产业化基地”，皮毛产业已经成为富民强县的一个支柱产业。一张毛皮从原材料到制成品要经过生产、流通、加工、消费等诸多环节，每个环节的参与者都有自身的利益诉求，在市场经济条件下，由于信息不对称以及某些参与主体自身条件的限制，难以实现利润的最大化，提高生产经营效率。虽然昌黎县的皮毛产业发展较好，但是依然存在以下问题：养殖的大群体小规模，养殖户没有市场话语权，产业链不完整、抵御市场风险差，种群退化、缺乏持续发展力，等等。

华夏新农实行了全产业链的发展模式，将各环节融通起来，解决毛皮在生产、流通、加工、转化成消费品过程中的有序化、便利化的问题，要做好全产业链模式，需要在整合建立产业链的过程中，在各个节点上，结合各自的优势，寻求利润并使之最大化。公司领导层深深体会到，只有联合起来、组织起来才有出路。由于合作社可以整合更多的资源，一方面合作社可以联结各养殖户，提高养殖户提供的原材料质量，另一方面合作社可以与原种厂、饲料厂、兽药厂、皮草公司等直接对接，更好地实现“公司+农户”的经营方式，实现大多数人的利益，为此，华夏新农公司决定打造一个合作社平台，更好地实现全产业链模式。

（2）合作社的发展。

2012年5月，华夏新农与19个农户在昌黎县泥井镇合作成立全农畜牧养殖专业合作社（简称全农合作社），注册资金500万元，主要为社员提供育种、养殖、防疫、仓储、销售、借款等一站式全程服务。公司和这

19个农户按出资额享有合作社的股份，工资占比严格按照《中华人民共和国农民专业合作社法》(简称《合作社法》)规定。为了让合作社更好地运作，合作社依据《合作社法》制定了相应的管理制度，成立了社员代表大会，代表定期开会决定合作社重大事项，并对合作社的运行进行监督。

作为一家专业为社员提供狐貉等皮毛动物养殖服务的互助性经济组织，全农合作社宗旨是“及社员之所急，帮社员之所需”，主要做好“三个对接”，即社员与资金的对接、社员与技术的对接、社员与市场的对接，维护社员的合法权益，增加社员的经济收入。

2012年为社员采购饲料、种貂狐貉等9250万元，为社员节约成本420万元，为社员销售皮毛4.2亿元，户均增收0.5万元，养殖户增加了效益，促进了产业发展。2013年，全农合作社被河北省委农村工作部确定为全省农村综合改革试点单位，是河北省农民合作社示范社。

截至目前，全农畜牧养殖专业合作社已经建立13个分社、社员8365名，养殖规模300万只，覆盖昌黎县泥井、荒佃庄、刘台庄、新集等多个乡镇，起到了发展一项产业，带动一方农民致富的作用。

2. 合作社的主要特征

(1) 成员入退社限制低，增长速度较快。

农户是农民专业合作社的服务对象，也是其主要成员。全农合作社成员仅限于狐貉养殖农户，成员入社时缴纳500元社费，社员需要遵守合作社相关规章制度，享有当年盈利的利润分配。成员退社自由，退社时退还当初缴纳的社费。自成立起，合作社的成员规模呈现快速扩大的趋势，目前已有社员3900户，预计两年内达到15000户。

(2) 服务供给多元化。

客户资源是企业大发展的重要支撑，是企业的核心和独有资源，华夏新农是全农合作社的主导力量，为了更好地将社员集聚在一起，公司主导下的全农合作社努力通过全方位的服务为社员创造更多的利益，实现公司与市场的对接。

国内农业专业合作社提供的服务主要是资金支持、信息服务等，由于华夏新农实行全产业链模式，公司经营的范围广，育种养殖、饲料加工、兽用中药、贸易流通、品牌服装等领域都有涉及，有能力为合作社成员提供更加多样化的服务。在“及社员之所急，帮社员之所需”的宗旨下，全农合作社主要为全体社员提供以下六项服务：资金支持、特供良种、特供饲料（含兽药、动物保护产品）、皮毛购销、养殖信息、技术服务，主要是资金支持服务。

3. 合作社的收益与分配

2013 年，全农合作社新增社员 620 名，经营服务总收入 6075 万元，实现利润 105 万元，按交易量（额）比例返还盈余总额 63.2 万元。截至 2013 年年底，全农合作社资产总额 2529 万元，其中固定资产 304 万元，流动资产 972 万元，农业及其他资产 1253 万元；负债总额 1871 万元，其中流动负债 1848 万元，所有者权益总额 658 万元。

（三）全农合作社的治理

1. 集团组织结构

组织结构是为了完成组织目标而设计的，是指组织内各构成要素以及他们之间的相互关系。组织结构涉及企业管理幅度和管理层次的确定、机构的设置、管理职能的划分、管理职责和权限的认定及组织成员之间的相互关系。从企业组织结构的定义可以看出，它包含以下几个关键要素：第一，管理层次和管理幅度；第二，企业内各部门的组合；第三，组织的运行机制。

企业的组织结构是实现企业目标的一种手段，随着组织内外部要素的变化而变化，不同发展时期具有不同特点的企业的组织结构也不同。常见的组织结构包括中间不设立专门职能机构，下属只对直接上司负责的直线式组织结构；采用专业分工的管理者，在组织内部设立职能部门的职能式组织结构；以直线式为基础融入职能式特征的直线职能式组织结构；呈现交叉领导和协作关系的矩阵式组织结构；按产品或地区下放权限的事业部型组织结构以及综合职能式、矩阵式和事业部制综合发展的立体多维性组织结构等。为了满足业务和集团发展的需要，华夏新农现阶段采用事业部制组织结构，组织结构图如图 7 所示。

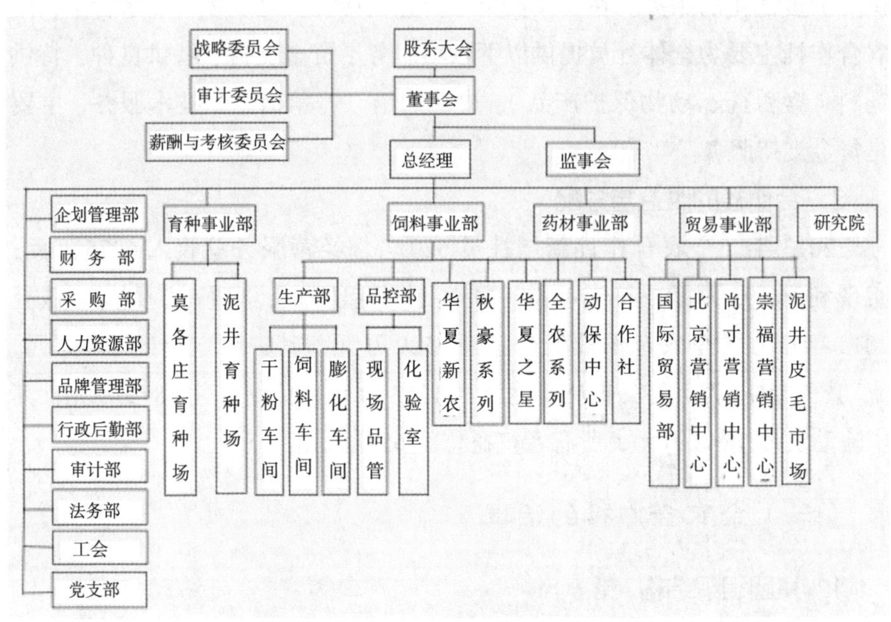

图 7　华夏新农科技集团组织结构图

事业部制组织结构也称为 M 型结构或多部门结构，有时也称为产品部式结构或战略经营单位，每个事业部都有自己完整的职能机构。集团的各事业部在其最高领导层的授权下均享有一定的投资权限，每个事业部均为具有比较大经营自主权的利润中心。因此事业部型组织结构具有集中决策分散经营的特点，集团总部只对重大问题掌握决策权，从而得以从繁杂的日常生产经营活动中解放出来。

华夏新农股份公司地处的昌黎乐亭区域貂狐貉养殖历史 40 年，养殖户 10 万户，年存栏量 2500 万只，貉子产量占全国的 70%，每年 200 亿元的皮毛产值，市场容量大，利润空间大。由于华夏新农集团为民营性质的企业，集团发展的拉动力主要来自董事长和几位集团高管。企业近几年的高速成长令人欣慰，但随着华夏新农规模的不断扩大，产品线日益丰富，集团涉及领域及各领域的客户数量越来越多，越来越多的企业管控内容需要董事长定夺。而且，随着集团管理幅度的不断扩大以及管理层级的逐级增加，华夏新农集团整体的信息反馈速度大不如前。在此背景下董事长李勇军和几位高层管理者决定在集团内进行事业部制组织运作。

截至 2014 年 12 月 31 日，公司已累计投资 23608 万元，其中：基本非流动资产合计 16577 万元，流动资产合计 7031 万元。集团进入规范化成熟期，主要进行专业化大规模生产，针对育种、饲料、养殖、贸易四大环节成立特定的事业部，在纵向关系上按照集中决策、分散经营的原则划分总部和事业部之间的管理权限，在横向关系方面以育种事业部、饲料事业部、贸易事业部等独立部门为单独的利润中心，实行独立核算，在此基础上总部对各事业部预算及营收方案进行宏观指导，通过建立事业部 KPI 管控，将集团的战略目标分解成可运作的远景目标，在经营权下放到各事业部后，对各事业部设立相应的 KPI 管控层级和 KPI 目标，保障各事业部能够有效承接集团的发展战略和财年目标。

2012 年 4 月，华夏新农完成了各事业部的划分及责权下放，将公司总部的领导从日常经营性事务中解放出来，进一步思考集团的战略和方向等全局性问题。在将集团划分为各事业部后，由于事业部实行独立核算，发挥了华夏新农集团整体的经营管理活力，便利了各事业部的专业化生产，提高了各事业部的经营管理水平。集团在 2014 年后投身于全产业链发展，基于全产业链视野的各事业部之间供、产、销相协调运营为华夏新农带来了丰厚的收益。

企业领导一方面要把控企业的日常运营，另一方面还要适时明确公司战略和未来方向，在众多繁重事务中为企业选择优秀人才对于领导者来说往往显得力不从心。赛马机制是海尔集团总裁张瑞敏先生提出的，其认为在明确场地、目标和竞争规则后，能跑在前面的员工自然就是公司的千里马。华夏新农集团事业部结构的推行，也是要积极展开赛马机制，在各事业部中创建有效的竞争机制，使人才从赛马机制中体现出来，同时给有冲劲的领导团队发挥自身能动性的平台。董事长李勇军在集团实施事业部制结构的决策也经由最近几年公司的高速发展得到了肯定，以高福恒等高层管理者为主的各事业部领导不仅打通了各事业部的纵向强连接经营通道，也通过横向沟通渠道的打通在集团中建立了若干条弱连接桥梁，以网络组织的形式给予了华夏新农极大的经营活力。

2. 合作社的内部运行

华夏新农建立的昌黎县全农畜牧养殖专业合作社最初奠基于2011年12月，注册资金500万元。2013年，全农合作社新增社员620名，经营服务总收入6075万元，实现利润105万元，按交易量（额）比例返还盈余总额63.2万元。聘请国际皮毛专家、国内教授、养殖技术专家进行技术培训126场，为社员供应饲料2250万元，销售皮毛3600万元，发放借款3930万元，饲料及种兽节约成本150万元，皮毛销售增收200万元。通过合作社的全方位服务将几万名社员集聚在一起，使农户创造更多的收益成为可能，由合作社搭建起的优质客户资源将是企业大发展的重要支撑，是企业的核心和独有资源。全农合作社起到了发展一项产业，带动一方农民致富的作用，2013年被河北省委农村工作部确定为“全省农村综合改革试点单位”。

全民合作社在组织结构中隶属于饲料事业部，但其作为集团毛皮动物业务的平台，已经成为连通各事业部的一座桥梁，得益于全民合作社完备的信息流通渠道和销售机遇，集团各事业部在最近两年内取得了飞速的发展。全民合作社也从原本的饲料事业部下的一个基本职能部门变为集团生产营销的大平台。

为了让合作社更好地运作，维护更广大社员的利益，全农合作社依据《中华人民共和国农民专业合作社法》制定了一系列的规章制度，包括社员（代表）大会制度、股金经营管理制度、议事规则制度等。社员代表大会参与合作社的重大决策，监督合作社的日常运营，是合作社的重要机构，社员代表从合作社成员中按照民主选举的方式产生，按照每100名社员中产生1名代表的比例选举社员代表。

社员入社后必须遵守合作社的相关规定，同时会员享有以下权益：享受合作社经营分红；享受免费养殖信息、免费技术指导；享受社员内部专供狐貉饲料；享受社员内部专供貂狐貉良种及兽药；享受貂狐貉皮张销售及仓储优先权；享受社员信用合作及借款的权利。

（四）全农合作社的运营

1. 合作社的服务内容

集团和农户之间是一个利益共同体，采取以公司为主导，农户为辅助的形式运行全农合作社，全农合作社主要目和功能在于狐貉养殖的六项服务，如图 8 所示。

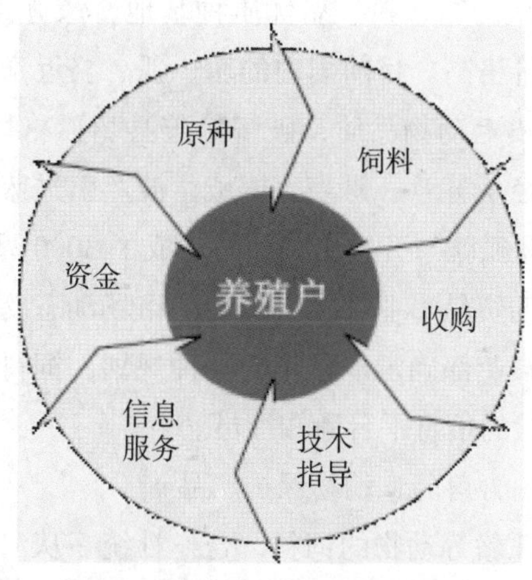

图 8　全农合作社业务结构图

（1）资金支持。

全农合作社为社员提供的服务主要为资金支持服务，通过开展资金信用业务来促进社员发展。本着“对内不对外、吸股不吸储、分红不付息、入股自愿、退股自由、利益共享、风险共担”的原则开展业务。社员将资金存入合作社，合作社统一管理各种股金，互助股金以皮毛质押的形式借给有需求的社员，互助股金的借款对象仅限于社员内部，质押物仅限于皮毛，借款用途仅限于貂狐貉养殖。此外，合作社可以为有需求的社员申请贷款，社员提交相关材料后，合作社为社员做担保，信用社出借资金。

资金信用业务实现了社员之间互通有无、调剂余缺，支持了扩大再生产。社员可以将闲散资金存入合作社，合作社将资金借给其他有需要的社员，社员费500元，每年有10%的分红，可以随入随出。仅2013年，参与资金互助的合作社成员有859人，吸收各种股金1708万元。2013年合作社共为186名社员提供了3930万元的互助资金支持，解决了部分社员资金短缺问题。

（2）特供良种。

种源是养殖业发展的关键，抓好种源可以为社员实现增收。在皮毛行业，北欧是世界公认的貂、狐、貉优质种基地，像芬兰的蓝狐，体型大、皮张大、质量好、价格高。目前国内的貂、狐、貉近亲繁殖严重，种群质量退化，为了提升皮毛动物品质，破解昌黎县貂狐貉种群品质退化难题，合作社通过多种途径从芬兰、丹麦、挪威、波兰引进蓝狐、银狐、水貂优良品种上万只，仅蓝狐就与芬兰相关部门达成了3000只原种的引种合同。

每个季度集团的贸易事业部会将最新的市场动态反馈给育种事业部和饲料事业部，育种事业部确定本财年的品种规划，饲料事业部确定喂养方案，通过全民合作社的信息平台通知社员。

（3）特供饲料（含兽药、动物保护产品）。

华夏新农生产狐貉等动物的饲料，合作社统一从河北华夏新农特种养殖科技股份公司饲料厂购入貂狐貉干鲜饲料，适当加价卖给社员，每吨比正常市面价格低400元，相比农户自己采购饲料能节省更多的成本。

目前合作社建有专门的饲料供应站，为社员专供配方饲料，实现了饲料标准的统一。饲料供应站与贸易事业部和育种事业部紧密联系，相关信息实时汇报集团研发院供进一步研究。

（4）皮毛购销。

正常皮毛贩子收皮要从中抽取佣金或压价，每张皮10元~20元，社员将皮张卖给合作社，合作社在回收皮张时不会收取佣金，以正常价格收皮，这样每张皮社员能增收10元~20元。结合社员的特殊需求，合作社还会以略高于市场价的价格收购皮张，收购皮张的时候农户可以用饲料抵一部分金额，利润分享与饲料的销售挂钩，企业对农户销售了多少袋饲料就收购农户多少张皮，收购价格按照市场时价上浮 7%~10% 计算。

此外，合作社创新了皮毛交易模式，为社员皮毛销售拓宽了渠道。首先，在国内首创“皮毛仓储超市”交易模式，改变了传统的松散式、地摊式交易方式，合作社建有 3000 平方米的皮毛仓储超市，解决了社员皮毛放在家里的安全隐患和销售信息不对称的难题。目前为社员储存皮毛 5 万张，年交易量 20 万张。同时合作社建立全球首家网上皮毛交易平台——中国皮毛超市网，实现了多客户、全天候、全球化、高效率、低成本的电子商务交易。其次，合作社还在国内开创皮毛期货交易“先河”，于 2012 年 11 月成功举办全球首次皮毛期货拍卖会，完成了 2013 年 12 月交割的貉子皮期货合约 1 万张，提前锁定利润，提前回笼现金。最后，合作社积极探索皮毛拍卖交易模式，正在与芬兰的 SAGA 毛皮拍卖行洽谈成立中国首家国际毛皮拍卖行。

（5）养殖信息。

合作社专设免费社员服务热线，及时处理社员的疑惑，对有需求的社员，可以保证两小时内到户解决问题。合作社还出版了《中国皮毛》期刊，为社员提供养殖知识和相关信息。合作社专门成立了防疫服务队，为社员提供疫苗、兽药、防病治病等养殖方面的服务。每年公司预测畅销和滞销的品种，预测各品种的市场价格，将相关信息透露给农户指导其养殖生产。

（6）技术服务。

合作社免费为社员提供技术指导，包括选种育种、疾病防控、饲料喂养等技术，引导社员之间的支持互助，促进先进技术的沟通交流，为更好地养殖貂狐貉做好技术铺垫。全农合作社还会为成为社员的养殖户提供定期的讲座和技术指导，请国内外毛皮动物研究专家为企业和社员提供技术讲座，另外，由于饲料事业部非常了解自己企业生产的饲料，因此集团研究院针对自己企业生产的饲料建立一套科学的饲养方案。集团研究院研究表明，影响昌黎地区毛皮动物成长的因素主要是病毒（用疫苗控制，一年两次）、细菌（通过用药预防）、虫（用药物驱虫，一年几次），相关的技术和经验由合作社无偿提供给合作社的农户。

2. 合作社服务供给方式

（1）移动互联平台。

全农合作社所有的服务由总社统一供给，各分社负责执行，对于日常的一些服务，一般通过移动互联平台进行，主要包括手机短信和微信，手机短信主要用于发送一些通知，微信提供的服务内容较多，合作社有自己的微信群，相关的通知、养殖技术等信息都可以通过微信平台发送给社员，通过移动互联平台，合作社服务人员不需要每天跟社员面对面办事，既提高了服务效率，又降低了服务成本。

（2）技术人员下乡。

总社会不定期派技术人员到社员家里提供相关服务，社员可以根据需求咨询技术人员。技术人员相当于合作社与社员之间的沟通桥梁，技术人员把总社需要提供的服务现场提供给社员，同时接收社员的意见与建议，然后将其反馈给合作总社。通过技术人员下乡的方式，促进了合作社与社员之间的沟通交流，密切了彼此之间的关系，有利于提升社员的满意度，降低社员退社率。

（3）培训讲座。

华夏新农公司每年会筹办很多培训和讲座，从 2012 年合作社成立开始，已经举办的讲座已达上千次，有的讲座是在公司举行，有的会下乡举行，主要请国内外相关领域一些专家教授传授如何预防疾病、如何养殖等知识，仅 2013 年就聘请国际皮毛专家、国内教授、养殖技术专家进行技术培训 126 场，曾经专门聘请了芬兰赫尔辛基大学 TAPIO 教授来合作社进行技术交流讲座。

合作社还成立了“全农养殖技校”，会定期邀请专家、教授为养殖户授课，全国皮毛行业知名教授王崇焕、史宝昌、冯敏山等都先后来合作社授课，解决了科学育种、疾病防控、动物营养等难题。

3. 合作社服务供给现状

合作社所有的服务统一由总社提供给所有社员，社员可以根据自身需求选择是否接受合作社提供的服务，合作社暂未设置专门的监督机构去监督社员对相关技术等的采用情况。

为了把合作社做大做强，全农合作社一直在努力做好三个对接，实现社员与合作社共同发展。一是与国际对接，打造皮毛动物养殖行业龙头。首先是不断从国外引进良种，其次是按照国际标准建设养殖园区，实现标准化、规范化、科学化生产。二是与市场对接，打造皮毛交易新模式。全农合作社首创了“皮毛仓储超市”交易模式，为提高流通效率，为社员提供了统一销售平台。三是与资金对接，不断扩大养殖规模。每年合作社能为社员提供了大量互助资金支持，扩大了社员养殖规模，为社员创造收益。

目前合作社为社员提供的服务较为完善，社员满意度高，降低了社员的生产经营成本，提高了经营效益。在昌黎县，全农合作社起到了发展一项产业，带动一方农民致富的作用，从2013年起一直承担着河北省农村综合改革试点单位示范作用。2015年中央一号文件的出台，再次为农民合作社的发展指明了方向。全农合作社将以“树诚信之风、讲科技之道、聚创新之力、促产业之路”为指导，进一步完善经营管理机制，提高服务水平，为更多农户共同富裕搭建平台，为全市现代农业发展做出积极的贡献。

六、OTO直销：创新高效流通新平台

（一）OTO的界定与条件

OTO即Online To Offline, 也即将线下商务的机会与互联网结合在一起，让互联网成为线下交易的前台，这就为传统的企业开辟了新的市场渠

道，现在传统企业的生意越来越不容易做，成本逐渐增高，而通过OTO的方法，可以降低营销的成本，开辟新的市场渠道。这样线下服务就可以用线上来揽客，消费者可以用线上来筛选服务，还有成交可以在线结算，很快达到规模。

OTO是线上交易，线下服务，例如线上下单，厂商的线下服务就提供配送到家的服务。OTO就是要快速到达，配送时间可以按照想要的时间得到你想要的货物。这就要求OTO线下终端24小时在线的模式，而且要有一个有效的反应系统，提高配送物流的效率。

（二）OTO的特点与发展

1. OTO的优势

首先，OTO是结合已有模式的创新。OTO模式可以对商家的营销效果进行直观的统计和追踪评估，规避了传统营销模式的推广效果不可预测性，OTO将线上订单和线下消费结合，所有的消费行为均可以准确统计，进而吸引更多的商家进来，为消费者提供更多优质的产品和服务。

其次，OTO的真实互动营销可与地方卖家深度融合，OTO在服务业中具有优势，价格便宜，购买方便，且折扣信息等能及时获知。此外，地方网站OTO具有得天独厚的优势。BTC等模式电商无论如何发展，地方性的一些产品和服务，也不可能挂淘宝等商城上销售，比如结婚请司仪、装修公司、理发、家政服务、餐饮和娱乐等。这些都是地方网站OTO的机会。在当前创新模式的推动下，消费者对于线上消费、线下体验的模式已经不再陌生了，也无形中为地方网站OTO发展铺平了道路。

最后，OTO带给消费者最真实的消费体验。OTO模式充分利用了互联网跨地域、无边界、海量信息、海量用户的优势，同时充分挖掘线下资源，进而促成线上用户与线下商品与服务的交易。

2. BTC、CTC、团购与OTO的比较

（1）不同点。

OTO和BTC、CTC的区别主要体现在：BTC、CTC是在线支付，购

买的商品会装到箱子里通过物流公司送到消费者手中，而 OTO 是在线支付，购买线下的商品、服务，再到线下去享受服务。OTO 和团购的区别是：OTO 是网上商城，而团购是低折扣的临时性促销。

（2）相同点。

这些模式都以互联网为平台，在线支付都是其核心。无论 BTC，还是 CTC，均是在实现消费者能够在线支付后，才形成了完整的商业形态。

3. OTO 的业务模式

OTO 的业务模式分为交易型销售 (对应波特的成本领先竞争战略) 与顾问型销售 (对应波特的差异化竞争战略)。

交易型 OTO 销售模式（团购的优势）属于成本领先型，以打价格战为主的商业模式，其突出的优势体现在交易型销售中的打折销售上。

顾问型 OTO 销售模式（强化品牌、广告和体验）。企业利用 OTO 强化企业在互联网上的品牌，以此带动线下销售。由于 OTO 推广能获得精准的反馈效果，同一般无目标地投放广告相比，对于商家来说有强大的吸引力。OTO 模式的线上服务本身就可以通过信息方式带给用户良好的体验。

4. OTO 的发展现状及趋势

我国 OTO 发展前景是美好的。有预测，未来 5 年一定会诞生一个跟淘宝并驾齐驱，甚至超过淘宝的超级电商。数据显示，即使在电子商务最发达的美国，美国线上消费只占 8%，线下消费的比例依旧高达 92% 而我国的这一比例，分别为 3% 和 97%。在将来的 5 年国家将进一步提升服务业的 GDP 占有量。因此，可以充分相信，OTO 在我国打开的将是一个万亿元级别的市场。

（三）华夏新农的 OTO

华夏新农是以科技育种为核心、规模养殖为基础、贸易流通为龙头、皮草服装为引领、农民专业合作社为平台的毛皮产业化集团公司。集团成立三年就能达到如此大的规模这跟集团独特的营销策略是分不开的。华夏新农的销售平台集饲料、育种、皮毛三大支点为一体，货物会先送到公司，然后再由企业经营的模式（OTO 直销）同时向国内外销售。OTO 直销能给企业带来利润最大化、服务最及时、客户市场最稳定等直接益处。它是企业稳定、高效发展的创新式营销战略，而华夏新农的全农合作社正是本地的营销和服务平台。

1. 饲料营销

（1）依靠全农合作社搭建本地 OTO 销售平台。

全农合作社是一家专业为社员提供貂狐貉皮毛动物养殖服务的互助性经济组织。为社员提供资金支持，供应良种、饲料、兽药、动保产品、皮毛购销、技术服务、信息服务等一站式全程服务。在平台支撑方面，华夏新农运用软硬件相结合的创新方式来运作，其中，硬件就是合作社对社员的六项服务，而软件就是现代化的数字管理系统。有了合作社的硬件支持，就有了精神引领和经济补贴，从而带动上万社员进入，这样一来就能发展到更大的范围。

（2）直销和经销两种渠道并举。

在河北昌黎本地以直销为主，外地以经销为主。本土优势能直接转换成直销模式，且唯有直销模式能服务最好，现在昌黎华夏新农已成功实现线上直销（电话销售）。养殖户可提前预付款，预存饲料款。具体步骤为：电话下单——物流配送——线上直销。如此不仅取消了中间平台，也更直接地方便和优惠了客户。

（3）饲料统一采购且多品牌营销。

统一采购饲料能为社员节省成本。合作社统一从河北华夏新农特种养殖科技股份公司饲料厂购入貂狐貉干鲜饲料，适当加价卖给社员，每吨比正常市面价格低 400 元。同时，公司全力开发多种品牌的饲料，采取品牌无区域限制原则，先占先得。公司现有饲料品牌包含：华夏新农、华夏之星、四喜伴侣、秋豪联盟、四喜丸子。

2. 良种营销

（1）插合作社旗帜搭载营销。

在育种营销上，本地和外地都采用合作社的模式。首先，公司先插上合作社旗帜，在进行有效的前期铺垫的同时组织社员，扩大组织的规模和影响力，这样便于企业搭载产品和服务（6 项），从而实现整个企业全产业链的全国性的布局和发展。华夏新农清楚地意识到，无论是在饲料还是良种各方面来说，企业的第一资源是人，有了人则农村市场什么都好做，什么都做得好；其次则是据点，无论是昌黎本地直销还是外地经销，都由公司统一制定政策，把握好度；最后是服务，团队不仅专设免费的社员服务热线，提供各类养殖知识和信息，还进行专家技术培训常态化，下到村里讲和公司会议室讲结合进行。2015 年 4 月和 7 月还专门聘请了芬兰赫尔辛基大学 TAPIO 教授来合作社进行技术交流讲座，甚至社员有问题一个电话 2 小时内到家解决。有了良好的服务就能有良好的群众社员基础，以便达到企业的战略布局及发展。

（2）抓好种源为社员增收。

养殖业有好种才能有好收益。芬兰是世界公认的蓝狐种基地，体型大、皮张大、质量好、价格高。近十年我国没有从芬兰引进蓝狐原种，国内的蓝狐种群质量退化严重。为改变目前的皮毛产业现状，公司“走出去，引进来”，积极进行国际交流与合作。一是在芬兰投资占地 40 亩的蓝狐育种基地；二是从芬兰引进蓝狐优良品种 3000 只，改良与提升当地种源质量；三是聘请外籍教授到当地为养殖户进行技术指导，2013 年举办了四次讲座，培训 2000 人次；四是投资 1000 万元全套引进芬兰先进的鲜食饲料加工设备；五是取得芬兰 SAGA 拍卖行国际贸易代理权。

3. 皮毛营销

（1）通过合作社平台，为农民输出产品和服务。

农民将皮张出售给公司，过程中公司适当给农户 3—6 个月的账期。其中，农民可自由选择用皮毛换取对等饲料或者是享受账期，然后按照皮毛定价标准进行分级，根据市场情况研究定价，合作社再通过零售方式收货。在每年的三、六、九月份，公司会把货集中销售。这种营销手段的好处在于，解决了真正的农产品的标准化问题、规模化问题和流通现代化问题。

（2）诚信收购皮毛为社员增收。

正常皮毛贩子收皮要抽取佣金或压价，每张皮10元~20元，全农合作社在回收皮张时不要佣金，以正常价格收皮，这样每张皮社员能增收10元~20元。

（3）创新皮毛交易模式，为社员皮毛销售拓宽渠道。

3000平方米的皮毛仓储超市，解决了社员皮毛放在家里的安全隐患和销售信息不对称的难题。2013年为养殖户储存皮毛累计35万张，交易量28万张。借助“中国皮毛超市网”电商平台，实现了交易的全天候、全球化、低成本、高效率。

4. 终端营销

（1）电商拍卖两并行。

华夏新农借鉴国际先进理念，采取创新营销方式，北京雅宝路、正天兴、河北尚村、昌黎泥井四大直营店铺和中国皮毛超市网的电商平台构建了集团公司的销售网络。芬兰SAGA拍卖行的国际贸易代理权以及在我国成立国际皮毛拍卖行，将公司的贸易触角遍及全球。同时聘请中国人民大学进行总体规划、公司投资建设占地1200亩的“中国皮毛科技产业园”的落成将极大地推动昌黎县及我国皮毛产业的发展。

（2）品牌设计广传播。

品牌是一种无形资产，一个被市场认可的品牌价值不可估量。作为农业产业化龙头企业，品牌建设尤为重要。集团公司与国际著名皮草设计大师刁梅女士的合作使公司拥有了自有皮草服装品牌——AUFU。有了自己的皮草品牌和时装发布会作为传播方式，华夏新农在新型自媒体上遥遥领先，不仅使得自己的皮草产业更具活力，同时也带动了终端皮草产品之前的良种养殖和饲料两线的脉路，使得整条营销链畅通无阻。

华夏新农依靠他们创建的独特OTO直销模式，开创了新型的高效流通平台。公司利用全农合作社和期货拍卖这两大平台，在直（经）销渠道上更是得心应手，特别是全农合作社起到了发展一项产业，带动一方农民致富的作用。2013年被省委农村工作部确定为“全省农村综合改革试点单位”。作为特色营销的开发者，华夏新农更希望能够带动地方经济发展，进一步完善经营管理机制，提高服务水平，为更多农户共同富裕搭建平台，为全市现代农业发展做出积极的贡献。

七、全球化合作：提升产业国际竞争力

皮毛动物养殖在国外已有上百年历史，主要集中在北美、北欧等地，分布在加拿大、丹麦、芬兰等国。国外养殖品种为水貂、蓝狐、银狐，貉子极少。水貂品种以美国短毛黑、丹麦的咖啡貂著名，芬兰的蓝狐品种为全球最佳，美国和挪威的银狐品种质量上等。国外的养殖模式是以协会为主导，饲料厂、养殖场、拍卖行统一管理，产出的皮张通过拍卖行专业分级，全球拍卖会销售。国外的养殖环境好，饲料原材质量高，饲喂机械化程度高，产出的皮张质量明显高于国内。所以国内的贸易商、服装商每年在拍卖会上大量采购国外皮张，进行服装加工后再销往国外。做强皮毛全产业链，国际市场是主要的竞争市场。华夏新农一直以国际化视野经营产业链，最终目的是在国际市场上有话语权，为此，华夏新农多年来一直加强国际合作，做高标准产业链，提升自身国际竞争力。

（一）技术合作：塑造核心竞争力

我国的皮毛养殖产业最严重的问题在于技术落后，产出皮毛质量较发达国家有很大差距。华夏新农自成立之初就以国际发展的视野进行科学管理，认为产品质量是一个企业的核心，只有掌握关键技术，提高产品质量，华夏新农才能在国际市场上有竞争力。

1. 良种引进

在养狐业发达的芬兰、加拿大，蓝狐皮、银狐皮，00 号、000 号甲级皮占 80% 以上，其余为 0 号皮，几乎没有 90 厘米以下的狐皮，而在我国，狐皮绝大多数只有 70 厘米 ~90 厘米，毛绒密度与光泽度也远不及芬兰狐皮。

如果我国毛皮动物养殖者再不提高科技意识，提高毛皮质量，我国的毛皮市场就有可能被外国产品占领。因此，技术团队认为必须对我国地产狐进行改良。

李勇军董事长多次率领科研团队赴芬兰等地学习交流，希望能够用世界最先进的技术改良自己的生产。经过考察，他们发现，在毛皮动物养殖业发达国家，特别注重种兽的选种、选配、良种培育和推广，在场际之间和个体之间，质量差距很小，所得到的经济效益也相当高，而我国传统的养殖行业则不注重选种、选配，在场际之间和个体之间差别很大，经济效益低下。

看到这些，华夏新农的技术团队决心从育种开始，彻底改变国产种群的品质，育种养殖事业部因此成立。该事业部与芬兰皮草养殖协会、赫尔辛基大学等单位建立了长期的合作关系，每年都会有国外专家到我国进行技术指导和交流，而华夏新农的育种版块也在频繁的对外交流中取得了突出的成绩。

目前，育种部门斥巨资引进了芬兰蓝狐原种、美国银狐原种、黑龙江饶河乌苏里貉原种；资深育种专家采用电子芯片信息化育种管理系统，从体貌、性能、后裔、血统选种选配，进行纯种繁育和杂交改良。集团养殖部门已经掌握了国际最先进的优选种源技术、发情鉴定技术、人工授精技术，并且在国外品种的国内疫病控制方面成果突出。现在的育种板块已经成为华夏新农的特色业务之一，集团培育的蓝狐、银狐新品种受到了市场的广泛认可，皮毛质量远远胜于本土品种。

2. 饲料突破

在初入行业之时，我国大部分养殖场都停留在使用传统饲料养殖的阶段，无法同先进的芬兰等毛皮动物养殖业发达国家相比。饲料品种单一，蛋白质、脂肪等含量低，且营养极不平衡，不能满足毛皮动物生长、繁殖及换毛等营养需要；所养的貂、狐体型逐代缩小，皮毛粗糙无光，机体免疫力下降，抗病力降低，疾病增多，死亡率增加。相应的毛皮动物配合饲料及其添加剂研究也远远落后于毛皮动物养殖业的发展。

经过对芬兰、加拿大等国家的养殖场考察之后，李勇军和他的技术团队发现在毛皮动物养殖业发达国家，饲料部门会按照毛皮经济动物各生物学时期的不同营养需要设计筛选出科学配方，饲料营养能充分满足貂、狐的生理需要，使其体型得到了充分发育。这些细节决定了整个养殖环节的成败。因此，集团在国外专家的指导下成立了饲料研发实验基地，定期邀请芬兰及加拿大专家来此考察研究，利用集团自有动物种群进行大量实验，根据本土动物独有的特性开展不同生理时期营养需求研究，研发性价比最高饲料。目前，公司已经拥有5条全自动化生产线，全部是从芬兰引进的国际最先进设备，干鲜料年总产量能达到25万吨，极大地解决了我国饲料单一、营养不足的局面。

3. 养殖改良

我国传统的毛皮动物养殖场多为小规模分散饲养，单独经营，人员素质参差不齐，种兽质量差别很大，场内建设不规范，饲养方式原始落后，机械化程度很低，生产定额与劳动效率低，平均每人饲养量仅为300~500只。这样增大了工资成本，经受不了国内外毛皮市场变化的冲击。但是在芬兰、加拿大等国，职能部门从宏观上管理这项产业，具有很高的权威性，为饲养场进行产前、产中、产后全方位的周到服务。饲养场是在协会职能部门的指导下建立的，机械化程度和劳动生产率相当高，平均每人的饲养量在5000~7000只。所以，现代化、标准化的饲养是参与国际竞争的必备条件。

华夏新农根据国外标准建立了大规模现代化的养殖场，并且吸引合作养殖户200余户，在标准化培训后进行统一规格的饲养，出产的皮毛质量目前已经得到了非常好的保障。另外，集团通过建立“公司+农户”的专业化合作社，招募社员超过8000多千人，集团对社员进行统一的养殖技术培训，并且对社员的饲料供应以及动物检测都进行了严格地把控，真正做到了与国际领先水平一致的标准化管理和规模化养殖，在收获期也会实行非常严格的质量检测，出产皮毛质量稳定，品相好，得到了市场的广泛认可。

（二）品牌合作：铸就国产新辉煌

1. 国际皮草交易

国际皮草交易的主要形式是拍卖，国外的优质皮草只有通过拍卖行才能购得，拍卖行品牌是皮草的唯一标签，这一做法有着悠久的历史，这样集中销售的方式不仅为采购商提供了便利，更保障了养殖户的利益。每次拍卖行的成交结果都会在互联网上公布，它也决定着世界上各种皮草的价格走向。

哥本哈根皮草隶属丹麦毛皮动物养殖者协会，是一个久负盛名的皮草品牌，也是世界上最大的皮草拍卖会。在这里进行拍卖的皮草以水貂为主，在 2014 年的五次拍卖会中，共成交 2100 余万张水貂皮，占全球水貂皮草总产量的 60% 以上。其他拍卖行如北美裘皮协会、芬兰世家皮草拍卖行、俄罗斯联合皮草拍卖行等，也都是国际皮草巨头，他们都在各自擅长的领域内掌控着世界皮草价格。

2. 国际品牌合作

每年的各大皮草拍卖行都会举行多次拍卖会，而占到世界皮草服装消费 70% 的中国，自然也是一支重要参与力量。近年来，中国买家的人数超过了竞拍人数的 1/4，是一支庞大的力量。遗憾的是，国内拍卖行的缺失使得大量的商机外流，缺乏拍卖行包装和筛选的中国产皮毛也只能以低价出售，大大影响了我国皮毛产业的利润。拍卖行是皮毛产业链的高端单元，对整个产业链起着至关重要的引导作用，我国的皮毛产业链需要一个强大的拍卖行引领。

华夏新农看到了国内产业的缺陷，如此庞大的原产地和消费市场却没有一家自己的拍卖行，我国的皮毛产业亟待完善。由于与芬兰的技术交流十分密切，华夏新农找到了芬兰世家皮草拍卖行进行学习。芬兰世家皮草拍卖行主要销售芬兰的优质狐狸皮毛，每年分为 4~5 次在拍卖行流入市场，其他的还有芬兰貉子皮毛，而近几年水貂皮的数量也逐渐上涨。世家皮草拍卖行是所有拍卖行中唯一一家上市公司，客户遍及皮草和时装各个行业。另外，挪威奥斯陆皮草也通过世家皮草拍卖行进行销售，主要销售挪威狐狸皮和貂皮。

世家皮草通过可持续发展的毛皮养殖业来生产最优质的皮草，但在毛皮获得“世家皮草”的标签之前，一定要通过世家皮草的严格评级系统。在合作的几年中，华夏新农学到了世家精湛的产业链运营技术和严苛的皮毛选择流程。世家皮草的质量等级分为4个层次。一旦皮毛被贴上世家商标，它的质量就有了严格的保障，这是之前我国的皮毛产业无法做到的。而今，我国也有了自己的皮毛等级。华夏新农在国内首推皮毛分级标准，并由此创建AUFU品牌，由芬兰资深毛皮鉴定师负责打造的分级标准，绒毛的密度，针毛的长度、密度、光亮度，毛皮的光泽度和弹性是决定狐狸皮草质量的主要因素，级别分为AUFU级和FARM级。有了这一品牌，华夏新农的皮草进入标准化交易的时代，目前，国外许多贸易商、服装商高价收购AUFU品牌的皮毛，这为AUFU品牌打造国际水准拍卖行奠定了基础。

（三）贸易合作：开拓海外大空间

从皮毛产业的行业优势来看，近年来皮毛产业在国际上的认知度越来越高，再加上互联网与电子商务的广泛应用，使产业发展更趋国际化，出口创汇已经成为皮毛产业发展的一条主渠道。从皮毛贸易的国际形势来看，2010年我国皮草产量占全球的23.8%，仅次于丹麦，因此当前是加快发展皮毛业的良好时机。2008—2012年皮草交易市场回暖，缓步上升，2014年达到近170亿美元，亚洲市场对毛皮的需求强劲，带动国际交易额持续增长。

虽然皮毛行业的竞争压力较大，但是华夏新农在发展中瞄准了一个广阔的发展天地——俄罗斯。目前，俄每年进口500~700万张毛皮，而俄本土皮毛饲产业十分落后，全国主要出产少量珍贵野生貂皮，在整个皮毛市场上只占有少量份额。十几年前全俄的200多家养兽企业到现在只剩下30余家，所以俄罗斯的皮毛主要依赖进口。当前阶段华夏新农主要向俄罗斯出口貂狐貉皮毛，通过公司各事业部的协力运作以及全农合作社的高效运行，每年仅对俄出口一项就可以给华夏新农带来巨大的收益。据估计，现在每年俄皮毛制品市场的容量为15亿美元~20亿美元，开拓俄皮毛制品市场的潜力巨大，集团具有极大的成长空间。

八、农业4.0：特种农业产业组织者

农业是国民经济的支柱性产业，对于拥有十几亿人口的超级大国而言，农业的发展在未来的发展市场上具有举足轻重的作用和价值，是整个华夏儿女成长和开拓未来的奠基石，然而，国内农业的发展存在着极大的障碍和威胁，亟待发展。

工业4.0战略是由德国联邦教研部与联邦经济技术部在2013年提出的概念。它描绘了制造业的未来愿景，提出继三次工业革命后，人类将迎来以信息物理融合系统为基础，以生产高度数字化、网络化、机器自组织为标志的第四次工业革命。工业4.0是德国成为新一代工业生产技术的供应国和主导市场的战略保障，是其再次提升全球竞争力的战略规划。我国农业发展也面临着国际竞争力提升的战略契机，互联网创新、高度智能化将会覆盖整个农业产业的各个环节，从而实现农业生产的高效率运转。但是目前存在的种种问题使得我们不能照搬工业4.0的战略构想，我国需要符合自身实际的农业4.0战略。

直面变革，先要分析问题。首先，我国农产品面临着国际价格“天花板”下降以及国内生产成本“地板”上升的双重挤压：国际市场上农产品价格普遍低于国内成本价格，仅从谷物一项看，其价格普遍高于国际市场15%~30%，而国内生产成本的持续走高致使我国的粮食产品完全依赖政府收购。传统的农业生产方式已经无法使农业生产者获取正常利润。其次，我国农业发展面临着国内外双重压力：国内，我国长期以来依赖超标化肥和农药使用、过度农业开发、生态环境牺牲作为农业增产的保障，但是资

源枯竭、环境污染以及食品安全等问题对传统农业亮出了红灯，依赖传统粗放式经营的农业必将在未来被淘汰；国际上，世贸组织规定农业补贴不允许超过农业产值的 8.5%，而长期以来我国一直维持在这个水平之上，距离世贸组织给予的期限越来越近，我国农业将迎来独立发展的最困难时期。

面临重重挑战，农业的发展必须转型，未来的农业将是特种农业的时代，即依靠深加工、强服务、一体化的农业产业，给农产品以高附加值，提升其竞争力。华夏新农早已意识到农业产业的困难与机遇，自 2012 年注册品牌起，华夏新农就将做好特种农业产业链作为企业的愿景与使命，凭借在皮毛全产业链建设中积累的经验，李勇军董事长带领他的团队通过六大战略，绘制了一幅特种农业的宏伟蓝图。

（一）品牌塑造：打造特种农业新标杆

品牌化是农业现代化的重要标志之一。市场竞争已经由产品竞争进入到品牌竞争阶段，但是由于计划经济思想的残留，以及生产水平的制约，我国农业的品牌经营落后于其他行业。未来农业品牌建设对农产品竞争力乃至整个农业产业链都起到了至关重要的作用。

自注册“华夏新农”品牌以来，董事长李永军和他的团队对未来充满了信心，他们希望将“华夏新农”这一品牌打响，以后集团的所有发展规划都会在这一品牌旗帜的引领下展开，最终将华夏新农打造成我国特种农业的标杆。

华夏新农当前是我国特种养殖行业的实践者，在皮毛产业链这一特色领域，华夏新农整合了良种繁育、饲料加工以及皮毛贸易等重要环节，同时依托奥仫刁梅皮草设计工作室引领皮草服饰的时尚来带动整个产业链的快速发展。在河北的皮毛动物养殖领域，华夏新农饲料通过过硬的质量和优质的服务占领了稳固的市场，这也为其品牌的进一步扩张提供了有力的条件。华夏新农的 AUFU 品牌已成为国内皮草市场上的名牌产品，AUFU 分级也成为优良品质的代言，而皮草拍卖行事业也在稳固建设中，很快将成立我国第一个皮草拍卖行，这也将使得华夏新农品牌与世界主要的皮毛交易商有机会同台竞技。华夏新农品牌将会成为我国皮草市场乃至国际皮草市场的主要影响力量。凭借着在皮毛产业链运营的经验，李董事长和他的团队未来还会进军我国特种农业的其他领域，将华夏新农的品牌打造成我国特种农业产业链运营专家的代表。

（二）六产开拓：整合我国农业新平台

发展新型农业，关键在于产业的融合。当下，农业产业的“六产化”趋势明显，不能单纯地将农业归为第一产业单独发展，而是要和第二产业的工业加工以及第三产业的服务运营融为一体，将农业打造成一条完整的产业链。要在市场化的基础上，通过农业外部的产品投入、技术引进和经营管理创新，打破农业低投入产出循环的封闭性，通过其他产业的组织制度和发展理念对农业的渗透，改变农业的产业分割性，通过产业链的延伸，重构农业与国民经济各产业之间的关联性，使农业融入良性循环、互动发展的现代国民经济产业体系中来。以产业融合推进现代农业发展，发挥多产业融合的复合经济效应，改变农业原有的产业弱质性。

华夏新农的成功在于其牢牢把握了全产业链经营的精髓。作为我国皮毛全产业链经营的开拓者，华夏新农在全产业链的开发上掌握了独门的绝技。华夏新农的产业链从供需链、企业链和空间链三个维度打造，以企业链为载体，通过企业在空间的分布，来实现供需链的相互链接，最终实现价值创造。

华夏新农的产业融合发展规划在实践中不断地摸索改进，凭借丰富的产业链运营经验，华夏新农未来将会实现伟大的腾飞。从企业链的角度，华夏新农将依托上市公司主体，充分发挥其资金、技术以及资源优势，实现规模化、专业化、机械化以及集约化的工业养殖模式，大大提高效率和产业竞争力，而供需链的完善是华夏新农源源不断的动力所在。通过构建皮毛期货交易、皮毛拍卖行以及皮毛服装工作室，华夏新农自我完善了市场体系和运作，从而牢牢把握了市场的主动权，而通过资本市场，企业的发展获得了金融支持，充分扩大了资金来源。华夏新农产业链的核心在于产销一体化，这也是华夏新农产品的高附加值所在，从而空间链的优势更为明显。华夏新农目前在河北昌黎积累了2000亩土地作为未来的产业园项目基础，而且获得了当地政府极大的政策和资金扶持，这对其发展空间一体化的全产业园区奠定了良好的基础。

（三）科技先导：推动现代农业大智慧

特种农业要求农产品附加值高，而背后是对产品科技含量的较高要求。农业是以科学技术为依托的产业，发展农业需要强有力的科技进步支撑，因此，农业企业发展必须不断推进技术创新，培育和强化自身的核心竞争力，才能在激烈的市场竞争中占有主动。

但从目前我国农业企业总体发展状况来看，缺少科技和人才的支撑，致使农业产业发展缓慢。一方面，对农业产业研究的投入不足。目前，我国农业科研投资只占农业总产值的0.2%左右，远低于世界1%的平均水平。另一方面，虽然国家将企业作为科技创新的主体，但由于我国农业企业发展历史较短、产业化进程较慢、科技储备不足，自身还很难培养一支高水平的科技创新团队，加上相关政策配套不够，目前大多数农业企业还不能成为农业科技创新的主体。

目前低效率的农业生产严重制约了我国的未来。单从作物种植一项来看，我国的耕地中，高产田只占29.5%，而中低产田比例超过了70%，而且我国约60%的土地分布在东北平原和黄淮海平原，这些地区却频频遭受旱灾的困扰，因为滴灌技术未得到普及，我国农业生产依然无法摆脱“靠天吃饭”的困境。近年来频频爆出的食品安全问题，也是我国农业产业科技水平落后的直接后果。当前我国动物疫病频发，仅养猪行业来看，每年都会爆发大规模的感染疫病事件，在当今国际养猪行业的先进管理与科技进步大背景下，我国却饱受技术落后之苦，科技在我国农业领域的应用由此可见一斑。科技投入的不足以及科技水平的落后导致了我国农业产业当前低效率和高风险并存的局面。

特种农业企业要大力提高科技进步对养殖、种植、加工等多个环节的支持，真正将农业这一初级的生产形式智慧化，高效运作、稳步发展。华夏新农的定位是“特种养殖科技股份公司”，足以看出集团对科技发展的重视。目前，公司在饲料板块、良种繁育和养殖以及中药材领域投入了巨大的科研力量。首先，特种动物研究院的成立是集团科技力量的重要保证。特种动物研究院依托育种事业部和饲料事业部成立，主要开展包括毛皮动物新饲料研发、毛皮动物疾病防控技术研究、狐貉育种核心群的建设、毛皮动物规模化养殖场饲养规程的制定等工作。该部门充分发挥本土的皮毛动物养殖优势，大力引进国外良种进行本土化的培育，当前，公司在科学饲养技术、优选种源技术、发情鉴定技术以及人工授精技术等技术领域取得了突破性进展，攻克了大量难题，现在已经掌握了特种养殖的核心技术。

饲料研发部分充分借鉴芬兰等皮毛动物生产大国先进经验，拥有高科技专业人才队伍，具有良好的科技支撑。目前已经在国内首创鲜料饲养技术，该项技术充分结合皮毛动物的生活习惯，促进皮毛动物的生长，提高皮毛质量。另外，饲料部分充分利用本厂屠宰部门优势，综合利用动物胴体进行饲料综合研发，达到了环保、节约和高效的目的。目前已经建立了良好的饲料研发技术和育种养殖技术。华夏新农一直以该领域最先进的北欧北美国家作为标杆，加大科技投入，向国际皮毛养殖的技术领先水平迈进。

除了在特种养殖行业的出色技术成就，华夏新农还将特种种植纳入发展规划。中草药这一天然药物以较小的毒副作用越来越受到关注，成为我国特种农业的一个重要的发展趋势。华夏新农于2015年建立了中草药种植园，科技部门正在研发中草药动物保健产品，又将成为国家首创，前景可观。

（四）休闲农业：引导农业发展新潮流

休闲农业是第一产业和第三产业相结合的新型产业。休闲农业是指在农村范围内，利用农业自然环境、田园景观、农业生产、农业经营、农业设施、农耕文化、农家生活等旅游资源，通过科学规划和开发设计，为游客提供观光、休闲、度假、体验、娱乐、健身等多项需求的旅游经营形态。

1978—2014 年，我国城镇常住人口从 1.7 亿人增加到 7.3 亿人，城镇化率从 17.9% 提升到 54.7%，年均提高 1.02%；城市数量从 193 个增加到 658 个，建镇数量从 2173 个增加到 20113 个。京津冀、长江三角洲、珠江三角洲三大城市群，以 2.8% 的国土面积集聚了 18% 的人口，创造了 36% 的国内生产总值，成为带动我国经济快速增长和参与国际经济合作与竞争的主要平台。城市化的快速发展带来的是我国农业发展的新方向。长期生活在城市的人由于受到城市环境、生活和工作的压力，很希望到农村观光旅游，欣赏大自然的美感。休闲农业在此大背景下迸发出了无穷的活力。由于休闲农业能够充分结合一二三产业，有利于调整和优化农村产业结构，延长农业产业链，带动二三产业的发展，提高农业的综合效益；而且完整的产业链有利于农村剩余劳动力转移和就业。

依托丰富的产业园建设经验，华夏新农提出了进军休闲农业产业园的规划。位于秦皇岛北戴河海滨的昌黎县，良好的气候和水土使之成为葡萄生长的绝佳环境，而每年络绎不绝的游客成为开发休闲旅游的巨大市场，面对这一诱人商机，在房地产市场和产业链建设中积累了丰富经验的李勇军早已展开了充分的调研和计划。充足的优质土地储备、绝佳的游客资源以及国际化建设的眼光，都成为华夏新农打造休闲产业园区的必要保障。目前，集团规划建立一座整条葡萄酒产业链的休闲园区，由种植园生态观光基地、酿造生产基地、高级休闲会所、滨海休疗度假区四部分组成，形成一个集高档酒庄酒生产、旅游度假、休闲观光为一体的特色庄园。

（五）管理创新：创造农业发展新策略

现代农业不仅仅是产品与生产的现代化，更是农业经营管理模式的现代化。农业经营模式是以生产力发展水平的变革而不断地调整和完善的。我国农村的改革是以家庭联产承包责任制的推行为开端的，我国人多地少、农户经营规模小以及粗放的生产经营方式严重阻碍了我国现代农业的发展，经营模式急需创新。长期以来的粗放经营严重依赖资源消耗和劳务扩张来实现，已经无法适应现代化农业的要求。精细化、集约化以及规模化的经营方式是大势所趋。在我国，农村生产力发展不平衡，在社会化程度、技术水平等方面呈现出多层次。因此，农业经营管理模式的创新要根据行业、地区等多个因素灵活变化，多种模式相互配合、相互渗透发展。

华夏新农创新管理模式，打造策略优先的农业发展路径。公司通过“双轨”制度创新了生产经营管理模式。一方面构建新型农村合作社，在技术化、保护型、劳动密集型基础上发展小农经济生产模式，大大扩充了公司的经营规模，达到了四两拨千斤的效果；另一方面公司通过科技创新和土地扩张进行自有大规模养殖场的构建，从而达到了集约经营和精细化、规模化养殖的效果，如此新型的管理模式既能够扩大公司影响力，又能发挥规模效益，符合现代农业发展和演进的规律。

（六）服务完善：提升产业体系新境界

农业的发展是一个综合的概念，它包括物资供应、生产服务、技术服务、信息服务、金融服务、保险服务，以及农产品的包装、运输、加工、贮藏、销售等各个方面。建设现代农业，发展农村经济，最关键的是把千家万户分散的农民组织起来，与千变万化的市场相联结，这个联结就是现代农业服务。以服务来提升农业劳动生产率、增加农产品的产量和质量。提高农产品商品化的程度，依靠服务体系将最先进的生产手段和科学技术投入农业生产中；通过服务体系使农民掌握市场信息，从而推动现代农业的发展。

由于农民思想认识的滞后、其他客观现实条件的制约和经济发展阶段性的原因，我国还没有建立完整有效的整套现代农业服务体系。当前，政府更加强调农业服务体系的建设，尤其重视龙头企业在农业服务体系中的带动作用。发达国家一般都实行以家庭为单位的农场制，直接从事生产经营的人并不多，但完善的社会化服务体系大大增强了农民的能力，使他们能够应付一个变化和开放的世界。克服小农与市场的矛盾的成功途径就是在农产品生产、加工、流通等领域提供服务，把农户家庭经营与合作经营的优势有效结合起来，从而增加农民收入。

华夏新农的全产业链经营模式已做得十分细致。集团对皮毛动物的特种养殖行业做了深入分析和研究，最终发现，该行业的一个明显的劣势在于服务体系的不健全，养殖户经营涣散、缺乏科学的组织和管理、缺乏先进的技术以及资金支持，因此，华夏新农提出了全产业链服务的经营办法，做农业服务。在服务体系的构建中，集团采取“公司＋农户”的国际主流模式，通过建立的六大板块，华夏新农将特种养殖服务体系充分建立起来。这些板块分别为：免费信息服务板块、良种供给服务板块、养殖技术服务板块、饲料供应服务板块、皮毛收购服务板块以及资金支持服务板块。通过六大板块，华夏新农牢牢建立起了与农户的合作关系，将各类规模的养殖农户送到了整个产业链的高端，使得农户可以参与分享产业链的信息、利润，从而牢牢把握住了“农民”——这一产业链最重要的资源，而且该服务模式将公司在产业链中的龙头作用向市场和农户双向延伸，整个产品的产业链也就得到了更好的舒展。

参考文献：

[1]NathanM，ScharfsteinD.Dofirm boundaries mater[J].American Economic Review，2001，5.

[2]PrahaladCK，HamelG.Thecorecom petences of the firm[J].Harvard Business Review，1990，66.

[3]Williamson,O.E.Themodern corporation:origins,evolution，attributes[J].Journal of Economic Literature，1981，19(4).

[4] 百度百科 .O2O 模式 . http://baike.baidu.com/view/4717113.htm.

[5] 百度百科 .O2O 模式，http://baike.baidu.com/view/6877349.htm.

[6] 陈寿送 . 中国 O2O 市场发展现状与趋势分析 [J]，电子商务研究中心，2012，3.

[7] 人民网．“六次产业”如何增值农业 .http://society.people.com.cn/n/2015/0712/c1008-27290109.html.

[8] 王春华．农产品加工产业链及合作机制研究 [J]. 中国农业大学硕士论文 ,2003,12.

[9] 王凯、颜加勇．中国农业产业链的组织形式研究 [J]. 现代经济探讨，2004，11.

[10] 吴金明．产业链形成机制研究——“4+4+4”模型 [J]. 中国工业经济，2006，4.

[11] 张利庠．产业组织、产业链整合与产业可持续发展——基于我国饲料产业“千百十调研工程”与个案企业的分析 [J]. 管理世界 ,2007，4.

[12] 张利庠、张喜才．农业产业链关键环节的产业安全与政府管制．教学与研究 ,2011，2.

[13] 张利庠、张喜才．我国现代农业产业链整合研究 [J]. 教学与研究，2007,10.

[14] 中国财经网．一二三融合的新农业是现代化“第六产业”.http://finance.china.com.cn/roll/20150307/2989305.shtml.

第五章　中国华裕

摘 要：邯郸是成语典故之乡，中华文明的重要发祥地之一，从3100年前奠基的那一刻起，就在历史的线装书中一次又一次地写下自己的名字。数不清的英雄豪杰在这里建功立业，指点江山，挥斥方遒，慨当以歌，这是一块创造传奇的土地，华裕农业科技有限公司，一个享誉八方的农业产业化国家重点龙头企业就坐落在这里。本文使用案例分析方法，以华裕农业科技有限公司作为分析对象，首先介绍华裕公司三十三年的发展历程；其次对华裕公司的团队及企业文化、科技等进行充分分析和论证；最后从华裕公司的可持续发展和发展战略入手，探讨蛋种鸡企业的发展之路。

关键词：华裕农业科技有限公司；华裕人；华裕事；华裕魂

一、引言

华裕农业科技有限公司创业于1982年，三十三年筚路蓝缕，玉汝于成，今天的华裕，已是一颗耀眼的明星，燎原之势遍及大江南北，大河上下，产业影响辐射全国，初步形成以河北华裕、江西华裕、吉林华裕等十三家分、子公司为核心，集家禽育种、饲料生产、食品加工、粮食仓储四大产业为一体的现代化集团公司，下辖12个养殖基地、5个孵化场、15个蔬菜种植基地。资产总额达21亿元，年销售收入18亿元，固定资产19亿元。年生产雏鸡1.5亿只，年加工脱水、速冻、冷藏保鲜制品2万余吨，粮食收储库容20万吨，饲料产能40万吨/年。公司现有员工2300多人，其中技术人员350余人，管理人员160余人，大专以上学历200余人，成为中国农牧行业一支响当当的方面军。

二、文献回顾

现有文献对蛋鸡企业的研究少之又少，主要有以下几篇：尼娅（2012）在《北京华都集团公司蛋鸡企业现状分析与发展策略》一文中分析当前企业所面临的现状，通过分析市场的行情，总结蛋鸡业面临的竞争与发展，以调整企业经营战略，走蛋鸡产业化经营道路；黄炎坤（2009）在《管理水平对蛋鸡生产效益的影响日益凸显》一文中指出我国蛋鸡生产发展经历了城市郊区机械化养鸡、农村重点户和专业户养鸡、中小规模养鸡的发展历程，目前处于大型集约化与中小规模养鸡共同竞争的局面。稳定的生产效益促使了许多地方政府和农民把蛋鸡饲养作为脱贫致富、增加收入的重要途径，饲养蛋鸡的企业和农户的大量增加，使得蛋鸡的存栏数量猛增，鸡蛋产量大幅度增加。宁中华（2011）在《依靠科学管理提升蛋鸡企业竞争力》一文中指出人的管理、物的管理、财的管理、鸡群的管理及信息的管理是当前蛋鸡企业管理的重中之重，并加以分析。齐天晓（2014）《振兴中国蛋鸡行业的思考》一文中提出，随着农户养鸡的快速发展，鸡蛋市场出现了较为严重的供大于求的现象。因为市场饱和，鸡蛋价格始终在低位徘徊。在国内的许多超市，每500克2元以内的“超低价鸡蛋”成了吸引购买者的重要诱惑力。而在这背后，则是蛋鸡企业的苦涩与无奈。国内蛋鸡行业如何走出困境，走向振兴，这个问题自然而然引起业内外人士广泛关注。综上所述，现有文献对蛋鸡企业、蛋鸡产业的全方位分析不够全面，本文将基于企业的历程、企业的科技、企业的团队及企业的发展来研究我国蛋鸡企业的可持续发展道路。

三、家有华裕正长成

华裕农业科技有限公司先后被认定为“农业产业化国家重点龙头企业”“中国畜牧业协会副会长单位”“中国畜牧业协会禽业分会会长单位”“中国畜牧业最具影响力企业”“全国畜牧行业优秀企业”“全国蛋鸡企业20强”“中国驰名商标”“科技创新型企业”“河北省诚信企业”“国家蛋鸡产业技术体系”邯郸综合试验站、中国农业发展银行AA级信用等级企业等。

（一）四大产业形成健康的循环经济产业链

1. 家禽产业：从祖代到商品代的全产业链

华裕农业科技有限公司拥有祖代场3座，饲养海兰褐、海兰灰祖代蛋种鸡12万套。为保证品种纯正，公司每年从美国海兰国际公司引进海兰祖代8万套，引种量和存栏量位居全国第一；父母代种鸡场9个，存栏量200万套，位居全国第一；拥有先进的大型现代化孵化厅5座，年可孵化父母代雏鸡800万套，商品代雏鸡1.5亿只。“华裕”雏鸡销售网络遍布全国30个省市，成为全国最大的蛋鸡供种基地。到2014年年底，华裕雏鸡销量连续八年全国领先，市场占有率达到13%。

2. 饲料产业：强强联合实现优势互补

公司与新希望六和集团共同投资建设了六和华裕饲料有限公司，位于邯郸县农产品加工园区内，注册资本2000万元。拥有2条颗粒料生产线，1条粉料生产线。全部采用正昌生产设备，工艺先进，全自动电脑配料系统，主要进行浓缩饲料和全价配合饲料的生产。年产各类饲料25万余吨，年产值5.2亿元。

主要产品有：肉鸡配合饲料、肉鸭配合饲料、蛋（种）鸡配合饲料、奶牛精补料、猪系列配合饲料。产品特点是转化率高，料肉（蛋）比低。

价格适中，而且绿色环保、低药残。

华裕公司除与新希望六和集团合资共建饲料厂外，还为每个规模化蛋种鸡养殖基地配套建设饲料厂，保证养殖基地的优质饲料供应。

3. 粮食产业：控制原料来源平稳产业发展

为了完善产业结构，提高整体竞争实力，公司下设粮食购销公司，专门用于粮食收储、贸易，同时为饲料公司提供原料，以保证稳定的原料供应。公司现拥有粮库收购中心 3 座，库容 20 万吨，建筑面积 4 万平方米。拥有 10 处储粮库点，资本总量 2.6 亿元，年销售收入超 4 亿元。常年库存 15 万吨以上，主要存储优质小麦、玉米。

4. 食品产业：利用资源优势实现出口创汇

食品公司充分利用永年蔬菜强县的资源优势，从事蔬菜脱水、速冻、保鲜加工。拥有先进的 AD 脱水蔬菜生产线 2 条，建有 10000 吨的恒温库和 6000 吨的低温库，年可生产脱水蒜片、蒜粉、蒜粒、姜片等 1 万多吨，保鲜蒜薹、苹果等 7000 吨。产品 100% 外销，年出口量位居河北省同行业中第一。目前，产品主要出口日本、美国、欧洲、东南亚等国家和地区，年产值 5.8 亿元，年出口创汇 3000 万美元。

产品质量深受各国客户的信任，成功获得了多种国内国际质量认证，包括 ISO9001 国际质量管理体系认证、ISO22000、HACCP 食品安全管理体系认证、美国 FDA 认证、犹太 OU 认证、清真食品 Halal 认证、BRC 食品认证等。

（二）笑看往昔风雨情

1. 举步维艰二十载：初创期

1982 年 4 月，当时王连增董事长经历了 3 次高考失利后，选择到其哥哥所在部队中国人民解放军后勤部养鸡场（北京）工作，并在那里第一次接触了蛋鸡养殖行业；通过对当时蛋鸡养殖行业的了解，王连增认定“鸡蛋是最廉价的蛋白质”这一道理，决定自己创业，开始了蛋鸡的养殖事业。

在当时人力、物力、财力都十分紧张的情况下，王连增决定白手起家，这个永年县南沿村镇连寨村的地道农民，靠着家中仅有的 200 块钱，就这样毅然决然的走上了创业之路，与自己的爱人一起建立了一个养殖规模仅有 200 只的小型的蛋鸡养殖场。王连增满怀信心的憧憬着自己的养殖梦。

万事开头难。就在自己的养殖场刚刚起步，开始步入正轨的时候，一场突如急来的疾病却让本就经不起任何风雨的养殖场几近走向灭亡。1000 只即将开产的蛋鸡在 3 天内全部死光。遭遇打击的王连增必须腾出更多的时间和精力来处理类似这样的困难，更重要的是，他还需要说服家人说服自己继续从事家禽养殖事业。

功夫不负有心人。这场致命的疾病却没有摧垮王连增的养殖梦。在他的精心经营与管理下，养殖场慢慢地走上正轨。经过大约 10 年的细心摸索与探究，他的养殖场初具规模。到 1994 年，养殖场的业务已经涵盖种鸡养殖与孵化。同年 9 月，王连增决定将养殖场正式改名为“冀南星火种鸡场”，取自“星星之火，可以燎原”之意，他希望公司可以不断发展，鸡苗的销售范围可以扩展到河北及周边地区。

随着养殖规模的不断扩大以及时代形势的不断变化，王连增认识到仅仅依靠个人的力量很难再将企业往更高层面上发展，同时，他也注意到科技对企业发展的支撑与日俱增。因此，王连增开始加强与专家教授的合作，不断学习新技术，加快企业的向前发展。

1997 年 9 月，在中国农业大学动科院专家教授的指导下，建成当时先进的孵化厅，雏鸡产量和质量得到大幅提升。企业有了先进技术作依托的同时，王连增也开始注重对自身的“充电”与完善。2000 年王连增到北京大学参加了一个九个月脱产的学习班。这九个月里，王连增第一次了解到资本的力量，掌握了建立现代企业制度的方法。

北大归来，王连增开始着手企业的深入改革和发展计划。他深深明白，随着市场竞争的日益加剧，企业不仅需要在管理制度上大幅度的革新，在养殖模式上也需要进一步的提升。“小规模大群体”的传统养殖模式已经不再适应时代发展的步伐，企业要想真正发展壮大，必须建立现代养禽工厂和生产车间，实行“龙头＋基地＋养殖户”的运行机制，走集约经营、规模化发展的道路。而这些，需要企业不断地加大投入、增上项目，建立分厂，培育基地；这一切所需的人力资源、资本等都需要进一步的筹划。

在20世纪的最后一年里，公司完成了从星火种鸡场向华裕集团的改造，完成了从家庭作坊式向现代企业的转型，完成了企业人事制度的建立，完成了中小企业的蜕变与成长。2002年7月，河北华裕家禽育种有限公司正式注册成立。

2. 蓄势勃发又十年：成长期

经历了20年风雨飘摇的初创期，拨云终见日的王连增并没有沉湎于当前的成绩而沾沾自喜，新千年伊始，王连增董事长开始了新一轮的企业运作。他与中国农业大学、河北农业大学加强了科技力量合作，以及从大学招聘学生员工。他聘请了从事银行资本运作的杨健担任公司副总经理，主抓投融资工作；他摒弃了家族式企业的弊端，完善了人事制度和企业管理制度。

除了在企业制度、资金运作的努力之外，王连增还开拓了新的发展渠道，确定了“以质量为核心，增收为中心，科技为支撑，主攻标准化、优质化、外向化和产业化，大力推进清洁生产，改造产业运行模式”的发展思路，不断加大科技创新力度，研发新技术、新工艺，大力发展无公害养殖、生态养殖，推进产业链条优化升级。2005年从德国引进尼克珊瑚粉祖代种鸡4000套，2006年从美国引进海兰灰祖代种鸡5050套，2007年进口第二批海兰灰祖代种鸡8000套，成为我国最大的海兰灰父母代种鸡供种基地。从而使企业从单纯出售商品鸡发展成为拥有祖代、父母代鸡饲养，商品鸡孵化和销售的企业，并以优越的质量赢得了市场。

2006年8月，在华裕事业如火如荼的时期，企业将目光瞄向了另一个“陌生”的行业——蔬菜深加工行业，使公司实现了又一次新的跨越。

永年县是全国蔬菜生产十强县，蔬菜年产量达300万吨，尤其是永年大蒜产量大、辣度高，在国际市场上得到了认可，永年当地生产脱水蒜片的农户、小作坊很多，但是没有自营出口的能力，都被外地贸易公司廉价收购后再出口，且深加工企业相对较少，投资蔬菜深加工的市场前景非常广阔。在这样的背景下，投资1.8亿元建设华裕永诚食品有限公司，该公司生产的脱水蔬菜销往日本和欧美等国家，成为华北地区最大的蔬菜加工出口企业。

2007年，随着养殖量的增加和第二孵化场的投产，公司雏鸡销售到全国30个省市，市场占有率和美誉度大幅提升。该年8月，华裕家禽研究所正式成立，在品质管理、生产工艺、生物安全体系、饲养标准、客户服务能力等方面开展系统的研究工作，在技术的支撑下，华裕集团标准化养殖迈出了更加坚实的一步。

2009年6月，为了更好地经营家禽养殖业，华裕集团决定涉足饲料加工业。与饲料行业龙头新希望六和强强联合，六和华裕饲料项目破土动工，成为完善产业链发展的里程碑，华裕从此走上了强强联合的发展道路。在饲料行业的经营中，王连增董事长始终秉持着“自己熟悉的行业自己经营，不熟悉的行业交给专业的人经营”的理念，通过合作学习对方的管理经验，在签订合作合同时，“派华裕公司人员到对方企业驻场学习、对方企业定时到华裕公司驻场指导”的条款必不可少。

2010年3月新建华裕现代化农业养殖示范场，该项目引进国内外最先进的养殖设备和技术，提升华裕生产效率和产品品质。此后，涉县6万套新祖代场、邯郸六和华裕饲料有限公司、20万套育雏示范场、现代化第三孵化厅相继投产使用。华裕集团正在不断蓄力中快速成长。

2012年5月，为了满足南方市场雏鸡销售的不断增长，同时也是为了应对从河北运往南方日益增高的运输成本和长途运输给雏鸡带来的风险，江西华裕家禽育种有限公司正式成立。华裕的版图正逐渐覆盖全国。

3. 谱写未来新华篇：成熟期

回顾华裕公司激情创业的33年，20年的艰苦创业期和13年的蓬勃壮业期在王连增董事长看来却像昨日之事般清晰。而勤劳奋进的华裕人既不曾忘记创业之初“两个人，两百块钱，两百只鸡”的故事，也没有沉浸在快速成长带来的日新月异中。因为每个华裕人都清楚地知道，他们不仅拥有这激情创业的33年，他们更拥有更加光明的未来。随着江西华裕家禽育种有限公司标准化育雏场和成鸡场的投产使用、吉林华裕的建立、河北龙虎64万套父母代养殖基地全面投产以及五年规划的逐步展开实施，华裕那张宏伟清晰的蓝图正向每个华裕人展开，这也必将激励每个华裕人刻苦工作，共同谱写华裕未来华彩的新篇章。

（三）花团锦簇功名铸

华裕集团的快速发展不仅赢得了客户的认同，也得到了政府和行业协会的认可。公司先后被认定为“农业产业化国家重点龙头企业”“中国畜牧业协会副会长单位”“中国畜牧业协会禽业分会会长单位”“中国畜牧业最具影响力企业”“全国畜牧行业优秀企业”“全国蛋鸡企业20强”“中国驰名商标”“科技创新型企业”“河北省诚信企业”“国家蛋鸡产业技术体系”“邯郸综合试验站”等。

同时，华裕集团还高度重视品牌和质量建设，通过了ISO9001质量管理体系认证、无公害农产品认证、HACCP食品安全管理体系认证、美国FDA、犹太OU、清真食品Halal和BRC食品认证，并获得“重质量守信誉单位”“畜牧业最有影响力品牌”等荣誉称号，连续多年被评为“中国农业发展银行AA级信用等级企业”等。

（四）刻苦钻研科技先

2008年12月，华裕公司被农业部批准为国家蛋鸡产业技术体系邯郸综合试验站，从事蛋鸡产业技术研究的重要科研、教学和技术研究与成果转化，为我国蛋鸡产业健康、稳定发展提供可靠的技术保障。

试验站承担课题：《蛋鸡标准化养殖支撑技术研究和示范》《蛋鸡主要病毒性疾病防控技术的研究与示范》《蛋鸡产业生产要素、市场变化与产业政策研究》等项目的实施，对完成科研课题和成果转化起到了巨大的促进作用。

目前该实验站重点研究课题：① CARS-41-01A：蛋鸡标准化规模养殖支撑技术研究和示范；② CARS-41-02A：蛋鸡品种创新与种鸡生产关键技术研究与示范；③ CARS-41-04B：蛋鸡主要病毒性疾病防控技术的研究与示范；④ CARS-41-09B：蛋鸡产业生产要素、市场变化与产业政策研究；⑤应用 ELISA 技术检测禽流感、新城疫、传染性支气管炎、传染性法氏囊病、传染性喉气管炎等蛋鸡主要病毒性疾病。

企业与韩国泰昌 BIO 有限公司共同研发“高效快速禽畜粪尿尸体耗氧发酵无害化处理设备”。企业与青岛四十一所共同研发“雏苗自动处理系统”，主要由雏苗自动处理、废弃物处理和出雏筐清洗等控制单元组合而成，主要包括：出雏盘移载、翻转和雏壳分离设备、出雏盘清洗机、羽色鉴别与注射免疫设备、孵化废弃物处理设备等组成。该组合方案每小时可处理雏苗 60000 只，适合商品代蛋鸡孵化场鉴别、健弱雏挑选、注射免疫等工艺要求，同时能有效收集和处理各种孵化废弃物。目前该套设备已在公司全面安装使用。

四、华裕人

关爱员工是华裕各级领导的共同特征。公司有一整套关爱员工的具体制度。对生病住院的员工，公司高层都会亲自看望或委托专人前去慰问。公司还每年为外地员工举办婚礼，为他们安家提供支持。每年年会，公司都会邀请外地员工家属参加，全程报销路费食宿，并参观工作场地、游览名胜古迹。对员工个人及家庭状况，相关领导都十分清楚，闻喜必贺闻丧必吊，并力所能及地提供帮助。运动会、联欢会更是年年不断，笑声歌声从年头飘到年尾，营造了“华裕一家亲“的良好氛围。

（一）华裕人事组织构架

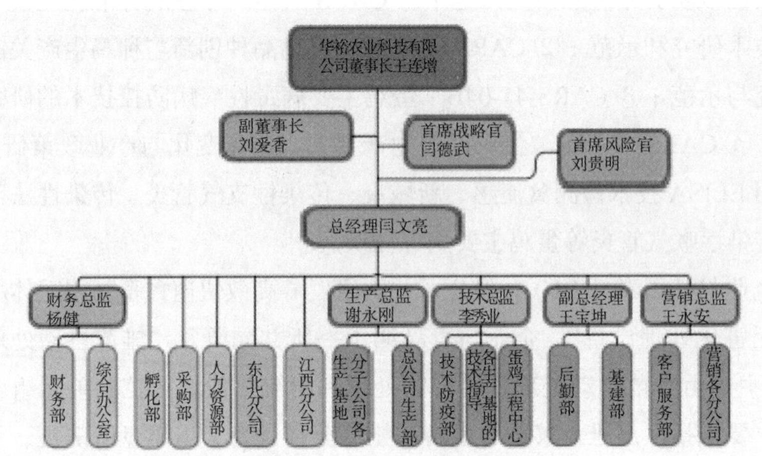

图 1　华裕人事组织构架图

人事组织是人力资源管理发展的第一阶段（有时也作为广义的“人力资源管理”的代称），是有关人事方面的计划、组织、指挥、协调、信息和控制等一系列管理工作的总称。通过科学的方法、正确的用人原则和合理的管理制度，调整人与人、人与事、人与组织的关系，谋求对工作人员的体力、心力和智力作最适当的利用与最高的发挥，并保护其合法的利益，这对于公司来说，是非常重要的一部分。

华裕集团人事组织结构明晰，公司设有董事会，目前公司董事长为王连增先生，总经理为闫文亮。下设五位副总经理。分别为主管后勤部、副产品经营和基础建设部的副总经理；主管种鸡生产的副总经理；主管疾病防控和蛋鸡工程中心的副总经理；主管营销和客户服务的副总经理；主管财务部和行政办公的副总经理。其中种鸡部下设种鸡一部、种鸡二部、种鸡三部、种鸡四部，营销部把全国分成十个大区。科学合理、责任明确的人事组织，为公司各项工作有序的发展提供了保障。

（二）华裕领袖

领导领袖理论是研究领导有效性的理论，是管理学理论研究的热点之一。影响领导有效性的因素以及如何提高领导的有效性是领导理论研究的核心。自20世纪40年代以来，西方组织行为学家、心理学家从不同角度，对领导问题进行了大量研究。这些研究经历了几十年的演进，已经由一般的领导形态学、领导生态学发展为领导动态学研究，导致了领导理论的诞生与发展，成为当今西方领导理论的主流。

意大利政治学家马基雅维里是较早研究领导理论的人，他指出："领袖是权力的行使者，是那些能够利用技巧和手段达到自己目标的人。"美国政治学家伯恩斯更进一步地将"追随者"纳入领导的要素，认为："领导人劝导追随者为某些目标而奋斗，而这些目标体现了领袖及其追随者共同的价值观和动机、愿望和需求、抱负和理想。"不同的政治学家、领袖们对"领导"有着自己独到的认识。

毛泽东指出："领导人员依照每一具体地区的历史条件和环境条件，统筹全局，正确地决定每一时期的工作重心和工作秩序，并把这种决定坚持地贯彻下去，务必得到一定的结果，这是一种领导艺术"。美国前总统尼克松对"领导"是这样描述的："伟大的领导能力是一种独特的艺术形式，既要求有非凡的魄力，又要求有非凡的想象力。经营管理是一篇散文，领导能力是一篇诗歌。"学者们对"领导"的解释，管理学的鼻祖彼得·德鲁克认为："领导就是创设一种情境，使人们心情舒畅地在其中工作。有效的领导应能完成管理的职能，即计划、组织、指挥、控制。"著名的学者哈罗德·孔茨是这样定义领导的："领导是管理的一个重要方面。有效地进行领导的本领是作为一名有效的管理者的必要条件之一。"在学术界引用较为广泛的是斯蒂芬·罗宾斯的定义："领导就是影响他人实现目标的能力和过程"。

综合各方对领导定义的表述，领导力是权力和影响力的统一、科学和艺术的结合。影响力是一个人在与他人交往过程中改变他人心理和行为的能力，是一种自然性的领导方式，受影响者心悦诚服，在心理和行为上表现出自愿、主动的特点；而权力是一种带有强制性的领导方式，下属在心理和行为上表现出被动和服从的特点。领导力就像一把双刃剑，既需要领导的职位所赋予的指挥性和强制性的权力支撑，又要有吸引追随者的内在影响力。同时，领导既是科学，也是艺术。领导的某些特质的确有一定的规律可循．因而领导是一门科学；对人施加影响的过程有技巧性的方式方法，所以领导也是艺术。无论是运用权力还是影响力，领导的最终目的都是为了实现某种目标。

下面让我们来深入了解华裕领袖的成长历程和风采：他从田间走来，在种鸡养殖业潜心耕耘33年；他曾执着地历经三次高考，却三次与高校擦肩而过；他白手起家，以两个人、两间房养鸡200只发展到目前国家农业龙头企业的规模；他立志把种（蛋）鸡行业当作一辈子的事业去做；他始终认为，所从事的行业永远是一个“朝阳产业”；他说，对于养殖行业来说，有倒闭的企业，没有倒闭的行业；他坚定地表示，农牧企业的发展一定要用知识型人才，同时一定不要抛弃兢兢业业、真心实干的农民工兄弟；他告诫年轻人要不断学习，做事要勤奋，生活要勤俭；他的企业，2008年迎来了温家宝总理的视察，足见国家对农牧业的重视和其做企业的成功；他被农业部授予“中国农村十大致富带头人特殊贡献奖”，中国畜牧行业先进工作者，全国农牧渔业丰收奖一等奖；他获得河北省“十佳农民技术能手”荣誉称号，企业诚信建设优秀工作者，畜牧业优秀企业家；他被聘任为中国人民大学兼职教授，担任中国畜牧业协会副会长，中国畜牧业协会禽业分会会长，中国农业产业化龙头企业协会理事，国家蛋鸡产业技术体系邯郸试验站站长，河北省农业产业化龙头企业协会副会长，河北省第十二届人大代表；他，就是王连增——华裕农业科技有限公司董事长。

正值2014年正月，中国人民大学农业与农村发展学院党委书记张利庠教授团队一行，走进华裕农业科技有限公司位于邯郸市永年县公司总部，办公楼前的院子里，满院张灯结彩，洋溢着新年的喜庆，错落有致的梨树散布于院子间，枝干枝枝节节力争上游，偶然可见假山亭榭隐隐约约地掩映于厂房空地间。据工作人员讲，这些果树盆栽都是王总亲力亲为，是其工作之余闲情逸致的杰作。

王连增生于20世纪60年代，是一个土生土长的河北省永年县人，70年代末80年代初适逢国家改革开放、恢复高考。同所有怀揣梦想的年轻人一样，王连增也有一个“象牙塔”梦。期间，在历经执着的求学梦中，他先后参加三次高考，第三次以2分之差，与大学失之交臂。回忆往事，王总言语中或多或少总有些遗憾。

1981年，王连增投奔北京的亲戚，踏上去京的打工之路。在部队下属的单位干了不到一年的时间，正好赶上当时部队搞“军技联盟人才培训”（即军人复员回家之前要学点技能）的活动，其中包括培训怎样养鸡这一项，王连增当时对此产生了浓厚的兴趣。在那打工期间，利用业余时间，他时常去听这方面的课程。

如今看来，也许正是命运使然，开启了这位当时来自农村的小伙子走上不同于别人的家禽养殖之路！“没考上大学，在外面打工又不是长远之计，当初就想自己干些事情，走一条自己的道路。”王连增坦言。王总话语中，无不透露其执着不悔、高瞻远瞩、不服输于命运的性格。1982年，从北京回到家乡的王连增一心投入到白手起家的创业中。刚开始，王连增说鸡只有200只，夫妻两人，外加两间土坯房，靠养鸡卖鸡蛋赚钱。1984年王连增的鸡场起名为“连寨（连寨为王连增坐落的村庄的名字）种鸡场”，王连增感慨地说：“记得当时买设备，手里没钱，就挨家挨户去借。从几十元到几百元不等，最多的是几千元，筹集了差不多1万元钱，当时80%的钱都是借来的。这些钱通过以后的赢利才还上。”到1986年，种鸡场的鸡只数量增加到5000只。1994年，随着鸡场发展到1万只的规模后，种鸡场改名为“冀南星火种鸡场”。“星星之火可以燎原”，正如王连增当初的预言，当初的星火种鸡场，在这位永不止步，追梦不止的奋进者的带领下以势不可挡的力量在发展！2002年，王连增正式把自己的鸡场更名为“河北华裕家禽育种有限公司”，自己出任董事长兼总经理。2004年，王连增还开拓了新的发展渠道，确定了“以质量为核心，增收为中心，科技为支撑，主攻标准化、优质化、外向化和产业化，大力推进清洁生产，改造产业运行模式”的发展思路，不断加大科技创新力度，研发新技术、新工艺，大力发展无公害养殖、生态养殖，推进产业链条优化升级。2005年从德国引进尼克珊瑚粉祖代种鸡4000套，2006年从美国引进海兰灰祖代种鸡5050套，2007年进口第二批海兰灰祖代种鸡8000套，成为我国最大的海兰灰父母代种鸡供种基地。从而使企业从单纯出售商品鸡发展成为拥有祖代、父母代鸡饲养，商品鸡孵化和销售的企业，并以优越的质量赢得了市场。2006年，在华裕事业如火如荼的时期，王连增决定企业将目光瞄向另一个“陌生”的行业——蔬菜深加工行业，使公司实现了又一次新的跨越。永年县是全国蔬菜生产十强县，蔬菜年产量达300万吨，且深加工企业相对较少，投资蔬菜深加工的市场前景非常广阔。在这样的背景下，投资1.8亿元建设华裕永诚食品有限公司，该公司生产的脱水蔬菜销往日本和欧美等国家，成为华北地区最大的蔬菜加工出口企业。2014年公司名称更改为华裕农业科技有限公司。

“富裕的阶层，因为注重生活健康和饮食结构的合理搭配，从营养学角度来说，每天吃一个、两个鸡蛋足够了。但是贫困的人群目前达到这个水平还是有一定距离的。随着国家的发展，城镇化的推进，贫困人群的减少，鸡蛋的需求量在不断增加。”王连增用自己最质朴的理念解读种鸡、蛋鸡行业的发展前景。

另外，王连增认为随着人们对食品安全的重视，品牌鸡蛋也是将来这个行业的发展趋势。因此，他对自己所从事的养鸡业充满了信心。张利庠教授在问到企业文化的时候，王总侃侃而谈，他认为：“企业文化是企业运作的思想指引，是员工凝聚力、向心力的集中体现，它支撑企业不断发展壮大。”提炼华裕集团的企业文化，引用王连增这位华裕的掌舵者和领航者的话说，“华裕的企业文化包涵四层含义，诚信务实，兼容并蓄，以人为本，创新发展”。

诚信务实。“人无信则不立”对于一个企业来说，从领导到基层的每一个员工都应该讲诚信。在政界，人们用“三拍”领导（拍脑袋决策，拍胸脯保证，拍屁股走人）来调侃某些不负责任的领导。“作为领导不应该拍脑袋做决定。有些话领导一出口，就是打掉牙往肚子里咽，你也得把这件事情照办了；员工内部讲诚信是树立企业之本；对客户、供应商、政府各个相关联环节都应该讲诚信。”王连增说，“诚信是一种金钱难买的资本。”

兼容并蓄。“对于一个企业要允许员工无知犯错误，但不允许其明知故犯。要看犯错误的目的，比如员工买设备，初衷是引进优良设备但买的确是假货，再有第二次类似情况发生就是华裕所不允许的行为。”王连增举例。多给中高层提供机会。华裕会多给中高层提供平台，多给他们创造判断和决策的机会。“比如，华裕计划要投资上千万元的养殖基地，我会跟各中高层谈，大家都通过了才会建设。”王连增说，他由原来的“一言堂”在向集体决策的方式转变，多给他们发言权，依靠集体的智慧。

以人为本。王连增谈及目前公司面临的最大问题：第一是人才问题，缺乏中高级的管理人才，后备人才。他认为这是个矛盾，学生学习，但不到学习的产业工作，说的和行为不一致，不愿意从事这个行业，理念跟不上去，行动跟不上去。一个成功的人士，要有超越自身年龄的智慧，建立人才筛选机制，发展进步阶梯的空间，发展管理创新人才；第二是公司转型升级跟不上时代，越高速发展越是危险，要创新能力提速，靠体系去推动工作，靠制度去规范管理，靠团队去实现理想，靠创新去增速发展，靠文化去凝聚合力。

创新发展。“如果说科技是企业第一生产力，创新则是公司的灵魂和企业文化的核心”。王连增如是说。“华裕从两个大的方面来持续推进创新：一方面是引进全球的最新理念和科技为我所用。近几年，公司在父母代种鸡饲养模式上是国内最先引进欧洲福利笼养——大笼本交的饲养方式，公母鸡自由交配，省去了人工授精的工作，让鸡快乐地生活，该模式节省了 2/3 的劳动力，大大提高了生产效率。同时该饲养模式孵出的母雏活泼健壮，一周内成活率达到 99.8%。另一方面，引进的技术及时消化吸收再创新，大笼本交的模式引进来以后，从营养配方、环境控制、公母比例、公母混群日龄、育雏期的精细化饲养等方面开展了一系列课题攻关，目前该模式种蛋受精率达到94%~96.5%，产蛋率最高达到95%，90%以上产蛋率维持4个月。”谈到此处王董显得有点激动。“这样的创新发展在华裕数不胜数，每月都会出现。”他很自豪地说。

王连增对未来蛋鸡行业有以下几个方面的看法：①祖代鸡会更加集中、国际国内品种长期并存；②父母代种鸡也会集中在几家大的企业，近几年或未来一段时间，中小父母代场出现关、转、并、停的态势；③有关饲养模式，将是人养设备、设备养鸡、鸡养人，单场饲养10万到100万的规模大户越来越多；④最近一段时间是国家对养殖业政策密集出台期，环保、食品安全、药残、公共卫生等政策相继出台；⑤未来养殖业将会有产业资本、金融资本、保险公司、饲料集团等机构迅速参与。“只有消失的企业，没有消失的行业，对养殖行业更是要对未来的食品终端负责和发展”，王连增道。

“自己选择的事业，跪着走、爬着走也要走完自己的一生，这就是我对事业的态度，我如果20年前搞房地产、搞矿的话这个企业资产可能好几百亿了，但那不是我想做的产业和事业。”谈到对事业的执着时王连增如是说。

谈到华裕最缺什么时，王连增说：“华裕近些年开疆拓土、南征北战，最缺的是独当一面的将才和帅才，我不缺资源、不缺资金，就缺人才。华裕集团时刻诚挚欢迎有志之士、仁人志士、同道中人的加盟，共创华夏大农业”。

在张利庠教授和王连增的谈话中，两个人不谋而合，共同产生一个想法，那就是：要把华裕建设成为“全食品帝国”，并勾画出一条主干三个叉“根深蒂固”的产业链：以有机肥为枢纽展开，以蛋产品、种植产品、肉鸡产品为终端的三大产业链体系，采取市场和技术双龙头舞动新三农战略产业链模式，在完善生产管理经验的基础上构建华裕管理基石。由此我们不难看出，王连增是一位高瞻远瞩，极具战略眼光和整合能力、充满领袖魅力的企业家。

（三）华裕团队

企业团队是由员工和管理层组成的一个共同体，它合理利用每一个成员的知识和技能协同工作，解决问题，达到共同的目标。团队的构成要素总结为5P，分别为目标、人、定位、权限、计划。团队和群体有着根本性的一些区别，群体可以向团队过渡。一般根据团队存在的目的和拥有自主权的大小将团队分为三种类型：问题解决型团队、自我管理型团队、多功能型团队。

一个成立于农村，风风雨雨三十三载的农牧企业，发展到现在2300多人的规模。“种瓜得瓜，种豆得豆。”是王连增将心比心，真心换真心式的用人之道组成了今天的华裕团队。

团队中首先介绍的是公司的总经理，同时也是华裕最有力的接班人——闫文亮先生。初次见面，干练、精神、可亲是留给我们的第一印象，言谈举止中有着大智慧、大雄略。在分析行业的自身定位时，闫总对张利庠教授讲道：华裕的目标是做蛋鸡优势产能的架构者和整合者，打通上至祖代育种，下至食品产业，中间以饲料和有机肥为纽带的全产业链。谈到目前华裕的优势，近些年来公司发展迅速，处于上升阶段，拥有良好的品牌知名度和美誉度，同时系统的服务体系和品质控制能力有长足的提高。系统的服务模式主要联合养殖重点区域的资源优势打造大客户服务平台、售前驻场指导服务和国家蛋鸡产业体系科学家的对接指导等。在品质的控制方面，保证父母代种鸡绝无垂直性传播病原，祖代鸡要做到绝对安全和干净，做到品质更优。优化完善孵化环节和运输环节的关键控制点。此外闫总对董事长有很高的评价，他认为董事长拥有运筹帷幄的战略眼光、握铁有痕的坚持、强势的资源整合能力。另外闫总也坦然提到目前公司发展方面有四点挑战：团队建设急需完善、战略执行不到位、管理缺乏系统化和细节化、现代科学技术的使用滞后，虽然科技投入在逐年增长，但科技创新不够，合作没有太深层的东西。由此可以看出闫总对公司的目前状况看得深、看得细，有居安思危的头脑。最后问道用一句话评价华裕时，“低碳循环农业的领跑者！”闫总笑着说道。

团队中第二位得力干将是公司的杨健副总经理。初次见面，杨总不善于言谈，正是这种一丝不苟、严肃认真的风格使其掌管公司的财务能够做到科学严谨。据了解，杨总从小就和董事长是同学，以前是在银行工作，最后是被王连增“挖”过来到华裕的。谈到公司的业务，杨总得意地说，公司的融资能力很强，在建行、农发行、工行等金融系统有超过10亿元的综合授信额度，负债率在47%，这主要得益于公司的不断进步以及王连增的个人魅力。谈到评估财务状况，杨总说：“公司目前资产状况是很好的，是健康的、快速发展的，公司申请国家财政资金项目非常顺利，企业在当地的影响力逐步在扩大。”此外，杨总认为：企业要做大，股份制必须要改，要逐步完善，尤其是业务对接和业务体系，目前公司面临的问题是人才短缺，农牧企业人才流动非常大，要有激励机制。当张利庠教授问到用一句话概括华裕时，杨总回答道：“华裕是蛋鸡工程专家！”

团队中的李秀业和谢永刚是“二次出山”的副总经理，两人都毕业于中国农业大学，受过良好的教育，目前李总负责公司的技术，谈到公司的技术核心主要有：①全球领先的养殖模式、养殖设备、流程工艺的采用和大胆创新，欧洲福利笼养——德国大荷兰人大笼本交模式，12万套父母代育雏场和种鸡场只需10个人员的团队运营，积累了领先同行10年的先进技术和宝贵经验。②全球领先的孵化模式、孵化设备、流程工艺的采纳使用和创新，加拿大詹姆斯维单阶段大箱体孵化器的投入生产，单批次种蛋全进全出、减少交叉污染，大大提高了孵化的健母雏数。③和中国电子科技集团青岛四十一所，联合研发一日龄雏鸡后工序流水线自动处理系统，全行业首家试用，大幅节约了劳动力。④和中国农大、山东农大、扬州大学、哈兽研、易邦生物等科研院校和机构合作开展有关疾病诊断、防控的研究，有一系列成果在生产上产生了巨大的效益。

李总在谈到不足之处时有以下几个方面：真正有核心优势的技术有待创造，没有形成自己的系统的技术体系，没有领先的技术服务模式。“华裕要做时代性的企业，要做为中小企业搭建平台的架构师”。李总最后说道。

谢永刚副总经理目前负责公司的生产，公司生产方面的优势，主要谈到有以下几点：①华裕最有优势的是地域优势，低成本战略，产品优势，以及董事长的资源整合能力；团队特别团结，高层很有能力。②品种、营养、生物安全体系、管理流程等技术和美国海兰国际公司无缝对接、紧密合作搞研发和创新。营养方面，通过饲料原料的严格采购、配方的及时调整，反复细致认真地进行动物实验、饲喂试验后对大量数据系统分析，最终得到最合理优质的营养配方，仅这一项每年为公司贡献1000多万元。③“同源引种、二段饲养、全进全出、五优配套”是父母代种鸡企业成功的十六字黄金法则。同源引种，只饲养海兰祖代、父母代；二段饲养，育雏育成期和成鸡产蛋期分开饲养；全进全出，单个场区一定做到鸡群在2周内上栏完成和淘汰下架，淘汰后打扫、冲洗、熏蒸，空舍30天。优种、优饲、优质、优才、优服，五优配套。

团队中高层的另外两个副总是“大小王”，因为年龄原因，大家都这么称呼。王永安副总经理（小王）负责公司的营销，他和张利庠教授分析了竞争对手并谈及了公司的优势，主要表现在以下几个方面：①公司格局和布局比较大，今天营销的布局就是为了明天大营销格局，布局决定格局。②不拘一格降人才，营销团队接受教育程度、年龄和背景差别很大、性格迥异，但我们八仙过海，各显神通，都有过人的营销秘籍。③品牌具有很大的优势，品种富有竞争力，祖代父母代规模都很大。④公司面向的主要是大客户、代理商和散户。⑤营销策略主要是重点市场竞争策略，就是在养殖集中地重点区域搭建地区级的产业联盟，整合饲料、设备、农牧院校的专家和实验室、药苗等企业的相关资源，为公司的销售和服务起支撑作用。一句话形容华裕：“现代农业、农牧业的领跑者、典范。”王保坤副总经理（大王）今年60岁，是王连增董事长的黄金搭档，为华裕奉献了30余载的青春岁月，可以说是一边拉着华裕，一边看着华裕成长起来的，负责公司的基础建设和后勤。谈到华裕发展史，33年企业信念没有变化，华裕有着自强不息的精神。

部门经理职位之下设副经理和助理经理。采取多设岗位，多留空当和台阶，让员工在一步步晋升中看到希望的用人机制。“华裕做家禽业，首先要养好人，才能养好鸡。比如经理要晋升，必须在几个副经理中能培养出接替他工作的人，这其实也是一个平时培养人的过程。”

团队推崇狼性文化。“华裕提倡员工在工作中要具有灵敏的嗅觉，做事情要具有百折不回、奋不顾身的精神；再者，在华裕做任何一件事情一定要上下拧成一股绳，脚踏实地、全力以赴地把事情做好。”王连增总结，“做任何事情，办法总比困难多。华裕已经具备了这种拼搏特质。”不止华裕一家，狼性文化在许多中外企业中都备受推崇。谈话中，笔者已经深深感受到了王连增身上具有的坚持不懈和充满霸气的性格。

善于学习。不断创新的华裕集团在企业内部形成了一种学习氛围。“走出去”“请进来”、内部交流都是他们力推的学习形式。“走出去”指华裕会组织团队到行业内的正大、新希望六和、温氏集团等，还有业外的海尔集团等企业学习一些先进的管理经验和理念；“请进来”指把专家、教授和行业内的优秀人员请到华裕讲课，传授经验；内部交流是部门领导到外地培训学习回来之后，会把一些知识、技术在企业内传道授业。

土洋结合的人才结构。公司团队中既有跟随王连增多年拼搏创业的“土狼“，又有到企业开拓事业的大学毕业生和社会成熟人才。“土狼”身上充分体现着华裕人吃苦耐劳、勤俭节约、迎难而上等宝贵精神，是一批批华裕新人学习的楷模；同时，引进人才的专业管理水平、勇于创新精神也是推动华裕发展的宝贵财富。

（四）华裕班

在这个时代，“90后”已经崭露头角，成为一代冉冉升起的新星。中午，笔者在食堂就餐看到人影攒动中，大部分是这批人的身影。王连增对于这批人还是寄予厚望：“随着科技的发展，年轻人容易急躁是不可避免的，但是通过跟他们交流，给予一定的磨炼并提供平台，在华裕有一部分年轻人做事还是不错的。所以，年轻人选择进入好企业是有福气的。”

“人生呈抛物线，不是直接上升的过程。我希望学生到畜牧或饲料等企业生产第一线，不赞同学生走出校门直接去跑销售。一个学生毕业后做五年生产比做五年销售所得到的金钱可能要少三五万元，但是对于他们未来的成长绝对是不一样的。”王连增这样看，“现代学生不缺理论知识，缺乏的是扎扎实实的实践能力。因为学生有技术知识，在生产线上既发挥了专业知识的特长又历练了自身的能力。”

华裕立志把企业从实战中获得的经验传递到高校，也让学生提前深入了解企业。2009 年年底，华裕公司与河北农业大学动物科技学院在人才培养模式的研究上达成共识，2010 年，由华裕出资，依托河北农业大学成立了首届“华裕班”。旨在培养理论知识扎实、动手操作能力强的专业化人才。帮助学生尽早进入社会角色，是积极探索校企合作、创新人才培养模式的实践体现。

首批“华裕班”学员共 22 名。“我们不是要求‘华裕班’的学生必须个个进入华裕，希望他们走出校门前，通过这个平台，了解华裕，热爱畜牧行业就好。”

“科学技术也是生产力。”华裕的成功在于科研投入上不遗余力，以及与中国农业大学，河北农业大学，扬州大学等高校的紧密合作，一些先进的科研成果在华裕变成业内高科技产品。华裕的团队正以高质量的人才大步跨进新篇章！

五、华裕事

（一）华裕禽

在发达国家，资金和技术实力雄厚，有推动蛋鸡育种技术进步和产品质量提高的能力。如美国海兰国际公司和德国罗曼公司培育的海兰蛋鸡和罗曼蛋鸡，是由四系配套的优良蛋鸡品种，蛋鸡的生产性能稳定、饲料报酬高、产蛋多、成活率高、适应性强，蛋品质良好。我国从20世纪80年代引进海兰和罗曼的祖代种鸡，经过多次选育，形成了一套较为系统的养殖和培育经验。

海兰国际公司是蛋种鸡的知名品牌，代表行业的发展前沿，具有较高的经济、技术、科研和管理实力。海兰国际公司使用杂交原理育种，引发了家禽育种革命，蛋鸡的生产性能、产蛋量大幅提高。

表1 我国引进祖代蛋种鸡主要企业排名

单位：万只

2005		2006		2007		2008		2009	
引种单位	数量	引种单位	数量	引种单位	数量	引种单位	数量	引种单位	数量
北京华都峪	6.97	北京华都峪	6.97	山东益生	4.20	石家庄华牧	9.18	山东益生	9.32
山东益生	3.87	山东益生	3.87	石家庄华牧	3.96	山东益生	8.72	石家庄华牧	6.31
石家庄华牧	3.72	石家庄华牧	3.72	北京华都峪	3.91	北京华都峪	7.78	江苏联农	2.89
北京家禽	1.60	北京家禽	1.60	北京农业	2.99	沈阳华美	4.17	沈阳华美	2.51
大连运峰	1.59	大连运峰	1.59	山东爱佳	1.55	河南华罗	1.97	北京农业	2.19
2010		2011		2012		2013		2014	
引种单位	数量	引种单位	数量	引种单位	数量	引种单位	数量	引种单位	数量
山东益生	12.85	山东益生	11.75	山东益生	7.99	山东益生	12.64	河北华裕	7.99
山东特佳	4.05	河北华裕	3.86	河北华裕	3.86	河北华裕	7.01	山东益生	7.99
河北华裕	4.02	沈阳华美	3.50	北京农业	2.04	沈阳华美	3.80	宁夏晓鸣	3.17
沈阳华美	2.50	沈阳沈海	2.10	沈阳沈海	2.00	宁夏晓鸣	2.56	北京农业	1.66
沈阳沈海	2.06	北京农业	1.65	河北武安	1.89	北京农业	1.87	沈阳华美	1.10

数据来源：中国畜牧业协会禽业分会

华裕农业科技有限公司（简称河北华裕）引种量排名由2010年的第三位跃升到2011、2012、2013年的第二位，2014年的第一位。

华裕农科经营理念的定位把以短期利益为目标转移到以长期利益为出发点；把短线投资，变成终生事业；相信只有不赚钱的企业，没有不挣钱的行业；困难时期，深信行业不会倒闭；蛋鸡行业需要精耕细作，求长久，不求一时之利。

在行业发展上，华裕希望行业企业都能够把蛋鸡行业当作是大家的事业，把精力集中到提供优秀产品上去，杜绝三聚氰胺、瘦肉精等食品安全事件，促进消费者对鸡蛋的健康消费。在行业的食品安全这一块上，所有企业都应该联合起来，通过不同形式的组织、行业协会或相关联盟，树立起行业的职业道德，相互遵从，相互联合，共同发展。

在目前国内蛋鸡的品种认识上，华裕认为，目前从进口鸡的引种量来看，进口品种仍然占有较大的市场份额——大家花钱从国外引进的品种，扩繁出来的商品代蛋鸡，最终也是流向了市场终端。市场上有大量进口蛋鸡存在的事实，也就说明进口蛋鸡仍然占据了国内市场上的主要空间。从实际出发，在华裕看来，不能简单将进口蛋鸡与国产蛋鸡对立起来。事实上，在当前的市场现状下，除了峪口、大午、北农大、上海新杨等自己培育的品种外，其他企业都是引进品种，进行扩繁。在当前的养殖环境中，商品代蛋鸡生产性能的差异除了品种的差异外，更重要的是哪家种鸡场能够为客户提供最为优秀的苗鸡和服务，谁能满足市场需求谁就能够获得更广阔的市场空间。

华裕目前的做法是，一边从海兰公司引进优秀的祖代鸡，同时也学习美国海兰公司先进的育种方式、管理模式及饲养方法，确保在当下和未来能一直提供最优良的产品。

对于竞争对手企业在行业中的发展，华裕有自己的理解和应对。企业间要有相互学习、广泛交流的对象，一个行业的发展，需要一个团队集体向前进，比如说一家企业能够引领行业发展，但不只是需要这样一个引领者，更多地需要一群相互促进、共同发展的企业，才能促进产业的健康发展。同一个行业的企业，从传统的市场观念来看，仿佛是在对峙，实际上同行联合的力量会更大，因为依赖同行整体带动行业向前进。

产业发展蓝海策略：①产品差异化。目前中国大地上饲养的蛋鸡，多数来源都不统一，不仅是国产与进口品种之间存在差异性，进口品种经由不同祖代场扩繁后，也存在很大的差异性，这就为产品的差异性战略提供了可发展的先决条件。华裕产品的差异化，目标是根据客户不同的消费习惯，寻找到自己的客户群，打造客户的忠诚度。除此之外，企业在产品提供上，也要寻找差异化之路，有的企业以提供商品代蛋鸡产品为主，有的企业则同时提供商品代和父母代蛋鸡，这样企业不光可以规避风险，也在无形中提高了企业的经营层次和能力。华裕将在未来大力发展父母代种鸡产业，专业提供优秀蛋雏鸡。另外，华裕在发展壮大过程中坚持注重将自身繁育能力的优势体现出来，与国产品种差异化、同行业国外品种差异化，相信能在未来获得好的发展。②区域差异化。华裕认为目前国内蛋鸡养殖的几个区域特点，包括原来的“北蛋南运”到现在的“北减南增”，从中总结出当前的养殖区域在逐渐转移，因此在寻找市场的过程中，应该逐渐将注意力转移一部分到南方去，这样寻找不一样的市场，会带来更好的效益。与此同时，在区域市场的细分中，南方市场与北方市场明显存在规模化水平、集约化程度不一致的特点，由此可以根据不同市场，针对性的提供不同的细分服务，规模化程度低的，可能需要事无巨细的服务，集约化程度高的企业可能需要的是战略上的指引。另外，在区域特点上，富裕的地域养殖成本高，养殖业逐渐在减少，南方只有在土地资源丰富，对比效益高的区域才能发展养殖业，这样也为华裕的市场选择和产业布局提供了方向。

坚持从源头确保优秀品质。蛋鸡产业早已形成了稳固的“金字塔”式繁育体系，从祖代、父母代再到商品代，其中祖代蛋种鸡是产业发展的源头，只有确保源头的优秀品质，才能推进产业的良性健康发展。

例如，2012 年 12 月 29 日，喜迎新年之际，华裕公司迎来这一年第二批次，共 21123 只海兰褐祖代种鸡。鸡群生长状况良好，体重、胫长、均匀度等各项指标均在标准以上。据统计 2012 年华裕公司祖代鸡引种数达 38645 只，其中海兰褐 31135 只，海兰灰 7510 只。2013 年和 2014 年华裕又扩大祖代生产规模，每年都分两批引进八万多只海兰祖代蛋种鸡。

坚持引进海兰祖代鸡，扩大祖代种鸡规模，从源头保证了华裕雏鸡的优秀品质，确保给养殖户提供基因优良、健康安全的华裕雏鸡。

加强对忠实客户的悉心培养。对蛋种鸡企业而言，下游的养殖企业和养殖户既是合作伙伴，又是衣食父母。如何更好地处理好与这些客户的关系，如何培育更多的忠实客户，关系到企业的现在和未来。

例如，2012 年 10 月 12 号，华裕公司在山东鄄城举办“标准化蛋鸡养殖技术研讨会”，会议邀请了当地具有 5000 只以上规模蛋鸡的养殖代表 90 多人参加会议。本会议由当地养鸡合作社发起，华裕公司技术服务部经理在会上详细讲解了标准化蛋鸡养殖技术和红外断喙技术。会议期间客户代表踊跃发言，气氛非常活跃。

类似这样的技术研讨会，2012 全年华裕公司在全国不同地方举办了 46 场，近几年举办的场次逐年增多，累计培训中等规模以上养殖户 6 万多人次。与会养殖户们不仅确切地认识到后备鸡饲养管理的重要性，而且学到了标准化养殖场环境的控制技术，同时华裕公司也进一步推广了健康养殖的理念。

产业布局。江西华裕家禽育种有限公司是华裕公司在江西铜鼓县投资建设的子公司，将承担起华裕公司南方生产基地的任务，是公司完成全国产业布局、更好服务南方市场、降低运输成本、推进国际化生产管理模式、建设生物安全体系工作的落实。

江西铜鼓县是典型的山区县，四周青山环绕，森林覆盖率达 87%，空气清新，水源充足，无污染，且交通方便。公司经过多次考察论证，在江西省铜鼓县选址 365 亩，总投资 3.4 亿元，建设集种鸡饲养、种蛋孵化、饲料生产为一体的生产基地。具体建设内容包括：① 60 万套蛋种鸡繁育基地，种鸡场及育雏场建设选址在铜鼓县的温泉、棋坪、高桥等地，总占地 240 亩，投资 1.2 亿元。新建育雏场两个、种鸡场四个。引进国外畜牧场规划设计理念、养殖设备、环境控制系统，使生物安全和生产技术水平达到国际领先。②年孵化 6000 万健母雏的现代化孵化中心，选址在铜鼓县三都生态工业园区内，占地 60 亩，总投资 1.4 亿元，新建孵化厅 3 座，科研行政楼 1 栋、以及其他辅助设施。配置世界先进的大规模现代化孵化设备，包括现代化巷道孵化机 60 台、箱体机 30 台、出雏机 90 台、大型自动冲洗设备 6 套、自动检雏设备 6 套、雏鸡后处理设备 12 台。该孵化中心建成后每年可孵化优质雏鸡 6000 万只。③年产 20 万吨饲料加工厂，选址在铜鼓县三都生态工业园区内，占地 65 亩，总投资 8000 万元，新建生产车间 15000 平方米、原料库 8000 平方米、立筒仓 6000 立方米、成品库 5000 平方米及综合办公楼等建筑物。年产量 20 万吨优质饲料，其中复合预混饲料 20000 吨，颗粒饲料 50000 吨，浓缩饲料 50000 吨，全价配合饲料 80000 吨。

江西华裕每年可向社会提供优质商品代母雏 6000 万只，无公害鸡蛋 2800 吨，优质饲料 20 万吨，实现销售收入 70971 万元，利润 10682 万元，带动周边 3 万农户从事品牌蛋鸡的标准化生产，户均增收 10000 元。江西华裕公司的成立将续写华裕发展传奇，全面提升华裕生产、管理、运营水平。

2015 年 5 月 21 日，中国华裕集团与德国 EW 集团正式签订合作协议，强强联合，搭建国际化交流平台，助力华裕跨越式发展，开启蛋鸡行业合资新时代。

（二）华裕食

2006 年 8 月华裕永诚食品公司创立，开始华裕集团的多元化发展。永年是蔬菜种植大县，尤其是永年大蒜产量高、辣度高，在国际市场上得到了认可，所以永年当地生产脱水蒜片的农户、小作坊很多，但是没有自营出口的能力，都被外地贸易公司廉价收购后再出口。在这样的背景下，王连增董事长成立食品公司，利用永年大蒜优势，直接出口。

河北华裕永诚食品有限公司隶属于华裕集团，是一家以果蔬脱水、速冻、保鲜生产、销售以及货物、技术进出口业务为主的大型民营企业。公司位于邯郸市邯郸县农产品加工园区，占地 200 亩，注册资金 6400 万元。

主要产品种类有脱水蒜片、蒜粒、蒜粉、辣椒、姜片、洋葱、胡萝卜等；公司自 2007 年获得自营进出口权以来，产品主要出口至日本、美国、欧洲、东南亚等国家和地区。

我国蔬菜资源丰富，品种繁多，给脱水蔬菜的生产提供了充分的资源。同时，脱水蔬菜的生产属于密集型产业，增加了市场的竞争优势，我国脱水蔬菜工厂化生产的历史虽然不长，但总体规模逐渐扩大，产量迅速增加，我国脱水蔬菜的出口得到了飞速发展。

我国脱水果蔬加工企业分布范围广，全国各省、自治区、直辖市都有脱水果蔬加工企业，但企业规模、效益却差异很大，其中规模大、效益好、带动性强的龙头企业主要分布在山东、广西、浙江、甘肃、辽宁、福建等省区，特别是山东、辽宁、浙江等沿海地区。这些地区的企业规模大、设备先进、生产规范、产品质量高。因此，获得较好的经济效益。特别是山东省，脱水蔬菜出口量占全国的 1/3，而临沂地区的出口量又占山东的 1/3，效益好的企业主要是出口型企业或依托外贸公司进行生产的企业。

目前世界脱水蔬菜的年产量大致在 37 万吨左右，而我国年产量大致在 13 万吨左右。近 10 年来，脱水蔬菜在国际市场的贸易额每年都超过 20 亿美元。尽管中国脱水蔬菜的产量以及品种都在增加，产量已经占据世界总产量的 60% 左右，并以每年 30% 的速度递增，但仍不能满足市场需求。目前，一些发达国家通过脱水蔬菜、冷冻蔬菜等方式对蔬菜进行加工，其储藏量与加工量已经占到所产蔬菜总量的 80%。我国作为世界第一蔬菜生产大国，却仅有几千家蔬菜加工企业，而且规模小、技术落后，产品结构相当不合理。其中脱水蔬菜仅有 20 多类，30 多个品种，与我国上万种蔬菜品种相比，范围太窄。

脱水蔬菜的加工一般包括自然风干、热风干以及冷冻干燥三种方式。目前在我国普遍存在的是自然风干和热风干。脱水蔬菜几乎能应用到食品加工的各个领域，可用于提高产品的营养成分，改善产品的色泽和风味，以及丰富产品的品种、结构。在国内，蘑菇、木耳等农家传统蔬菜自然风干的比较多，冷冻干燥则是叶菜类多一些。像青刀豆、花椰菜、白菜、胡萝卜、大蒜等。尤其是蒜粉，我国出口比较多，主要是靠热风干或者是冷冻干燥制作的。

由于近年来世界食品工业的迅猛发展，脱水蔬菜曾一度出现了供不应求的态势，市场缺口较大。另外，由于一些发达国家蔬菜生产成本加大，不少国家和地区都愿意从我国进口廉价的商品蔬菜，中国正好可以借此机会将蔬菜资源优势转变为产品优势与经济优势。所以说在中国脱水蔬菜是十分有市场的。

产业比较优势：①地理优势：公司处于河北省蔬菜大县永年县，永年县蔬菜资源丰富，为我们提供了丰富的生产资源，而且蔬菜种植成片化，这样有利于我们建立自己的种植基地，从而从源头上控制产品的质量。②公司通过了质量管理体系认证证书 ISO9001：2008、危害分析与关键控制点认证证书（HACCP）、犹太认证（OU）、FDA 等国内外一系列认证。③价格优势：因为当地蔬菜资源丰富，从而使我们从原料收购上降低了成本，而且公司周围闲置劳动力丰富，从而使用人方面的成本也大大降低。④生产能力大：公司从 2013 年又引进了先进的生产设备，对原来的生产线进行了改造，并且扩大了厂区的建筑规模，目前的日生产能力达到了 25 吨 / 天，在同行业中已达到领先地位。

经过短短 5 年时间，永诚食品有限公司已经跃居河北同行业第一，如此骄人的成绩背后与王连增和全体员工的辛勤付出是分不开的。公司生产经营状况良好，现有资产 4 亿元。2014 年公司实现了销售额 5 亿元的突破，利润额达到了 4000 万。通过向山东的一些优秀企业学习和自己的不断完善发展，目前已是河北省脱水蔬菜行业的领头羊，在全国也跻身前十。从而打破了山东等地区在脱水果蔬行业的垄断性地位。

产业发展策略：重视客户开发与维护，开发客户的途径：①通过网络资源如阿里巴巴等方式寻找客户；②通过参加国内外展会，如：国内最大的展会广交会和国外一些专业的配料展和食品展等；③通过相关行业的朋友介绍；④通过建立自己的网站，增加宣传力度。客户的维护：①定时对客户进行回访；询问其对公司产品和公司服务的意见，及时了解客户的需求；②针对客户提出的问题及时的做出回应，如果客户提出的问题短时期内不能得到解决，应及时给出其解决的方案，并给出不同阶段的进展；③建立好顾客成交档案。

利用资源优势、专注出口创汇。食品公司充分利用永年蔬菜强县的资源优势，从事蔬菜脱水、速冻、保鲜加工。拥有先进的 AD 脱水蔬菜生产线 2 条，建有 10000 吨的恒温库和 6000 吨的低温库，年可生产脱水蒜片、蒜粉、蒜粒、姜片等 1 万多吨，保鲜蒜薹、苹果等 7000 吨。产品 100% 外销，年出口量位居河北省同行业中第一。目前产品的市场明确：主要出口至日本、美国、欧洲、东南亚等国家和地区。

未来发展方向：①未来市场全球化。由原来的市场主要集中在北美等地逐渐向欧盟、东南亚等一些需求量也很大的地区进行开发。②发展有机蔬菜。随着人们对健康的重视，有机蔬菜逐渐成为蔬菜发展的方向，所以要加强对基地的管理，使用有机肥料等措施来实现蔬菜的有机种植。③产品种类多样化。公司主要产品脱水蒜日渐难以满足客户对产品种类需求多样性的要求，所以要利用永年蔬菜数量大的品种开发出更多的新产品，以满足更多客户的需求。

（三）华裕料

华裕与新希望六和集团共同投资建设了六和华裕饲料有限公司，位于邯郸县农产品加工园区内，注册资本 2000 万元。拥有 2 条颗粒料生产线，1 条粉料生产线。生产设备领先，工艺先进。产品转化率高，料肉（蛋）比低，是价格适中，且绿色环保、低药残的优质品，有着很好的市场前景。

区位优势。河北省是畜牧业大省，有广阔的畜牧产品消费市场和优越的畜牧业发展环境。全省畜牧业产值一直居全国前列，饲料需求量大，因而发展饲料生产具有广阔的市场前景。邯郸市种鸡及蛋鸡养殖规模每年在 8000 万只左右，占全省的近 1/3。邯郸市粮食总产 400 万吨，饲料加工原料丰富。可以说，华裕将饲料产业纳入集团版图有着得天独厚的优势。

发展需要。华裕作为农业产业化国家重点龙头企业，产业链上游饲料产业的形成，能够充分发挥华裕公司的技术和网络优势，不仅为自身和需要更高品质配合饲料的客户群提供了一个全新选择，更可以让其降低养殖成本，提高市场竞争力，增加收入，因而有着较大的经济效益和社会效益。这正是华裕提升产业核心竞争力的重要部分。

市场广阔。目前饲料市场竞争激烈，产品利润呈现下降趋势，原材料价格波动对产品利润及销售的影响较为明显。针对目前的市场状况，公司与新希望六和集团开展技术合作，利用其在饲料生产方面的生产优势和公司现有的营销网络实现市场拓展，保证产品销售。

优质原料。利用当地盛产的饲料加工原料，所有原料均就近采购。饲料的品质得到保证。同时由于饲料场所在位置交通便利，距居民区距离在2000米以上，工厂周围无污染厂矿企业，有利于饲料的生产及存放。

技术先进。依托华裕在蛋鸡饲养上丰富的经验和深厚的技术积淀，与新希望六和集团强强联合，使得该项目在技术上集中了优势，非常先进。技术基础：本项目的生产技术得到新希望六和集团和中国农业大学的技术支持，项目采用的设备先进，具备生产高品质饲料的能力，同时华裕与实力雄厚的科研院校建立了校企联合，能够保证项目的顺利实施和持续发展。其工艺流程为：

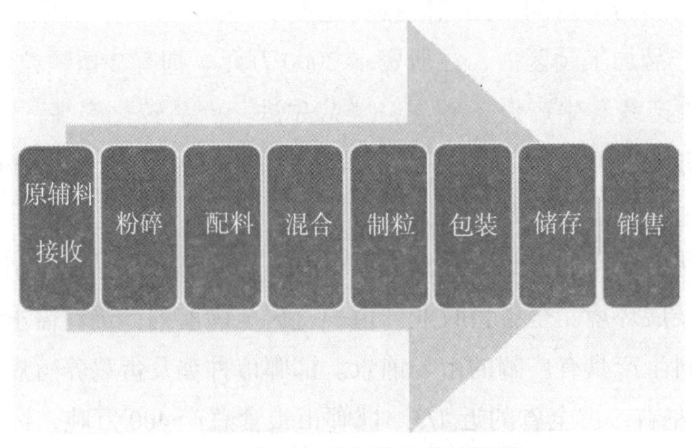

图2　华裕蛋鸡饲养工艺流程图

设备先进。饲料工厂的设备均选用技术先进、性能可靠、经久耐用、运行成本低、价格合理、节约能耗的国内外定型产品。而且所有设备适合原料、技术工艺等条件上的要求。主要有粉碎机、混合机、制粒机、干燥机、熟化器等设备。

净利润率。华裕饲料产业的净利润率没有低于过5.4%，这在饲料行业中属较好的水平。尤其是2013年、2014年净利率提升，说明华裕饲料产业的盈利能力还在增强。

表2　饲料产业销售净利率表

年份	净利润率
2008	8.727%
2009	6.644%
2010	5.447%
2011	6.441%
2012	5.371%
2013	6.917%
2014	7.022%

华裕饲料产业销售收入稳步增长、净利润率高，在饲料行业中属上游水平，因此饲料产业盈利能力比较强。

华裕公司除与新希望六和集团合资共建饲料厂外，还为每个规模化蛋种鸡养殖基地配套建设饲料厂，保证养殖基地的优质饲料供应。

华裕对整个饲料产业未来的发展方向认识清晰，认为未来饲料的科技含量日益提高，必须落脚发展可持续饲料工业。因此，从长远角度考虑，环保型饲料、生物饲料将在公司不断得到开发、推广及应用。因此，开发环保型饲料、生物饲料，发展可持续饲料工业是华裕饲料产业始终如一的发展方向。

不仅是坚持开发环保型饲料、生物饲料，在华裕的饲料加工厂的生产过程中也坚持低碳环保。整个生产过程基本不产生有害物质。生产车间内布置布袋式吸尘器以吸收粉尘，并加强生产车间内的通风以改善工作环境。为了降低噪声，改善环境质量，在工程设计阶段就对噪声采取了控制措施设计，包括尽可能选用低噪声设备等。饲料场附近的环境一直在加强绿化。华裕在车间周围、道路两旁，凡能绿化的空地，均种植树木或花木，不仅美化环境，也吸纳了噪音污染。

风险控制。根据饲料行业的性质和饲料产品的特点，饲料产品可变成本占比较高，特别是可变成本中的材料成本占总成本比重较大，因此原材料价格的变化对饲料的生产及销售具有较大的影响。事实上，饲料企业面临的主要风险之一就来自原材料价格的波动产生的影响。为了降低原材料价格变动带来的风险，华裕采取“公司＋基地＋农户”的发展模式及有效措施，保证原料供应，建立稳定的原料购销关系，保持原料价格稳定，降低风险。

经营模式。事实上，华裕的饲料产业并不由自己经营，而是由另一投资方新希望六和经营管理。通过与华裕高层访谈得知，这一做法是有意而为之。因为企业秉持董事长王连增的两条管理理念，一条是自己熟悉的行业自己经营，不熟悉的行业交给别人经营。这一做法的好处就是，企业能专心做好自己擅长的产业，对自己有益而自己不擅长的产业通过合作途径实现。

学习不止。来自王连增的另一条管理理念，就是企业需要与全国优秀企业合作。在王连增的带领下，华裕一直坚持让员工去行业内的优秀企业学习交流，甚至通过企业间合作的方式来学习对方的管理经验。与新希望六和合作饲料产业，就是看重当时新希望六和是饲料行业中的佼佼者。华裕期望通过这一合作，一方面能将有优势的产业强化补充，变得更有优势，另一个很重要的方面就是通过这一合作来学习其更先进的管理经验。这在双方签订合作的合同中可以体现出来，华裕坚持“派华裕公司人员到对方企业驻场学习、对方企业定时到华裕公司驻场指导”的条款必不可少，足见华裕对此的重视程度。

随着饲料加工技术的成熟和推广，饲料加工企业产品受到国内及合资企业同类产品的竞争，产品价格的变化将直接影响饲料加工企业的效益。

在市场经济的今天，特别是饲料竞争日益紧张的行业，有效防范和降低市场的风险，是产品生存和发展的保障。华裕饲料主要从以下几个方面着手：①严格企业内部管理，降低生产成本，提高产品质量，使企业生产的产品不论在质量和价格上都要具有竞争优势。②进一步加强生产原料的合理采购，在保证质量的同时最大限度地降低生产成本，与农户签订收购合同，并在收购前进行严格的监督和检测。③重视市场因素，把握市场变化规律。根据市场供求的变化，及时调整生产计划和产品结构，以减少盲目生产造成的损失。④丰富和开拓多元化的市场销售渠道，充分挖掘国内市场所有潜力。⑤还可以充分利用企业现有的优势，华裕大规模的养殖量使用自产的饲料，以解决市场问题。

未来为了加速企业发展，公司在销售自己产品的同时，及时了解和跟踪国内外饲料行业发展动态，并不断优化技术结构和产品结构，以逐步实现缩小与世界先进水平差距的目标。

（四）华裕粮

永年县永诚粮食购销有限公司建于 2005 年 4 月，占地 80 余亩，交通便利，南邻 309 国道，近邻青兰高速，周边地带是全国优质小麦和玉米等粮食主产区，是由董事长王连增直接出资设立的粮食收储、贸易的大型企业集团。公司现拥有粮库收购中心 3 座、10 处储粮库点，库容 20 万吨，建筑面积 4 万平方米。资本总量 2.6 亿元，年销售收入超 4 亿元。常年库存 15 万吨以上，主要存储优质小麦、玉米。2013 年注册了“河北康裕粮食集团公司”注册资金 2000 万，并同时在正西组建了一个库存容量为四万吨的分公司现也正在开展玉米收购。

生产管理、品质控制。2005 年 4 月以来，永诚粮食公司以科学发展观为指导，在董事长王连增、部门经理胡永现的带领下，开启了“二次创业”的历史航程，组织实施“一符四无”“一符三专四落实”的科学管理战略，仓库建设完全符合国家储备库的要求，库区配套设施完备，检测仪器齐全，粮食筛选及出入库作业全部实现了机械化，具备国家储备粮和商品粮储存期内温度、水分、害虫密度等项目检测条件、储存全部实行了电子测温和环流熏蒸技术，科学保粮率达到了 100%。全力打造农、工、贸一体化的龙头企业，努力成为冀南领先、全国知名的粮食驰名品牌。

产业销量。近年来，公司通过对收储资源的有效整合，在省内形成了布局合理、设施完善的粮食收储体系，为客户提供“代收、代储、代运、代销”的服务项目，与五得利面粉集团有限公司、金沙河面业等公司长期合作。

六、华裕魂

华裕集团作为国内极具竞争力和发展潜力的农业企业，其成功奥秘来自于企业旺盛的活力、和谐的内部关系以及企业员工为同一个梦想奋斗的精神，而其企业管理成功的经验则在于其强大的企业文化。华裕集团的企业文化表现形式多种多样，它是在企业内部把全员力量统一于共同目标之下的一种文化观念、价值标准、道德规范和生活准则，是增强员工凝聚力的意识形态。华裕大力培养以价值观为核心的企业文化，这种特殊的企业文化就是华裕的企业之魂。

谈到企业文化，中外各家学者的表述林林总总，人言人殊，让人愈加迷茫。其实，企业文化建设的不只是概念，更不是人为的“贴标签”。企业文化只有概念则毫无意义，人为设计虽可以很科学系统，但同企业毫不相干失去了价值所在。企业文化建设，不应从概念出发，而是从企业的实际出发的，离开企业内外部环境建设起来的企业文化，对企业毫无意义。华裕的企业文化建设，是从公司的发展历史进程中总结、提炼出来的，是在企业的成长过程中生长出来的，是以思想解放、观念转变为先导的。华裕的成立与发展史是伴随着新中国改革开放进程的历史，华裕成立于1982年，是改革开放初期“摸着石头过河”的时代。在华裕集团三十三年的发展过程中，其经历了三个主要阶段：第一个阶段是1982年至2000年，算是初创阶段；第二阶段是2000年至2010年，算是探索阶段；第三阶段是2010年至今，可以称为壮业阶段。而在企业发展的每一个阶段都有针对性很强的企业文化作为引领，每一次都是对公司上下解放思想、转变观念的洗礼，每一次都打上了公司发展新的征程的烙印，每一次都体现了公司发展的阶段性特征，而且，每一次都连带着企业文化的重建和展开。主题教育活动步步深入的过程，也就是华裕绝处逢生、加速发展的过程。随着主题教育活动的紧锣密鼓，华裕一月一个新面貌，一年一个新台阶，以坚定的步伐步入了一个跨越式发展的全新时期，同时也步入了华裕企业文化建设的全盛时期。

（一）以小博大，初创时期——集团主义精神

华裕在初创时期采用“家族主义”的管理方式，这种家族主义思想在形式上把企业看成一个大家庭，企业主、管理人员、雇员之间形成一种亲属式关系，员工对自己的企业有着强烈的归属感、荣誉感和对家庭的责任心。如“索尼大家庭”的公司总裁盛田昭夫曾说：“索尼是个亲密无间的大家庭，每个家庭成员的幸福都靠自己的双手来创造——当你的生命结束的时候，你不会因为在索尼度过的时光而感到遗憾。”而在华裕这个大家庭里，领导与员工之间保持着良好的关系，形成了华裕家庭式的协调精神。“我们的公司”，华裕员工对公司都怀有这样一种强烈的思想感情。经过长期的历史积淀，华裕以“忠”为纽带的团队意识反映在企业文化中，与终身雇佣制、“家族主义”管理方式密切相连，造就了华裕独特的集团主义精神。

集团主义精神在于企业共同的思维和统一的行为模式。华裕强调全体员工具有共同的企业理想、根本目标、生产经营信念以及行为准则，它使企业全体成员感情上相互依存，行动上休戚与共，团结一致，为实现共同目标而奋斗。如王连增认为，领导者的责任就是为企业“树立确切的目标”，使有知识者贡献知识，有技能者贡献技能，各人贡献自己的专长，汇聚各种不同的知识和力量，发挥相互协调的能动作用，成功地达到目标。在企业中，不仅是激励某个员工提高效率，而是注重激励整个团队提高效率，一切经营活动都保持团队的协调，维护团队的利益，充分发挥团队的力量。这种团队精神成了华裕中个人与团体、个人与个人关系的基本规范，全体成员在相互合作的团体生活中形成了团队协作的高超技巧。同

时，华裕也为员工个人思维创造空间，鼓励团队中的每一个人发挥创新精神，并在集体的智慧中达成员工之间的有效沟通与合作，使企业员工保持着很强的进取心和创造力。用“和谐”来统领团队被视为华裕早期的主要经营理念。在“家族式”的企业内部倡导相互尊重，相互信任；合作共事，公平竞争，反对彼此倾轧、内耗外损、尔虞我诈，劳资双方、雇员与雇员之间建立着和谐的人际关系。王连增的经典“语录”中就有倡导“和”的内容，如“小胜靠智、大胜靠德、长胜靠和”“做人如水，做事如山”“要理解别人对你的不理解”等。在激烈的市场竞争环境下谈到竞争对手时，王董同样以“和”相待，他提出“蛋鸡行业是大家的，不是只属于哪个企业，大家需要携手把蛋鸡行业做大，推动蛋鸡行业健康发展”，这种胸怀和气魄，使得华裕在初创阶段受益匪浅。和谐的气氛形成了企业强大的凝聚力，在企业这个“大家庭”中各类人员同呼吸共命运，整体效应产生出巨大的能量，实现了华裕经济效益的最优越化。诸如“华裕人”“华裕事”“华裕魂”等说法正是这种集团主义精神的典型概括。

（二）稳中求胜，探索时期——以人为本

无论是终身雇佣制、年功序列制，还是企业工会，华裕经营模式的三大支柱都是紧紧围绕着“以人为本”这个中心，三者相互联系，密切配合，从不同侧面调整了企业的生产关系，缓和了劳资矛盾。华裕把“以人为本”与员工以企业为家统一起来，建设成了“人企合一”的发展团队。在华裕的探索时期，以人为中心还表现为：

1. 真正重视人，尊重人

王连增曾多次对高层管理人员强调“要宽容的对待下属的挑战失败”，也曾自豪地说“拿走我的工厂，留下我的员工，我相信，华裕现在的辉煌依然能够再次创造出来”。这种对于人才的信任、重视以及发自内心的尊重在华裕的“蓄力时期”显得格外重要。另外，华裕也在尊重员工的主人翁地位，员工的积极性、主动性和创造性等方面十分重视。如，企业的经营管理体系是“倒金字塔式”结构，将员工列在第一位，其次是管理人

员，最后才是经营者，这充分体现了企业管理中对员工充分重视的特点。

2. 采取自上而下与自下而上相结合的集体决策机制，员工参与企业经营管理和决策过程广泛而深入

这种机制虽然延长了决策的时间，但在决策形成以后却大大缩短了决策目标完成的时间。另一方面，强调了企业发展与员工的关系，以命运共同体的形式调动了员工的积极性，使员工感受到企业对自己的信任，增强了员工对企业的责任感和使命感。

3. 体现"人文关怀"，重视"感情投资"

华裕管理层的各位领导有一个共同的特征——善待、关心下属，对于员工的家庭、个人情况十分了解。为员工庆祝生日、祝贺婚礼，已经成为制度。对生病住院的中层，董事长、总经理都会亲自看望；员工生病住院，他们也会委托专人去慰问。并通过运动会、联欢会等形式增强与员工之间的亲和力。以华裕一线的中层领导为例，公司的大多中层管理人员没有个人办公室，连场长也不例外。公司主张中层管理人员与他的办公室职员、一线员工一起工作，共同使用办公用品和设备。在生产车间里，管理者对员工也表现出真诚的尊重与关心，激发每位员工参与管理的热情，根据员工特长适时调整工作，充分挖掘员工的潜力，人尽其才，使员工的个人价值得以充分的展示。

4. 重视人才开发，坚持"经营即教育"的信条

华裕在经营过程中自始至终不忘教育引路，根据员工学历水平、工作岗位的不同，根据科技进步和时代发展的要求，采取多种形式，长期坚持对企业的全员和重点人员进行培训，尽一切可能提高人的素质和能力。华裕之所以取得飞速的进步和巨大的成就，除特定的历史条件和社会环境外，其经营思想的精华——"人才思想奠定了事业成功的基础"起着不可小觑的作用。王连增曾讲，"华裕集团要用两条腿走路：既要培养跟随自己多年拼搏创业的'土狼'，又要培养到企业开拓创新的大学毕业新生"。为造就适合企业发展的高素质人才，华裕公司积极与全国各大农业高校建立校企合作伙伴关系，为企业优秀人才的输入建立畅通渠道。这些做法使华

裕的人才资源极为丰富，并让企业充满了活力。另一方面，华裕内外部培训教育的内容非常广泛，包括企业经营理念、价值观念、行为规范、业务能力、技术创新等等。由于企业重视人才培养，广泛采用高新科技成果，人才成就了事业，事业造就了人才，实现了人才和事业的双赢。

（三）不断完善，壮业时期——信用至上，义利并举

华裕的价值目标具有明显的双重性。一方面是追求企业自身的经济效益；另一方面，是追求企业的社会效益。并通过企业文化把这二者有机地结合在一起，如王连增提出的“华裕精神”中第一条便是“公司小时候是个人的，大了就是大家的，再大了就是社会的”，这种对社会责任的勇于担当，在当下这种“食品安全”被广泛关注的社会环境中，不是每一个农牧企业都能做到的。华裕崇尚“义利并举，以义生利，以义为上”的儒家思想，在华裕的企业价值观念中，评价企业优秀，不单纯看其获利多少，经济增长速度快慢，更为重要的是评价这个企业对国家，对民族做了怎样的报答，对社会做出了怎样的贡献。这种评判标准也能从王连增语录中的“蛋鸡行业需要精耕细作，求长久，不求一时之利”“质量是企业生存的根本，公司不会以质量的降低换取数量的增加”“以诚待人，以诚立业，诚信是一种态度，更是一种责任”“雁过留声，人过留名”等中窥视一二。公平待人、平等竞争，不搞虚假宣传，不损人利己，不坑害国家，靠诚信赢得信誉是华裕求生存、谋发展的宝贵财富。

在华裕还流传着很多很多真实、感人、发人深思的小故事，比如，王总喜欢和员工一起在职工餐厅就餐。见过他吃饭的人都知道，王总从不剩菜剩饭。有一次，一个新来的员工买的菜不适口，居然一口没吃，要倒掉，王总看见了，对他说，把你的菜给我，我来吃。这一举动，让新员工羞愧不已，同时也深刻感觉到公司的节俭文化，不爱吃的就不买，吃不完就少买，坚决杜绝浪费。公司职工餐厅，每餐毕，垃圾桶里基本没有剩饭。又如，董事长每天早晨很早就起床，晚上很晚才睡，总是辛勤的工作，别人看到他那么辛苦，总是说他不要那么辛苦了，他则总是笑着说

"生命不止，奋斗不息"。

这些看似零碎却又十分真实的故事其实正是华裕的企业文化的写照和反应。每一个故事都对应了一种企业的精神和气质，而也是这些涓涓细流汇聚在一起塑造成了华裕的灵魂。恰恰是华裕这既淳朴又高尚，既粗犷又温和的企业气质与灵魂造就了华裕今天的成功与传奇。华裕的成长还在继续，华裕的企业文化还在发展，相信华裕与华裕的企业文化在未来的日子里将会挥写出更加雄奇、瑰丽的篇章！华裕也会以"开放的精神、全球的眼光、分享的心态和强烈的责任感"继续前行。

参考文献：

[1] 陆雪林，刘勇 . 我国蛋鸡业该从量变到质变的时候了 [J]. 中国禽业导刊 . 2001，(10) .

[2] 周赶谱 . 蛋鸡业如何洗牌 [J]. 中国禽业导刊 . 2001，(20) .

[3] 郑文波，白玉坤，孙慈云，路广计 . 对河北省蛋鸡业发展方向的思考 [J]. 中国禽业导刊 . 2001，(20) .

[4] 林国锋 . 如何提高本地蛋鸡业的生存空间 [J]. 养禽与禽病防治 . 2001，(10) .

[5] 王地 . 未来中国蛋鸡业的三大新机遇 [J]. 湖南农业 . 2001，(01) .

[6] 刘少伯，石有龙，葛翔，刘诺 . 蛋鸡业市场回顾与展望——2003 年 9 月以后的预测 [J]. 中国牧业通讯 . 2003，(20) .

[7] 刘少伯，石有龙，葛翔，刘诺 . 半年来蛋鸡业市场回顾与展望 [J]. 饲料广角 . 2003，(20) .

[8] 陈月华，李桂军 . 蛋鸡业阳光总在风雨后 [J]. 北方牧业 . 2004，(08).

[9] 王翠梅，孙义东 . 如何用科学的发展观武装我国的蛋鸡业 [J]. 中国禽业导刊 . 2005，(02) .

[10] 赵来兵 . 我国蛋鸡业进入全面升级时代 [J]. 中国禽业导刊 . 2005，(10) .

[11] 康立 . 种猪业将迎来黄金时代——北京华都种猪研讨会 [J]. 中国

畜禽种业 . 2005，(12) .

[12] 农业部：韩长赋到北京华都公司进行调研 [J]. 中国畜禽种业 . 2013，(06) .

[13] 李同斌，黄裕亮 . 北京华都打造畜牧业“航空母舰”——访北京华都集团有限责任公司董事长赵黎明 [J]. 中国牧业通讯 . 2001，(01) .

[14] 孙希民 . 中国肉鸡产业化一条龙企业的现状与发展 [J]. 中国禽业导刊 . 2002，(22) .

[15] 宫桂芬 .2008 年我国蛋鸡行业未来发展的措施和建议 [J]. 北方牧业 . 2008，(02) .

[16] 宫桂芬 .2007 年我国蛋鸡行业发展的特点与问题 [J]. 北方牧业 . 2008，(02).

[17] 吕广宙 . 我国蛋鸡产业结构存在的问题及对策 (上)[J]. 家禽科学 . 2005，(10) .

[18] 黄炎坤 . 我国蛋鸡业存在的问题与解决措施 [J]. 家禽科学 . 2005，(12) .

[19] 韩伟 . 中国蛋鸡业的现状与建议 [J]. 家禽科学 . 2005，(03).

[20] 刘小静 . 鸡蛋销售包装的结构设计方案 [J]. 包装工程 . 2004，(04) .

[21] 任建存，张周，周娟 . 养殖小区发展中存在的问题与对策 [J]. 黄牛杂志 . 2004，(06) .

[22] 孙皓 . 中国蛋种鸡企业快速发展的必要条件 [J]. 中国家禽 . 2003，(10) .

[23] 王高 . 蛋鸡企业路在何方 [J]. 农村养殖技术 . 2003，(01).

第六章　瑞生科技：传世芬芳，神农华章

摘要：近10年来我国饲料添加剂行业发展势头强劲，目前从数量上来看已基本满足我国饲料工业的发展需求,而生产工艺与生产技术也已经打破了国外企业的垄断，整个产业极大地提升了我国饲料行业的整体水平。瑞生是广东的一家从事研发、生产、销售饲料调味剂的科技型企业，企业秉承三十余年香精香料生产的先进经验，通过简约高效的管理和现代化的营销手段，在饲料添加剂领域后来居上，为我国饲料添加剂行业树立起了民族品牌的标杆。

关键字：瑞生；饲料；调味剂

一、引言

我国的饲料工业起步于20世纪70年代末，饲料添加剂产业的发展一直伴随着饲料工业的发展而发展，是相辅相成、互相支撑的。饲料添加剂是配合饲料的核心，它的种类繁多、成分复杂、功能广泛，因此是饲料产业当中最活跃、技术含量最高、最引人关注的领域。饲料调味剂是饲料添加剂的一个重要分支，是发展饲料产品的一个重要基础。在饲料的香味剂领域，我国一直较国外有着很大的差距，但是经过我国企业的不断探索创新，现在的民族企业已经打破了当年的外资品牌垄断历史，既降低了饲料企业香味剂使用成本，也提高了饲料调味剂的作用效果。当前，添加剂产业的发展面临着许多新的挑战：品种的多样化、养殖模式与环境的多样化、

消费者对畜产品需求的多样化，对添加剂产业的发展提出了许多新的要求，同时，近年来国家对饲料添加剂的管理更加严格、规范，门槛提高，而国际化企业的技术壁垒逐渐被打破，这些新的环境对我国的饲料添加剂行业提出了新的要求。

二、文献回顾

在20世纪70年代，随着我国饲料工业发展，我国饲料添加剂工业也获得了快速发展，目前我国已基本形成氨基酸、维生素、酶制剂、矿物质微量元素、调味剂、防霉剂等较为完整的现代饲料添加剂生产体系，成为重要的精细化工领域之一（梁诚，2007）。目前，饲料添加剂产业的发展面临着诸多问题，包括政策问题和技术问题。在政策层面上，第一是违禁添加物在饲料中的使用问题，这已经引起社会的广泛关注，管理部门也一再加大执法检查和处罚力度。第二是饲料添加剂的超量、超范围、超时限使用问题（江青艳，2013）。中草药饲料添加剂也随之快速发展，近几年，国内单一植物提取物或配伍后进行有效成分提取加工制成饲料添加剂的研究报道较多，与原始的散剂比较有了较大的提高，生产工艺、设备、质量稳定性方面都有了很大进步，虽然处于起步阶段，但发展空间非常广阔。国外对于中草药的研究很少，但在化学合成药与抗生素等弊端突出的今天，也寄希望于天然药物。目前，国外对天然植物的研究很深入，且科技手段先进，并纷纷立法，或制定标准承认天然药物的可行性和合法性（王莹，万伶俐，2009）。在食品安全法出台的基础上，我国急需加强新型添加剂安全性评估工作。对新型添加剂存在的生物性、化学性和物理性等物质可能对人体健康产生的不良作用需要进行科学评估。安全性评估明确了要从源头上杜绝问题的发生。例如三鹿奶粉事件，所以要对养殖业中常用的生长调节剂、兽药、饲料和饲料添加剂等进行安全评估（钱勇，2009）。

三、瑞心务实，沉稳睿智胸怀天下

早在20世纪80年代，林氏家族就开始从事食用香精的研发、生产和销售，20世纪90年代初，林氏企业又着手于开发烟草香精，在这个阶段，企业迅速发展壮大，而饲料调味剂行业在我国起步较晚，最早由外资企业引进并一直掌控市场，所以我国的饲料调味剂行业一直就由他们主导，很难打开新的局面。然而就在2006年，林氏家族的青年才俊林宜生，在参加中央党校广东青商培训班的学习时，通过与农业领域的知名企业的董事长交流，了解到饲料调味剂领域发展空间较大。当时的林氏企业已经在食用香精香料的研发上非常成熟。面对这种情况，心思缜密又心怀国家的林宜生想到了开辟我们自己的饲料调味剂产业，基于这种想法，他组织创建了专业生产饲料香味剂的公司，冠名为省级公司，这就是瑞生的前身。准确来说，2007年是林宜生与饲料香味剂结缘的一年，也是在这一年，瑞生公司作为饲料香味剂行业的一颗新星正式进入到这个市场。

林宜生，广东茂名人，无党派爱国人士，中华全国青年联合会委员、广东省青年联合会常委、广东省青年商会常务副会长、广东省青年科学家协会常务副会长、广州市第十二届人大代表，曾在中山大学房地产经济专业、中央党校粤商精英研修班学习。1995年以来，从事食品香精香料领域工作，曾任销售员、技术员、生产经理、销售经理、技术总监，现任广东生生集团总裁，广东瑞生科技有限公司董事长。瑞生的核心团队包括管理层，科技研发部门，人不在多，贵在各司其职，人少高效，精明强干。瑞生的团队还在不断壮大，处于成长期。目前，瑞生主要生产饲料香味剂、甜味剂、酸化剂等功能性饲料添加剂产品。应该说，瑞生的产品在广东市场已经被一线饲料企业认可，销量持续增长，知名度不断提升，取得的成绩令人感到欣慰。强大的科技开发实力，现代化的管理机制、求实敬业的营销队伍，为公司“做大做强”奠定了良好的发展态势。瑞生作为“后来者”，进入饲料添加剂行业时间确实不长，但曾经多年在从事相关产业的经历中也积累了丰富的经验和技术，拥有成熟的核心研发团队，这个是保证瑞生能在饲料香味剂这一行业中开辟自己的道路并一直稳步向前的最好的资源。也就是说，瑞生是以林宜生不计成本的投入为基础，先进的科学技术作保障，来生产出我们“土生土长的”饲料调味剂。

几年过去了，瑞生凭借在食用香精香料领域聚集的强大研发实力和品质保障能力，坚持以引领中国饲料调味剂的技术创新为己任，进行了大量的研究和开发。林宜生不无自信地说：“瑞生产品在国内尤其是广东市场已经被饲料行业广泛认同，销量持续增长，知名度不断提升，发展势头稳猛。”这么多年以来，瑞生一直都在“香精香料”这个领域默默耕耘。“传世芬芳”既诠释了瑞生人的专注与执着，也说明了他的资历。另外，要想在强者林立的添加剂行业中胜出，只有坚持不懈地走品牌路线，提升产品质量。大浪淘沙，不进则退，所以，无论什么时候，瑞生人都长久的拥有一种追求高品质产品的激情，努力创造条件走在行业的前沿。

目前，原料价格大幅上涨，饲料企业都在不断调整配方，这给瑞生研发生产产品提供了一个开拓市场的大好时机。现在瑞生公司已经在加强与高等院校合作，开发调味剂诱食作用之外的其他功效产品，如帮助吸收、调节肠道等作用的产品。

但是，瑞生也面临着一些棘手的问题：一是研发成本过高。调味剂的部分原料提取工序复杂，耗材费用大。个别原料要数万元一公斤，研发时需要用不同的原料做比对试验，所需用量并不大，但这些原料没法分装出售，我们只能整装购买，占用和浪费了很多资源。二是现饲料行业对产品品质和成本控制要求非常严格，所以研发要突出产品的性价比。

林宜生认为“在饲料调味剂行业，我们当务之急要做的，就是要真正地弄明白如何才能把我们的产品和服务做得更好，如何打响品牌，做到以后，我们才不怕与外资企业去展开真刀真枪的竞争。”

（一）创新的营销团队

瑞生高度重视营销工作，对产品研发、采购生产、技术服务等一切工作的开展都以营销为导向，所有员工的薪酬也都不同程度与公司营销挂钩。瑞生不断摸索行情变化的趋势，对公司的营销管理进行了大胆的创新和改进。因此，在严峻形势下，瑞生仍然取得了业绩翻倍增长的成效。

为了强化企业营销管理，瑞生团队制定了明确的部门划分和严格的绩效考核制度。对销售团队，销售部按业务对象和业务层次进行了层级划分，共分为客户服务经理和区域经理两个层级。各层级之间分工协作，相互监督，实现协作和互补。为了留住人才，淘汰掉不合格者，瑞生设计了奖罚分明，可上可下的激励制度。为每个营销人员设立销售目标进行分段提成，目标达成越高，提成奖金越高。每个大区经理都配有笔记本电脑和汽车，承担更重的任务，同时也享受更多的薪酬。销售业绩突出的业务员都有机会成为大区经理。这一制度不仅激励了营销人员的斗志，同时也加大了营销队伍的梯度，为营销人才的晋升提供了更大的空间。另一方面，公司也规定营销人员在连续三个月基本任务达成率在 70% 以下或连续两个季度均未完成基本任务时，视为自动离职。营销大区域经理在连续两个季度未达成基本目标任务，即被淘汰。严格的管理才能够培养出战斗力强的团队。为了加强对业务员营销过程的指导和帮助，瑞生进行了管理创新，要求每周必须以周报形式向公司汇报自己的工作进展情况。公司对营销人员及时给予支持与配合，促使订单的签订。

瑞生人是将公司资源转化为销售利润的载体，公司围绕着销售进行人员配备，培养适应瑞生文化的骨干力量，壮大瑞生的团队。公司采取全员投入，共同收益的鼓励制度，公司让利和市场抽成的方法，让参与市场开发的同事都有分成。通过交流、沟通、培训和学习，提升瑞生公司员工整体素质。随着公司市场活动和拉练的开展，使内部员工由陌生变为熟悉，进而成为亲密无隙的战友。局部市场销售小团队的组建，使销售人员与主管之间在生活上彼此照应，工作中相互协作，配合默契，利用小团队的优势，有针对性的扶植新老客户，不断为公司开疆拓土。

（二）过硬的技术团队

随着公司与客户的互动活动日益增多，公司专门成立了以技术部为首的全方位技术服务团队、技术研发团队、瑞生采食调控研究院，根据不同的客户需求，为客户提供不同的服务内容。公司定期邀请国内外著名动物营养学家到公司对公司技术人员和营销人员进行专业和行业方面的培训。此外，为了提高技术服务人员的业务知识水平，公司从不同角度给技术服务人员创造学习和成长机会。每逢行业内大型的行业学术会，都会有瑞生公司技术服务人员的影子。公司先进的 GMP 生产设备、净化的液态和固态生产车间、香精研究室、分析实验室、应用实验室为产品品质提供了有力的物质基础。而与高校、科研院所联合建立的产学研团队，也为产品研发和新技术应用提供了强大的智力保障。

公司使用如 GC/MS 和 SPME 等完备的分析和测试设备，使原材料和产品都处于严格的监控之下，确保了最终产品的优良品质。以技术团队客户服务团队体系为支撑，瑞生向每一位客户提供调味剂个性化解决方案和专业技术服务。

为了保证公司生产的饲料调味剂产品在生产中的应用效果，并指导客户正确使用产品。瑞生公司每推出一个新产品首先要做的是应用试验，即在实验室考察其香味剂指标的稳定性、耐高温与否及应用的饲料类型等。瑞生以调香实践和强大的研发能力为基础，以先进的分析检测设备、工艺设计和全球采购系统为依托，在调味剂产品方面，能为客户提供个性化选择和一对一服务。另外，对于香味剂，瑞生主要评估两方面的性状：营销性状的评估和生产性状的评估。营销性状评估主要是围绕着香味剂稳定性、愉悦度、掩盖能力等进行。生产性状主要是指饲料中添加香味剂后的诱食性的评估。其中，稳定性评估主要是对香精开发过程中 1~6 个月的头香、本香、尾香存留时间的评估，以及应用香味剂实验室的评估方法。而诱食性的评估是指采用瑞生 / 科研院所 / 饲料企业（养殖场）结合的动物试验方式。一般情况下，诱食性的信息来源与市场交流和文献报道，获得了具体信息后，瑞生尝试开发同类型的产品，再进行相互比较，以最终获得鉴定。诱食性开发的另一方式是长期探讨的整体调味剂的概念，在动物偏好香型（长期市场检验）基础上＋味觉物质（酸、甜、苦、咸、鲜、脂肪成分）以及某些香精原料的增加进行尝试验证。

为了保证实验效果，公司不仅有自己的实验场，同时还和华南农业大学动物科学学院合作反复做相关试验，在推出产品前保障产品的质量与实用性。通过应用试验的论证，公司推出的每一款产品都有其相应的试验数据库，客户可一目了然地根据其要求进行选择和使用，有力的实验数据也增加了客户使用大地产品的信心。

（三）有序的考核团队

有效的绩效管理，离不开有效的沟通。沟通才能发现问题，才能解决问题。员工作为考核的主体，在绩效指标的制定、绩效（目标）达成、绩效评估、绩效改善等各环节上，员工全过程参与，并充分发表意见。这样制定出来的指标，即可量化，可实现，同时是大家认同的，员工对考核的结果心服口服，毫无怨言。

对于每个月的考评结果，各个部门主管与员工面对面交流和点评。为了能更好地实施绩效管理，鼓励员工团结合作，公司还进行各部门（团队）整体绩效的考评，充分整合团队资源，取长补短，通过提高个人和团队绩效，最终达到公司整体绩效的提升。

瑞生公司还通过每周一的例会建立了良好的沟通渠道。瑞生充分尊重每一位员工的建议和意见，为此还特设办公室基金，用于丰富员工业余生活，奖励员工合理化建议、节约增效奖、特殊贡献奖等，以激励全体员工积极参与到公司的经营管理中来。

四、专业高效，三十年风雨铸辉煌

（一）结构与关键点

1. 技术研发

公司融合了瑞生人近30余年的食品香精香料从业经验，经营范围包括功能性饲料添加剂系列产品（香味剂、甜味剂、酸化剂、瑞生宝等）和食品香精香料。公司已经获得了ISO9001：2008、食品香精、饲料添加剂进出口等认证证书和经营许可。瑞生人以精湛的调香、调味技术为核心，配套使用世界顶尖的分析仪器以及现代化的自动定量恒温生产线，与国内外著名专业院校及动物营养顶级专家共同研究，并通过自有猪场获得大量验证数据，充分保证产品在畜牧业实际生产中发挥“安全、稳定、高效”的作用。

瑞生的专业化管理，自动化设备，充分保证了产品的稳定与优质，先进的研发与品控设备能够快速而准确地完成各项操作。在选料方面，瑞生采用全球化专业化的调配，满足动物多样化采食喜好。

在研发投入方面，具体引用了以下几种先进设备：

（1）瑞士万通702 SET/MET自动电位滴定仪主要用来进行常规滴定分析和卡尔菲休水分测定。其TIP程序可串联多达30个滴定步骤，编程设置后，可自动进行复杂滴定，终点时自动报警，并可打印出测试报告结果，易于操作。

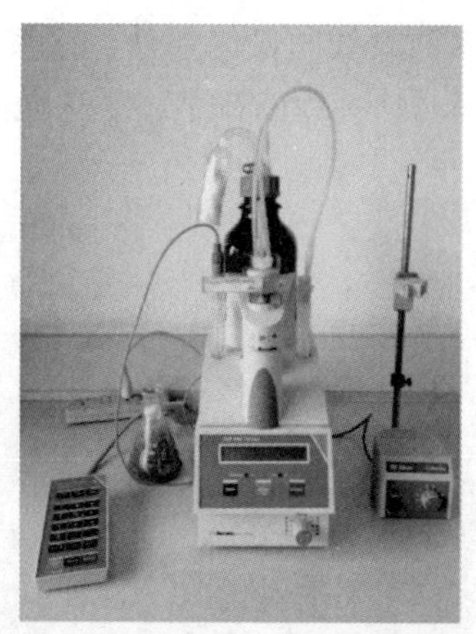

（2）DMA4500 密度 / 比重仪采用 U 型管振荡原理，通过测量香精香料的共振频率测定其密度值。其使用过程为：用一次性注射器取样约为注射器的一半的样品，注意观察注射器内的样品是否存在很大的气泡，将针管内的气泡排出，把香精样品注入密计的 U 型管中，观察 U 型管内有没有气泡产生，如有气泡，则需快速重新注入香精样品。约 30 秒后便能稳定测出样品的密度数据，每小时可测量 10~30 个样品。

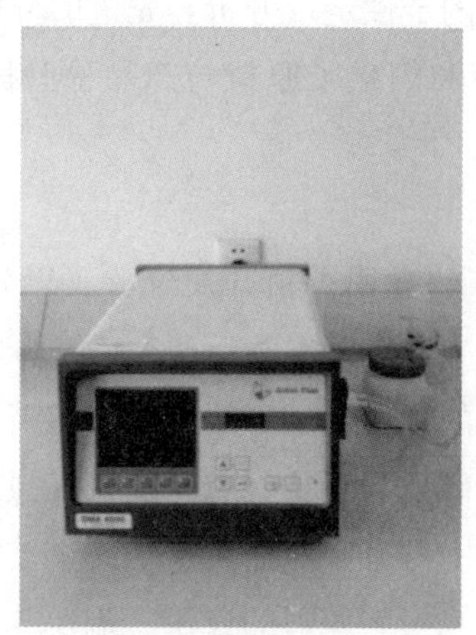

（3）气相色谱—质谱联用仪集色谱的高效分离能力和质谱的出色定性能力于一体，能胜任对复杂样品的定性定量分析，作为衡量有机分析实验的常规手段得到广泛应用。而香精的易挥发和成分复杂使气质联用仪成为对其有效成分含量的分析不可或缺的有力助手。我司使用的气质联用仪除了具有良好的MS分辨率和最低质量偏差外，该系统还具有超强的灵敏度和图谱的完整性。先进的分析程序简化了检验操作的数据分析。

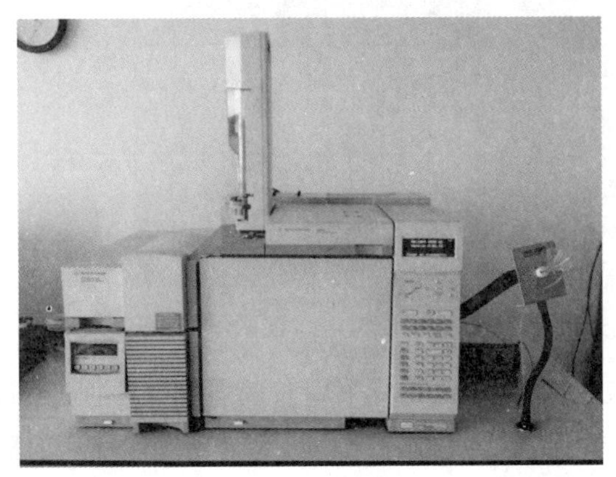

2. 研发体系

气质联用仪GC-MS在研发和品控中的使用

GC-MS除了具有先进齐全的各类配件、良好的MS分辨率、最低质量偏差和超强的灵敏度外，还具有专业完整的香精香料和行业原料数据库。能胜任对复杂样品的定性定量分析。先进的分析程序不但提高了产品的研发效率，而且保障和简化了原料与产品检验操作的数据分析的准确性。

3. 工艺制作

公司拥有三十余年的食用香精开发经验，以先进的GMP生产设备、净化的液态和固态香精生产车间、香精研究室、分析检验室、应用实验室为产品品质提供了有力的物质基础。瑞生同时与高校、科研院所联合建立的产学研团队，为产品研发和新技术应用提供了强大的智力保障。公司位于广州的实验室，除了支持日常产品生产中质量监控体系，更多的工作是致力于进行产品的优化和对新原料的评价。瑞生专业的研究资源可不断开发出适应市场的创新产品，并且在需要的时候为客户提供个性化选择和一对一服务。

工艺细节特点：

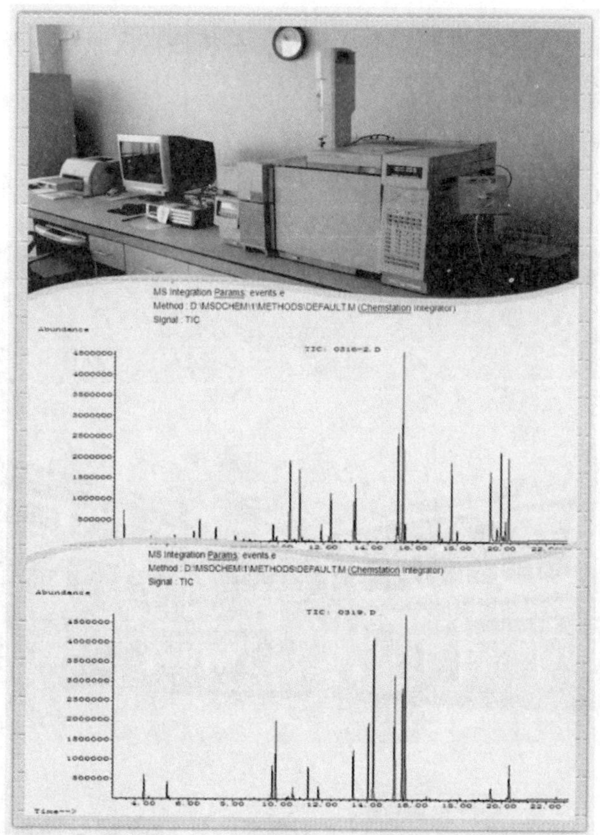

气质联用仪 GC-MS 分析产品案例

案例一：

公司收到一位客户提供的样品，要求定制产品。样品的来源和抽取方法，以及样品在送达前的保管方式由客户实施，并且由客户自行负责。收到样品后，公司根据中国国家标准和公司企业标准规定的程序对样品进行了分析。

通过对样品进行平行重复分析。结果显示，客户提供的样品除了含有常规的香精香料原料外，还含有不允许直接添加在食品中的原料——塑化剂（邻苯二甲酸酯类物质）。

案例二：

每批新购入的原料都必须取样抽检，分析该批次原料是否与标准样一致，是否含有违禁添加物。

车间布局与安全卫生：

先进的GMP生产设备、净化的液态和固态香精香料生产车间

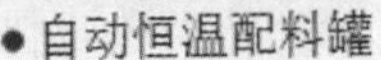

● 自动恒温配料罐

● 真空浓缩罐

CIP 清洗系统：

CIP 清洗系统俗称就地清洗系统，被广泛地用于机械化程度较高的食品饮料生产企业中。它能保证一定的清洗效果，提高产品的安全性；节约操作时间，提高效率；节约劳动力，保障操作安全；节约水、蒸汽等能源，减少洗涤剂用量；生产设备可实现大型化，自动化水平高；延长生产设备的使用寿命。

质量控制：

企业要在激烈的市场竞争中生存和发展，仅靠方向性的战略性选择是不够的。残酷的现实告诉我们，任何企业间的竞争都离不开“产品质量”的竞争，没有过硬的产品质量，企业终将在市场经济的浪潮中消失。

瑞生公司视产品质量为企业的生命，建立了完善的质量保证体系，通过先进的仪器设备和第三方检验机构，从原材料、半成品、到产品出厂的全过程进行质量跟踪控制。完善的质量管理体系和先进的检测手段为用户提供优质产品提供可靠保证。

（二）产品

1. 饲料调味剂（香味剂、甜味剂、酸化剂）

（1）香味剂是起到产生特定香味或感觉作用的物质，香味剂赋予了饲料良好的风味，诱导动物采食，提高采食量，扩大非常规原料的使用，对提高商业产品标识、扩大市场销售量等均起到很好的作用。

（2）甜味剂是指赋予食品或饲料甜味的添加剂。目前世界上使用的甜味剂很多，按其来源可划分为天然甜味剂和人工合成甜味剂；按营养价值可分为营养性甜味剂和非营养性甜味剂；按其甜度可分为低甜度甜味剂和高甜度甜味剂。饲料甜味剂往往是由不同甜味原料成分复配而成。

（3）酸化剂作为一种可降低饲料在消化道中的 pH 值，为动物提供最适消化道环境的新型添加剂，已在国内外得到广泛应用。酸化剂被广泛应用于家禽、仔猪、肉牛、奶牛、羊等动物的饲料中。饲料酸化剂有单一型或复合型，另又有液体型和固体型之分。现多以有机酸和无机酸配合使用为主，因两者结合使用可达到互补协同效应，克服单一酸化剂的不足与缺陷，可增强使用效果，降低使用与饲养成本，提高养殖经济效应。

2. 原料的选择

（1）香味剂的原料选择。

严格按照国家关于食品用香精香料的相关批文，严格把关，选用品质好的香精香料材料。

（2）饲料甜味剂原料的选择。

根据动物的采食特点和不同生长阶段选择动物喜好的甜味物质。

各种甜味物质合理地配合使用，让产品甜感更明显和舒适。

（3）饲料酸化剂原料的选择。

根据动物的生理消化特点，充分分析各种酸原材料的理化性质，复配出最适合的酸化剂产品。

3. 产品的优势

安全

企业安全科学地饲养猪，保证消费者饮食安全，吃放心肉。

稳定

公司具有三十年食用香精开发的经验，并结合对动物生命的探索、先进的设备、严格的管理，使得产品更加稳定。

高效

公司致力铸就优质产品，通过高效生产能力，给客户带来更多的价值，瑞生通过自身不断努力，不断完善产品优势。

4. 产品的实验数据

半成品检验报告书

编号：RS20120926-1

生产企业名称：广东瑞生科技有限公司					
产品名称代号	0328	产品类型	饲料香精		
		包装	100kg	规格	20kg/桶
生产日期	2013年03月16日		储存期限	1年	
生产批号	SS12052501		保质期	1年	
检验项目	测试方法	检验标准	检验结果	单项判定	
外观	-- -- -- --	符合标准样品	符合	合格	
香气质量	YC/T145.6-2003	符合标准样品	符合	合格	
香味质量	YC/T145.8-2003	符合标准样品	符合	合格	
澄清度（25℃）	YC/T145.5-2003	符合标准样品	符合	合格	
溶混度（25℃）	YC/T145.4-2003	符合标准样品	符合	合格	
折光指数（20℃）	YC/T145.3-2003	1.3820±0.004	1.3820	合格	
相对密度（20℃）	YC/T145.2-2003	0.8895±0.007	0.8898	合格	
酸值	YC/T145.1-2003	2.0±2.0	1.097	合格	
挥发性成分总量（%）	YC/T145.9-2003	95.0±3.0	95.8	合格	
铅含量（mg/kg）	GB/T8449	≤5	<5	合格	
砷含量（mg/kg）	GB/T8450	≤1	<1	合格	
有关安全性成分	未检出香豆素（XDS）和黄樟素（HZS）两种禁用成分				
综合判定	合格				
检验情况说明					
备注					
抽样人：王伟冲	检验员：黎燕华	复核：张祺满	盖章：		

检验报告书

编号：RS20130524-1

产品名称	强乳香0318	批量	1000kg	
批号	RS201305010	抽样日期	2013年5月24日	
抽样量	250g	检验日期	2013年5月24日	
依据标准	Q/RS11-2012	报告日期	2013年5月24日	
检验项目/单位	标准值	判定值	检测值	单项结论
外观	粉末状，无结块，无霉变	粉末状，无结块，无霉变	粉末状，无结块，无霉变	符合标准
颜色	白色—浅红	白色—浅红	浅红	符合标准
气味	与标准品相符合	与标准品相符合	与标准品相符合	符合标准
水分（%）	≤10		7.0	符合标准
倾斜密度（g/L）	750–950		840	符合标准
灰分（%）	75–95		87.7	符合标准
结论：	本产品检验合格			
抽样人：江日天	检验员：黄诗敏	复核：张祺满	盖章：	

五、大道至简，传承百年粤商精髓

广东瑞生科技有限公司的企业文化是粤商文化的代表。追踪粤商文化，其历史渊源深远，商业氛围浓厚。粤商与徽商、晋商、浙商、苏商一道，在历史上被合称为“五大商帮”。广义上的粤商包括潮州帮（潮商），广州帮，客家帮，其中潮商与徽商、晋商，是中国历史“三大商帮”。狭义的粤商指广州帮。粤商由于特殊的地理位置，毗邻东南亚、中国香港地区、中国台湾地区，国外的先进技术和设备最早由广东进入，然后辐射全国。敏感、勤劳、刻苦、务实、低调，这些都可以在粤商身上体现。粤商在近现代来讲，都起到了一个引导潮流的作用。

粤商文化由客家文化、潮汕文化和广府文化三大板块构成。历史上做生意最厉害的是广府人，广府的代表是18世纪的广州十三行。近代是潮汕人。潮汕靠海，有很强的风险、忧患意识与拼搏精神。近现代起，客家商人开始涌现，他们勤劳务实，进取心强，注重企业文化和品牌建设。其实，远在秦汉岭南文化萌发之时，粤人就形成了“重商”文化，如汉朝初期的高新技术产业是铁制品，然而岭南地区没有铁，必须靠商人从中原贩铁来供应；从宋代到明清，不同时期的商业文化对广东的影响都十分深刻。到了近现代，广东人更是进一步将岭南人重商求利的文化发扬光大。长期的海内外贸易，使粤商在接受传统文化的同时，亦受到西方商业思想的启蒙。近现代“香山（泛指珠海、中山、澳门等地）人”创办了现代中国百货业的先驱——先施公司、永安公司、新新公司、大新公司，就是在传统商业文化的基础上容纳吸收了西方商业文明的结果。

中国的文化特征是“以和为贵”，对内讲“和气生财”，对外讲“和平友好”，这是众所周知的儒家文化传统。中国传统商业文化是“合和”文化，即由集合、汇合、混合、结合、合作到和谐、和睦、和顺、和悦、和平共处的文化。中国儒学文化中的和谐精神与西方文化中竞争、开拓精神结合起来，成为一种重要的文化特质，对粤商精神起了重大的影响。因此可以说，粤商文化从属于儒商文化范畴，儒商文化囊括粤商文化，两者一脉相承。粤商文化融合海内外的商文化精髓并具有鲜明独特的南粤地域特色；从母体内在实质上，是传承弘扬并兼具了儒商文化的许多优良特质，特别是和谐精神。当代香港巨富李嘉诚（潮州籍）、霍英东（祖籍广东番禺）、曾宪梓（梅州籍）就因此受益，成为创业成功的粤商典型。

粤商文化发展几千年，包含的内容非常丰富，其中在经商处世的过程中形成的自身独具特色的和谐精神，主要体现在四个层面：在决策上精于筹划、善于变通；在经营上务实沉着、追求实效；在行动上敢为人先、反应敏捷、擅长模仿；为人处事上通达融和、爽快重义。“务实通达”“开放兼容”“和气生财”等词语，成为粤商精神最好的描述，也成为对中国商人智慧的概括。

广东瑞生科技有限公司秉承粤商文化，“忠心、专业，务实，高效”是公司文化的精髓。千年以来中华民族受儒家文化影响历来重视忠心，企业的发展同样也离不开忠心，随着社会的发展，不少人的道德思想观念淡薄，不懂得感恩自己的父母，进而到了社会上不会尊重别人，对自己的单位、自己的工作不能够忠诚对待，在利益面前把自己永远放在企业之前。我们很多人忘记了先人的教诲，忘记了作为人最基本的道德操守。《大学》上说，德者本也，财者末也。一个企业，只有遵循中华优秀传统道德伦理，才能实现健康发展，只有传承传统文化与企业精神，才能实现基业长青。因此，一个优秀的员工最不可缺乏的就是孝心和忠心，一个孝敬父母的人，一定会懂得努力工作，一定会遵循伦理道德，这种孝心才能转化成对企业的忠心。“不孝之人不取，不忠之才不用。”瑞生科技有限公司认识到只有德才兼备的人才，才能真正成为企业的栋梁之材。因此，每一个企业人来说，忠心在任何时候都不会过时，只有当我们谨记先人的教诲，孝敬自己的父母，忠于自己的国家、自己的企业，我们的人生价值才会得到体现，我们的生活才会变得更美好，我们的社会才会变得更安定。专业化其特征是以产品为对象，一个企业只生产、装配品种相同或工艺相近的少数几种产品。公司以生产香料为专业，打造核心竞争力，专业化是工业的先进组织形式，它具有较好的经济效果。生产专业化集中同类产品，组织大批量生产，能采用先进的专用设备和工艺，工人、工程技术人员和管理人员各有专长，有利于提高劳动生产率和管理水平，有利于更快地发展新产品，提高质量和降低成本。务实就是讲究实际、实事求是。这是中国农耕文化较早形成的一种民族精神。孔子不谈“怪、力、乱、神”，就已把目光聚焦在社会生活上。王符的《潜夫论》说：“大人不华，君子务实。”王守仁的《传习录》说：“名与实对，务实之心重一分，则务名之心轻一分。”这些思想，就是中国文化注重现实、崇尚实干精神的体现。它排斥虚妄，拒绝空想，鄙视华而不实，追求充实而有活力的人生，创造了中国古代社会灿烂的文明，务实精神作为传统美德，仍在我们当代生活中熠熠生辉。高效指在相同或更短的时间里完成比其他人更多的任务，而且质量与其他人一样或者更好，瑞生科技有限公司以高效的工作质量，打造王牌香料帝国。

公司的核心价值观本着“以人为本，共谋发展”的经营理念，“服务顾客”的价值规范，倡导以绩效为导向的专业、协作和高效的企业精神，建立“共建共享”的价值分配准则。瑞生人以“爱岗、高效、阳光、奋进”为自我要求，爱岗即认真对待自己的岗位，全心全意忠于自己的职责和岗位，无论在任何时候，都尊重自己的岗位职责，对自己岗位勤奋有加。干一行爱一行专一行，高标准、严要求，做好自己的分内事；高效即高效率，对于公司布置的任务，没有借口，坚决完成。在规章制度面前，不搞变通，不打折扣，说到做到，做就做好，高效能、高效率、高效益；树立积极乐观和宽容豁达的良好思想，目标明确，积极向上，乐观自信，相互学习，团结思想，宽容大度，共处和谐；常怀忧患意识、危机意识，以只争朝夕、时不我待的紧迫感和责任感，以愚公移山的坚定信念，创业不息，奋斗不止，积极奋进。

公司使用办公自动化系统 OA 系统，可以实现在随时办公，系统建立有内部通讯平台、日常工作流转和事务处理均可以自动化。

此外公司为了规范销售人员的管理，引导提升销售人员的业务水平，坚持合情合理、实事求是的原则，公司建立微信销售群与大家互动；公司的业务人员根据工作部署进行客户拜访，每天定时将拜访信息发到群里。企业通过拜访的形式进行反馈，业务拜访中出现的问题及市场信息在微信群及时反馈；公司进行定期点评和指导，主管部门根据业务人员反馈的信息及时点评和指导。

广东瑞生科技有限公司本着“客户优先、共创效益”的宗旨，致力打造品牌价值和提供完善的服务，勇于承担起“引领饲料添加剂行业”的企业责任和“关注动物健康，致力饲料安全美味”的社会责任，努力将企业的成长与饲料、畜禽养殖产业链安全快速发展同步。强大的科技开发实力，现代化的管理机制、求实敬业的营销队伍，为公司“做大做强”奠定了良好的发展态势。

六、声名远扬，勇于担当合作共赢

瑞生公司在畜牧饲料添加剂行业已经占领了一席之地，并且不断向前迈进，与此同时，公司知名度也在不断提高，在国内外相关市场可谓声名远扬。瑞生在今天所获得的成就与其本身的价值主张和责任担当是分不开的。瑞生的企业价值观与社会责任意识也是每一个企业都需要学习的。

（一）打造瑞生的调味剂世界

关于做调味剂的初衷，笔者采访了瑞生董事长林宜生。林董回忆：家族从 20 世纪 80 年代就开始从事食用香精香料的研发、生产和销售，20 世纪 90 年代初，又开始着手烟草香精，这也是家族企业发展最快的时候。那时距今已有 30 年余年。在 2006 年，一个偶然的机会，林董了解到饲料调味剂领域发展空间还很大，并且行业中国际品牌占主导，对于畜牧行业来说，调味剂在饲料中能否真正起作用是其未来立足于饲料添加剂行业的关键。当时，瑞生在食用香精香料的研发上已经非常成熟，林董不甘心国内添加剂行业被外资独占，便暗下决心，“为什么这么大的市场只有外资企业主导？我们也可从中分杯羹！”基于这种想法，林董创建了专业生产饲料调味剂的公司，并冠名为省级公司，这就是瑞生的前身。

（二）瑞生责任担当，价值服务社会

瑞生在创立之初就确定了公司的发展定位“给您带来了效益，瑞生才有效益！”。首先就是要保证产品有效果，既然是饲料添加剂，那么在诱食、气味掩盖方面一定要做到最好，能给动物闻也能给人闻，效果要看得见。其次，要坚持走品牌路线，确保产品质量。瑞生人作为“后来者”，进入饲料添加剂行业时间确实不长，但从多年的香精香料产业中已积累了丰富的经验和技术，拥有成熟的核心研发团队，瑞生凭借雄厚的技术为基础，生产“安全、稳定、高效”的一流产品。这是一种自信，也是一种责任。

1. 获得客户的认同，完善服务

所谓合作，一般我们都是指生产者之间的联合，但是在添加剂行业中，合作有了新的概念。因为添加剂行业的客户直指饲料行业，二者既处于同一个产业链的上下游，也都是畜牧行业原料的提供者。瑞生在一直以来都在不断地跑市场，了解需求，提供服务。通过跑市场，瑞生发现国内大部分市场最关心的还是成本，其次才是牲畜采食量，相反，在广东会成熟一些。瑞生针对性地采取措施，认真做好对比试验。也就是说，在提供给企业的之前，瑞生会拿产品过去做好对比试验，看效果，再算成本。通过计算性价比，事实胜于雄辩，瑞生的产品往往都能获得客户的认可。

瑞生的服务可以拿诱食调味技术为例。诱食调味是添加剂行业的一项重要技术，瑞生认识到在此方面的基础研究非常薄弱，并且仅仅靠重视和投入是不够的。为此，瑞生借助了科研所的技术力量，搭建平台，把调味剂产品的研究逐步引向深入，做到说得清楚、讲得明白，真正很好地发挥了产品的功效。

“无论食品还是饲料，好味道都是调出来的。就像人吃的东西一样，少了这个加一点，多了那个减一点，所有的味道都是经过不断调制形成的。比如说猪料，不是每个阶段生长的猪对风味的需求都一样，一段时间比较喜欢奶香或者甜味的，下一阶段就未必了。找到动物喜欢的风味，实际上是一个不断调制的过程，是经验值，当然跟饲料配方也有很大关系”，林宜生在产品开发过程中很有感触，当他第一次看到猪群竞相争食时，他说“这就是我要把瑞生做大做强的动力之一”。

2. 严把产品的安全，贡献社会

饲料行业把对饲料调味剂的要求等同于食品类添加剂，饲料调味剂的生产和使用直接关系到牲畜的生产性能，间接影响到人民群众的饮食健康。作为添加剂企业应该以身作则，严格把好产品质量关，从原料到生产加工等各个环节都应该严格把控。可时至今日，经过仪器分析发现个别饲料调味剂生产企业仍然漠视我国的法律法规，私自生产、经销和使用违禁原料，这些做法很危险，会存在较大的安全隐患，有可能危害到人民群众的健康。

瑞生将安全作为自身首个价值主张，董事长林宜生说，当年投资的时候，他跑遍了欧洲大多数国家，建设的硬件不要说国内了，就算放在全球来说，在调香、品控、精细化工（工艺）等诸多方面，瑞生并不落后，有的关键技术都已经处于领先水平。有如此优良的条件，除了提高企业的核心竞争力之外，瑞生还希望能通过此来保证产品的优质与安全。目前瑞生在添加剂行业已经处于较高的站位，做安全企业模范的责任也就落在了它的身上。

3. 分析国内的企业，升级行业

瑞生通过考察综合行业中其他企业的操作经验，开始找出其不足，综合其长处，发挥自己优势，从单纯的复制，到优化、创新，最终引领需求。国内一些企业品牌意识不强，市场策划不够全面，前期准备工作投入少，服务体系不够健全，这样和外资企业的差距便拉开了。瑞生拿什么去跟别人竞争呢？这是林宜生经常需要思考的问题，其最终答案还是先把产品做好。“这块市场是越来越大的，加上饲料企业对饲料调味剂的认识不断加深，可以肯定‘饲料工业越发展、调味剂使用越深入’——我坚信这一点”。林宜生很喜欢举这个例子：在音响领域，过去我们认识的都是国外的几大品牌。2008年奥运会开幕式，鸟巢的音响用的都是中国品牌，效果出奇地好。接下来整个市场可以说是发生了翻天覆地的变化，国家大型会议的音响，基本都在用中国制造。对于调味剂行业，像酶制剂也是这样，以前几乎全靠国外，现在基本上都是国内提供，成本还降低了很多。

4. 承担社会的责任，奉献爱心

瑞生在饲料调味剂领域不断前行的同时，也不断积极参加各种社会公益活动，用自己的力量去倡导所有人献爱心，做大爱。瑞生公司董事长林宜生先生既是一名企业家，又是一名全国青年联合会委员，他始终牢记“服务人民、奉献社会”的青联宗旨，他认为参与社会公益是一个企业在发展过程当中不可缺失的环节，来源于社会，服务于社会，奉献于社会是我们作为现代社会企业的基本要求。2008年汶川地震发生后，董事长林宜生先生就曾“三进汶川”。地震发生后，林董第一时间亲自送志愿者到灾区，前往映秀小学参观慰问，发现开学在即，很多学生身上穿着单薄，便立即安排并且统计每个学生的尺码，为他们量身定做了一批校服，以保证每个学生都能穿上合适温暖的校服上课；地震后的第二年，他又亲自带领公司的员工十几人一同携带慰问物资前往映秀小学回访慰问；第三年，还参与了省团委重建汶川威州青少年宫活动中心。另外，林宜生董事长参加了省青联组织的广东省“6·30”扶贫救助活动，并担任第二扶贫组的组长。在组织的指引下，他长期带领组员对山区学校、贫困户进行扶贫和救助，与此同时，董事长林宜生还参与广东省青联组织实施的“爱在希望家园”——关爱留守少年儿童活动。不单为广大留守儿童送去电脑、文具、体育用品等一大批爱心用品，还为他们建立了留守儿童活动中心，丰富他们的业余生活。为深入贯彻广东省委书记汪洋关于构建枢纽型社会组织的指示精神，作为“亲青创造—青年社会组织扶贫济困微公益”活动召集人之一，瑞生董事长林宜生先生带队前往梅州化育小学与师生开展慰问及捐赠活动。一直以来董事长林宜生致富不忘国家，爱心回报社会的行为在业界和群众中树立了良好的自身形象，受到业界和群众的拥护和欢迎。

七、居高思远，引领行业再攀巅峰

放眼全球，在调香、品控、精细化工等诸多方面，瑞生的许多关键技术都已经处于领先水平，企业的发展战略已经处于良性发展的开端。现阶段而言，瑞生在饲料行业的发展总体比预期要理想，调味剂产品已经占有相当的市场份额。瑞生的发展前景非常广阔，会在合适的时机做出一些相应的调整，把整个事业做大做强。

在董事长林宜生看来，做企业是一项很难但充满激情的事情。每每应对挑战、克服困难、取得进步时，整个瑞生团队都有一种危机感、幸福感和创造欲。“居高思远，站在高处看未来”是瑞生人的经营哲学。未来是美好的，瑞生人用梦想和智慧为自己的企业描绘了未来的宏伟之路。

（一）立足行业大势，引领未来需求

2015 年，中国经济开始进入放缓前进的“新常态”阶段，资源、环境、体制以及科技等各方面都面临着巨大的变革，我国的饲料行业也在此大背景下向着“新常态”迈进。这样的环境下，只有深刻认识到整个行业的形式，才能谋篇布局，决胜千里。

数据显示，2014 年中国工业饲料总产量 1.87 亿吨，同比 2013 年下降 2.6%，其中全价配合料占工业饲料产量比重为 84.3%，浓缩型饲料产量继续下滑，占整体工业饲料比重降至 11.2%。根据统计局最新统计数据显示，2014 年国内 GDP 增长 7.4%，较 2013 年下滑 0.3 个百分比，中国经济进入“新常态”，经济增速出现放缓，所谓的新常态实际上在经济结构进行优化调整，其中对国内优质的过剩产能调整力度最大，饲料行业就属于过剩产业范围之内，2014 年畜牧、禽类、水产行业在经济增速放缓的影响下，存

量以及市场价格均出现明显的下滑，饲料企业在顶端政策调整以及行业压力的双重打压下，2015 年或将成为饲料行业最重要的转型期。在禽流感、反腐等因素影响，国内肉蛋类消费均出现下滑，据不完全统计，仅猪肉一项国内消费在 2014 年消费就减少了约 30%，可见市场消费下降之快，在此影响之下，国内中小型养殖户开始被市场淘汰，而大型企业则逆向扩大规模，市场转型整合的趋势明显，其中山东与广东两省工业饲料产量居国内头两名，两省的工业饲料产量均在 2000 万吨以上，可见来饲料大型企业区域性、集约性的特点将更加明显。

从全球角度来看，2014 年国际饲料产量要优于中国饲料产量，部分地区更是增长幅度喜人，在奥特奇公司发布的 2015 年度《全球饲料调查》显示，2014 年全球复合饲料总产量接近 9.80 亿吨，与 2013 年的数据相比增长了 2.4%，其中亚太地区大部分国家均实现了增长，印度更是复合增长近 10%，一举超越了西班牙成为世界第五大饲料生产国，非洲地区总产量 345.7 万 (增长 9%)，美洲地区总产量 3.3764 亿吨 (其中拉丁美洲增长 4%)，欧洲地区总产量 2.3154 亿吨 (增长 2%)，所以从全球角度来看，随着经济的发展，人口也必然增长，可见未来世界对农产品需求将呈现出平稳的刚性增长，而作为目前经济规模排名世界第二的中国经济，与全球经济的链接越发紧密，随着市场的发展，国内与国外的市场将推动国内饲料企业发展壮大，可见中国饲料行业后期的发展道路将充满希望。

2015 年，饲料行业也进入了一个新常态的发展形势。后期我国经济发展推进工业化、信息化、城镇化、农业现代化同步发展，着力推动传统产业向中高端迈进，促进大众创业、大众创新，加快转变农业发展方式，从主要追求数量增长和拼资源，拼消耗的粗放经营向数量质量效益并重，注重提高竞争力，注重可持续、集约化发展转变，进一步释放内需动力，促进刚性需求进一步加大和进出口与引进外资的大环境下，对饲料行业发展将提供更加良好的机遇带动。

畜牧饲料面临转型升级前进的同时，“人畜分粮”已成为不争的事实。饲粮供应矛盾推动饲料原料的价格居高不下。为了缓解成本压力，饲料行业积极研究、增加非常规原料的使用。饲料配方结构的调整，带来风味变化，影响了饲料适口性，影响动物采食量。随着规模化和集约化养殖的迅速发展，动物应激增多，体弱的乳猪和小猪的采食量容易受到抑制，残次率随之升高……应对挑战，饲料企业不但要注重提高饲料营养配制技术，也要重视不断加强、深化动物诱食等技术的研究。有需求就有市场。二十多年前，我国饲料调味剂在给饲料加香的基础上开始发展，如今已被证明是提高采食量和稳定饲料适口性的有效方案之一。“调味剂是配方工具”，瑞生团队始终坚持和宣传这一观点。目前，大型企业已经很认可饲料调味剂的功能，但部分养殖户和中小饲料企业仍然对调味剂重视不足。在引导饲料调味剂市场消费上，瑞生任重道远。

传统意义上的养殖已经发生了巨大的改变，工厂化的养殖讲的是质量、效率，为我们自身提供肉产品。牲畜是承载体，即把饲料（营养物）转变为肉产品，那么让牲畜把饲料吃进去是首要问题。调味剂在解决吃的方面起到媒介的作用，和人类食物一样，动物饲料也需要讲求色香味。动物需要的营养物质通过饲料进行提供，而饲料的口感对动物的食用量有着重大的影响。添加饲料调味剂，从生理的角度参与食欲调控，经过条件反射影响消化系统，促进消化液和消化酶的分泌，起到消化动员的作用，提高动物的采食量和消化吸收能力，从而促进畜禽的生长发育，提高动物的生产性能和饲料的利用效率。在诱食调味技术上，瑞生已经打牢了坚实的基础，从广东开始扩张了巨大的市场，今后，瑞生还有很长的路要走，一方面，瑞生靠业界的越来越多的重视和自身的投入，通过与高校生理生化研究室建立应用研究中心，搭建平台，把这方面的研究逐步引向深入，彻底改变未来饲料调味剂行业的发展，提高我国畜牧业的饲喂水平。

（二）严把产品质量，打造高端品牌

自成立之初，瑞生就将打造高端饲料调味剂品牌作为目标。当前的饲料添加剂行业，各种拼价格、拼营销、拼资源背后的实质是同质化竞争。经过多年的市场探索，瑞生人发现“打造高端品牌，就要塑造大品牌与业

内领先地位的形象，赋予品牌高档感、高价值感”。瑞生的企业战略布局立足于瑞生源品牌的打造，在董事长林宜生的带领下，谋篇布局了宏伟的品牌蓝图。

1. 增强全企业的品牌战略意识

董事长林宜生认为，实施品牌战略，是争夺市场份额、求得企业生存和发展的重要手段。作为企业的经营者，坚持带领全体员工不断学习现代商业知识，了解国内和国际商业发展的形势，树立起强烈的品牌开发战略意识，审时度势，以高度的责任心和紧迫感实施和推进本企业的品牌战略。

2. 选准市场定位，确定战略品牌

从本企业的实际出发，利用自身优势，确定精准的定位，才是瑞生致胜的关键。饲料调味剂，这一细分市场便是瑞生成功的关键。瑞生要在饲料调味剂板块做到行业的老大，然后，再利用品牌优势带动发展其他同质化的产品，打造瑞生源大名牌。

3. 重视品牌的文化底蕴

品牌本身不单纯是指它的名字，更重要的是其有着深厚的文化底蕴，品牌的文化传统和价值取向已成为当今研究品牌竞争战略不可缺少的要素。香料有着悠久的历史，它起源于帕米尔高原，中国是其中的主产地之一，香料使用的文化也是在中国最为盛行。瑞生不但要做到产品第一，还要将产品背后蕴含的深深文化底蕴推广向全国。在香精香料领域钻研三十余年的林宜生和他的团队梦想着中国饲料调味剂的崛起。

4. 不断实施品牌创新

品牌创新是提升品牌竞争力和保持企业核心竞争力的重要保障。瑞生企业持续不断地对品牌予以关注，围绕品牌的核心价值观不断创新，不断巩固企业品牌在消费者心目中的形象。瑞生的品牌创新，其本质是一种“认识、了解、熟悉、接纳”的过程，包括了产品、组织、技术、价值、传播、营销、管理、市场等方面内容的创新，是以品牌创造和品牌培育为核心的综合性一体化创新。

5. 重视品牌管理

产品和品牌竞争日趋激烈，众多新品牌不断涌现，瑞生的品牌管理也提上了日程，“用心”是瑞士在品牌管理上最恰当的注脚。不断成长的瑞生，从市场目标、品牌竞争策略、品牌延伸思路等诸方面的设定，到营销战略的制订、流通渠道的开拓、广告制作、媒体服务，乃至出现不利形势时的危机公关，都在不断地策划，精心的调整，聘请专业团队打造最为科学先进的管理体系，使经营行为规范化、标准化、程序化。

（三）放眼国际，民族品牌厚积薄发

当前，饲料调味剂市场绝大多数被外资企业占有，外资企业率先在这个行业有了很深的发展背景，而且其技术、产品以及市场推广都要比本土企业有先发优势。直至今日，外资企业仍然在行业中处于优势地位，而外资企业打入中国市场前，对本土企业进行了深入的市场分析和开拓，所以刚一进入中国市场，他们运用先进的商业模式，利用品牌影响力和强大的市场推广力获得了巨大的市场份额。撼动外资企业的市场地位非朝夕之功，但是，正如瑞生人所想，中国是香精香料的主产国之一，虽然目前我国的饲料添加剂市场上，外资企业在国内的市场份额仍占有绝对优势，但这并不是产品质量上的差距所导致的，而是国内企业的商业模式和营销策划上的不同。林宜生董事长希望将瑞生做成一个可以完全抗衡外企的民族品牌，让我国的香料文化传播世界。

相比同行企业，瑞生具备的是多年来从相关产业中已积累了丰富的经验和技术，拥有成熟的核心研发团队，凭借投资方雄厚的资金实力，瑞生在以后的产品开发中具有更为深厚的功底。瑞生一开始就把优势应用于饲料调味剂的开发，更有实力保障产品的质量，有能力生产出一流产品。

打造民族品牌，首先要把产品做好，好产品是瑞生成长为国际企业的最核心竞争力。饲料调味剂市场在中国还未完全开发出来，加上饲料企业对饲料调香、调味剂的认识不断加深，而且瑞生的推广以及引领战略也正在稳健的布局中，接下来瑞生的饲料调味剂事业以及中国的调味剂市场肯定会更大的开拓。

宏伟的目标并不会影响理智规划的头脑。无论何时，瑞生始终坚持的是将产品和服务做得更好，把品牌打响，力争在国内的竞争和国际市场的较量中开花结果，收获成功的喜悦！

参考文献

[1] 梁诚.饲料添加剂产业现状与发展趋势[J].精细与专用化学品.2007，(13).

[2] 江青艳.饲料添加剂产业发展思考[J].广东饲料,2013,22(1):15-20.

[3] 王莹,万伶俐.绿色饲料添加剂的研究进展及其应用现状[J].现代农业科技,2009(9)241-242,244.

[4] 张华琦,杨正德.安全饲料添加剂研究进展[J].江西饲料.2006，(01).

[5] 赵炳超,石波,李秀波,梁平,刘一峰.我国饲料添加剂的现状与发展趋势[J].饲料与畜牧.2006，(02).

[6] 张维睿,杨桂芹.绿色饲料添加剂——中草药饲料添加剂的研究进展[J].中国禽业导刊.2005，(05).

第七章　蓝海领航，博阳双良

摘要：在企业竞争日益激烈和畜牧饲料产业发展较为艰难的背景下，博阳双良取得了较为突出的成绩，在企业发展中积累了丰富的管理经验，为企业管理研究提供了一个很好的案例样本。所以，本文以博阳双良为例，详细介绍了其管理经验和发展历程，主要突出了其"人治"的作用。首先，本文介绍了博阳双良公司董事长的创业过程，然后详细分析了其管理层的背景，给出了博阳双良的技术和管理特征，从深层次研究了其管理特点和成功的经验，最后回归到人治，总结了博阳双良的人才发展战略。

关键词：企业管理；企业战略；人才战略

一、引言

博阳双良集团是集毛皮动物种源、兽药及饲料研发生产、皮张收购、裘皮加工综合服务于一体的集团化企业。集团下辖四个子公司：沈阳双良饲料有限公司、沈阳博阳饲料有限公司、黑龙江双良饲料有限公司、山东亿泰农牧科技发展有限公司，集团拥有教授 3 名、博士 4 名、硕士 12 名等高素质技术人才。

博阳双良集团在企业发展过程中一直十分注重产品质量和技术创新。始终以质量为根本、服务为保障，与国内外高等科研院所及专家进行广泛的交流合作，并多次赴美国、丹麦、芬兰等毛皮动物养殖技术先进的国家进行考察。春华秋实，博阳双良集团经过辛勤耕耘，先后荣获"辽宁三十强饲料企业”“诚信单位”“金牌销售企业”“领军企业”“2013 中国非公经济创新人物”等殊荣。经过多年的发展，博阳双良集团已经充分得到了顾客认可，集团销售网络不断扩大，产品热销到了辽宁、吉林、黑龙江、内蒙古自治区、河北、山东、山西等地。

博阳双良集团始终以“品质一流、服务至上、创新发展、和谐共赢”为宗旨，凭借高素质的人才，完善的管理，先进的设备，科学的配方，优良的产品，不断向上下游为主的行业拓展，提供有竞争力的产品和服务，永做中国毛皮行业领航人。

二、文献回顾

企业管理是对整个企业的生产经营活动进行计划、组织、指挥、协调和控制等一系列职能活动的总称，包含了企业发展过程的全部内容。麦肯锡公司对国内外众多业绩优秀企业的调研分析认为，竞争力强的企业在内部组织设置和管理杠杆运用等方面都具有卓越的特色，他们的执行力比竞争对手更快、更好。

芮明杰（1999）认为企业的管理模式是指企业固定的资源配置方式，一个能够将企业资源进行优质分配的企业家，将会更好地把企业管理好。钱颜文和孙林岩（2005）进而将要素分为人、财物、技术、信息和知识等资源，通过对他们的分配，来更好地对企业进行管理。

我们也可以认为管理是一个由多种要素组成的体系，管理模式是由各要素的运行方式构成的，最著名的是麦肯锡顾问公司研究中心提出的 7S 模型。Pascale 和 Athos（1981）以及 Peters 和 Waterman(1982) 运用 7S 模型分别对日本和美国的企业管理进行了细致研究。叶国灿（2003，2004）、卢启程（2006）等认为企业管理所研究的要素分为结构要素和支撑要素。郑和平（2003）和叶国灿（2003）认为结构要素为企业文化和经营理念、管理技术、管理体制和规章、决策及领导体制四个方面，支撑要素可以分为人的素质、产品技术、企业目标和目标市场。而卢启程（2006）则认为结构要素包括产权制度、企业文化和经营理念、决策及领导模式、管理技术、管理体制和组织模式五个方面，支撑要素包括员工、产品和服务、企业战略目标和顾客。伍海平，程永新（2012）则依据企业管理的构成要素建立了流通企业管理模式量化测评的指标体系、标准和测评模型关于管理模式的演进历程，学者们大都采用了历史分析的方法。美国学者阿尔弗雷德·钱德勒是这一领域的集大成者。钱德勒提出了结构跟随战略的假设，并以美国杜邦公司、通用汽车公司、新泽西标准石油公司和西尔斯公司为例，阐释了多部门组织结构形式的产生过程。

国内关于企业管理的研究视角更为多元化，也更加注重多变量的组合运用。傅贤治和孙耀唯（1995）认为企业的管理模式需要根据行业的相关状况、企业管理层和员工基本素质的差异进行安排。郭咸纲（2003）通过对企业内部的权力、经济力、知识力和文化力的共同作用来对管理进行分析。钱颜文和孙林岩（2005）认为人、技术、财物、知识和信息等管理要素重要程度的变化决定了一个企业的管理模式，并对 20 世纪 20 年代至 90 年代不同时期的管理要素进行了重新排序。敬嵩和雷良海（2006）构建了企业管理模式的进化博弈模型，认为企业管理模式将朝向利益相关者参与管理发展，但最终进化成何种管理模式，取决于初始时选择某一种管理模式的管理者比例，各博弈方的收益大小又决定了这一比例的高低。朱红军等（2007）认为管理模式的适应空间同企业战略的匹配程度密切相关，并以雅戈尔和茉织华为例加以验证，同时指出当民营企业实施多元化战略后，“泛家族化”管理模式应成为其必然选择。

尹作亮（2009）从民营企业管理模式的演变路径和制度缺陷方面进行研究，分别从产权制度、人力资源开发、决策机制、激励机制等方面分析了企业管理的创新。李铁瑛（2011）认为行业市场特征、企业认知、企业自身特征是影响企业横向整合管理模式选择的主要因素，企业管理应该根据市场特征不断利用自身优势，增强管理力度。

20 世纪 80 年代兴起的组织惯例理论为研究企业管理提供了新的切入

点。Nelson 和 Winter（1982）将惯例比作企业的“组织基因”，并将其作为企业演化分析的基本单位。Feldman（2000）认为惯例是研究组织和经济变迁的核心单位，惯例与组织结构、技术创新、社会化及决策制定存在一定关系。吴光飙（2002）通过对惯例的连贯性维度和动态选择制度以及惯例的变异、选择、保留的演化过程的分析，解释了企业发展中的战略本质、竞争优势以及管理方式的演化问题。

但不管是要素理论还是惯例组织理论，企业管理都离不开人治，人的管理因素在企业管理中发挥了关键和核心的作用，是带动企业腾飞的翅膀，为企业的起航发挥了指示灯的作用。

三、王国良董事长的领导魅力

（一）经历非凡练就性格

1. 上山下乡经历

18 岁的时候，王国良伴着“毛主席教导记心怀，一生交给党安排”的嘹亮歌声，毅然决然地奔赴辽宁省昌图县老城公社胜利大队，成为一名知青，这段农村下乡的经历对王国良的一生有着非常关键的影响。少时第一次长时间的离家，让他慢慢学会了独立地生活。还记得当时那些个手握毛泽东选集，带着大红花，被卡车运送到农村的青年，大家来自不同的地方，转眼间聚到一起生活，和农民一起去耕地劳作，这种经历非常难得和珍贵。无论情愿也好，不情愿也罢，城市里的孩子被强制地放到农村去生活，这大大地锻炼了他们独立生活的能力和面对困难的胆量。并且，做一些和当地农民一样的工作，在较高的劳动强度下，体力也慢慢得到锻炼。时至今日，王国良还能清晰地回忆起当时的口号和在田地里守夜时听到的玉米“咔咔”生长的响声。

两年的知青生活让王国良一下子成长起来，他幽默地总结了自己少年的这段难忘时光——出生就挨饿，上学就停课，毕业就下乡，回城没工作。一切无奈的“赶巧儿”在他的眼中这些并非是时运不济，而成了他宝贵的人生经历，并且还是企业管理经验的源泉。他对当时的工分制度记忆犹新，觉得时至今日都可以成为一种非常有效的管理模式，可以运用在企业效益的分配上面。

2. 出国交流体会颇多

1986 年，王国良在沈阳衡器厂做技术工作，因工作出色，被派到美国去学习交流一年，这次机会让王国良在思想、文化、意识上发生了翻天覆地的变化。他发现了许多有趣的现象，比如说中国人储蓄了一辈子，却还是贫穷；但是美国人一辈子在消费，却总有可以消费的资金。国民消费观的差别造成了两国发展的路径差别。

再有，他发现中美两国的员工对待工作的态度截然不同。中国员工上班下班的路上都非常着急，赶着到了单位之后却无所事事；而美国员工上下班更愿意乘坐公共交通工具，可以坐在公车上不紧不慢地计划和总结一下一天的工作和所得。

感受到最多的还要数企业文化，王国良发现美国的老板在谈判和对外时的态度非常强硬，刚开始去到公司的时候还略有担忧，以为这一年的日子恐怕不好混，但接触下来却发现老板在对待员工时判若两人，他对待员工不仅非常亲切，还带着员工周末去乘快艇、请员工去家里做客。在美国，他慢慢懂得了一个公司经营的成功很大程度上在于人，也从美国老板对待员工的态度上总结和形成了自己与员工的相处之道。

3. 车祸因祸得福

2008 年，正值企业要从“重经营，轻管理”转向“人治”的关键阶段，上天仿佛和王国良开了一个玩笑，一场突如其来的车祸搅乱了这一切，但重伤卧床近一年的时间丝毫没有击败这个内心强大的人，他反而视这场灾祸为一个契机，一个停下来重整企业、重视自我的机会。

经过了这场车祸，企业的经营非但没有停滞不前，还意外地激发出了员工的向心力，使得之后在“用人之力”到“用人之智”的转型上非常顺利，原本潜在员工的智慧在老板出事之后瞬间被激发，员工都竭尽所能地为企业出力献计。

另一方面，车祸之后的王国良没有办法活动，只能卧床休息，这样一下多出了大把的时间，他用这些时间静静地思考和总结，想一些以前在能跑能动的时候根本不会去想的事情，他总结说人花在思考上的时间要长，而行动动作要快。

在王国良看来，这一场车祸倒是把自己和员工的距离拉近了，在企业的管理上实现了一个飞跃。最终在康复的答谢会上，员工集体为他精心制作了一个视频，记录了这段困难的时光王国良和企业员工的点点滴滴。

这本该是任谁都不愿回忆的噩梦，但是王国良却能坦然地面对伤痛并乐观地看到车祸所带来的意外收获，让人肃然起敬。

（二）睿智幽默，为人亲和

1. 王国良董事长是个有魄力的人

翻开王国良的创业史，你会发现他的个人魅力贯穿企业的成长历程。早年放弃了优厚的国企待遇和晋升机会，顶着家人和朋友反对的巨大压力，毅然决定创业。这在当时那个年代对于许多人而言是一件不可理解的事情，这样的选择不仅放弃了得来不易的“铁饭碗”，更是要承担可能会失败的极大风险，但这也许就是一个企业家的魄力和胆识。1988 年，作为美国威斯康星电器公司的中国代理，王国良仅用了两年的时间就完成了资金的积累，第一桶金的取得让他变得成熟、理智，接着转向实体经济。

2. 两条路中挤出的永不言败

1999 年，沈阳双良饲料有限公司成立时，企业面临资金、技术、团队等压力。在这样的情况下，王国良没有放弃心中所想、克服种种困难，建成了 15 年后看来依然很先进的饲料生产线，现在看来真是个奇迹。企业资金链时刻紧绷，这是当时王国良每天都要面临的考验，企业一开始运营就持续处于亏损状态，他的一位饲料行业的朋友在了解了他的企业的情况之后开玩笑说："摆在你面前只有两条路，一条是跳楼自杀，另一条是亡命天涯。"即使在这样艰难的时刻，王国良也没有放弃理想，而是大力狠抓经营管理、构建企业文化、制定企业发展战略，大刀阔斧地砍掉了年产达4000多吨的鱼饲料、肉种鸡饲料和奶牛饲料等，让双良告别了"饲料超市"，转向"专营店"模式。

3. 平易近人，与员工心连心

很多员工说起第一次见到王总是在公司食堂，突然出现一个平易近人、机智幽默又帅气十足的人，谁知道竟然是公司的一把手，大老板和所有员工一起吃饭，让员工对这个老板不再有陌生感，他能很快地记住员工的名字，让每一个员工都觉得自己备受重视和关心。双良的"食堂文化"是其一大特色，是王国良对待员工的态度铸就了这一文化，他总说食堂是一个很容易建立感情的地方——老板与员工之间、员工与员工之间。双良食堂的特殊之处在于它并非只是吃饭的地方，食堂尽头的地方常年搭着一个不小的舞台，这是做什么用的呢？王国良兴致勃勃地介绍说这个就是双良管理的一大秘诀！每每到周年庆、节日、员工生日和任何哪怕很小的纪念日，舞台就派上它的作用了，王国良鼓励每一个员工，无论是经验丰富的部门经理抑或是刚来的办事员，都可以走上舞台展现自己、表达自己，并且每次都会用录像机记录下来，无论表现的是好是坏都给予热烈的掌声，他说这样不仅可以让新员工迅速融入集体，更可以听到一些老员工的心声，还能给所有人一个难忘的体验，并且这种体验是双良为之创造的，是员工在企业的专属记忆。也许因为王国良做销售出身的缘故，他走到哪里都是焦点、都是中心、都是话题，机智幽默时常让一场公关谈判变得轻松有效，员工们都非常喜爱王总的幽默。但王国良能和员工关系融洽不能仅仅归功于他的幽默和平易近人，更是因为他打心底里关心每一个员工。他能够记得员工的生日，一次女员工周玉玲生日恰逢年会，他和夫人亲自端着蛋糕走到她面前祝她生日快乐，毫不知情的周玉玲非常感动地说："我这辈子就在双良干了！"

四、同舟共济，阅双良英雄谱

一般来说，团队就是“联合在一起共同行动的一个群体”。美国管理大师德鲁克认为，团队是一些才能互补并为共同目标奉献的若干人员的集合。他认为团队的核心是共同奉献，成功的团队将团队的共同目标分解成具体的工作要求，并且具体目标和整体目标有着相互的联系。在此基础上，对团队概念进行新的定义：团队是由两个或者两个以上的人及少数有互补技能、愿意为共同的目的、业绩目标和方法而相互承担责任的人组成的群体，为了实现其共同的目标，群体的成员之间相互依赖和配合，紧密协调他们的活动。

沈阳博阳双良集团就是一个同舟共济的团队，这个团队不是个人英雄主义的团队，而是一个集体英雄主义的团队。他们秉承着“专营、专注、专心、专家”的经营原则，“品质、服务、创新、和谐”的经营理念，全心全意为客户服务，团队拥有全新的人才价值观“展示自我，实现梦想的舞台；学习成长，共同进步的学校；舒心和谐，愉快工作的乐园；并肩携手，共创辉煌的团队”。下面让我们看一下博阳双良集团的团队风采，阅双良英雄谱。

（一）将帅同心齐断金

强将手下无弱兵，如果王总是一位领将带兵的元帅，马天赐就是他帐下最得力的一位将军，在王总麾下出谋划策、驰骋沙场、战功赫赫。

马天赐是博阳双良集团东北地区总经理，负责沈阳博阳饲料有限公司、沈阳双良饲料有限公司、黑龙江双良饲料有限公司的运营，马总是王总一手培养提拔的得力干将，年轻有为，从采购员做起，兢兢业业，一步一个脚印，凭借其出色的管理能力成为东北地区的总经理。马总不负王总厚望，凭借其敏锐的商业嗅觉和出色的决断力，其管理运营的博阳饲料始终居全国毛皮动物饲料销量首位。

两军对阵，头一战的胜负关系全军士气，是胜负与否的关键，所以，作为先锋出战的皆是军中虎将。博阳双良集团就有这样两位敢于亮剑，出战必捷的先锋。

李国辉是山东地区的销售负责人，他思维灵活，分析市场、把握行情、整合自身优势，制定销售策略，非常重视销售队伍的培养和自身水平的提高。山东地区是集团重点开拓的新市场这里形势瞬息万变，李总凭借其多年的销售经验和一股不服输的韧性，带领手下的销售精英们，开赴新战场。

贾安胜是黑龙江双良饲料有限公司销售总经理，科班出身的他，专业知识过硬，有自己的销售风格，做一场培训讲座，可以说是信手拈来，因此将大批客户吸引过来，除此之外，不管刮风下雨，客户有问题，贾总一定到场，帮助他解决，双良市场的稳定扩张，贾总功不可没。近期，贾总临危受命，转战黑龙江，新机遇，新挑战，祝他再传捷报。

（二）技术过硬显真章

博阳双良的产品在客户心中始终是高品质的代名词，这其中最大的功劳应归属于博阳双良的技术团队。

集团与中国农科院特产研究所开展了紧密的合作，中科院特产研究所是全国唯一专业从事特种动植物资源保护、开发、利用的综合性科研机构。所内专家的研究覆盖了毛皮动物养殖的各个领域，为我国毛皮动物养殖行业的飞速发展做出了卓越的贡献。

专家李光玉博士，研究员，博士研究生导师，中国农科院特产所副所长，参加工作以来，一直从事经济动物营养与饲料科学研究，主持和参加课题研究 36 项，其中主持完成项目获国家科技进步二等奖 1 项、三等奖 1 项、科技部星火计划优秀奖 1 项；参与完成项目获国家科技进步二等奖 1 项（第四），吉林省科技进步二等奖 1 项，中国农科院科技进步二等奖 1 项；先后被评为“中国农科院三级岗位杰出人才”“吉林省突出贡献中青年专业人才”，荣获“吉林省青年科技奖”“中国农学会青年科技奖”及“吉林市送科技下乡先进个人、优秀组织”等荣誉称号。

专家杨艳玲博士，副研究员，执业兽医师，中国农业科学院特产研究所特种动物干细胞创新团队任科研骨干，主要研究方向毛皮动物病原微生物与免疫学，在国内外发表论文30余篇，在研国家项目2项，省市项目5项，企业疫苗研发项目2项。在毛皮动物疾病发生发展规律和病原鉴定方面具有独到的见解和丰富的经验，每年为养殖户和企业市场服务人员做关于毛皮动物疾病防控的专题讲座几十场，深得大家的信赖和好评！

专家孙伟丽博士，中国农业科学院特产研究所从事特种动物营养与饲养专业科研工作。主持省部级在研项目3项；获得发明专利3项，实用新型6项；SCI论文4篇，中文核心期刊论文23篇（1作8篇，二作15篇）；主编书籍1部——《如何办个赚钱的家庭狐养殖场》。合著编著2部（书稿8万字）。获奖成果6项，吉林省科技进步一等奖1项，二等奖3项（第2，第3，第9）；获得省部级鉴定成果4项；验收成果3项；参加在研课题13项；主笔撰写省部级项目申报书10余项，获资助6项。

徐逸男，博阳双良集团技术总监，东北农业大学动物生产学博士，浙江大学动物营养学硕士，东北农业大学动物营养学学士，10年来一直致力于中国特种毛皮动物饲料的研究与技术改良，从原料选择、毛皮动物营养需求到生产工艺的改进，均有独到的见解，并参与主编《来自饲料厂与养殖场的十万个为什么》等书籍。2008年赴丹麦、芬兰毛皮动物原产国进行考察与深入的技术交流，将国外先进的养殖经验与饲料加工工艺带回国内，并应用于威海双良公司的貂鲜配合饲料的加工技术上。

杜东升，沈阳博阳饲料有限公司技术部经理，是中国农业大学动物遗传繁殖育种学硕士，主要负责博阳技术部饲料配方、加工工艺的创新及原料的筛选实验。曾参与农业部重点实验室“十一五”支撑计划项目课题“畜禽产品质量检测与可追溯技术”及“高繁殖力瘦肉型猪新品种选育”的研究工作，研究成果发表在中国畜牧兽医、中国农大学报等核心期刊。

团队中赵勇为沈阳双良饲料有限公司品管部经理，多年的工作经验使他练就了一双火眼金睛，原料进厂，质量好不好，一看二捏三闻，心中就有数了。更难能可贵的是，赵经理将严把产品质量关看作自己的使命，关乎产品质量的问题就是大问题绝不讲情面。一次，王总的一位亲属想卖给公司一批玉米，货拉到厂里，赵经理检查后，认为质量不合格，有人劝他，质量一般还能用，不要得罪老板的亲戚，但赵经理坚持这批玉米不符合公司的标准，只认质量不认人，坚持退货。企业有这样的“安检员”，质量怎么能不好？

（三）谁说女子不如男

博阳双良集团财务总监金秋惠，作为一名在双良工作了十五年的“老员工”，金总见证了双良的成长，随着企业规模的不断扩张及业务的专业化要求越来越高，财务管理的重任也压到她的肩膀上，金总临危受命，负担起整个集团公司的财务制度建立、战略转型、执行政策和运营管理的重担。金总以其过硬的财务素养，使财务工作与公司发展的步伐配合默契，而且以财务先行为原则，公司从未因财务问题阻碍企业的前进。

博阳双良集团东北区生产总监唐晓林，2009 年从客服部调入生产部门以来，她一直恪守“品质、服务、创新、和谐”的经营理念，打造了一支卓越而团结的生产管理队伍。唐总五年磨一剑，在企业的高速发展期担负起生产设备改造的重任，成功的提升了公司产能，满足了市场要求。唐总坚持勤奋，在生产管理领域里不断摸索，在实践中摸爬滚打，多少生产作业的加班加点都有唐总的身影。

博阳双良集团东北区采购总监康杰，从事采购业务多年，期间经历了我国饲料行业的辉煌时期和激烈竞争阶段，康总不断耕耘潜心研究采购业务，对采购过程的各个环节都进行严密的设计和监督，实现了采购管理从市场信息收集，原料用量和成本核算，采购人员的职业道德和个人形象塑造，与供应商关系的维护和仓库管理的全过程式管理模式。

博阳双良集团东北区人力资源总监，王莹，虽然年轻却已是工龄超过10年的老员工了，性格活泼而不失稳重，做事条理清晰，多才多艺。曾先后负责过客服部、行政部工作，能力突出。多年的工作经验使其独具一双慧眼，承担起为博阳双良集团东北区各公司输送血液的重任。

博阳双良集团东北区市场部经理王红艳，是沈阳农业大学营养学学士，兽医学硕士。从事毛皮动物饲料售后服务工作多年，在毛皮动物饲料配制、疾病预防和治疗、饲养管理等方面有其独到的见解；先后编著《双良特养科技》《科学养狐貉》等技术服务手册和指导刊物；2008年赴丹麦、芬兰毛皮动物原产国进行考察与深入的技术交流，将国外先进的养殖经验与饲料加工工艺带回国内，并应用于毛皮动物养殖生产实践中，为提高毛皮动物饲料的科学普及做出了杰出的贡献。

（四）自给自足建团队

博阳双良集团企业人才自己培养，提拔自身优秀员工，自给自足是团队的另一大特色。团队有着严格的选拔制度和机制，重点培养选拔年轻人才，并有一套适合自身公司发展的理论，加强团队人才的建设。下面让我们了解一下双良是如何自给自足齐断金的。

1. 加强调查，重点培养

博阳双良集团在积极发现人才资源的基础上，加强调查研究，摸清培养对象的底数，对那些有潜力、有培养前途、理论实、有一定工作经验特别是懂经营、善管理、有能力、专业知识丰富、业绩突出的年轻员工实行重点锻炼和培养。通过开展集中培训、中长期更新知识、工作实践锻炼，有意识地进行方向培养，引导年轻员工“敢干事”，建立优秀年轻人才库，为企业储备各类人才资源。

2. 抓住源头，加快培养

博阳双良集团利用可持续发展的观念，加快培养一批复合型、创新型、开放型的年轻干部。制订培养、培训、选拔的中、长期计划，从最基础抓起，从开始参加工作时抓起，使年轻干部一步一步走向成熟，促使年轻干部“能共事”，最终成为组织上放心、群众信任的优秀干部，为公司贡献力量。

3. 强化监督，严格管理

博阳双良集团建立年轻后备干部档案，对他们的学习、工作情况进行跟踪考察管理，定期开展谈心活动，加强教育引导，监督年轻干部“不出事”，促使他们快速全面发展。

4. 面向基层，多岗锻炼

博阳双良集团把年轻干部放到子公司或多个岗位进行实践锻炼，让他们在实践中磨炼意志，积累经验，增长才干，实现年轻员工干部“干成事”，组织对表现优秀的年轻干部要适时选拔到重要岗位，充分发挥其才能，为企业生产经营发展做出积极贡献。

多年的人才培养和选拔经验让双良团队认识到：空降兵不好使，挖人墙脚不地道，自己培养人才才是唯一可行的解决之道。同时团队认识到严格要求，尊重人、关怀人、信任人也很重要。

五、尽显身手，专注独门绝技

博阳双良集团之所以能成为今天国内毛皮动物饲料企业这片蓝海中的领航者，与其内部重视人才培养的企业文化、大力支持企业员工创新以及全体人员的积极学习有关系，但更值得我们注意的是企业精准的战略定位以及领导者的专注精神。毫无疑问，正是以上这些因素的有效结合，共同作用才造就了博阳双良集团今天的成功与辉煌。

（一）皮毛饲料行业独领风骚

回顾目前博阳双良集团在皮毛动物饲料行业内取得的成功与众多荣誉，与董事长王国良先生的胆识和个人魄力有着十分密切的关系，王国良先生的创业史从另一个角度来看就是一本双良从无到有、从小到大的成长史。

1990年，王国良先生一手创办了沈阳双良自动化系统有限公司，也就是今天博阳双良集团的前身。公司成立时并未涉及饲料行业，并且给人感觉与饲料行业相距甚远。其实不然，当时的双良自动化系统公司是为国内的饲料企业提供自动化电脑配料系统的代理公司，在饲料行业粗放生产的年代，自动化电脑配料系统的引进大大提高了行业内的生产效率与产品品质的稳定性。因此，可以说王国良先生从开始创业就一只脚踏进了饲料行业。

1994年，我国进入了饲料行业大发展时期。也就在这个时候，目光敏锐、善于抓住商机的王国良先生毫不迟疑地决定进军饲料市场。三年后，公主岭双良饲料有限公司成立，双良也正式从一个饲料设备技术代理公司正式转型成为饲料生产企业。

2003年，全国狐貉等皮毛动物的养殖数量大概在3000万只，如此巨大规模的养殖群体却依然使用最古老的方式制作饲料喂食动物。公司及时发现这一市场潜在的巨大商机，通过深入调研与充分论证，毅然决定走上生产特种皮毛动物饲料的专业化道路。这次重大转型标志着双良集团在皮毛动物饲料这片蓝海的正式扬帆起航。6年后，目光敏锐的双良领导者们又一次发现全国3/4的水貂养殖户都集中在山东地区，产生每年180万吨的专业饲料需求，而由于技术原因，养殖户依然使用传统方式自己购买原料、储存、搅拌，人工成本较高，饲料的品质作用效率较差。在看准时机后，博阳双良集团成立了威海双良饲料有限公司，又一次迅速占领了行业内的最后一片蓝海。

一方面，双良的成长史与王国良先生及其领导团队敏锐的观察力、胆识、魄力和对行业的前瞻性密不可分，另一方面，双良对于技术和管理的重视、人才的培养都值得我们认真学习和借鉴。如在资金条件十分困难的1997年，双良引进的生产线设备在建成15年后依然十分先进高效；又如，王总及管理层十分重视后备人才的培养以及新鲜血液的注入，正是这些新鲜血液和后备人才的到来，才使得博阳双良集团的理念、想法一直活跃年轻；再如，双良对于新事物的接受能力很强，也有较强的学习兴趣与能力，2008 年为提高双良饲料的品质及生产效率，两次派学习组赴欧洲考察学习。王总本人也热衷于学习、提高构建自己的能力，并十分重视对于员工的培训再学习等工作，“培训是送给员工最好的礼物”也是王总经常挂在嘴边的一句名言。

综上所述，双良之所以能在皮毛动物饲料行业内独领风骚，一方面与董事长、领导层敏锐的商业洞察力密不可分；另一方面，对于企业人才的重视、科学管理的重视、新技术及新思想理念的接受和学习也有着十分显著的影响。敏锐的商业洞察力，是通过常年的学习、积累以及积极的沟通交流培育而来，这样的积累和潜心修炼，更加值得每一个企业领导人的重视和学习。

（二）潜心修炼，终成九阳神功

九阳神功——根据王重阳的《先天功》总纲要而来，刚柔并济，为上乘内功。但其无招式纯武学理念，尤其练到最后大关，必须熬过全身燥热自焚之苦，打通全身所有几百个穴道，才是真正练成，否则只是积存九阳内力，施展内力不能淋漓尽致，战斗后容易泄气过度致死。练成神功后，内力自生速度奇快，无穷无尽，普通拳脚也能使出绝大攻击力；防御力无可匹敌，自动护体功能反弹外力攻击，成金刚不坏体；习者轻功身法胜过世上所有轻功精妙高手；更是疗伤圣典，百毒不侵，专门克破所有寒性和阴性内力。

为什么双良练就的是“九阳神功”？其实答案并不复杂：第一，双良专注专业皮毛动物饲料行业，可以看出并不是只注重进攻性的发展战略，而是选择稳步发展的战略方针；第二，双良重视科学技术的研发和引进，科技先行必然要付出资金需求量、人才需求量大等发展的“困苦”；第三，双良经历了多次行业内危机，但都毫发无伤，与“九阳神功”百毒不侵，金刚不坏之身有异曲同工之妙。让我们一起走进真实的双良，揭开其练成神功的每个关键环节。

1. 太极聚气——注重品质

饲料产业之所以会存在，首先，是为产品的设计性功能；其次，是为了提高饲料利用率和转化效率；最后，为提高产品在有效期内的品质稳定性。饲料品质衡量指标主要有：营养指标、感官指标、加工指标、卫生指标等。饲料品质一方面取决于饲料原料控制技术与配方技术，另一方面，还取决于良好的饲料加工技术，其包括先进的工艺技术、精细的生产过程控制技术、良好的设备管理技术等。双良对于产品品质的控制可以体现在以下几个方面：

第一，原材料质量控制。饲料产品最大的差异来自于原材料和配方的不同，双良集团在使用科学配方的基础上保证供货渠道稳定和原材料规格，并不断加强质检抽查频率、力度，保障了原材料品质；第二，加工工艺质量控制。在加工过程中，双良十分注重细节，如称量设备的控制、各种加工设施的清洁卫生工作等；第三，成品质量管理。双良在成品质量上一方面严格执行产品质量化学分析检验工作；另一方面，对于仓储、运输、疫病等相关风险的控制工作十分细致、精准。

总之，双良信奉的是饲料品质质量要从源头抓起，提高品质质量要以加工工艺技术创新为抓手，优良的设备性能及控制技术为物质条件，提倡精细加工，建立以饲料产品的品质质量作为衡量产品档次与优质的理念。

2. 盘龙真诀——技术创新

双良认为，对于技术创新的追求不仅是研发部门的事情，而是整个企业多层次全员的指导思想。无论是企业经营管理层人员还是后勤保障人员；无论是生产工人还是销售人员，在双良大家对于知识、人才以及科技的尊重和追求是发自内心的、实实在在的行动，而并不是几个横幅，几句口号。

首先，双良选择了十分符合企业自身特点的合作联盟战略，如表 1 所示。

表 1　技术创新战略选择及分析

战略	领先战略	跟随战略	一体化战略	合作联盟战略
优势分析	领先占领市场、取得垄断利润	投资小、风险小	有利独占技术与市场	减少合作方投资、缩短创新周期、分散风险
劣势分析	投资大、风险大	处于竞争被动地位	投资大、周期长、风险大	不利独占技术与市场、合作者易成为竞争对手
技术来源	自主开发为主	外部引进为主	自主开发为主	合作方各自发挥优势共同开发
技术开发特点	产品技术	工艺技术	产品技术	产品技术
优势能力	产品性能	产品价格	产品性能	产品价格
投资重点	技术开发、市场开发	生产、市场营销	科技型企业并购	生产、市场营销

其次，双良建设了十分适宜创新的企业环境氛围。包括激励员工创新的物质和精神政策；再次，重视对创新主体进行培训教育，通过培训教育提升员工的创新能力；树立尊重人才，人才也要尊重市场的观念。最后，博阳双良集团十分重视与高校以及科研机构的合作交流，前后与中科院特产研究所、中国农业大学，东北林业大学、东北农业大学、中国人民大学等多家高校合作。

对于科技创新的重视，使得双良在皮毛动物饲料行业内有着十分重要的地位，也使我国特种养殖饲料行业告别了粗放、单一和落后的局面。

3. 氤氲紫气——成果专利

对于知识的尊重，人才的大力培养以及对于创新的追求，又经历了时间的洗礼和踏实的执行最终打通了企业的“任督二脉”，修炼成“氤氲紫气”这也是给双良人十五年来踏实勤奋的最好的收获。双良至今获得发明专利 8 项，发表学术文章 6 篇，先后刊登在《饲料工业》《经济动物学报》等国内知名期刊；发表著作两本分别为《来自饲料厂与养殖场的十万个为什么》及董事长王国良先生参与编写的《实用养貉学》，后者得到行业内人员的一致好评和肯定，是目前国内为数不多的涉及皮毛动物养殖的专业书籍。

除此之外，2012年度由沈阳名牌战略推进委员会颁发的“沈阳名牌产品”荣誉称号；2013年度由辽宁省饲料工业协会颁发“辽宁省三十强饲料企业”称号以及2014年度由中国畜牧饲料产业研究中心颁发的“中国最具投资价值特种饲料产业链模式”等奖项。这一座座沉甸甸的奖杯承载了双良人的踏实奋进，也回馈了双良人重视积累、学习和持之以恒的专注精神，它们不仅肯定了双良的历史，也昭示着双良美好的未来。

（三）执行有力不走样，打通内部穴道脉络

九阳神功修炼到最后大关之时，也是其最困难之日：需要打通体内几百个穴道，稍不留神将功亏一篑，只能积蓄九阳真气，不但很难发挥出多少内力真气，还易因泄气过度而亡。在双良又用怎样的方法和经验，可以如此从容不迫的练就如此神功？答案其实很简单——重视执行，毫无瑕疵的执行！

市场竞争逐渐进入白热化阶段，消费者与经销商良好关系和忠诚度的维持也日趋困难、复杂，这也要求企业必须拥有良好的运营状态、周到人性化的客户服务、健康良好的资金支持，但要想做好这些并不是一朝一夕之事。无瑕疵的执行不仅要依靠具有认真负责做事态度的员工，还要依赖平时的企业文化建设及可行性、合理化方案的确立。在所有的非个体活动中，人的本性始终绕不过一个永恒的坎：以自我为中心！或深或浅，每个人心底都希望在做出成就之时也能够告诉别人“这是我做出来的”！而一旦以“自我为中心”客户、效率或结果就可能被放置到第二位、第三位或第四位。

事实上，目前我国很多饲料企业的治理结构基本上以人治为主，而非制度管理，其突出的特点是“管理不规范、随意性强”。所以，双良选择了用组织、制度以及文化来实现执行，通过组织、程序来约束行为，或者用文化（比如客户第一）内在地改变行动观念。这样一来，在大多数情况下，执行就是一种紧盯目标下的简单又高效的过程！

在企业中，参与指令下达和执行指令信息的一般为企业高层领导者、

中层干部、普通员工，其具体流程如图 1 所示。

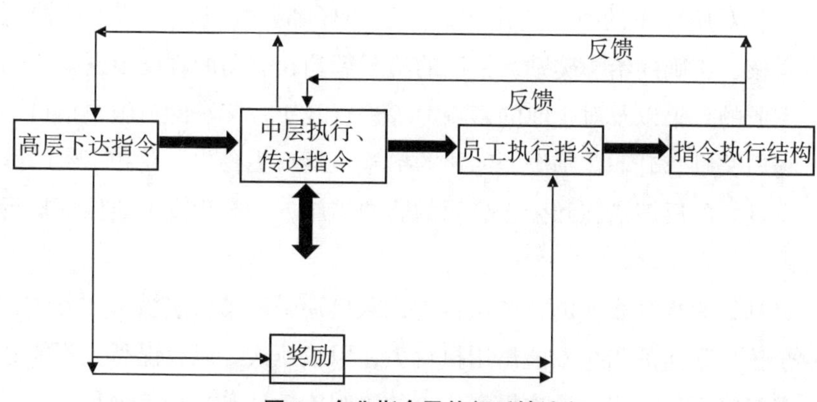

图 1 企业指令及执行反馈流程

（1）公开公正的选拔综合素质较高的高层领导干部和中层管理干部。这样选拔的干部，员工认同度高，心服口服，甘愿受其领导，容易形成较高的领导威望，利于执行力的提高。

（2）执行力不是一次指令的发布和实施，而是长期的、多次的指令发布和实施，双良高层领导采取合理放手和授权，维护中层干部的权威和维护普通员工的积极性，尽量避免越权和事事参与，以形成良好的信息流通渠道；同时，鼓励下级主动积极地向上级汇报，使沟通渠道顺畅。

（3）重视建设制度性的指令传递网络，形成和维护良好的信息传播渠道，防止指令失真和小道消息等的滋生，以规范、完善、严肃的组织制度来保证执行力和提高执行效果。

（4）打造良好的工作氛围和环境。团结、合作、信任、友好、和谐的工作氛围，让员工时刻都感觉愉悦。

（5）加强中层管理干部的培训和培养。由于真正走上高层领导岗位的人毕竟是少数的，为杜绝一部分感觉升职无望的管理干部心理将失去平衡导致执行力减弱和执行效果下降。双良着重加强对中层干部的培训和培养，让他们认识到机会对每一个人都是对等的，只要努力，每一个人都有机会升职，这不仅能最大限度地发挥他们的潜能还可以激励他们去提高执行效果。

（6）对所发布的每一道指令，高层领导都要进行执行结果反馈的考察和考核，正确的给予奖励，错误的给予惩罚，奖罚的程度根据指令的大小、完成的效果以及对企业的影响力等进行裁决。奖励的措施包括口头奖励、物质奖励、升职奖励等，惩罚的措施包括口头警告、罚扣工资、辞退等。有良好的反馈措施和公正分明的奖罚措施，一定程度上能保证执行力的提高。

另外，为提高企业的整体执行力，双良还采取了很多措施和方法，例如对于领导下达的指令不能滥用执行力，以权压人、以权谋私，不能利用职位来打击报复；想方设法提高员工的主观能动性等；相信饲料企业只要合理选人、合理用人，制定严格的规章制度和科学的信息传递网络，并创造良好的工作氛围和工作环境，通过以上种种方法、措施的实施，在指令执行过程中畅快淋漓，无形中提高了企业的执行力度。

六、谋篇布局，谱写双良秘籍

（一）高屋建瓴，问道古今中外：企业战略管理概述

1. 企业战略管理的概念

企业战略是对企业整体性、长期性、基本性问题的总体统筹，是对企业未来发展的各种整体规划。通常情况下，我们对企业所制定的各种战略统称为企业战略，企业战略不仅包括竞争战略，还包括企业营销战略、资源开发战略、发展战略、融资战略、技术开发战略、人才开发战略、品牌战略等；企业战略是一个不断改进的概念，随着现代科技和管理手段的发展，企业战略的概念也在不断延伸和完善。企业战略的定义和分类有很多种，但这些概念的基本属性都是相同的，都是对企业的谋略，是对企业整体性、长期性、基本性等问题的统筹，他们的不同之处主要在于谋划问题

的层次与角度有所差异。总之，无论哪个方面的计谋，只要涉及企业的整体性、长期性、基本性问题，就属于企业战略的范畴。

2. 企业战略管理的历史

20世纪早期，企业战略管理思想开始出现，从这时起人们逐渐增加了对企业高层管理活动、组织与环境关系以及企业发展影响等问题的关注，并形成了系统的战略管理理论。其中，1962年钱德勒的《战略与结构》、1965年计划学派领军人物安索夫的《公司战略》和安德鲁斯的《商业政策：原理与案例》是现代战略管理研究的先驱，为以后的相关研究奠定了基础，往往被视为是现代战略管理的研究起点，正式揭开了现代企业战略研究的序幕。到目前为止，国外对于企业战略管理理论的研究主要经历了三个发展阶段：古典战略理论时期、竞争战略理论时期和战略生态理论时期。

古典战略理论产生于20世纪60年代，当时随着企业所处外部环境的改变和企业自身的发展，企业逐渐意识到必须采取新的管理模式，以更好地应对世界经济环境的变化。古典战略理论中有很多理论分支，虽然他们所采用的研究方法有所不同，但古典战略理论在战略基点、战略目标、战略手段、战略保证等相关核心思想方面是保持一致的。企业古典战略将企业组织结构、企业战略与企业外部环境相适应作为核心思想，强调企业战略与外部环境相适应的重要性，注重对外部环境和产品市场的分析，将企业经营活动视为在战略思想指导下的相互关联整体，提高了对企业战略的认识，构建很好的战略分析框架，为后来的战略理论研究打下了基础。不过它们过分注重企业外部环境的重要性，要求企业被动地适应产业环境，缺乏对企业内部条件的分析，限制了企业战略管理的整体效果。

竞争战略产生于20世纪80年代，被视为是企业战略的一部分，是在企业总体战略框架下指导和管理具体战略经营单位的计划和行动。企业竞争战略的核心问题是如何通过确定顾客需求、竞争者产品及本企业产品三者之间的关系，来维护企业自身产品在相应市场上的地位。随着全球经济的迅速发展和市场竞争的日益激烈，企业战略管理理论的研究重点逐渐发生了变化，开始转移到企业竞争方面。企业战略管理形成了三大竞争战略流派：核心能力学派、行业结构学派和战略资源学派。这三个理论学派的核心思想总体来说是一致的，它们都将企业的本质看作是产品与业务的组合，认为战略管理只有通过企业的战略规划与设计才能使企业适应国内外环境的变化，而企业战略的规划与实施要求企业对其组织结构进行相应的调整，战略管理往往需要由企业高层管理人员直接负责，这样才能保证企业战略的顺利完成。尽管行业结构分析与核心能力和战略资源观在企业战略研究的方法和侧重点上有所不同，但它们都把复杂多变的环境和买方市场结构作为战略研究的时代背景，将激烈的市场竞争作为战略研究的内容，以建立和维持企业竞争优势作为战略目标，所以将它们统称为竞争战略理论。他们建立在对抗竞争的基础上，都比较侧重于讨论竞争和竞争优势，它们在研究企业战略时，大都假定整个产业结构是比较稳定的、可识别的以及可预见的，同时认为战略分析的重点是要人们关注业已存在的稳定的产业组织，其实质就是在已结构化的产业内寻求企业生存和发展的空间。

战略生态理论产生于20世纪90年代中期以后，“战略联盟”理论的出现使得人们开始关注企业之间的联合，同时企业管理人员和研究者也开始意识到企业的进步要注重依赖于以发展为导向的协作性经济群体。因此，通过创新来超越竞争成为企业战略管理新的热点。其生态特性主要体现在企业资源开发利用配置的生态问题、生态系统的成员关系结构问题和生态系统的功能问题等方面。

3. 企业战略管理的特征

企业战略是为企业设立远景目标并对实现目标的轨迹进行总体性、指导性谋划的过程，它属于宏观管理范畴的概念，具有指导性、全局性、长远性、竞争性、系统性、风险性六大主要特征。

（1）指导性。企业战略界定了企业未来的经营方向和远景目标，为企业的未来发展做出切实可行的规划；明确了企业的经营方针和行动指南，为企业的日常经营进行指导，保障企业的日常活动围绕核心利益运作；筹划了实现企业目标的发展轨迹及指导性措施、对策，在企业经营管理活动中起着导向作用，指引企业的未来发展。

（2）全局性。企业战略往往立足于企业的长期发展，通过对国内外的政治、经济、文化及企业所处行业经营环境的深入分析，结合自身资源状况，站在科学管理的角度，为企业发展进行全局性的考虑，对企业未来的长期发展轨迹进行全面系统规划。

（3）长远性。企业战略需要着眼于企业长期的生存和发展，确立企业未来的远景目标，谋划实现远景目标的发展轨迹及宏观管理对策。然后围绕远景目标，根据企业战略进行持续、长远的奋斗，当然企业战略不是一成不变的，长远性也不是说企业战略可以成为企业发展永恒的宝典，我们应该根据市场变化进行必要的调整，只是制定好的长期战略不要朝令夕改，应该使得企业战略具有长效的稳定性。

（4）竞争性。竞争是我们所处的市场经济所不可回避的现实，也正是因为有了竞争才确立了“战略”在经营管理中的主导地位。面对竞争，企业战略需要进行内外环境分析，明确自身所具有的资源环境优势，根据自身特点设计合适的经营模式，形成特色经营，增强企业的竞争力，为企业发展打好基础，推动企业长远、健康地发展。

（5）系统性。为了立足于长远发展，企业战略确立了企业的远景目标，并需围绕远景目标设立相应的阶段性目标，然后为实现各阶段目标制定了相应的经营策略，进而构成一个环环相扣的战略目标体系。因此，企业战略需由决策层战略、事业单位战略和职能部门战略共同构成。决策层战略是面向企业整体的指导性战略，决定着企业经营方针、经营方向、投资规模和远景目标等战略要素，是战略的核心要素；事业单位战略是指企业独立核算经营的单位或相对独立经营的单位遵照决策层的战略指导思想，通过对自身竞争环境分析，侧重于相应的市场与产品情况，对单位自身的生存和发展轨迹进行谋划；职能部门战略是企业各个职能部门遵照决策层的战略指导思想，结合事业单位的战略，侧重于分工协作，对本部门的长远目标、资源调配等战略支持保障体系进行的总体性谋划。

（6）风险性。任何决策都存在一定的风险性，战略决策也是如此。对市场发展进行深入的研究，往往就可以设立客观具体的远景目标，对行业发展趋势进行准确的预测，也就可以对各战略阶段的人、财、物等资源进行得当的调配，进而所制定的战略就能引导企业健康、快速的发展。反之，仅凭个人主观意向判断市场发展趋势，所设立的目标将会因为过于理想话而出现预测偏差，造成所制定的战略误导企业生产，甚至给企业带来破产等灾难性的风险。

（二）大展宏图，共谱双良华章：集团发展战略及规划

饲料行业由于其与人口数量和生活水平相关，是典型的“日不落”行业，最近30年来规模总量一直随着人口和消费结构变化稳定增长。截至2014年，我国饲料总量已经位居世界第一位，达到1.9亿吨水平，市场十分巨大，发展空间很广阔。即使这样，仍然有的企业能够欣欣向荣、蓬勃发展，而有的企业在激烈的竞争中苦苦挣扎，最终逃不过被淘汰的厄运。面对着广阔的发展前景，为何农牧企业自身却面临着冰火两重天的境遇呢？在笔者看来，这可能主要来源于企业领导者的个人魅力和企业战略定位。对于一个饲料企业而言，领导者的梦想就是这个企业发展空间的上限和天花板，领导者的格局和高度又决定了企业走什么样的经营模式和融合什么样的人才。

企业战略必须要清楚专注。饲料企业的主要战略目标是设计各种产品、以质量战胜竞争对手或采取低成本战略，这些战略定位的抉择对于企业的成败并不会造成太大的影响。成功的企业战略焦点应该是核心业务的成长。应有五项准则保障战略必须清楚专注。第一，战略要建立在顾客所认同的价值观之上。对于经销商和养殖户来说，与其说价值主张是描述你“希望”成为什么，还不如将他描述成“实际”是什么。价值主张是公司提供产品或服务能力与目标市场的需求与期望的交集，清晰的价值主张是成功战略务实的重要因素。第二，由外而内制定战略，尊重顾客和合作伙伴需求。现在的饲料行业是客户需求导向型的生产资料行业，企业应

该根据自身核心业务和市场需求制定企业战略，把握市场发展方向、找准盈利点，根据行业趋势和自身情况制定企业战略，而很多企业都是根据自己的经验和想法做出经营决策和市场行动，这种做法很难获得市场的认可和肯定。第三，保持警觉，根据市场变化适当调整企业战略。优秀的饲料企业往往不只是监测顾客和对手的动向，同时也观察相关行业的情况，因为他们明白，竞争者可能会从市场的边缘地带悄悄逼近，设法由一些你认为不值得花费力气去满足的需求着手，抢走你的顾客，这些新竞争者在设法取得一小块立足之地后，就开始乘胜追击攻击你的主力生产线，持续关注市场边缘的潜在对手，了解市场和相关技术的发展趋势，有利于企业保持优势和维持企业长期发展。第四，与组织内部和顾客及时沟通战略定位，共同制定和实施企业战略。战略本身并不能自动发挥作用，有效的执行战略就必须向公司经理人和员工说明并解释这项战略，与公司客户和基层员工分享公司战略是达成公司目标的一个重要步骤，有助于把公司推销给顾客，同时也能够将顾客纳入最佳合作伙伴的行列。第五，持续扩大企业核心业务范围和规模。当下中国机会很多，很多饲料企业领导者不专注于核心业务扩大，一说到“成长”就会心跳加速，虽然企业领导者经常谈论长久成长，但内心根深蒂固的梦想却是更大的企业总体规模，他们认为成长代表市场份额的增加，可以证明组织充满活力，因此十分振奋人心。另外，成长也是市场评价一家公司实力最主要的标准之一，追求企业成长的战略能让企业价值上涨而不是仅仅为了盈利。问题是许多公司用错了方法，他们抓住每个看好的机会扩大企业规模，甚至抢进不熟悉的市场。

根据行业的发展趋势、公司具有的核心竞争优势等基本情况，为提高公司成长性和自主创新能力，博阳双良公司拟定了近年战略发展规划：

（1）人才战略：礼贤下士，诚聘天下有志之士。所有企业取得成功的最关键因素都是人才，饲料企业尤其如此，为了更好地发展，企业不仅要从内部挖掘具有培养潜力的员工，还要高新聘请外部具有专业知识的相关人才，同时采取“高绩效企业文化”和“善待员工”并举的措施来留住最优秀的员工。保留和挖掘优秀人才需要企业做到以下四点：第一，尽量选拔内部人才担任高层职位。企业应该投入大量资源来留住人才并着力培养自己的优秀员工，比起重金聘请外部管理人员的做法，培养内部员工更划算，对企业管理和激励普通工人也更有效。第二，推动一流的教育培训工作。饲料企业通常会公开宣布要从内部选拔人才，但往往不能为员工提供一些预备升迁的培训，也不能给予他们获取升职后自我价值提升的机会，造成内部选拔人才成了一句空话，因此，企业要不断重视以升迁为导向而举办的教育培训，鼓励企业优秀员工获取知识。第三，为最优秀的员工进行适合自身的职业规划。设法让绩效最好的员工一直对工作保持兴趣，并让他们在工作中感受到调整，进而最大限度地调动员工积极性，鼓励他们专注于独立思考、形成责、权、利对等机制。第四，鼓励管理层加强与员工的交流、沟通。即使根据饲料行业的动态特征制定出完美的企业战略规划，但经理人和员工的态度、想法却无法一致，将大大打击公司战略效果，因此一定要加强经理人和员工之间的紧密关系，使得全体员工对公司的战略目标建立积极态度。

博阳双良将不断完善人才引进、成长、提升的文化和机制，广泛吸收优秀人才，特别是高级专业技术人才和经营管理人才，提高全员专业素养，促进公司管理水平、技术水平、质量水平、服务水平的持续提升，不断增强公司自主创新能力，保障公司可持续发展，提高公司的核心竞争力。

（2）创新战略：构建创新机制，打造创新团队，提升管理素质。专注于毛皮动物饲料的生产和研发，不断推出新产品，保持平稳快速增长。加快新一代产品的研发和市场化，保持和提升核心产品竞争优势，扩大市场的覆盖率和产品的辐射面，同时研发与主业相关的产品，延长产业链条，如良种繁育、兽药、毛皮收购、毛皮加工等相关领域，增强企业实力和发展后劲，为未来公司成为国内具有较强竞争力、在研发能力、产品种类、市场份额等方面均居于行业领先地位的目标打下坚实的基础。

（3）品质战略：坚持以品质为核心，提升产品质量水平；质量是根本，品质是保障，集团与国内外高等科研院所及专家进行广泛的交流合作，并多次赴美国、丹麦、芬兰等毛皮动物养殖技术先进的国家进行考察。春华秋实，集团经过辛勤耕耘，先后荣获“辽宁三十强饲料企业”“诚信单位”“金牌销售企业”“领军企业”“2013 中国非公经济创新人物”等殊荣。今天的荣誉只代表过去，明天的辉煌将从这里开始。目前集团销售网络不断扩大，产品热销到辽宁、吉林、黑龙江、内蒙古自治区、河北、山东、山西等地。

博阳双良集团以“品质一流、服务至上、创新发展、和谐共赢”为宗旨，凭借高素质的人才，完善的管理，先进的设备，科学的配方，优良的产品，在未来五年内将向上下游为主的行业拓展，提供有竞争力的产品和服务，永做中国毛皮行业领航人。

（4）产品战略：以市场为导向，进行饲料推广。持续跟踪和开发适应市场需求的畜禽、毛皮动物饲料产品，改善服务水平，为用户提供优质的产品，促进优质、高效、安全、环保饲料的推广。企业要讲求营运与执行面的技艺，努力达成“符合顾客期望”这一原则，不过需要注意的是，企业并不需要刻意提供完美的产品和服务，卖得最好的饲料并不一定都是质量最好的饲料，成功的饲料企业提供的产品或服务和同行业产品相比，有时在质量上未必特别突出，无论是尽力提供最高质量的产品来取悦顾客还是提供超乎顾客期望的产品来树立品牌形象都不是企业的当务之急，只有将企业战略价值与产品质量结合起来，持续提供给顾客符合其期望的产品，才能实现企业长期发展。另外，企业要不断努力提高生产力，消除产品生产过程当中的浪费，坚持改善制度和流程，找出浪费和无效率之处，集中精力和资源改善企业生产，切实提高企业生产力。

（5）文化战略：文化建设已跻身企业核心竞争力之一，企业应该不断提高标准，以超越任何产业里所有一流饲料企业为目标制定文化战略，例如一旦公司在制造成本上超越同业的竞争对手之后，其企业文化就会问：“难道我们不能更好吗？”当这种延伸性的目标显得遥不可及时，反而可以提醒企业还有另一个值得尝试的机会。因此，这种全力以赴的企业文化为企业带来一个意想不到、但不容易忽视的好处：让管理层对于哪些业务该自行处理、哪些业务该外包等问题做出更好地决定。第一，鼓励人人全力以赴。所有企业都会对主管和员工之间的关系有同样的疑问：员工是应该不假思索地执行主管的命令，还是应该提出更好、更有效率的工作方法？员工是只为薪水工作就好，还是需要认同组织的目标？无论是有意还是无意，每个组织的领导人对待员工的方式以及他们自己的行为标准其实都代表了他们对上述问题的回答。在融合了传统观念和情感而形成的饲料企业文化中，主要的组成因素就是领导人的行为，此外，企业文化也决定了员工对待工作的态度。不断设计和培养的文化能够提升个人和团队的绩效，同时鼓励员工为企业更好地发展尽职尽责。第二，以认可和物质奖励员工的成就，持续提升绩效标准。工作既是生存的需要也是生活的需要，他们必须赚钱维持生活，收入越高其生活往往越舒适，也就可以更好地激励员工更多地为企业做贡献，员工需要其他更具体、更明显的奖励。第三，创造充满挑战、令人满意又有激情的工作环境。公司创造高绩效的文化，手段既不能太严厉气氛又不能变得太沉闷，高绩效和高焦虑的企业文化只有一线之隔，企业必须很好地处理好二者之间的关系。第四，建立并奉行明确的企业价值观。企业的行为端正，业务发展才会好。公司的价值信念应该经过深思熟虑，然后用明确的文字记载下来，成为企业管理的一部分。

当企业制订好战略计划，剩下的就是全神贯注地沿着这个既定方针努力，只要一直坚持持续改进就有机会在竞争中获得优势，打造卓越的蓝海领航企业——博阳双良。新成立的博阳双良集团具备优秀企业的关键要素。首先，战略定位清晰，要勇于成为中国皮毛行业领航人，强化产业链条，巩固企业在行业内的地位；其次，执行层面集团化治理机构和扁平化管理流程保障了企业决策和各种信息反馈，有助于企业加强自身管理，提升企业执行力；再次，重视企业文化建设，保证了企业优秀文化的继承和传承，有利于企业的可持续发展；最后，注重优秀人才储备和后备队伍的建设，保证了企业扩张过程中企业效率最大化，为企业快速发展奠定了基础。

（三）突出自我，打造销售奇迹：企业主营业务

1. 竞争优势及营销策略

（1）重视生产技术研发和营销策划。博阳双良集团长期聘请相关大专院校的畜牧专家和饲料加工业技术人员来企业指导生产，共同探讨研发养殖业急需的各类专用饲料产品、优化已有产品生产，努力提高专业饲料的营养质量，为广大养殖户提供更加专业的产品和更多的选择空间；企业自身也不断加强研发水平，培养研发人才，在已有生产设备的基础上扩大产品生产规模，利用研发的新产品达到更大的规模效应。

（2）完善产销服务体系建设。为了提高企业在饲料行业的整体竞争力，需要建立一套适合自身发展的完整而行之有效的现代企业管理体系，因此必须以完善的财务管理、人事劳资及员工培训体系、销售配送等体系运行，加快企业的成熟和发展进程，使得企业能够在日益激烈的特殊饲料行业抓住已有优势，始终引领皮毛饲料行业发展的进程，在行业内保持领先地位。

（3）建立灵活的生产、管理、经营机制，加强企业自身建设、练好“内功”，使企业有能力、有实力依靠自己的团队建设达到最好的竞争状态；完善销售服务体系，不断扩大销售业绩，视用户为“上帝”，更好地为饲料需求者提供服务，在作为饲料销售者的同时争取做他们的养殖技术顾问，重视信息反馈工作，及时处理用户使用中出现的问题，热心帮助他们解决养殖过程中出现的问题，与他们建立长期的合作伙伴关系，从而达到逐步扩大企业占有市场份额的目的。

（4）重视销售队伍建设。不断扩大销售队伍，通过增加企业培训提高销售人员的销售素质和销售技巧，提升销售团队的整体实力；广泛联系经纪人，通过经纪人与养殖户建立良好的销售关系、在企业与养殖户之间架起一座稳固的沟通桥梁，使企业与广大饲料用户之间保持信息往返沟通的顺畅，同时既要抓牢大用户、也不放走小用户，一视同仁，为所有养殖户提供最优质的服务。

（5）选择稳定的用户建立长期合同关系。确定原、辅料及产品供销量和价格，保障企业生产原料来源的安全性和稳定性，为了建立长期合同关系可以在价格上给予农户适当的优惠；为防止原、辅料及产品费用和价格或其他意外因素而造成的风险损失，可采取双方年度协商等办法进行调节，以减少营销中不可预测因素引起的剧烈起伏，这有助于保持企业和农户良好关系的稳定和持续发展。

2. 市场策略定位

博阳双良集团现在辽宁、山东、黑龙江共有 5 家饲料厂，未来将加快战略性布局，逐步扩大销售区域。

3. 饲料产品定位

（1）博阳双良始终把饲料产品品质（好产品 + 好服务 + 安全性）放在第一位，树立好产品的口碑，避免饲料产品质量的波动性。当前，随着社会经济水平的进一步发展，我国畜牧业正处在以散养为主导的传统生产方式向规模化、集约化、专业化、现代化生产方式转变的关键时期，饲料工业已经进入由数量型向数量、质量并重型转变的新阶段。我国饲料行业经过了 30 年的发展，已由高速增长期进入了平稳增长期，在实现饲料大国向饲料强国的转变过程中，饲料企业面临着巨大的变革，单纯追求销售数量、增长速度，靠大量消耗资源的粗放式经营已经不能适应当前的发展需要。企业应及时进行战略调整，追求产品质量、节约资源、保护环境、效益提升的集约式经营过渡，才能取得可持续性发展。

（2）将研制和开发毛皮动物饲料系列产品作为重中之重。辽宁省是传统的粮食大省、畜牧大省。近几年，辽宁的特种养殖业发展很快，伴随国家对于特种养殖业规模化的扶持政策的落实，以及行业自身发展的调整，未来几年特种养殖业的规模化程度会大幅提高，毛皮动物市场开始升温，养殖数量大幅增加。养殖形势变化，饲料企业要实现与规模化养殖场以及集团化养殖场的对接。

（3）树立品牌整体形象，为公司发展提前做好品牌推广。牢固树立“饲料安全”的观念，坚持从源头抓安全、抓质量，坚持从生产加工、包装、储运、销售等各个环节抓监管，严格生产过程控制，组织企业严格按照标准组织生产，确保饲料产品质量安全，树立品牌整体形象。

七、大展宏图，聚执着追梦人

近年来，由于我国饲料行业的高速发展，部分中小型饲料企业往往陷入人才引进的困境，有的甚至出现企业发展减缓等系列现象。21 世纪以来，随着我国政府对农业企业政策的倾斜，大部分饲料企业的外围环境得到了显著改善；然而，目前饲料企业人才吸引问题日益显著，很多饲料企业甚至农牧企业都出现了“人才少”“招不来”“待不住”的问题。那么，双良又是怎样解决这些问题的呢？他们采取了什么样的人才战略呢？让我们继续走进双良的人才管理团队——找寻问题的答案。

目前，正在从成长期进入高速发展期的博阳双良集团对于人才的渴望不言而喻。在调研过程中，王董事长曾不止一次的半开玩笑的挽留我们团队的人员加入双良，不可否认，惜才、爱才“视才如命”的双良在未来一定会成为我国毛皮饲料企业中首屈一指的领航者。如今，双良集团已经走过了整整十五个春秋，这十五年是打下坚实基础，一步一个脚印向前的十五年，是历经风雨艰险脱颖而出的十五年，是告别大洋走进蓝海奋勇当先的十五年。在未来的十五年，双良定将迈入大踏步向前的时代，驶入高速公路继续向前再向前。

（一）“玄武真经”——双良人才战略

人才是企业最为重要的资源。其不可代替性和高增值性的特点，决定了它是现代企业竞争的焦点。现在人才资源战略管理的重要性已成为各大企业的共识，他们也逐步把原来的人事管理转变为具有人才规划、人才开发、人才合理使用的现代人才资源管理上来。双良集团之所以能够取得今天的成绩，与其对人才、知识的高度重视和战略选择密不可分。引用王总的人才理念概括双良的人才战略就是“保留优秀人才，开发更多人才”。在访谈中王总谈到，人才管理方面优异的公司都擅长以下四项原则：尽量选拔内部人才担任中高层领导；设计并持续推动教育培训计划；为优秀的员工规划有吸引力及挑战性的工作；高层主管密切参与培养和发掘新人的工作。

除此之外，双良还有一些实用、高效并适合其他饲料企业借鉴学习的人才战略，让我们一起翻开双良的“玄武真经”探寻双良人才战略的精髓。

（二）公司内部的人才培养

通常饲料企业公开宣布要从内部选拔人才，但往往不能为员工提供一些预备升迁的培训机制，使得选拔内部人才成为一句空话。以升迁为导向的教育培训在双良集团受到极大重视，尤其是管理层的重视程度，是很多行业内企业无法比拟的。在其他企业，员工应该完全靠自己能力来为更高的职位做好准备，但双良却为员工提前搭建培训学习平台，让所有具有积极进取愿意的员工都有机会提升自己的能力、提高自己的水平。

很多企业会不惜一切代价留住顾客，却忘记了同样重要的优秀员工的作用，在这样的组织中，一旦员工选择离职，他们的上司会感到受伤或愤怒，而忘记考虑员工自己的梦想和希望是否受到足够的重视和尊重。双良选择了一条大投入留住内部人才的战略，培养自己内部人才的同时，留住人才，这样既节省了企业挖掘人才的成本又提高了内部的竞争环境和水平。

部分公司发现虽然公司计划和战略堪称完美，但是经理人和员工的态度和想法却会出现分歧或偏差，影响公司战略的实施效果。双良提倡并要求管理层人员与各层员工建立紧密的关系，树立员工积极的统一的态度，在此前提之下，生成的企业文化又使得企业像一个大家庭，提升人才的积极性和向上的动力。

（三）公司吸引人才的战略

提高企业领导人自身素质，转变用人思想。双良认识到企业存在人才问题，企业家应该承担其主要的责任。原因是他们缺乏现代企业的人力资源管理的意识，而是按照自己的感觉和经验去经营企业，同时又缺乏对现代企业管理知识的学习，因此出现人才战略的失误是不可避免的。所以，双良建立起一个学习型组织，并且首先从决策层开始转变用人观念，将他们“送出去”进行有关现代企业管理的知识培训。因为老板的思想不改变，其他人改变是没用的。这样企业经营者就会真正把人作为一种资源加以开发与管理，转变落后的传统用人观念，以人为本，把员工当作企业的一种重要资源来对待；确立正确的选才观念，切合实际，重视实用，且要善于用其所长，避其所短，全面正确地使用人才；敢于用发展的眼光对待人才，大胆使用，精心培养；善于“知人善任”，敢于使用大胆“外人”，建立完善的招聘、使用、监督的用人机制，这样企业才可以从思想上解决人才战略存在的问题。

选择适合本企业的人才引进战略。双良的理念是选择适合企业的人才战略要根据企业的发展阶段、企业所处在的行业位置以及企业发展的战略结合起来考虑。比如在企业的成长阶段，人才要符合创业时期的要求，所以此时人才引进主要侧重于低层面选择，立足于执行层人员的引进；在成型阶段，企业在技术和产品研发、市场营销、财务管理方面逐渐走向规范化管理，因此，配套要引进人才，在引进策略方面则要提高引进人才的层次；进入成熟阶段之后的企业，对高层次人力资源需求力度明显增强。在引进策略选择概念技能较强，人际关系较好，企业发展目标清楚的高端人才。双良一直奉行的是根据自身的企业战略特点和企业的发展阶段需要有目的性的人才引进。

（四）公司未来人才建设的规划

为避免企业人才流失量大，双良提出确立完善的企业人才激励机制。提高薪酬激励和拓展人才的个人事业发展空间。这就要求企业建立一套中长期的激励制度，让人才的职业生涯和事业同企业的发展紧密联系起来，让人才和企业一起成长，从而达到留住人才的目的。一是改善薪酬福利制度使其具有激励功能；二是实施员工持股计划，吸引人才，提高企业的吸引人才的竞争力；三是可以采取国际上通行的技术入股、利润提成等措施，实现个人利益与企业利益的统一；四是结合企业灵活的精神激励机制如尊重激励、参与激励、工作激励、荣誉等形式，意在建立企业薪酬和激励制度来实现对人才引进和保护。

营造团结和谐企业文化氛围企业文化是全体员工在特定的社会政治、经济、文化背景下，在长期的生产劳动中而逐步形成的并且为企业成员普遍遵循和认可的具有本企业特色的价值观念、共同思想、团体意识、行为准则和道德规范的总和。因此，建立良好和谐的人际关系有着非常重要的作用，在未来双良要增强对人才的凝聚力和吸引力的重要途径就是建立良好的企业文化。企业和谐人际关系的建立中，最关键的是企业领导层和员工的关系，这个关系的好坏将直接影响到人才的得失问题，所以王总提出务必处理好高层及各层员工的关系。如坚持“己欲立而立人，己欲达而达人”“己所不欲勿施于人”等中国的传统道德观念，就会营造出团结和谐企业文化氛围，那么人才就会得到一个良好的工作生活环境而得以保护。

参考文献：

[1] 芮明杰 . 管理学——现代的观点 [M]. 上海：人民出版社，1999.

[2] 钱颜文，孙林岩 . 论管理理论和管理模式的演进 [J]. 管理工程学报，2005，19（2）：12-17.

[3]Pascale RT，Athos AG.Thear tof Japanese management: applications for American executives [M].New York:Warner Books,1981.

[4]Peters TJ，Waterman RH.In Search of Excellence: Lessons from America's Best-Run Companies [M].New York: Warner Books,1982.

[5] 叶国灿 . 企业管理模式的创新趋势 [J]. 管理世界，2003（12）：146-147.

[6] 卢启程 . 企业管理模式的理论与发展研究 [J]. 时代经贸，2006，4（10）：71-73.

[7] 郑和平．企业管理模式理论及中国企业管理模式方向分析 [J]. 企业活力，2003（1）: 60-64.

[8] 伍海平，程永新．现代流通企业管理模式的量化测评 [J]. 商业时代，2012（20）: 108-110.

[9] 傅贤治，孙耀唯．关于国有企业管理模式的动态选择 [J]. 中国工业经济，1995（9）: 32-36.

[10] 郭咸纲 .G 管理模式：决定企业成功的七种管理模式 [M]. 广州：广东经济出版社，2003.

[11] 敬嵩，雷良海．利益相关者参与公司管理的进化博弈分析 [J]. 管理科学学报，2006，9（6）: 82-86.

[12] 朱红军，喻立勇，汪辉．“泛家族化”，还是“家长制”？——基于雅戈尔和茉织华案例的中国民营企业管理模式选择与经济后果分析 [J]. 管理世界，2007（2）: 107-119.

[13] 尹作亮．我国民营企业管理模式及其制度创新研究 [J]. 中央财经大学学报，2009（2）: 57-61.

[14] 李铁瑛．中国企业横向整合管理模式选择研究 [D]. 华南理工大学博士学位论文，2011.

[15]Nelson RR,Winter SG.Evolutionary Theory of Economic change [M]. Cambridge: Harvard University Press,1982.

[16]Feldman MS.Organization alroutine sasa source of continuous change[J].Organization Science,2000,11(6):611-629.

[17] 吴光飙．企业发展分析——一种以惯例为基础的演化论观点 [D]. 复旦大学博士学位论文，2002.

第八章 新希望：打造世界级农牧企业

摘要：我国的民营企业在改革开放以来三十年的发展中，逐渐夯实基础、克服与生俱来的劣势，并逐渐成了我国社会主义市场经济的重要部分。尤其是近些年，民营企业的发展给中国市场经济注入了新的市场活力，加强了市场经济的竞争，提高了中国市场经济的效率，同时在解决就业和创造国民收入等方面发挥着越来越重要的作用。总体来讲，中国民营经济体已逐渐走向发展的正轨，逐步探索出民营企业特色的发展道路。然而，民营企业毕竟仍处于探索发展道路的初级阶段，在公司治理等方面必然存在一些不可忽视的问题。本文选取了中国民营家族企业中比较具有代表性的企业——新希望六和股份有限公司作为分析对象。新希望六和股份有限公司是目前中国农牧产业比较具有实力的民营企业，也是中国改革开放以来发展起来的第一批民营企业。它是研究我国民营企业发展与变迁等民营企业治理方面的问题比较典型的企业。本文着重分析了其在股权结构治理、董事会管理以及管理人员的薪酬绩效激励机制等方面的问题。希望通过本文的分析，可以为中国民营企业在未来进一步完善其公司治理结构，促进中国民营企业的科学化管理提供一定的借鉴。

关键词：新希望集团；董事会；股权结构；发展战略

一、引言

希望集团创立于1982年，其前身是南方希望集团，是刘永言、刘永行、陈育新（刘永美）、刘永好四兄弟创建的大型民营企业——“希望集团”的四个分支之一。目前，新希望集团有农牧与食品、化工与资源、地产与基础设施、金融与投资四大产业集群，是国内具有一定影响力的民营家族企业。目前我国大多数民营企业采用家族企业的管理模式，企业的股权高度集中在少数家族成员手中。股权结构又是影响家族企业治理效率的重要因素，一般说来，治理结构与股权结构相对应，它决定企业治理机制的运作方式和控制权的配置，进而影响甚至决定着企业治理的效率。现阶段我国家族企业家族持股的比例和股权集中程度偏高，股权制衡的程度较低。如果家族控股的比例适当降低，对股权结构进行优化，可以对家族大股东掠夺中小股东利益的情况产生一定抑制作用，并且家族企业的治理效率将得到提高。

二、文献回顾

家族企业研究在国内基本上始自20世纪90年代，当时中国民营经济在改革开放政策逐渐稳定的转型制度下迅速崛起。中国传统的家文化对企业的影响在改革开放过程中得到恢复和发展，但在制度不完善和复杂的市场环境下，家族企业的成长面对一系列的挑战。国内家族企业管理的研究除了关注国际学术界的部分共同话题之外，对中国情景下的独特问题和管理模式给予了高度关注，主要的研究课题集中在以下几个方面：

（一）中国文化和信任结构下的家族企业成长困境

中国传统的家文化以及社会关系形成的“差序格局”特征，产生了亲疏关系的信任差异以及任人唯亲的决策倾向。随着家族企业的不断发展和壮大，其中面临的主要问题之一就是专业化管理能力的缺乏，企业从外部劳动力市场获取人力资源的机制又出现代理困境。有学者提出，由于家族化的企业组织附有家长权威，这种高度集权的特征使得中低层次的非家族管理者没有得到足够授权，从而使得管理能力培养和经验积累变得缺乏。这种管理资源的供应不足进一步造成家族企业人力资本的短缺，制约了家族企业的持续成长。管理资源的引入首先是要解决家族企业与职业经理人之间有效融合的问题，吸纳和整合成新的管理资源，在这个过程尤其要重视家文化和泛家族规则的影响机制（储小平，2002）。但是由于家族企业和经理人双方在家族主义和利益取向方面的差异，其中的信任问题始终无法从根本上得到解决，从而导致职业经理人的才能发挥受到制约和逆向激励。对此，也有学者通过经验研究发现，家族企业主与非家族雇员在管理层面会形成区别于传统委托代理关系的“第二重代理关系”（苏启林和朱文，2003），使家族企业治理问题更加复杂化。这些研究都反映了家族企业成长过程所呈现的一系列序贯萌生的问题：成长导致管理能力的缺乏——外部职业经理人员的引入——家族企业治理结构问题。新近的研究则提出了家族内部成员之间的权力治理问题，即具有亲缘关系的家族成员内部所形成的家族权威的配置特征（贺小刚和连燕玲，2009）这方面的研究试图从家族治理的视角分析家族企业成长过程中的困境，并提出相应对策。

（二）中国家族企业关系治理

崇尚家族伦理和关系网络的华人社会制度背景使得关系契约成为企业内部的隐性契约形式，相应地关系治理成为中国家族企业的一种适应性策略的制度安排。实际上，中国家族企业的实际治理模式是关系治理与契约治理两种手段并存，现有的研究结论认为这两种治理模式的配置方式的选择受到企业内外因素的影响，例如企业领导（家族创业者）的价值观、企业的家族所有权结构、资产规模和制度环境因素等。也有研究指出，针对家族企业的家族内部和外部两种代理人，应该依靠关系特征进行相互制约，因此强关系和强契约治理形式应该是降低这两类代理成本的最优配置方式。不过由于两种关系治理形式受家族治理和企业治理特征的制约，其相互之间的复杂关联有待进一步的梳理和分析。

（三）中国家族企业领导行为与传承：家长式领导与企业家精神传承

目前针对中国家族企业领导行为的研究还较少，现有研究把家族企业的领导行为分为构建愿景、开拓创新、监控运营、仁慈关爱和责任融洽维度等5种正面的领导行为，分析其对员工工作态度、组织承诺和组织公民行为的影响，然而其影响效应又受治理模式的制约。现有研究只是在中国家族企业的情景中来分析领导行为与员工的组织行为特征，没有进一步探讨不同的领导行为与家族企业的成长问题，也没有体现出中国情境下的理论独特性。家族企业的成长牵系到传承和继任，现实经济中不少中国家族企业目前正面临从第一代到第二代的传承交接问题，而“子承父业”是主流的继任模式。继任者的继任能力和继任意愿的培养过程是主要部分，企业继任过程中的企业家精神传承影响着企业后续的持续发展。这方面的研究指出，现任和继任者之间的人际信任关系、权力传承的共识程度都会影响到家族创业者的企业家精神传承。现有研究还发现，企业家的默会知识、关系网络和企业家精神是家族企业代际传承过程中企业家个体所需要传承的三大要素（窦军生等，2008）。实际上，这些要素是家族企业持续创业的根基，更为重要的是，中国家族企业领导行为中应该重视进行持续的制度创新和文化创新，持续地传承和延续家族企业的创业精神（李新春等，2008）。

（四）家族创业与可持续成长

国内关于家族创业的研究才刚刚开始，主要集中在理论分析层面。在中国的制度环境下，有学者提出可以从家族嵌入、资源和创业导向等视角来开展基于本土化的家族创业研究，为家族企业和创业理论提供补充。也有研究提出基于过程观的家族创业研究范式，分析家族性因素如何影响创业机会的识别、资源获取已经形成动态的竞争优势（陈文婷等，2009）。该领域的研究观点主要体现在，家族独特的资源库和家族创业导向交互影响着家族企业的成长，在家族资源条件下从机会导向转变为创业导向的战略有利于中国家族企业的可持续成长。可见，目前的研究主要从家族因素与创业过程之间的相互嵌入的角度来进行理论研究，可进一步基于现实案例和数据对其中的关键变量之间的作用机制进行深入分析。

纵观和比较现有的研究结论，可以看出有关中国家族企业管理的研究焦点主要集中在家族企业引进职业经理人及其内部治理、家族成员之间的权力配置以及传承问题，也有少部分研究开始关注企业社会责任。然而，这些只是维系家族企业持续成长的部分议题，而且大部分的研究都表现出强烈的实用主义导向，为家族企业面临的实际问题提供对策和建议。由于中国家族企业是在中国本土的文化价值观和社会体系中成长，家族系统（Dyer，2009）、家族伦理（Harris，2009）、产权的界定和保护、社会关系网络和社会责任等这些涉及社会学和法学理论的概念对于家族企业的创业和持续成长具有独特的作用机制。作为一个具有重要现实意义的研究话题，以跨学科的研究范式对家族企业进行深入研究有利于突破现有的理论禁锢，具有重要的学术价值。

三、百年梦想——民营企业有希望

1995年，希望集团被中国国家工商局评定为全国500家最大私营企业第一名，2013年企业营业收入高达693.95亿元。刘永好先生是该集团创业者之一并任集团总裁，刘氏四兄弟各占新希望集团1/4股权。

（一）集团介绍

1. 公司历史沿革

新希望六和股份有限公司（原名四川新希望农业股份有限公司）（以

下简称公司）系经四川省人民政府川府函（1997）260号文批准，于1998年3月4日由原绵阳希望饲料有限公司整体变更成立。公司成立时注册资本为14002万元。1998年3月11日和9月15日，公司向社会公众公开发行的公众股3600万股和向内部职工发行的内部职工股400万股，在深圳证券交易所上市交易，股票代码：000876。公司股票上市后，经过2000年5月的转送股、2001年3月的配股、2002年7月、2002年10月、2008年6月、2010年5月的转送股，在2006年8月执行的《公司股权分置改革方案》后，截至2010年12月31日，公司总股本为83237.154万股。

根据公司2011年1月10日临时股东会通过的《关于公司资产出售、资产置换及发行股份购买资产暨关联交易的议案》，通过向南方希望实业有限公司（原名四川南方希望实业有限公司）、李巍、刘畅、成都新望投资有限公司、西藏善诚投资咨询有限公司（原名青岛善诚投资咨询有限公司）、西藏思壮投资咨询有限公司（原名青岛思壮投资咨询有限公司）、潍坊众慧投资管理有限公司、拉萨开发区和之望实业有限公司（原名青岛和之望实业有限公司）、西藏高智实业投资发展有限公司（原名青岛高智实业投资发展有限公司）、新疆惠德股权投资有限公司（原名山东惠德农牧科技有限公司）发行股份905298070元购买其各自持有的成都枫澜科技有限公司、四川新希望六和农牧有限公司（原名四川新希望农牧有限公司）、山东新希望六和集团有限公司（原名山东六和集团有限公司）、新希望六和饲料股份有限公司（原名六和饲料股份有限公司）的股权，同时出售了房地产行业公司的股权、置换出了乳品行业公司的股权。公司于2011年10月14日完成了上述重大资产重组，完成后公司的经营业务、注册资本都发生了变化，截至2013年12月31日公司注册资本173766.961万元，总股本为173766.961万股，其中有限售条件的流通股为66354.0208万股，无限售条件的流通股为107412.9402万股。

2. 公司行业情况

公司成立时下设绵阳希望、昆明希望、贵阳希望和西昌希望四家饲料分公司。经过多年的发展，截至2013年12月底公司已相继在四川、云南、贵州、重庆、广东、广西、海南、河北、山东、江苏、河南、安徽、江西、湖北、湖南、上海、陕西、新疆、北京、天津、辽宁、吉林、黑龙江、西藏、甘肃、宁夏，以及越南、柬埔寨、菲律宾、孟加拉、印度尼西亚、斯里兰卡、新加坡、缅甸、埃及、土耳其等地区和国家以投资新设或收购兼并等方式拥有 429 家直接或间接控制的子公司及 14 家联营企业、1 家合营企业，成为以饲料、养殖、屠宰及肉制品、金融为核心竞争力的产业集团公司。其中饲料行业的控股子公司 235 家，联营企业 4 家；屠宰及肉制品加工行业控股子公司 73 家，联营企业 1 家；养殖行业的控股子公司 79 家，联营企业 2 家；担保行业控股子公司 9 家；贸易行业控股子公司 8 家，联营企业 3 家；其他行业的控股子公司 25 家，联营企业 2 家；合营企业 1 家；金融联营企业 2 家。公司已连续多年成为中国企业 500 强之一、四川省民营企业 10 强第一位，并被评为中国最具生命力企业之一。

3. 公司经营范围

公司营业执照号：510000000072738。公司法定代表人：刘畅。公司经营范围：配合饲料、浓缩饲料、精料补充料的生产、加工（限分支机构经营）（以上项目及期限以许可证为准）。一般经营项目（以下范围不含前置许可项目，后置许可项目凭许可证或审批文件经营）：谷物及其他作物的种植；牲畜的饲养；猪的饲养；家禽的饲养；商品批发与零售；进出口业；项目投资与管理；科技交流和推广服务业。公司注册地址：四川省绵阳市国家高新技术产业开发区。

4. 公司的主要产品

公司的饲料行业产品主要包括猪料、禽料、鱼料等；养殖行业主要包括种猪、商品猪、种鸡、种鸭、商品鸡、商品鸭等；屠宰及肉制品行业产品包括熟肉制品、生鲜速冻食品等。

5. 母公司以及实际控制人名称

截至 2013 年 12 月 31 日公司第一大股东是南方希望实业有限公司，第二大股东是新希望集团有限公司，而新希望集团有限公司为南方希望实业有限公司的控股股东，所以公司控股股东（母公司）为新希望集团有限公司，最终实际控制人为刘永好。

（二）从西部田埂走向世界

1982年，刘永言、刘永行、陈育新（刘永美）、刘永好四兄弟辞去公职，变卖手表、自行车等家产凑了1000元钱开始创业。他们从养鹌鹑开始，在极其艰难的条件下成立了育新良种场，大大改善了传统的生产方式。同时，他们拓展营销渠道，将鹌鹑及鹌鹑蛋销往全国。在经营的压力下，他们想到过退缩，也想到过将企业捐赠给政府。但是在风雨中，刘氏兄弟坚持了下来。1986年，当时的科技部部长宋健为刘氏兄弟题词“中国经济的振兴寄希望于社会主义企业家”。从此“希望”成了刘氏兄弟事业的品牌。

经过了艰难的起步阶段，到1990年，刘氏兄弟的企业已经由最初的7个人增加到300多人，资产规模也从1000元增加到1000万元，销售收入达到1亿元。这时，他们毅然开始了产业调整，把多年积累下来的资金全部投向饲料产品的研究与生产，并于1992年组建了希望集团。依靠先进的技术、过硬的产品质量、创新的营销手段和带动广大农民致富的决心，他们把希望品牌推向四川，推向全国。到1995年时，希望集团已经拥有员工6000人，资产规模10亿元，销售收入20亿元，成为中国饲料企业百强第一位，中国500家最大私营企业第一位。

企业的持续发展和规模的壮大离不开现代企业制度的建立。1992、1995年，刘氏兄弟两次重新划分规范了希望集团的产权。1995年至1997年间，在南方希望资产的基础上，刘永好组建了新希望集团。

在23年的发展中，新希望秉承“与客户共享成功，与员工共求发展，与社会共同进步”的理念，始终致力于中国农牧业的发展。农牧业是新希望的根基和核心产业。新希望引入先进的理念、优秀的人才、领先的技术和优质的产品，培育企业核心竞争力，不断做大做强农牧业，实现了高速的和可持续的发展。

2005年，新希望集团与山东六和集团进行了强强联合，形成了新的格局。六和集团是中国农牧业的一个领先企业，从事饲料、饲养、屠宰、生物、兽药等产业。经过强强联合，新希望集团年产饲料600万吨，在中国饲料行业居第一位，集团年销售收入200亿元，成为中国最大、亚洲领先的农牧企业。

在发展农牧业的同时，新希望也抓住机遇，投资了金融、房地产、化工等产业，取得了良好的投资回报。新希望投资的中国民生银行是中国成长性最好、资产质量最高的股份制商业银行之一，截至2014年12月31日，民生银行资产总额为40151.36亿元。新希望还是联华信托投资公司的大股东，民生人寿保险公司的主要股东。新希望房地产开发的中高档城市住宅面积超过100万平方米，取得了很好的回报。新希望与国际金融公司等机构组建的成都华融化工是中国最大的高纯度氢氧化钾生产企业。新希望投资生产的磷钙产品在国内居前列。新希望还在中国中西部地区建设大商汇项目，开展商贸物流。

良好的投资回报为新希望继续发展农牧业提供了有利的条件和坚实的基础。未来，新希望将继续以农牧业为主，在整个农牧产业链进行全面发展，通过饲料、饲养、屠宰、肉食加工、乳品、种禽、种畜、生物、兽药等产业，做大做强新希望的农牧业。同时继续在金融、房地产、化工等行业有所发展。在未来，通过我们的努力，争取将新希望打造成为以农牧业为主、在几个产业协调发展的规范、环保的世界级农牧企业。

在公司治理和管理方面，新希望进行了大量的规范和创新。非持股董事进入了新希望集团董事会；由内部培养和社会引进的职业经理人形成了新老结合、经营和技术人才结合的管理团队；作为投资控股的集团公司和作为经营主体的事业部相分离，形成权责清晰的企业组织架构。

从西部的田埂上走来的新希望。从创业初的1000元到今天的百亿资产，从4个兄弟到6万多员工，从四川的乡土企业到遍布全国的企业集团，新希望所走过的道路，从一个侧面反映了中国改革开放艰难而又充满机遇的过程。与中国改革开放一道起跑的新希望，正生机勃勃地与中国经济一道成长！如今的新希望正在为成为百年企业而不懈努力。

四、战略导向——突出主业适度多元

新希望集团作为我国在饲料行业建立较早，发展最快，规模最大，引领我国饲料行业发展潮流的龙头民营企业，以其富有传奇色彩的成长经历引起各界的关注。国内对其研究的文章已经很多。本文在广泛借鉴前人研究成果的基础上，结合对新希望集团的实地调研，首先从新希望集团的多元化和专业化战略转变这一视角对其发展历程进行梳理。

（一）从战略转型角度看发展历程

1. 创业和生存（1982—1987 年）

第一桶金的挖掘。20 世纪 80 年代初期，刘家四兄弟萌发了经商的念头，经过多方面探索，最终选择了养殖业。1982 年他们利用 1000 元启动资金建立了“育新良种场”，主营养鹌鹑。当时他们紧抓国有企业对赚钱“犹抱琵琶半遮面”的时机，开足马力育种、孵雏、卖饲料，全方面供应鹌鹑养殖业。适应了市场的需要，刘氏兄弟的买卖越做越顺，不仅净赚了 1000 多万利润，掘到了“第一桶金”，还获得国家星火科技成果二等奖，名利双收。

2. 第一次战略转型（1988—1996 年）

进入和发展饲料产业。如果说，从育鸡苗到养鹌鹑是刘永好兄弟经营空间的扩展，那么，从搞养殖到开发饲料生产，则是使家庭作坊经营向现代化规模经营的大步跨越。1987 年夏天，刘永好出差到广州，偶遇广东农民排长队购买泰国正大颗粒饲料，令他惊奇不已。他观看了饲料，索要了说明书，回成都后向几位兄长介绍了生产猪饲料的前途。经过认真研究，刘氏兄弟发现，饲料生产利润高，供不应求；另外，当时鹌鹑市场已经饱和。于是四兄弟当机立断，用“希望饲料公司”取代了“育新良种场”，专业户成了私营企业，并在古家村买下 10 亩地，投资 400 万元建起科研所和饲料厂。经过近两年的反复试验、筛选，从33个配方中优选出来的“1号乳猪饲料”脱颖而出，产品面世，很快在四川农村产生轰动。它与“正大”质量上相差不大，价格却比洋饲料低，一下子打破了正大集团及其洋饲料垄断中国高档饲料市场的局面。在很短的时间内他们又建起了年产10万吨的猪饲料厂。1990年1月，希望饲料的销量猛增到4000吨，超过了正大成都公司的销量。1991年，希望集团的产量和销售收入都增长了1.5倍左右，已经拥有过亿资产，并且与正大集团在西南势均力敌。1992年，他们注册成立希望集团。1996年3月，新希望集团成立。由于本文以新希望集团为研究对象，所以期间希望集团四兄弟的分行划地就不详述了。

新希望集团董事长　刘永好

3. 第二次战略转型（1996—2003年）

从专业化战略到多元化战略刘永好以新希望集团为平台，实行了一系列对饲料、金融投资、地产、乳业等行业的整合。可以说，新希望集团在此阶段实行的是一种相关多元化和不相关多元化并行的战略，目的是既要做出公司在涉及行业的领先优势，又要发挥集团的协同效应，并做大集团的规模，所以公司在相关行业和不相关行业进行了以产业和资本为纽带的快速扩张。

金融：1996年2月，民生银行成立的时候，新希望集团出资5000余万元入股。除了民生银行，新希望集团也试图寻找一些新的融资途径。2001年投资6000万元，参与发起设立中国民生人寿保险股份有限公司，成为民生保险主要股东之一。2003年年底，新希望集团又以战略投资者的身份进入信托行业。2005年3月份，其控股子公司新希望投资有限公司与世界银行集团所属国际金融公司（IFC）签署正式合作协议，同意 IFC 出资 4500 万美元增资新希望投资，但是新希望及四川新希望集团有限公司不再追加对新希望投资有限公司的投资。增资完成后，将主要在国内收购包括银行在内的优质金融类资产。当企业发展到一定规模时，往往由产品投资者变成了产业投资者、战略投资者，这需要庞大的金融资本来做后盾。

房地产：1999 年 7 月，新希望投资 16 个亿的成都锦官新城开盘，创下三天销售 1.4 亿元的纪录。同年，新希望在上海拿到了世纪公园旁的一块黄金宝地，开始运作上海四季全景台花园。接着，大连新希望花园项目也开始启动。2003 年，新希望集团依靠其强大的资源整合能力、资金优势、品牌价值，强势介入商贸物流领域，并在中国中、西部选择具有商业潜力的地区，投资建设“大商汇”商贸物流项目，拟发展成为中国商贸流通行业的航母。

乳业：2001 年新希望投资 3850 万元，控股组建四川新阳平乳业有限公司，占 55%股权。在并购战略指导下，从 2002 年 4 月到 2003 年 4 月，新希望农业股份有限公司耗资 4 亿多元投入乳业在全国范围内进行强势并购，通过收购、兼并、改组、合作等方式控股或参股了 12 家当地排名第一或第二的地方乳品企业。2002 年 4 月，新希望集团成功收购安徽白帝乳业公司；6 月和 7 月，通过控股和参股成都华西乳业公司和重庆天友乳业集团，在资产和市场规模上名列西南区域乳业公司第一；8 月，组建长春新希望乳业有限公司，控股杭州双峰乳业公司；9 月，控股河北天香乳业公司、杭州美丽健乳业公司和青岛琴牌乳业公司；12 月收购云南邓川蝶泉乳业公司；2003 年 3 月，控股昆明雪兰乳业公司。在此基础上，组建了新希望集团的乳业“联合舰队”。在 2003 年 4 月后，再未能并购到新的乳业企业，同年 10 月，新希望集团乳业并购行动停止。

化工：2001 年新希望与 IFC 联合组建中外合资化工生产联营体——成都华融化工有限公司。

能源：2003 年 7 月 29 日，新希望集团联手香港地区中华煤气，与深圳市投资管理公司签署深圳燃气集团有限公司股权转让及增资原则性协议。中华煤气与新希望按照同股同价的原则分别以现金出资。其中，新希望占股10%，中华煤气占股30%。

自公司1996年成立以来，公司已经由单一从事饲料生产和销售的小型企业发展成为以饲料、乳业、化工为主业的农业产业化大型企业集团，目前拥有40多家控股公司和参股公司，总资产由上市之初的1.5亿元发展到目前的40亿元，净利润也从4000多万元增加到2004年的14000万元。

4. 第三次战略转型（2004年至今）

从多元化战略到专业化和国际化战略。新希望集团目前已成为我国最大、亚洲领先的农牧企业。在党和政府着力解决"三农"问题、建设新农村的历史性机遇前，作为我国著名民营企业的新希望集团及时做出重大战略调整：从2005年开始，新希望加大农牧产业的投入，立志通过几年努力，将新希望打造成为规范、环保的世界级农牧企业。另外，新希望对集团总部进行重组，重新配置资源，更新观念，完善系列战略设计，以便发挥更好的价值创造功能。与此同时，2005年4月，新希望与山东六合集团实现了强强联手，新希望成为拥有1.3万员工的这家大型畜牧业企业的大股东，外界评价新希望此举是"正式宣布向农牧产业回归"。新希望的乳品板块全面整合12家兼并重组企业的优势，大力发展高水平奶源基地，集团的乳业已奠定了良好的发展基础。到2005年年底，新希望集团已有170家下属企业，员工3.5万，当年实现销售收入200亿元，上缴税金4.8亿元，同比分别增长14%和24%。在新希望集团的产业结构中，以饲料、养殖、屠宰、肉食品加工、乳制品等为主体的农牧产业所占的比重达到68%。新希望集团董事长刘永好表示，中国的农牧产品有巨大的市场，中国一定能产生世界级的农牧企业。新希望将继续加大农牧产业的投入，5年后年销售收入将达到500亿元，争取成为中国第一批世界级农牧企业。

2006年，公司在经营管理上，公司加强了经营业务的经济活动分析，实施集中战略，优化产品结构，提升产品品质，积极培育市场，努力提高销量，在公司内全面实行预算管理、标准成本管理、对标管理和6S管理，加强成本控制，向管理要效益，降低了经营费用和管理费用；在抓好国内市场的同时大力发展海外市场，并加大新建和技改项目的投入，扩大产品市场份额。加快战略调整，抓好产业整合，逐步减少和淡化在非农产业的投资，充分发挥新希望在农牧业领域中的巨大优势，以农业和农产品加工业为主，抓好农业产业链一体化的经营和发展。公司将进一步加强“三链一网”（猪、禽、乳产业链和新希望农村电子商务平台）建设，以此作为新希望农牧产业的主体和基础，并充分发挥新希望在农牧业中的优势，发展品牌农业，最终将新希望打造成为世界级农牧业企业。

2008 年，公司主动出击，积极应对，认清经济形势的严峻性，做好较长时间过紧日子的思想准备，强化“过冬”意识，严格控制固定资产投资规模，坚持压缩和节省费用，严格掌控非生产性开支，高度重视经营风险，严格控制应收账款和库存物资；继续深化精细化管理，在危机中苦练内功，从生产经营的各流程、工序、岗位、设备配置以及现行运行机制等入手，提高节能降耗的效果，切实提高劳动生产率和人均效率；要坚持创新经营，将创新思维和创新实践相结合，加快业务转型，适应农牧产业的变革；继续推进产业化建设，作为产业化运作的组织者和带动者，发挥产业化经营优势，有效整合各方资源，提高公司的竞争力。为改变乳业的经营现状，公司调整和制定了发展战略和品牌整合规划，提出了“以鲜为主，常温跟进，酸奶突破，冰品差异，高端塑造”的市场定位和经营方针，根据成本变化和竞争需要，积极调整产品价格，以卫星城市建设推动外埠渠道建设，不断促进销量的增长和盈利能力的提高。公司将借助乳品行业的发展形势，通过各种媒体和渠道，继续加大新希望乳业的品牌建设和宣传力度，提高公司产品在行业中的竞争力。

2009 年，公司董事会和经营班子因势利导，坚持以科学发展观为指导，密切关注市场动态，审时度势，积极应变，着重围绕创新经营模式，注重品牌经营，强化内部挖潜，提升产品质量，努力扩大市场份额和实施全面预算管理、对标管理、精益管理、7S 管理等一系列有力举措来提升企业竞争力，确保公司实现平稳发展。公司饲料经营从强化绩效考核着手，努力调动员工积极性，并进一步地抓好大宗原料的集中采购，不断提高产品质量，节能降耗，有效降低了成本，使国内、外饲料均取得了较好的经营业绩。尤其是国外的越南公司，在国际金融环境和市场汇率影响及经营压力下，其销量、利润屡创新高，取得了骄人的业绩。乳业在经受住了“三聚氰胺”事件的严峻考验后，在业界赢得了良好声誉，乳业经营在抓好产品质量的同时，积极开拓市场，加大品牌宣传力度，适时调整产品结构，其销量、销售收入均比去年同期有所增长，产品毛利有所上升。

2011 年，公司完成了农牧产业整体上市的重大资产重组，剥离了乳业和房地产资产，公司的主营业务集中于农牧并辅以投资，提升资产的安全性，形成了以饲料生产、畜禽养殖、屠宰及肉制品加工的农牧产业一体化经营。针对近年来肉、蛋、奶价格较高的情况，公司大力实施集中管理、对标管理和全面预算管理，强化产品质量，优化产品结构，推动营销模式化，强化片区管理，推进区域内资源整合，加强了传统营销与规模化猪场的开发力度，把预算与有效经营相结合来提升产品盈利能力。公司把内部管理作为种畜禽产业的经营核心，抓基础、挖潜力，充分发挥存量资产的产能，促进存量资产的效益最大化并以保带增；大力推动均衡生产，调整生产计划，合理规划生产工艺，推广自动化管理设备，提高场房利用效率，优化饲养模式，合理控制饲养密度，并加强疫病防控，完善和落实生物安全管理体制，严格落实消毒、隔离、免疫等防疫措施，提高动物肌体抗力，降低了生产成本，使得公司的畜禽养殖业务成了公司新的利润增长点。

2012 年，公司的经营目标计划是：预计营业收入将超 800 亿元。为了实现这一预算目标，公司根据整合后的产业布局和生产经营情况，调整各业务板块的管理结构，成立了成都中心、青岛中心、海外中心和三北中心；继续搞好产业模式创新，将创新思维和创新实践相结合，加快业务转型，积极适应农牧产业的变革；继续推进产业化建设，发挥产业化经营优势，有效整合各方资源，继续发挥产业链的作用。公司根据重组后的产业布局和生产经营情况，积极推进业务整合与文化融合；公司董事会提出了业务转型的战略目标，坚持产业链模式的发展方向，努力推动产业链各环节的协同运营，深入推进一体化；鼓励创新实践，加强团队建设，做好全能干部的梯队培养工作。

2013年，依据公司制订的2012—2014年战略规划，公司将以创新变革为战略主轴，推动经营转型，提升经营质量，打造可持续发展的组织能力。以提升盈利为核心，提高毛利率，由生产加工型农牧企业向综合服务型企业的转型，并通过产品提升和经营机制变革，实现公司经营质量的持续提升，打造世界级的农牧企业。公司提出了“加压、变革、创新、发展”的主题，重视人才与文化建设，倡导团队精神，不断追求创新。公司仍将以市场需求为导向，以用户满意为目标，以现代化管理为手段，以不断的创新来提供一流的产品和服务。报告期内，公司董事会及经营团队积极思变，明晰战略，部署全局，调结构、促转型，全面推进组织变革，确立了经营变革方向，即：实行产销分离，无限贴近养殖户与消费者两端；坚持有效经营，淘汰落后产能，进行产品瘦身；聚焦优势区域、优势产品，打造最具竞争力的养殖聚落。公司确立了“强夯实、愿协作、共创新、齐激活”的经营管理主题，即在养殖端控制成本，实现安全可追溯；在消费端体现产品溢价能力；重构产业链，释放产业规模所创造的价值，提升食品端盈利能力，提升畜、禽肉食冰鲜品比例，做大终端平台。

2014年，公司的战略定位是通过组织改革与创新，由以产品为中心向以客户为中心转型从而实现可持续的增长，使公司最终成为饲料产业的领导者，成为食品产业的领先者，成为养殖领域产业链的组织者。公司将以加快转型和变革创新为主线，以提高发展质量和效益为中心，适应国际畜牧业技术和产业发展新趋势，着力改善需求结构，实施创新驱动，推动技术和产品结构升级；进一步优化产业结构和产能结构；积极应对国内、外市场变化；提高产业国际市场竞争力，为实现公司由大到强、由国内到国际化的转变奠定坚实基础。公司将围绕“强夯实、愿协作、共创新、齐激活”的经营思路。

（二）战略转型特点

1. 第一次战略转型放弃养殖业进入饲料业

（1）转型背景分析。在刚创业的时候，中国经济对大部分产品的需求都很大，这时只要努力去生产有需求的产品，市场都可以消化。由于养殖业的相对技术、资金要求不高，因此进入门槛很低，随着农村的发展，越来越多的人加入养殖行业，竞争日趋激烈。此外，养殖业刚性的生产周期容易受市场的快速的需求变化的冲击。从产业特征分析，养殖业的发展比饲料加工业更不容易形成规模，即产业中没有哪一个企业能占有足以影响其他企业和整个产业的较大的市场份额。虽然当时的养殖业已是成熟阶段，但只有许多中小型企业，但却没有哪一个能成为领袖企业，没有哪一个能改变产业状况。

1988 年刘氏兄弟成立希望集团，进入饲料加工业的时候，泰国的正大集团，美国的嘉吉、普瑞纳等外资饲料加工集团已进入中国市场，希望集团一开始就面临强大竞争对手。但此时的饲料加工业在中国正处于成长初期，快速发展的养殖业使饲料加工前景看好，巨大的市场机会给了竞争者们共同生存和发展的环境。此时的希望集团也只能是一个相对新兴的行业中的开拓者。

（2）转型过程分析。在刚进入饲料行业时，希望集团面对强大的现代国际行业竞争者和日趋饱和的养殖业，它急需解决两方面的问题，如何抢占国内市场和如何处理养殖原有产业。和国际公司相比实力有限，面对饲料行业的高速发展，希望集团只能将有限的资源投入到一种业务、一类市场中去，所以只能采取集中化战略，这就意味着企业的活动范围相对较小，所以必须采取科学的管理方式，以最高的效益和最经济的价格提供高质量的产品。

1992 年到 1995 年是饲料加工业高速发展的一个重要阶段，由于养殖业在这段时间已进入相对饱和阶段，产量数倍于几年前，市场对养殖产品的要求越来越高，传统粗放式放养已无利可图，而养殖业对饲料加工业的需求越来越大。在这时完全退出养殖业是明智的。希望集团除了坚持原有的集中战略外，也进行了横向一体化战略。在饲料行业的黄金时期，行业内的每个企业都可能获利，为了在将来的成熟阶段保持竞争优势，迅速地扩大占领市场是企业的第一选择。而扩张的常用手段则是兼并。

希望集团在1992—1995年通过一系列的资本运作，在自己投资办新厂的同时，兼并了大量亏损的国营或私营的饲加工厂，向这些企业注入资金、机制、品牌、技术，并大都做到了新厂当年出效益，被兼并厂当年扭亏。1992年1月28日，希望集团独立投资1300万元在重庆江北县人和镇建立了第一个分公司——重庆希望饲料有限公司。1992年年底，希望集团拥有3家企业，1993年增至8家，1994增年17家，1995年年底扩充至35家，被评为“中国饲料工业百强第一名”。到2000年时，新希望有68家企业，东方希望有67家企业，做到了在中国大地“每一百公里就有一个希望工厂。”希望集团从“西南饲料大王”变成了“中国饲料大王”。

在抢占市场和冒发展风险两者之间，急于做大的希望集团选择了后者。因为非此则根本不能与在大陆市场上大规模扩张的正大集团正面较量。从理论上分析，虽然横向一体化对单个企业来说本身并不会直接导致生产规模和市场份额的扩大。这是因为企业在兼并另一个处于同一生产阶段的企业之前，这两个企业就已经存在了，兼并的结果只是原本属于两个企业名下的生产规模和市场份额，经过一体化行动后只属于一个企业了而已。只有当一体化发生在其中一个企业虽然具有一定的生产规模，但由于各种原因企业自身已经丧失继续有效利用现有生产规模的能力，而且相应于这一生产规模的市场需要仍然存在的情况下，一体化才会显示出对社会总体而言的生产规模和市场的扩大。另外，如果在一体化过程中经过合理化调整，去除了原有两个企业在独立情况下重复的活动，或是原本存在的不合理的流程和活动组织，一体化才会产生协同效益。可见，一体化战略与企业的组织调整和组织变革是分不开的。希望集团选择的兼并对象，正是上述已经丧失继续有效利用现有生产规模能力的同行，既确保了自身增长，又减少了竞争对手。

2. 第二次战略转型

表 1　中国饲料加工业 2000 年最主要经济特性概览

市场观模	年销售收入 1855 亿元 RMB，总销量为 6373 万吨
竞争角逐的范围	主要是区域性的竞争。生产商很少将其产品销往以生产商为中心 100 公里以外的地区，因为长距离运输成本相对饲料成本来说很高
市场增长率	年增 2%~3%
所处生命周期的阶段	成熟期
行业中公司的数量	大约有 13000 家公司，20000 个生产基地，共有 1.3 亿吨的生产能力。公司市场份额最高为 8%
进入 / 退出难度	进入壁垒小，主要有两种——新建一个最小有效规模的工厂所需的资本 (建筑成本为 50 万元)，以及能否在工厂的 100 公里半径范围之内建立一个客户群
技术 / 革新	新技术应用较多，变革较为迅速，但饲料成本最大部分为原材料成本。最大的变化是产品品牌——最近每年都有大量的新品牌出现 . 但行业的增长大部分来自于老产品

（1）转型背景分析。中国饲料产业在度过最初的黄金时代后，于 20 世纪 90 年代后期进入了过度竞争期。饲料加工业是典型的劳动密集型行业，进入障碍小，在市场未饱和时有较高的投资回报，这种高回报推动着企业的高成长，同时也吸引了越来越多的竞争者，导致市场迅速饱和，销售利润和投资回报率不断下降稀释，如表 1 所示。面对此现象，刘永好早在 1995 年就开始为上市公司思考和寻找新的利润增长点，其间作过多种尝试。正是大环境的逼迫，使刘永好在这 10 年间，进入了关键的金融投资、房地产、快速消费品、化工制造业，并获得了可喜的成绩。以下分行业来分析新希望多元化的特点。

（2）转型过程的分析。我国的金融行业目前仍处于"拓荒"阶段，这一行业将会持续快速成长。目前的金融行业，包括银行、证券、保险、信托四个子行业，都对民营企业开出了或大或小的门。只要依靠广泛的社会资源与精密的部署，在此行业有所作为的空间很大。

新希望集团进入金融业的目的主要是为了分散资金风险和增加原有产业的竞争力。刘永好曾表示，新希望集团对金融业频抛绣球的主要动机是

“把鸡蛋放在不同的篮子里”。饲料行业渐趋微利化。参股民生银行，新希望每年通过分红就可以获得百分之十几的回报率，股权增值的收益更是惊人。刘永好曾说：“中国加入世贸组织之后，农业面临着国际上巨大的挑战，必须抢时间把自己做强做大。金融业原来是国家垄断的行业，现在逐渐向民营企业放开，正处在转型过程中，我们认为这里面的机会非常大。”

民生银行作为非国有的商业银行，其体制决定了它可以不承担政策性和指令性的贷款，因此贷款风险比其他国有商业银行要小。民生银行不仅收益稳定，而且效益良好。1996 年年底成立的民生银行，在不到 5 年的时间内获得了长足的发展。各项存款余额从 1997 年年底的 135.93 亿元增长到 2000 年 6 月底的 391.2 亿元，增长了 187.8%。1997 年年底各项贷款余额为 52.15 亿元，2000 年 6 月底各项贷款余额为 243.59 亿元，增长了 367%。资产总额比 1996 年底增长了 471%，1999 年税后利润比 1996 年增长 135%。同时净资产收益率也呈逐步增长趋势。

投资民生银行，给新希望集团带来了很大好处。第一，新希望作为民生银行的大股东，民生银行强大了，无疑可以提高新希望集团的品牌和信誉。第二，民生银行的治理结构相对比较先进，对新希望集团的公司治理有借鉴意义，也为引进国际战略合作伙伴产生了积极的作用。第三，民生银行的业绩和分配都很好，新希望投入的资金到 2005 年已有了 10 倍的回报。第四，培养了人才，通过参与民生银行董事会、监事会以及最高战略委员会的工作，充分了解了上市金融机构的运作轨迹和它的管理程序、办法、手段和措施，有助于新希望集团提高解决复杂的金融问题的能力。这对于新希望集团以后在金融领域继续投资和提高防范金融风险的能力大有好处。

新希望在投资金融业方面得到了丰厚的收益，这为它在其他产业的发展，尤其饲料业的发展提供了有利的资金保证。

相对于日后为上市公司带来近半壁江山利润的民生银行股权投资、联合 IFC 收购华融化工、入股联华信托等“动作比较大”，需要耐心等待与长期运作的项目来看，刘永好进入房地产业是投资决策最快、回报收入最快的项目。

刘永好认为“被压抑的房地产市场肯定会有爆发的时候。”但令刘永好没有想到的是，1999年与成都统建办携手的“锦官新城”一出手，即引发市场热烈回应。接下来大连的“新希望花园”虽然仅16万平方米，但几个月便销售达2000多万元。2001年，新希望集团的房地产收益首次超过饲料主业的利润。但是，值得注意的是新希望的房地产开发大多没有用贷款或贷款极少，全靠自有资金开发。仅成都锦官新城就先后投入11.6亿元，上海四季全景台花园投了6亿元。从2004年开始，新希望的房地产项目才陆续进入资金回收的“收获期”。可以说新希望发展地产的模式是，以“滚动开发”的方式缓慢而踏实地前行。新希望一进入房地产行业就尝到了暴利行业的甜头，先后推出的项目都赚得了高额利润。但由于集团只用自有资金开发，资金回收期拉得太长，在同时期的房地产企业中未能崭露头角。

改革开放以来，我国牛奶生产呈快速增长之势，总产量已从1980年的114万吨，发展到2000年的827万吨，平均发展速度为9.9%。同时，由于乳品是关系到国计民生的重大食品，国家十分支持乳业发展并出台了相应的支持性产业政策。中国乳业正处在高速成长期，乳业市场前景光明，产业环境良好，此时进入乳业并争取在乳业做大符合国家和人民利益，能得到上上下下的一致支持。新希望集团有心打造大农业产业链，从事奶牛养殖及牛奶加工及销售是必不可少的一个环节。集团进军乳业目的是形成以饲料为基点，打通上下游的产业链，形成种植业(饲料原料)——饲料(规模化生产销售)——养殖业(畜禽畜牧及配套服务)——食品(规模化深加工及销售)及乳业(规模化深加工及销售)这样具有鲜明新希望集团特色且相对完整的产业体系。

新希望以并购方式进入乳业，一年内并购了12家企业，跨越了9个省。虽然在量上做大了，但被收购的企业在经营中各自为政，集团管理起来力不从心，加之乳业竞争愈发激烈，乳业整体没有表现出期望中的良好收益。如集团年报所言，“报告期间，国内乳业行业的竞争已由区域性发展到全国性，各类乳品价格一降再降，竞争异常激烈，对各乳业企业的经营活动带来了极大的冲击。虽然集团的乳品和饲料销售收入都在上升，但它们的毛利率却都不断下降。造成乳业没有达到预期收益的主要原因是对乳业市场的了解不深和在过于快速并购是加大了整合的风险。在这个阶段，应该说，新希望乳业还没有进入稳定发展的轨道，此后的一系列整合将带它走出困局。

新希望的化工资产分布在 3 家子公司中，资产净值为 1.43 亿元。成都华融化工有限公司目前是我国最大的高纯度氢氧化钾产品的生产厂家和出口厂家，2005 年承受了 PVC 和 KOH 产品价格大幅下调的冲击，开展全面预算管理，加强内部控制，不断降低原材料成本和各项费用，较好地抵消了价格下跌的影响。云南新农生产的饲料级磷酸氢钙 (饲料中间产品) 近两年也处于供不应求的状态。2006 年 7 月，云南新农技改项目将投产，产能将从 10 万吨增加到 30 万吨，显示出公司化工资产具有较强的成长性。公司近几年的财务数据也显示化工资产的盈利能力逐年增强。2005 年公司所属化工企业通过优化工艺流程、降低原材料成本、调整产品结构等，提高了化工产品的竞争力，使产品销量扩大，生产经营持续稳步发展。共销售各类化工产品 13.16 万吨，同比增加 1.83 万吨，增长 16.15%；实现销售收入 60628.85 万元，同比增加 9350.90 万元，增长 18.24%；实现主营业务利润 10285.85 万元，同比增加 1793.63 万元，增长 21.12%。化工板块是新希望的又一利润增长点。

通过对新希望集团各版块发展特点的分析，我们可以得出以下结论：①进军房地产和金融更像投资。集团进军房地产和金融的过程有很多相似点，从进入的背景来看，都是因为该行业处于高速发展阶段，有超额利润可以获取。从进入原因来看，主要是为了分散市场风险。从进入的方式来看，都是投入资金另设公司，它的管理和营运与主业完全不相关。从利润处理方式来看，它通过资本增值获利，然后把所获利润投入到主业中，即使在两行业利润超过主业时，对两行业的发展投入也是保守缓慢的。所以，集团从进入这两个行业到逐渐了解这两个行业后，都只是把它们作为投资，以保障主业的发展。②希望集团立足发展大农业产业链。饲料行业的上游产业为畜牧养殖业，下游产业为种植业。公司以饲料为基础产业，集团在产业链条上不断向上下游延伸，向上涉足与种植业密切相关的化肥行业，向下进军与畜牧养殖业相关的乳制品行业，如图 1 所示。所以集团在对乳业企业进行兼并时虽然有很高的整合风险，但从集团长期的发展战略来看，把乳业做大做强的整体方向是对的。同样，与磷有关的化工产品也可以作为饲料添加剂，集团的氢氧化钾生产出口第一，也是集团长期的利润增长点，将来也是朝着做大的方向发展。

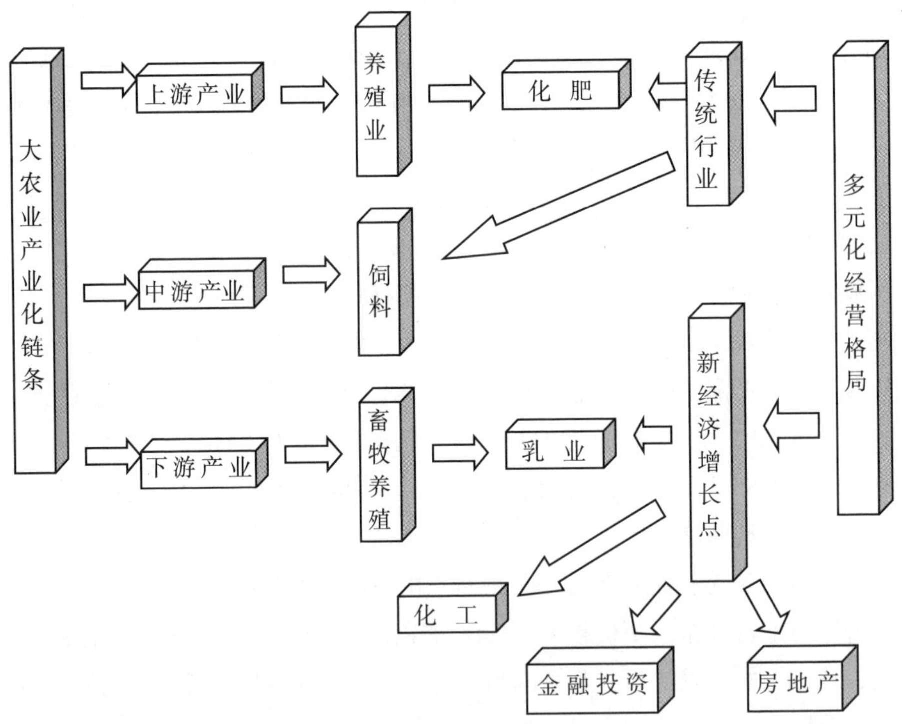

图 1　新希望集团发展战略图

3. 第三次战略转型打造世界级农牧企业

（1）背景分析。随着中国加入 WTO，中国农牧业和世界农牧业不断接轨、融合、碰撞，深刻地推动，中国农牧业生产方式的变革，传统小农经济的生产方式逐步让位于有组织、现代化、工业化的生产方式。与此同时，国家非常重视“三农”问题，减免农民负担，提高对农业的补贴，鼓励农业龙头企业的发展，以点带面，促进农业和农村的进步。这些都为行业整合提供了契机。中国的农牧企业虽然有了一定规模，但是仍然很难和跨国公司抗衡，在国际市场上处于十分被动的地位，国际上主要农牧产品交易控制在几个大的跨国企业手里。这些企业可以影响产品价格，干预市场走势，进而控制国际贸易。如果中国农牧企业的生产规模上不去，如果企业不联合起来，就没有比较优势，在国际上也没有话语权，经营风险会加剧。据统计，2013 年，国内饲料总产量为 19340 万吨，排名世界第二，2013 年全国饲料工业总产值和总营业收入分别为 7381 亿元、7158 亿元，同比分别增长 4.4%、4.2%，商品饲料工业总营业收入 6587 亿元，同比增长 4.9%，饲料机械设备总营业收入 64 亿元，同比增长 14.6%，2013 年全国各经济类型饲料企业总数为 14079 家，同比减少 1228 家，下降幅度为 8.0%。2013 年按产品类型统计的企业总数量为 16454 家。今后将是国内饲料业剧烈竞争的时期，也是整合的关键时期。将会有很多小企业被淘汰。新希望将在这轮行业整合中扮演极其重要而积极的角色。刘永好坚定地表示，时机成熟了，新希望利用在非农领域投资的回报来反哺农业，以降低和防范农业投资风险，推动农业产业的突破和升级。未来新希望四大板块的业务比例为农牧业占 40%~50%，地产和金融各为 20%，投资不超过 15%。”

（2）转型过程分析。2003 至 2005 年，在新希望饲料，房地产，乳业和化工四大版块中，每个版块的收入都逐年增加，但饲料版块的份额最大，如图 2 和图 3 所示。在新希望现有的农牧、金融、房地产、化工四大板块中，农牧业所占比例最大。新希望的农牧业包括饲料、养殖、屠宰、肉食品加工、乳品、种苗、兽药及生物制剂等。2005 年，集团总销售额突破了 200 亿元，其中农牧业占到了 88%；在集团 100 亿元的总资产中，农牧业也占到了 68%。按照新希望集团的战略部署，近期在金融、房地产等领域将不再进行加速扩张，只维持适度的发展。目前新希望在全国的房地产开发总量每年在100万平方米左右，今后大体上仍将维持这个水平。

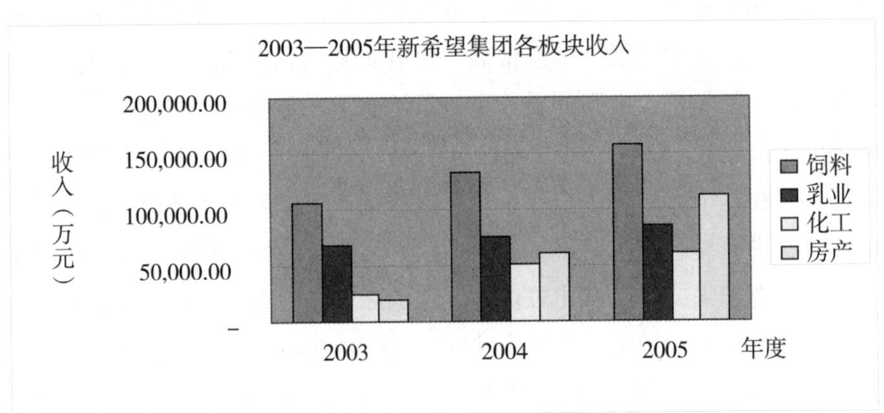

图2　2003—2005年新希望集团各板块收入

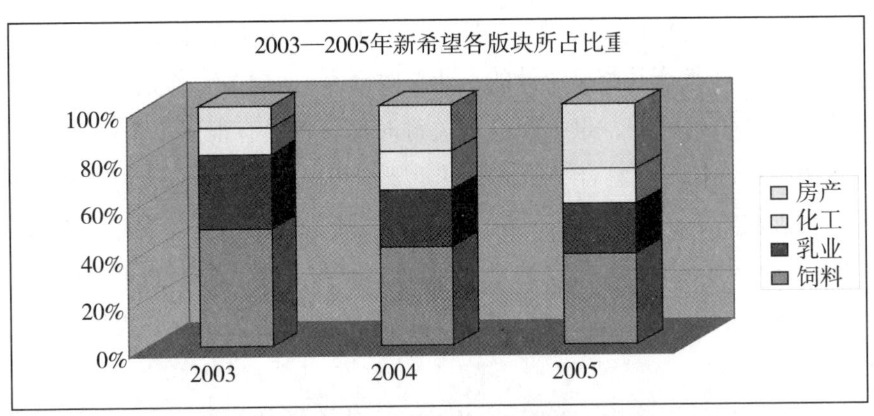

图3　2003—2005年新希望各板块所占比重

希望集团将回归主业，打造大农业产业链，在下个10年跻身于世界级农牧业企业之列。如果成功，将彻底改变中国农业的生产方式。这一转型战略，新希望内部称之为“从饲料到食品”。该战略将彻底打破新希望原有商业模式，打造一条从饲料通往餐桌的产业链。作为一家以饲料生产为主的农牧企业，新希望的确不太乐观。2000年之后，饲料行业的销售利润率从10%下降到约4%，仅仅略高于一年期的银行存款利息。同时，新希望的扩张速度日益放缓。刘永好总结出一个关键的经验是：世界成功的农牧业企业都是通过打通整个产业链，把流失在各个环节的利润“捡”回来，才实现规模的扩大和利润率的提升。他意识到，新希望之所以难以扩大规模，原因在于农村养殖户难以扩大再生产。只有农业规模化、养殖业规模化，饲料企业的规模才能扩大。现在新希望已经不把自己看成一个简单的饲料供应商，而是试图成为养殖产业链的运营商，由新希望来分配各个环节的利润，实现共同发展。

新希望回归主业的重大举措就是合并六和。经过强强联合，新希望集团与六和集团成为一家人，新希望集团刘永好董事长同时出任六和集团董事长。2005年，新希望集团和六和集团合计饲料产量可望达到600万吨，居中国饲料行业第一位，年屠宰和加工鸡鸭能力超过2亿只，居行业领先地位。同时在养殖业、乳业和肉食加工等领域也会有重大发展。与山东六和合作后，山东成为中国最大的家禽养殖基地，带动了新希望的饲料销售，一年间其全国的市场份额从约4%提高到了6%。新希望正在做的另一件大事，就是把这个产业链从饲料延伸到餐桌上。做食品深加工，以及寻找一种最有效的流通方式，介入从饲料到餐桌的最后流通环节。

新希望的农牧业包含了3条完整的产业链：猪食品产业链、乳品产业链和禽食品产业链。每打通一条产业链，都需要巨大的人才和资本投入。新希望3年前进入乳业，至今已投入了超过16亿元的资金。刘永好还制订了一个5—10年的农牧业发展投资规划。其中海外工厂投资5亿元到8亿元。国内市场上，着力打造禽和猪的产业链。猪产业链投资10亿元；禽产业链在原有的基础上，增加至少5个亿元的投入。对于急于做大的新希望集团而言，收购所需的巨额资金是另外一个挑战。不过新希望集团此前介入金融、房地产、投资领域，每次都把握住了机遇，在部分行业的“暴利”时期，甚至获得了十倍以上丰厚回报，这些收益将大部分投入到农牧业中，为农牧业的大发展提供资金支撑——刘永好将这一模式概括为“非农投资反哺农牧”。此外，通过公司上市或增发也是筹措资金的一种途径。新希望集团副总裁王航表示，新控股的六和集团已经具备了上市条件。目前，新希望集团已拥有民生银行 (600016.SH) 和四川新希望农业股份公司 (000876.HK) 两家上市公司。“这些回报提升了我们在农牧业的投资能力”，刘永好表示。同时，刘永好强调，在金融领域，新希望集团只是投资，并不参与具体运作。以后集团在金融、房地产、投资方面的资金投入，将分别保持在 20%、15%、15% 左右，其余 40%~50% 的资金将全部投入到农牧业。公司目前没有计划从农牧业以外的领域退出，但会越来越多地选择与其他企业合作投资。

在转型期的地区和国家会有一些新的机会，这些机会是可以带来巨大财富的。从这个意义上来说，国内如新希望这样在多元化领域较成功的企业大多带有一种侥幸和投机的成分在里面。但刘永好给新希望的多元化下的定义是一种有限的多元，是在立足农业产业的基础上和管理框架结构允许的情况下发展的多元。刘永好认为，在规范市场条件下的企业，要把自己熟悉的行业做好、做精、做专、做人，这是必然的、符合潮流的。当某一领域的市场趋于成熟的时候，聪明的企业家会及时地抽身而退，将精力主要地放在自己的主业上，在熟悉的领域里建立起自己的王国。

2013 年，公司经过了中国市场经济浪潮的历练，打破了民企短暂生命周期的宿命，并在快速成长中铸就了独有、不可复制和可持续的核心竞争力，正是这一核心竞争力，决定了新希望六和的基业长青和永续发展。

核心竞争力之——独特的品牌优势。多年来，公司倾注心血培育的自主品牌，拥有较高的市场占有率，深受广大经销商和养殖户的肯定和欢迎。凭借良好的产品品牌、企业品牌和企业家品牌，在国内、外拥有较高的知名度与美誉度，这是其他企业难以复制的优势。

核心竞争力之——农产业领域的积累和坚守。农产业是公司的基础产业，公司自成立以来，默默耕耘，始终坚守，通过不断积累，为公司赢得了“中国饲料大王”美誉和“中国农业产业化龙头”称号，更赢得了国家和业界的高度认同，奠定了行业领袖地位。

核心竞争力之——日趋成熟的产业一体化经营格局。公司通过重大资产整合，已成为中国目前资产规模最大、产业链最完整的农牧业产业龙头企业。公司倡导的“公司 + 农户 + 合作社”经营模式，坚持推进产业链建设，努力提高企业的核心竞争力和抗风险能力。产业结构的日趋成熟，使得公司抵御行业风险和保障产品安全的能力不断提升，使本公司在产业结构风险控制和经营稳定性上领跑同行业企业。

核心竞争力之——创新的企业家精神和“新、和、实、谦”的企业文化。从创始人白手起家到成为中国最大民企之一，从单一农业产业延伸至多元化产业，从四川盆地走向全国，进而实现国际化，其间既稳健又不乏创新，既多元发展又坚守主业，既立足国内又放眼国际，旺盛的创业精神和务实稳健的企业文化是公司最为宝贵的财富。

五、产业链整合——打造核心竞争力

（一）产业链整合的意义

随着企业的成长扩大，企业经营层次将依次经历了三个阶段的演进，即产品经营、企业经营和产业经营。经过了二十多年的发展，新希望集团的规模不断扩大，经营的范围、内容、手段也不断地深化，目前集团有210家企业遍布全国各地，拥有百亿资产，3万多员工。现正处于由企业经营向产业经营的过渡阶段。所谓的产业经营，是指企业打造产业价值链（努力控制产业链的上下游，或控制上游供应商乃至原材料基地，或控制下游经销商乃至终端消费者），创造整合的动力，从产业链整体运行效率中谋求更大的市场势力和更多的利润来源。

饲料行业是新希望集团的传统产业，也是其绝对主业。凭借着良好的管理与大规模的生产，新希望集团常年在饲料业中笑傲江湖。但是目前我国饲料行业的风光已不在，激烈的竞争将饲料业带入了微利时代，平均利润率不到1%，经营饲料的风险在不断加大。扩大公司产品价值链的空间，寻找新的利润点，成为新希望谋求持续发展的必然选择。此外，实践证明，当企业通过市场交易过程完成通过上、下游生产过程的联系时，会发生较高的交易费用，而且面临着契约不完善、信息不完全、交易不确定的难题。当企业按产业链整合后，企业之间的交易变成了企业内部的协作，降低了交易成本。产业链整合能使企业获得协同效率，可以降低核心企业的经营成本，提高核心企业的收益水平。近年来，西方发达国家普遍通过企业兼并、合并、合资联合等形式实现产业结构和企业规模的调整，大幅度降低生产成本，使其自身的优势和产业竞争力明显增强。因此延伸产业链同时也是新希望集团提高自身核心竞争力的有效途径。

饲料业是“种植业、饲料生产与加工业、畜产品生产与加工业及储藏和销售业”这一产业链中，衔接的桥梁和纽带。以饲料业为基点，近几年来，新希望集团在产业链整合方面做了大量的努力。借助于自身强大的实力、良好的品牌效益和在农业领域丰富的经营经验，新希望产业链整合，整体上比较顺利，业绩改善较明显。

随着对产业链整合的不断摸索，新希望进行整合的力度也逐步加大。价值链的延伸已经由饲料到种植、养殖，继而到屠宰、食品加工与乳业，初步实现了“由农场到餐桌”全过程的产业化。目前产业链的整合已成为新希望的发展战略。新一轮的产业链的整合不再局限于饲料产业的门口，而是立足长远，以打造“大农业产业链”为目标。近几年新希望集团在打造“猪食品产业链”，“乳品产业链”和“禽食品产业链”上进行了大量的投入，使得这三条产业链成为支撑新希望集团发展的中坚力量。

新希望集团对猪食品、乳品、禽食品三条产业链的整合，全部服务于其回归农牧产业、做世界级农牧企业的宏伟目标。产业链整合不仅是巩固和壮大原有的饲料业，更重要的是要实现新希望集团业务的转型：由饲料生产向农牧产品的深加工转移。饲料行业的平均利润在下滑，而我国的农牧产品深加工的发展却还很不够，前景很大，利润较高。此外，农牧产品深加工是产业链的下游环节，对整个产业链的发展有着很强的带动作用。产业链的价值能否最终成功转化为利润，取决于农牧加工产品在市场上能否得到认可，取得好的销售业绩。因此新希望要打造完整产业链，获得持续利润，必须逐步将重点转移到食品加工与乳业上来。它们对价值链的贡献将越来越大，成为带动产业链发展的火车头。

（二）产业链整合的途径

新希望集团打造“大农业产业链”，主要以饲料业为起点，上下游两个方向齐头并进，最终实现产业化，如图 4 所示。在上游，新希望集团进行饲料原料的生产和研发。新希望集团一方面带动西部农民种植高蛋白、高赖氨酸玉米、油菜、牧草，公司以高于市价的价格回收玉米、油菜粕、草粉做饲料；另一方面，新希望在云南投资，建立了磷酸氢钙工厂，年产销量超过 30 万吨（在中国排列第二），很好地解决了新希望饲料生产中添加剂的来源问题。并且每年还有大量出口国际市场。这两方面都有效地保证了饲料的质量，扩大公司饲料产能。

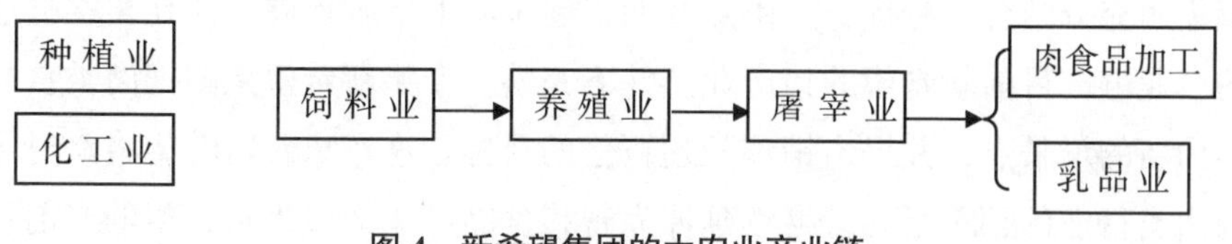

图 4　新希望集团的大农业产业链

在产业链的饲料环节上，新希望没有原地踏步，满足于已有的成绩。而是根据行情，调整结构，进一步的扩大产能，扩大规模，以此来降低成本。目前，新希望饲料产业旗下拥有 11 家饲料公司，近几年还会继续增加（尤其是在东南亚市场上）。

饲料业是直接地为养殖业服务，产业链向下游延伸必然是从发展养殖业开始。近年来新希望在良种繁育、动物保健、动物饲养等方面都有大手笔：与加拿大海波尔公司签署的种猪合作项目；设立江苏天成兽药公司；在洪雅县，创办现代化的奶牛养殖场等。

养殖业并不是产业链的终端，继续向下延伸便是农牧产品加工业。对农牧产品的初级加工是屠宰。目前，新希望的禽类屠宰量在我国已经名列第一，发展畜类屠宰业已经成为现期目标。在农牧产品的深加工方面，新希望主要从事肉食品加工和乳品生产。目前拥有“美好”肉食品这一知名品牌，下设四个肉食品加工企业。2001 年后大举收购了 12 家乳品企业，成为“西南乳王”。

新希望对猪食品、乳品、禽食品三条产业链的整合基本都是沿用以上路径，严格按照农牧产业发展规律，以企业为整合对象，跨空间、地域、行业，甚至所有制重新配置生产要素，调整和构筑了新的业务结构，初步形成“大农业产业链”，使新希望获得持久竞争力。但是各条产业链具体情况不同，整合的资源和方式也不相同，因此都各有侧重点。

（三）产业链整合的具体行动

1. 猪食品产业链

新希望的猪食品产业链是紧密围绕着其饲料主业发展起来的，是新希望集团充分结合自身优势，由点及面，逐步向上下游扩展，扎扎实实打造的产业链。目前新希望的猪产业链并不完整。今年新希望集团把肉类食品列为新的增长点，并提出销售额超百亿的目标。这意味着新希望将跻身国内肉类行业的领军行列。继续延伸完善猪食品产业链成为新希望的当前重任。

新希望猪食品产业链基本遵循种猪——饲料——养殖——收购——屠宰——肉食品加工——市场的模式发展。中国本土生猪，个头小，食量多，生长周期长，经济效益较低。新希望集团一直致力于改良中国本土种猪的特性。2015 年五月，新希望集团与加拿大海波尔公司签署了种猪合作项目协议，将在四川江油和山东海阳分别成立合资种猪场，

从海波尔引进最新育种成果的曾祖代种猪，在中国建立育种核心群和繁育体系。

这个体系将形成年生产优质纯种猪 18500 头、年提供纯二元母猪 20 万头、年出栏 2000 万头以上优质安全三元杂交商品猪的生产规模。改良后的猪品种，每只预计将为农户节约 10%的粮食，使农户收入增加 20%。此项目预计总投资将上亿元。除此之外，新希望集团还打算在四川省内建立 10 个扩繁场，用于进一步推广新品种。通过系统引进海波尔公司的曾祖代种猪和繁育技术，新希望将迅速获取具有国际先进水平的种源、技术、品牌、以及种猪繁育管理能力，为实现猪食品产业链的持续良性发展提供强大支持。

整合猪食品产业链，除了依靠集团自身力量外，还必须依赖广大的农户，以生产围绕绿色猪肉这个中心进行整合，形成利益共享的绿色生态产业链模式，共创品牌，共同发展。当整个产业链健全完善后，新希望所销售的每个产品都会有自己的电子档案，能够追溯其生产的每个环节，从而全过程的保证产品的质量和安全。这就要求广大农户进行集约化、规模化的养殖。但是传统的散养方式，由于其养殖成本低、投资少、技术要求低，目前仍最为普遍，尤其是在四川、湖北、湖南、江西等地。这样的养殖现状成为制约猪食品产业链进一步发展壮大的最主要因素。新希望正通过对合作农户进行扶持、培训、服务、筛选和自己创建猪场等方式来完善养殖环节。但是要改变整体的低水平养殖现状非一朝一夕之事，还有很长的路要走。

目前新希望拥有青神、洪雅生猪养殖屠宰等在内的 10 多家养殖和初加工基地。这远远不能满足产业链发展的需求。致使新希望猪食品产业链在屠宰环节上相对比较薄弱，但是集团已经拟定计划在明年建设一座年屠宰量在 500 万头左右的，可能是国内规模最大的一家现代化畜类屠宰场。至此，猪食品产业链才真正得以完善。

在肉食品加工环节上，新希望集团拥有成都希望食品有限公司、成都美好食品有限公司、青神美好食品有限公司和洪雅美好食品有限公司四家企业，主要生产火腿肠。其中成都希望食品有限公司是现代化的大型肉食品加工企业，占地200余亩，员工千名。公司的“美好”品牌，被评为“中国名牌”，是西南地区火腿肠畅销冠军，市场占有率常年保持在70%左右。除此之外，新希望还准备涉足“冷鲜肉”连锁，通过专卖店或与商业连锁机构合作，把绿色健康的生鲜肉制品送到居民的家门口。新希望深刻地明白肉食品加工是整个猪产业链上的核心业务，这个环节的高附加值将会为整个猪产业链的发展提供强劲动力。下一步的发展计划是将“美好”品牌进一步做大、做强，要走出西南地区，建设成全国性的知名品牌。同时，新希望集团将在省内外采用投资兴建、投资控股、兼并收购等形式，在全国范围内布局设点，扩大肉食品的加工环节的生产能力。

2. 乳品产业链

新希望乳品产业链的构建始于2002年集团在全国范围对乳品企业的大举收购。在不长的时间里，新希望总投资将近10亿元，相继控股和参股了国内10余家乳品企业。目前新希望乳业年加工能力达到80万吨，成为西南地区最大的乳业联合体。

高额的利润回报率和广阔的发展前景是新希望打造乳品产业链的直接动机。目前全球人均年乳品消费达100公斤，而中国仅为近10公斤。随着生活水平的提高，中国人乳品需求逐年扩增，蕴藏着巨大的发展潜能。发展乳业作为新的利润增长点，取代利润率逐年下滑的饲料业，符合集团业务转型的战略需求。新希望介入乳业，动作迅速，投资巨大，但并不盲目。从饲料业到乳业，二者其实有着天然的联系，乳业市场的兴旺必将带动奶牛饲养的发展，这可以有效的解决饲料的销路，从而进一步带动养殖业和兽药业的发展，而饲料价格的下调也降低了奶牛饲养的成本。打造乳品产业链，不但可以从乳业本身获取利润，还可以为其上下游提供渠道和增值空间，真正盘活了整个大农业。

新希望乳品产业链仍以饲料业为基础，将产业链向奶制品延伸，其中包括奶源的控制、奶制品的生产和销售。在产业链整合中，新希望一直将奶源建设视为企业发展的重要保障。目前新希望在全国拥有11个奶源基地，10个直属牛场，10万多头产奶牛，年收奶量超过35万吨。其中四川洪雅县的阳平奶业基地建设和云南大理州的蝶泉乳业公司的奶源基地建设的成绩最为突出。新希望阳平乳业基地目前总投资达4500余万元，饲养规模能达到1500头。这个奶牛场是目前国内最先进的现代化奶牛养殖场之一，也是国家级"生态奶业"标准化综合示范园区。目前饲养奶牛1200头，年产奶量近1万吨。示范牛场采用当今国内最先进的全混日搅拌车（TMR）和转盘式挤奶系统，通过计算机软件对奶牛养殖生产进行全程管理，具有现代化自由散放的牛舍，奶牛饲养和挤奶操作分离的特点。

在云南，新希望集团与大理州人民政府签订了政企共建奶源基地的战略合作协议，已经投入500余万元，建立了"奶牛发展基金"，主要用于奶牛科学饲养的推广、冻精改良、疾病防治等方面。为鼓励养殖，公司先后三次提高鲜奶收购价格，并实行鲜奶收购最低保护价；与政府联手推出扶持政策，购牛担保贷款，推出奶牛保险，对养殖大户给予奖励；对贫困户免费疫苗注射等。通过"公司＋基地＋农户"的奶源基地建设模式，与广大奶农结成了相互依托的利益共同体，充分发挥了龙头企业的辐射与带动作用，取得了良好的经济效益和社会效益。

强化奶源基地建设，重在做好技术服务。新希望集团充分发挥企业信息灵通、关系广泛的优势，与世界银行国际金融公司（IFC）和合作开展"乳业商桥"项目，帮助农民科学种草、养牛。"乳业商桥项目"目前已经进行到第二期，分别由澳大利亚、荷兰政府提供部分资金支持，IFC和新希望各自匹配相应的资金，对奶农免费开展较大规模的技术培训，无偿赠送养殖手册等技术资料。项目可培训约10000余名养殖户掌握先进的养殖技术。

在乳制品的生产和销售环节，新希望的策略是"借鸡生蛋"，大举收购拥有市场的品牌的中型乳制品企业，迅速进入乳制品市场。从2001年底开始，新希望集团通过收购国有股权的方式，先后控股经营10家乳品企业，参股重庆天友乳业，并与其他合作伙伴发起组建了四川新阳平奶牛发展公司。新希望乳业旗下的乳品企业所在地以省会城市居多，分布于西南、华东、华北等地区，属城市型乳业，与伊利、蒙牛、光明在产品种类上差别较大，是以巴氏奶、酸奶为主导。

在大举收购后，新希望主要从三个方面来整合这“乳业拼盘”，依次是企业文化的整合、生产能力的整合和品牌的整合。新希望控股经营的这些乳品企业，大多数是原来的国有企业。其思维习惯、行为方式和工作氛围与新希望这样的民营企业的文化相比，有相当的差异。新希望做了大量艰苦细致的工作，通过员工巡回演讲、组织管理人员参观考察新希望其他产业的优秀企业等方式，全面宣传新希望文化，取得一定效果。与此同时，新希望先后投入大量资金，对现有乳业企业进行较大规模的技术改造，通过内部技改，搬迁老厂，建设新厂以及调剂内部富余设备、合理利用设备资源等措施，使这部分企业的加工条件得到改善，生产能力得到提升，技术进步和产业升级的步伐不断加快。在经过了企业文化整合和生产能力整合之后，品牌整合的难题浮出水面。新希望收购的这些乳品企业各自拥有一个甚至多个地方品牌，在当地市场上均历史较长，享有较高声誉。如果急于换掉原先的牌子，会减弱其对区域市场的影响力。但多个品牌共存，无法形成优势品牌，产生内耗，也不利于集团进一步的发展。品牌的统一是必然的选择，目前公司一直在谨慎地选择推出“新希望”统一品牌的时机。

目前新希望乳业的发展，从规模上看，与伊利、蒙牛等乳业巨头相比，还有较大差距；从盈利状况看，旗下的重庆天友、云南蝶泉、昆明雪兰盈利较好，其他公司通过近几年的整合，其整体业绩正在逐步提高。基本遵循了新希望在乳业板块的发展思路，2005 年、2006 年是全面整合期，2007 年将开展外延式发展，收购地方最好的企业；此外，要求现存企业经过三年以上的整合，让其业绩逐步提升，进入全国同行业前列。

3. 禽食品产业链

2005 年 4 月，新希望集团通过股权收购控股了山东最大的饲料生产企业——山东六和集团，完成了强强联合。山东六和集团是一家集饲料生产、食品加工、畜禽养殖、良种繁育、兽药生产、畜牧机械制造等产业和进出口产业为一体的大型畜牧企业。其很早就开始探索产业链的延伸和整合。经过多年的发展，山东六和已经拥有国内最为完整的禽食品产业链。与山东六和的战略联合丰富了新希望的"大农业产业链"的内容。加入新希望后，山东六和带来的禽食品产业链得到了进一步的完善和巩固。

禽食品产业链的发展也还是立足于饲料业，向上下游不断延伸。在良种繁育方面，引进国际精良设备和先进技术，建有现代化种鸡场 4 个，种鸭场 6 个。目前存栏种鸡、鸭 60 万套，孵化鸡、鸭苗 5000 万只，构成了禽产业链的源头。在禽养殖方面，建有存栏 10 万只以上的标准化鸡场 33 处，养殖水平在国内处于领先地位，并已接近国际先进水平。同时六和还有强大的动物保健支撑禽食品产业链，拥有 6 家兽药生产厂家，是我国国内最大动物保健品生产企业。在食品加工环节，六和下辖 16 个加工厂，拥有 11 条肉鸡宰杀线，9 条肉鸭宰杀线，1 条熟食加工线，1 条鸡蛋加工线，年宰杀家禽 2 亿只，日产量 1600 多吨，产品主要有分割鸡肉、深加工肉食产品、熟食产品三大系列 120 余个品种。主要供应肯德基、麦当劳、双汇、沃尔玛等各地快餐店、大小肉类批发市场，市场覆盖面广、占有率高。目前这条禽食品产业链，对行业有着举足轻重的影响。

产业整合包括横向整合和纵向整合。产业的横向整合是指产业链条中某一环节上多个企业的合并与重组；产业的纵向整合是指处在产业链中，上、中、下游环节的企业合并与重组，包括前纵向整合和后纵向整合。综观新希望打造三条产业链的手法，是不拘一格，既包括横向整合又包括纵向整合。新希望集团以资本为纽带，以并购为手段，以充沛的资金为后盾，通过一系列频繁的资本运作，重组、收购、兼并、入股上下游企业，或通过优势互补、资源共享、流程对接和文化融合为特征的深度合作形成一体化，使得其产业链不断地延伸，扩展和完善。在整合产业链的同时，原有产业链中的各环节对价值创造的贡献被重新界定，价值和利润也在产业价值链上转移，由原来的饲料业向对价值创造起关键作用的农牧产品加工环节集中。经过产业链整合后，新希望产品综合配套能力得到增强，产品应用领域扩大了，市场占有能力增强了，站在新的平台上，实现农牧企业的跨越式发展。

六、技术创新——成就中国饲料大王

2006年1月份，党中央、国务院召开了新世纪的第一次科学技术大会。胡锦涛总书记在大会上提出：走中国特色自主创新的道路、努力建设创新型国家。这是党中央在新形势下做出的一个具有深远历史意义的重大决策。在当今日益开放的国际环境下，我们必须要把自主创新作为我国科技进步的基点。企业创新的动力主要来自于社会需求的拉动和市场竞争的压力。因此，企业特别要强调技术创新的效益性，要围绕市场的需求，创造新产品，提高产品附加值和降低消耗，用同样的资源创造更多的财富，以提高企业竞争力，在投入——产出——再投入的良性循环中，使企业创新乃至整个社会的自主创新活动得以持续。

新希望集团发挥企业从事农牧业领域开发经营长达24年，长期研发目标集中在现代农牧业产业链先进科学技术的研发与集成运用上，致力于与国内外科研机构或企业合作开发饲料、乳业、肉食品加工、农用化工、兽药等领域的创新技术和应用技术，以及传统技术的改造和升级。新希望集团进一步明确了技术创新的内涵，从创新过程的各个阶段加强集团的创新能力，营造创新环境，强化创新激励机制，培育内部创新文化，整合利用外部技术资源，充分利用政府营造的有利于创新的环境，有效保护集团的知识产权，促进以企业为主导的产学研合作。保证了集团各事业板块产品的技术领先和持续核心竞争力，成就了中国的饲料大王。

（一）技术自主创新的内涵

1912 年美籍奥地利经济学家熊彼特率先提出创新这个概念的，认为所谓创新就是“建立一种新的生产函数”，也就是把“一种从来没有过的关于生产要素和生产条件的‘新组合’引入生产体系”。企业是最基本的组成部分，是科学实践和生产经营实践的双重载体。熊彼特描述的创新过程机理如图 5 所示：

创新模型 I

外生的科学和发明
企业家活　动
在新技术上的创新投资
建立新生产模式
变化了的市场结构
创新产生的利润或亏损

创新模型 II

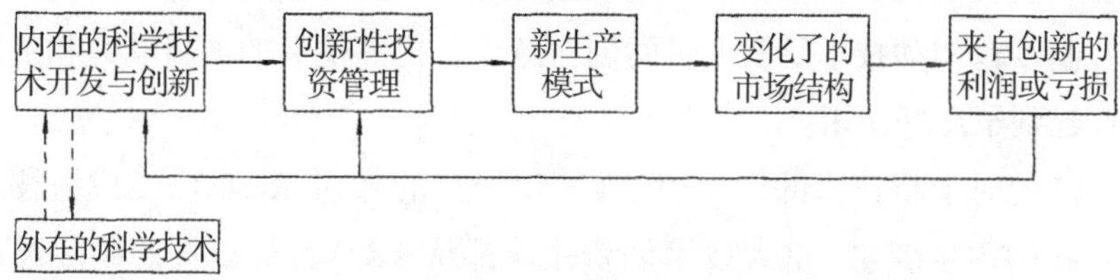

图 5　熊彼特的创新模型

模型 I 中，前提是存在独立于市场之外的“外生的科学与发明”，被企业家引入企业进行创新活动。在模型 II 中，强调科学与技术来自企业内部创新部门，而这种“内生”的科学技术与“外生”的科学技术之间存在信息交换。

近一个世纪以来，沿着熊彼特的研究轨迹，许多国家的学者、科学家对企业创新的动力、来源、机制和环境等因素进行了大量的研究，傅家骥教授是国内较早研究技术创新的学者，他认为“自主创新是企业通过自身努力产生技术突破，攻破技术难关，并在此基础上依靠自身能力推动创新后续环节，完成技术商品化，达到预期目标的创新活动。

（二）自主技术创新的过程以及关键要素

完整的自主技术创新过程实际上包括三个关键环节，即创新的主体、新技术的产生以及新技术的市场化。

（1）对于创新主体，就是企业里的人。截至 2013 年年底，新希望集团拥有专职从事研发工作的技术人员 1200 人。研发人员全部具有大学本科以上文凭，本科以上 435 人，本科 4258 人，大专 10678 人，其他 51368 人；具有高级技术职称 38 人，中级技术职称 670 人，初级技术职称 3463 人。集团创新队伍包括核心人才和技术带头人、专家顾问委员会、核心研发队伍三个层次。形成了企业内外人才优势互补和集成的格局，构成集团雄厚的科技创新人才队伍。

集团制定了一整套对技术研发人员的激励政策，颁发了《关于实施新希望集团科技创新激励政策的若干规定》《技术开发部门绩效考核及评价制度》《科技人员专利成果奖励办法》《技术创新项目考核激励办法》等。这些制度对调动技术研发人员的创新意识，提高他们的创新能力和工作积极性起到了良好作用。

（2）对于新技术的产生，随着知识经济的来临，R&D 已经成为技术创新系统的内生变量，重大技术创新往往都从 R&D 开始。按照国际通用的衡量标准，衡量一个企业技术创新能力的一项重要指标是其技术研究开发经费占销售收入的比例。在其他条件相同的情况下，R&D 的投入越大，成效就会越大。新希望集团对创新的科研项目资金预算一贯采取“倾斜、从优”的政策，每年用于饲料、兽药等项目的技术创新研发和技术改造投入的经费为销售收入的 2%~3%，每年从企业自有资金的发展基金中拨付。近三年来累计技术创新经费投入已达 7.25 亿元。

（3）新技术的市场化应包括市场化率和市场化速度两个方面。企业创新最终目的是为了获取利润，新技术只有充分市场化才能保证创新获得合理的利润。产品生命周期的缩短要求加快创新速度，在“快鱼吃慢鱼”的信息时代，速度无疑是自主技术创新成功的一个关键因素。新希望集团的技术创新和技术改造工程是5~6项/年，70%左右的市场转化率，研发到投入市场的周期是1年左右，其中创新产品和技术改造产品各占一半。

（三）新产品、新技术开发情况

新希望集团主要研发项目主要是根据市场需求和企业发展而设定，实用性强、转化快，成效显著。近三年来开展了科技研发项目140余项，技改项目14项。其中承担国家级项目8项，省级项目18项，市级项目9项。取得达到国际先进水平成果2项，国内领先水平成果1项。集团已取得了新型饲料配方20余个、无公害中草药饲料添加剂和微生物制剂添加剂3个、天然叶黄素晶体（黄晶晶）、枫澜复合酶、枫澜复合酸化剂等饲料添加剂、二次熟化高维乳仔猪系列饲料新产品1个；初乳及免疫乳制品、液态奶及乳饮料系列产品、牧草新品种筛选及种植新技术推广、西门塔尔高端乳制品、奶牛体外性控胚胎移植新技术；喘康、乳炎康注射液、复方板蓝根注射液（兽用）、微生态、复合兽用酶制剂、生物蛋白、生物肥料和植酸酶等成果和产品。

（四）自主知识产权

温家宝曾经明确提出："21世纪的竞争实际上就是知识产权的竞争"。随着经济全球化进程的加快，知识产权在国际竞争中的重要性与日俱增。要充分发挥知识产权制度的重要作用，激励自主创新、鼓励科技投资、优化资源配置、保护创新成果、维护竞争秩序，促进科技成果转化和产业化，促进我国自主创新能力的提高。把创造和发展知识产权作为我们发展战略的重要内容，要把实施技术标准战略和专利战略作为科技、经济发展的重要战略。在"十五"期间，国家组织实施了专利战略和技术标准战略。新希望集团现已申请国家专利33项，其中发明专利3项。发明专利分别是：天然叶黄素晶体（黄晶晶）、一种由万寿菊干花制备叶黄素晶体的方法、裸胚冷冻技术；其余的都是外观和实用新型专利。

其中发明专利的比例很低，发明专利的投入大见效比较慢，但却可以形成无法复制的企业核心竞争力。

新希望参与技术标准制定情况：新希望集团曾正清先生（博士）参与制定了《绿色食品饲料及饲料添加剂使用准则》和《绿色食品兽药使用准则》(NY/T471-2001)；陈正玲女士（博士）参与了农业部《猪饲养标准》的制定；刘海燕女士（硕士）参与了《奶粉》《干酪》《奶油》等国家标准的制定。此外，集团涉农170余家生产企业均制定了较为详细的相关产品企业标准、生产及技术操作规程等。

（五）以企业为主体持续的技术创新能力建设体系

首先，要建立一个完善的技术创新体系，要有一个聚集科技人才的组织机构；新希望集团于2004年3月正式成立了“四川新希望集团技术中心”。中心由“新希望饲料科技和产品研究开发分中心”“新希望乳业技术分中心”“新希望食品科技研发分中心”“新希望兽药科技研发分中心”“产品标准建设处”、成果专利及信息网络管理开发部、综合保障部、联合实验室管理部等部门组成。企业研发部门的基本定位从原来单纯和单一解决产业生产经营的技术难题，转变为解决以各类产业为核心向上下延伸的产业链当中的技术难题，为解决中国乃至国际农牧行业共性和个性问题而提供新技术、新产品和新方案。2006年获得批准成为省级技术中心“新希望集团有限公司企业技术中心”。饲料产业是新希望集团的基础产业和支柱产业。为进一步提高饲料工业科技水平和产品科技含量，用现代生物技术和工程技术改造传统的饲料产业，集团利用较强的产业优势和研发优势，采取产、学、研相结合模式，联合四川农大动物科技学院、四川农大动物营养研究所、四川大学生命科学学院、四川省饲料工作总站等高等院校、科研机构和专业管理单位，于2006年11月13日向四川省科技厅提出了共同组建“四川省饲料工程技术研究中心”的申请，并于2006年11月17日通过了由四川省科技厅组织的专家答辩。

其次，企业要加强与高等院校科研院所和国内外企业间的技术合作，采用产学研相结合的模式。在信息化和全球化背景下，知识增长与扩散的速度加快、产品的生命周期缩短，企业自主技术创新也应是一种开放性的创新。自主技术创新发展成为以企业为主体，利用各种资源，通过多种方式，获得对技术（特别是核心技术）及其发展的主导权（包括拥有知识产权），并在此基础上形成自己的技术轨道，发展出拥有自主概念的产品，从而为企业在竞争中带来战略性的优势，建立以企业为主体、产学研相结合的技术创新体系，这也是《国家中长期科学和技术发展规划纲要》的要求。市场经济条件下，企业是经济活动的主体。技术创新活动本质上是一个经济过程，只有以企业为主体，才可能真正坚持市场导向，反映市场需求。为提高集团的研发能力，新希望集团已与美国联合饲料、加拿大 Hypor 公司、英特尔 (Intel) 有限公司、中国农业大学、中国科学院遗传研究所、中国农科院畜牧研究所、中国农科院饲料研究所、各个省市的农牧业类大学、四川大学生命科学学院、四川省畜牧科技研究院等国内外科研单位、高等院校和专业公司等共同建立了产学研合作关系，以联合攻关、项目委托研究、合资建立研发机构、合资经营等多种方式开展了产学研合作。特别是与美国联合饲料公司和加拿大 Hypor 种猪公司的合作，将在山东和四川各建立 1 个具有国际一流水平的育种基地和乳猪预混料加工厂，以及在中国和美国各建立 1 个完全实现数据交换的猪业研究中心，使种猪繁育和乳猪预混料技术全球领先。还与中国农科院饲料研究所联合建立了“中国猪营养与饲料研究中心”“企业博士后流动工作站”、与蒙古农业大学建立了“新希望乳品研发中试中心”等。此外，集团还与美国联合饲料、加拿大 Hypor 公司、英特尔 (Intel) 有限公司、荷兰泰高公司、中国农业大学、中国科学院遗传研究所等共同建立了产学研合作关系。

最后，创新人才的培养和创新环境的营造是企业持续创新的重要因素。在创新人才培养和人才激励方面：新希望集团创新队伍包括核心人才和技术带头人、专家顾问委员会、核心研发队伍三个层次。形成了企业内外人才优势互补和集成的格局，构成集团雄厚的科技创新人才队伍。集团还制定了一整套对技术研发人员的激励政策，颁发了《关于实施新希望集团科技创新激励政策的若干规定》《技术开发部门绩效考核及评价制度》《科技人员专利成果奖励办法》《技术创新项目考核激励办法》等。这些制度对调动技术研发人员的创新意识，提高他们的创新能力和工作积极性起到了良好作用。随着经营业绩的不断增长，集团将继续坚持自有技术专家为主、外聘专家为辅的人才策略，在已有的人才队伍基础上，根据集团总体发展规划，进一步提高企业研发人员的素质，优化人员结构，并计划每年培养技术骨干人才 20~30 名，招聘本科以上技术人员 100 名。另外，新希望集团还将推出以薪酬激励和“知智资本化”为基础的整体配套激励策略，注重对技术研发人员的内部引导、软性管理，注重短期与长期激励并重。主要有：

①改善环境吸引人才：集团将投入较大资金在科研设备和设施的更新上，并投入资金对办公环境、设计手段和生产厂房进行改造、完善。②提高待遇留住人才：企业对科技人员将执行高于一般行业水平的薪酬标准。为新招收的大学生提供舒适的宿舍或给予住宿补贴。同时利用完善的绩效考核制度将工作业绩与薪资收入、职务晋升、荣誉称号的获得、进修与培训、带薪休假奖励等多种激励形式挂起钩。③调整政策激励人才：集团将进一步完善课题负责奖励办法，提高奖励标准，并将奖励落实到小组或个人，最大地激励广大科技人员的进取心和责任感。真正兑现和落实“知智资本化”，为仅仅拥有知识和智慧的科技人才创造实现自身价值的事业大舞台。

创新环境营造方面有：①完善的技术开发硬件环境。集团已建成的“企业技术中心”具备完善的软硬件条件和设施，拥有价值 3000 余万元的仪器设备，还投入了 5000 多万元建立了总占地面积近 600 亩的试验研究基地 8 个；②充裕的研发经费支持。每年按销售收入 2%~3% 的比例提取研发经费，达到或超过行业平均水平。2013 年公司发生研发支出 6793.27 万元，同比增加 6.27 万元。其中，费用化支出 6755.03 万元，资本化支出

37.34 万元。增长的主要原因系公司为了开发新产品，提高产品市场竞争力，加大了对产品研发的投入；③灵活的研发管理模式。集团在研发工作中大胆起用骨干科技人才，除集团自有的一大批高学历的资深专家以外，还以顾问、聘请的方式，广泛引进和使用外部智能。对重点研究项目实施课题负责制，充分授权、全面支持，计划管理、严格督促；④切合实际的课题导向。集团各产业的科研项目立项均经过科学论证、保持一贯的产业导向，密切结合企业实际，兼顾应用性、先进性和独创性。自 2003 年以来，仅在饲料研发方面已自主开展 133 项科研课题，还承担了 1 项国家科研课题和 2 项省级科研课题；⑤高素质的研发队伍。积聚了一大批有志于发展中国现代畜牧业的管理和技术人才，形成了企业内外人才优势互补和集成的格局。

七、信息化管理——构建管理新平台

众所周知，集团企业管理高度复杂，业务范围涉及多个行业，具有下属单位众多且地理位置分布较广，业务资金量大，资金形态、经营方式多样化等特点。为了迅速把握并实现集团企业复杂而迫切的信息化需求，迅速实现并为集团企业权属关系不断变化的不确定性以及未来对管理的新需求留有余地，企业推进信息化建设，将会成为企业集团战略发展的有利支撑，集团企业通过 ERP 信息系统的应用，大面积进行市场信息的收集、分类、整理、分析，获取客户的信息，从而较好的传递客户所需要的产品。企业资源计划 (ERP) 是由美国 Gartner Group 公司于 20 世纪 90 年代初提出来的 ,ERP 系统引用了当今国际上最先进的企业管理模式和理念 , 它以制造资源计划 (MRPII) 为基础 , 将企业的生产、原材料、质量、销售、财务会计、人力资源等方面的信息集合起来。它超越了 MRPII 范围的集成功能 , 支持混合方式的制造、动态监控、开放的客户机 P 服务器计算环境 , 吸收了全面质量管理、准时生产、实验管理、项目管理、供应链管理和客户关系管理等内容，实现了物流、信息流、资金流、价值流和业务流的有机集成，它以计划和控制为主线，以网络和信息技术为平台，集客户、市场、销售、采购、计划、生产、财务、质量、服务、信息集成和业务流程重组等功能为一体，面向供应链管理，强调人、财、物、产、供、销的全面结合与全面控制，追求效益最佳、成本最低的现代企业管理思想和方法。新希望集团从2001年开始，开始信息化的建设工作。最开始由股份公司综合管理部自主开发ERP，主要负责饲料版块信息化建设方面；2002年，南方希望财务部设立会计化电算处，负责南方公司信息化建设工作；2003年，集团公司财务部信息处，负责下属公司财务电算化建设和乳业ERP的建设工作；2004年5月，南方希望财务部会计化电算处归入集团办公室信息处，负责全集团信息化建设规划、审批等工作；2005年6月集团信息中心成立，结合三条产业链的建设，形成一条伴随服务于产业链的信息链，结合新农村建设，提出了农村电子商务。

（一）明确的信息战略规划

企业的信息化建设首先要有个明确的目标，即要求信息化建设进行一个战略的规划。这个战略规划要符合企业战略目标、企业实际情况、企业承受能力和ERP所能做的事情。由于ERP系统的自身特点，企业实施ERP系统主要有如下基本目标：①技术目标，为企业提供一个统一的信息技术平台，重点解决信息标准、一致、完整和共享问题；②管理目标，通过ERP系统的实施，进一步规范企业业务流程，更好地支持企业的业务模式、管理体制、运行机制和公司治理模式等，从而达到提高管理效率和水平的目的；③效益目标，在实现技术和管理目标的前提下，通过进一步提高企业资金利用率、降低采购费用、提高销售能力等，达到降低成本、提高盈利并最终为股东带来效益的目的。其中，技术目标是手段，管理目标是基础，效益目标是目的。

新希望集团的IT规划目标，如图6所示：信息上通下达、流程合理高效、管理决策透明；其中信息通达是技术的目标，流程合理高效和管理决策透明式管理的目标，技术目标和管理目标如果都得以实现就可以达到企业的效益目标了。在制定了战略的基础上，新希望集团又制定了具体的 IT 投资策略：①以业务成长速度和业务规模 / 流程成熟度两个维度来分析，将各业务板块的 IT 投资策略区分为准备、保持、进入和加强四个象限；②以重要性和紧迫程度两个维度来分析，将各 IT 应用的建设区分为忽略、两可、进一步分析和立即行动四个象限。IT 规划指导思想：①能上：各下属公司能方便、及时、有效将企业经营管理信息传递到总部；②能下：各业务单元管理总部能及时、方便、有效将经营政策传递到各下属公司管理末梢，如图 7 所示。

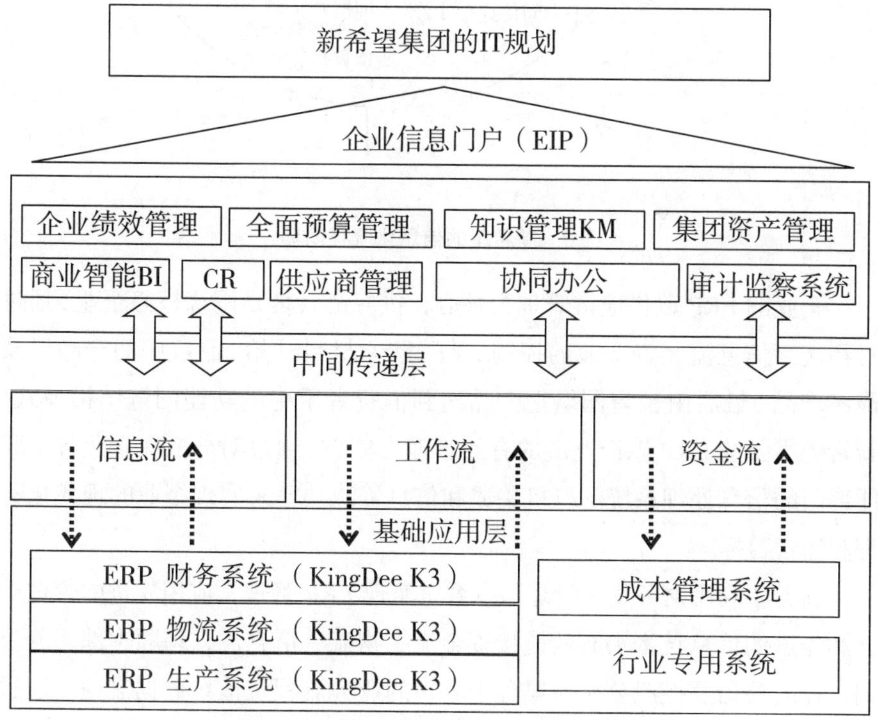

图 6　新希望集团的信息化建设的未来构架

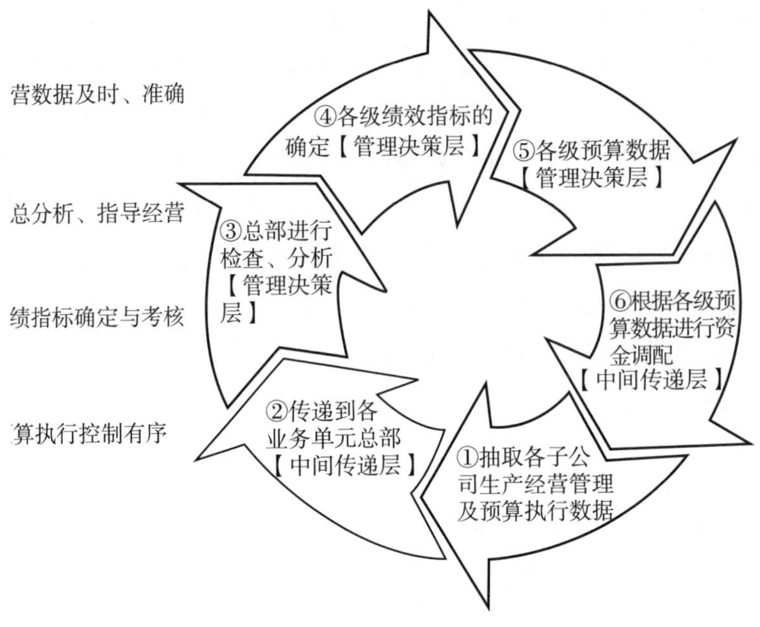

图 7　新希望的信息化流程闭环

企业的 ERP 以供应链管理为核心，供应链管理是围绕核心企业，通过对物流、信息流、资金流的控制，从采购原材料开始，制成中间产品以及最终产品，最后由销售网络把产品送到消费者手中的功能网链结构模式。新希望集团的 ERP 以产业链的有效管理为核心，通过对分散在企业各个职能部门的信息处理系统的有机集成和信息资源共享来实现企业的现代化管理和经营目标。

新希望利用财务集中管理信息系统实现 ERP 管理，应用先进的管理理念和先进的信息技术去有效链接资金流、物流、信息流，理顺本部、分公司、控股公司及控股公司所属分子公司的业务流程及信息数据流程。通过信息在企业各部门的快速传递和各管理环节对信息的响应，预防和及时发现经营瓶颈，加强对分子公司、控股公司的监控，降低投资、大修项目成本，提高资金周转效率，从而实现经营目标，促进企业战略目标与绩效管理。

新希望充分运用企业信息门户使公司可以纵览业务全景，而且还建立起与外部沟通的商务平台，无论是供应商、股东、合作伙伴还是客户都可以方便地实现信息交互与业务协同。整合企业的物流、资金流和信息流。使供应链、财务、生产制造、质量管理等企业核心业务协同运作、信息共享，可以随时查询任一客户的销售、收款、信用等全部信息，以及任一订单的实时追踪与成本分析，实现集团资产有效管理，这正是新希望的农村电子商务的指导思想。在市场营销上，加强对市场需求的分析、加强对渠道的管理和评估，在销售管理上，获得客户准确信息、提高销售的可预测性、加强服务客户的能力、提高跟踪产品和服务的质量、增加客户的满意度和保有率、提高再销售和客户中介销售比率；将市场、销售和服务支持等跨部门的协同、支持跨时段跨部门跨区域的业务进程协同、实现完善的科学与量化的分析决策、实时移动办公的反馈和支持、支持集团应用的实现、达到集中统一的资源管理协同。

（二）团队建设与 IT 应用支持服务

1.IT 团队规范建设年

2005 年是新希望集团信息化建设历史中值得记录的一年。建立一支高绩效的 IT 团队，团队建设工作是一项长期性工作，需要耐心、仔细、具体问题具体分析，同时必须遵循一定规则：适合企业现状和 IT 工作规律。2005 年初，为了给集团各级公司、部门提供优质的、专业的服务，信息中心明确了部门使命：

①为全集团提供高效、安全、便捷的 IT 服务产品。

②提供有价值、有效率的 IT 应用系统。

③提高创新企业经营管理信息支撑的能力。

2. 组织结构

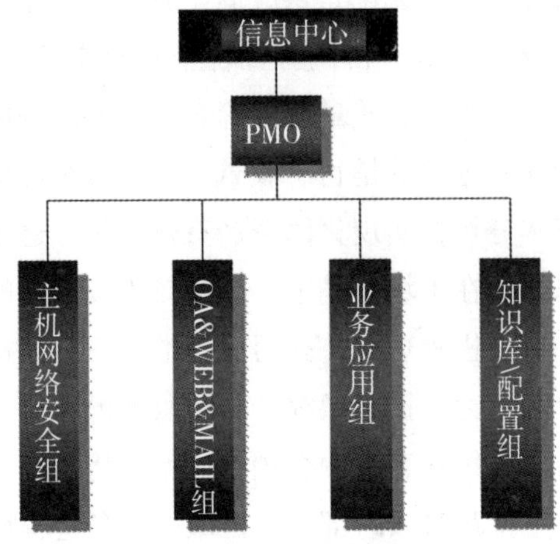

图 8　信息中心的组织结构

3.IT 应用支持服务

IT 应用支持服务是确保企业的信息系统正常有效的运行的技术支撑，信息系统中含有大量的信息以及信息处理的解决方案需要维护，只有总是保持正常运行的信息系统才能给企业带来效益。新希望集团的 IT 应用支持服务包括：现场支持维护、总部日常维护、主动加强沟通，全方位提升服务水平。尤其是总部的信息中心成立后，一改过去被动应对各企业和部门 IT 需求的工作方式。主动积极地与各业务部门沟通交流，了解具体的 IT 业务需求，经过仔细分析为其制定简单实效的 IT 解决方案，加强 IT 专业技术培训服务，提升系统管理员专业服务水平，不仅解决了业务部门的实际困难，也提升了我们的服务水平和质量。

（三）信息系统架构

1. 安全、高效的数据中心

数据中心的首要任务就是保障应用系统、业务数据安全，满足集团内部对信息综合应用的需求越来越迫切需求，不仅综合统计来自不同经营管理业务系统的数据，而且还需要多层次，多维度地分析不同行业的业务信息，通过数据集成，充分挖掘现有的数据资源，分析和沟通各类有价值的信息。信息中心从如下几方面着手，建设安全高效的数据中心，全方位主动式、被动式安全防护措施保障安全；授权共享，访问控制；授权连接，多种手段保安全；定期检查，专项控制；应急预案，有备无患；数据备份，保障安全。

2. 统一集团资金管理平台，提高资金利用效率

作为目前集团投入最大的IT项目，资金管理平台按照“安全、高效、效益”的指导方针，正在有序地推进。此系统于2004年9月立项，与2005初建设，在系统建设过程中，克服了种种难题，比如子公司观念理解问题，如何使各公司观念统一；数据中心的安全性；与农行的衔接；各个企业开户并且账户的整理工作；2005年6月份投入运行。目前集团资金管理平台已初步建立，并成功在南方希望的四川片区企业内试点，计划明年在南方希望全面推广。

针对集团资金管理上的问题，如：①存贷两高，成员企业资金沉淀较多，财务费用较高；②目前各大银行授信都倾向于直接对集团进行整体授信；③对资金信息的收集手段落后、效率低下、时效性较差；④集团、事业部对成员企业的资金流向无法全面掌握；⑤企业全面预算推行较困难，资金运作风险大；⑥资金管理手段落后；公司开发了自己的资金管理系统。

资金管理系统针对以上缺点设计，具有三大特色：①系统安全高效，资金系统必须把系统安全放在第一位、系统与银行主机直联实现资金的全国范围内的实时到账与调拨；②资金的使用以预算为核心；③支持多银行的开放平台（该系统支持全国主流的近二十家银行接口，在此平台下统一动作）。

资金管理平台的建立初步取得了以下成果：集中管理集团资金，并形成集团成员企业的资金使用监管，有效监督、控制资金的使用风险（例如减少成员企业开户数，资金体外循环等现象。）；通过集中管理，灵活、方便调剂集团内各企业的资金头寸，减少银行融资规模，节约财务费用；全面掌握企业的资金使用情况，为决策提供支持信息；通过集中资金增加与银行的谈判实力，提升信用等级、增加融资实力，例如农业银行提高了集团的融资授信额度；把资金计划（资金预算）与资金管理结合起来，方便

全面预算管理的推进，提升财务管理，降低资金、财务风险；通过平台的全面实施：使资金的事前计划、事中监控和事后分析成为现实。

3. 推广并规范 ERP 系统实施，支持经营管理

公司在 1999 年选择部分分公司作为试点，最终选择了金蝶作为自己的供应商。在克服了基础规划，公司各级员工进一步转变观念，现在已经基本上在全集团得到广泛的推广。2005 年集团加大了 ERP 实施力度，在打通生产流程基础上，南方希望将于 2006 年年底全面实现 ERP 系统建设。在 ERP 系统项目实施过程中，为了保障实施质量，新希望集团建立如下沟通协调机制：集团编写关于信息化建设的周报，每周一上报集团信息中心主任、事业部主管领导、当地公司相关领导，由 IT 项目经理负责写项目周报；包括：项目名称、本周已完成工作、本周未完成工作、下周工作计划等；到达或离开实施公司时，需提交相关计划和注意事项等文档；重点问题将由 IT 项目经理提出，由集团信息中心、事业部相关部门领导和当地公司共同协商解决；有关 IT 项目协调会需有会议纪要，并发送相关人员；阶段确认文档：基础资料完成确认书、期初数据准备完成确认书、初始化完成确认书、差异备忘录、数据变动记录表。

4. 生产经营管理系统建设

南方希望生产经营管理系统，于 2005 年 7 月开始立项讨论，9 月正式开始实施，历经两个多月的时间，通过软件开发、人员培训、系统试运行、报表开发等阶段，目前系统运行稳定，统计报表和分析报表完善。生产经营管理系统与 ERP 系统集成，及时汇总经营数据，方便公司的决策分析。南方希望生产经营管理系统是基于 INTERNET 模式下，进行生产经营数据集中和数据挖掘的系统。系统共分五个子系统：后台管理子系统、基础信息维护子系统、数据填报子系统、申请审批控制子系统、智能统计分析子系统。

系统实施后，对集团产生了很大的作用，主要体现在以下几个方面：①海量数据方便分析比较。关键生产经营数据大集中；②数据集成性、实时性强。与 ERP 系统进行数据集成，将 ERP 系统中的销售日报数据，

自动获取并传递到南方总部，减轻工作量、节约了时间，同时保证了数据的真实性；③报表式样简单直观，系统具有直观的报表呈现，如饼图、直方、折线等多种角度、多种形式的呈现；④工作指导性强。关键生产经营管理数据一经上报，在任何地方就可以安全、实时查询和导出数据，方便各级（分子公司或南方总部）领导和管理人员根据数据分析，并指导各级公司、部门的生产经营管理；⑤扩展性强。在此项目立项时，我们充分考虑到不重复投资的因素，购买了当前世界上比较先进的智能数据分析软件BRIO，使得数据统计分析方面，更加灵活；⑥灵活性强。生产经营管理系统可运用到全集团饲料行业版块上（含各级公司、片区、事业部总部等管理经营需求均可满足），统一规范管理，对行业提供经营决策帮助。

5. 建设合并报表系统，构建快速反应的财务报表体系

合并报表工作一直是集团财务工作的重点和难点，新希望集团是一家跨行业、跨地域、组织架构复杂和多股权关系的大型企业集团，不同层面的组织需要不同种类的合并、汇总报表，为了实现及时、真实、准确的提交报表，信息中心通过与集团财务部和金蝶公司多次的方案讨论分析，最终决定从房地产事业部开始试点运行合并报表系统。项目实施工作已于2015年12月底开始，已完成房地产事业部需合并报表的公司试点工作，计划在12月底，进行正式运行的合并报表系统。通过实施本项目，全集团在使用金蝶财务软件的基本核算系统下，通过合并报表系统在集团内建立起基于组织架构的财务报表体系，实现各级公司的财务报表数据实时在线采集，保证企业财务报表的及时性、真实性、准确性。真实反映企业的整体运营状况，准确衡量各公司的业绩和绩效。总之，集团将利用金蝶合并报表系统建立起统一规范的财务报表体系，实现集团财务合并报表工作的规范高效，以及报表的真实准确。

6. 网上培训考试——创新的培训考核方式，高效、节约的成果

新希望的信息中心一直以来重视IT方面培训工作，但由于集团的企业分布地域广，如果采用传统集中面授的培训方式，时间安排难度大、培训费用高，并且影响工作。信息中心牵头与集团人力资源部、集团办公室

外宣传处共同协商，信息中心建立了集团的网上培训考试系统。考试系统不受业务限制、管理灵活，适用性广。到目前为止，考试系统先后完成了对各事业部管理总部和各分子公司的IT/ERP知识培训考核、全集团财务系统税务知识培训考核等培训考试的工作。

经过多次实践，网上培训考试系统充分发挥了方式灵活、新颖的特点，且深受广大员工的欢迎。他们认为以前搞集中培训和考核花在路上时间和精力往往很大，到会场后很少能全身心地投入学习，网上培训和考试为大家节约了时间和开销，值得提倡。

7. 农村电子商务，信息链与产业链的结合

ERP以电子商务为手段，全面整合企业内外部资源电子商务指所有利用因特网、企业内部网、企业虚拟网来解决商业交易问题，降低产、供、销成本，开拓新市场，创造新商机，通过采用最新网络技术手段，从而实现商品、物资、人员、信息协调的所有商业活动。EC可以扩大企业对内部资源的管理和对外部资源的整合，充分利用企业资源并实时响应客户需求，缩短交易时间，减少交易成本，提高企业效益。企业进行生产经营需要大量的信息，基于EC的ERP会改变企业内部各部门和员工之间的沟通模式，及时准确地获取客户、供应商等利益相关者及竞争环境的重要信息。基于EC的ERP可以帮助企业获得竞争优势。基于EC的ERP实施，就是利用EC的优势，集成EC的管理思想，这样才能使企业尽可能多地整合企业的内外部资源，才能及时处理搜集到的各种实时信息，从而增强企业面对市场迅速变化的反应能力。新希望集团围绕集团打造的三条产业链进行信息化建设，信息链中流动的就是产业链中产生的信息，这提高了信息流动的效率，也使得管理规范化，将电子商务运用于新农村建设中，提高了整个产业链的价值。

8. 电子人力资源系统EHR，围绕分工建立解决方案

所谓EHR，即e-human resource，即电子人力资源管理，是从“全面人力资源管理”的角度出发，基于先进的软件和高速、大容量的硬件基础上的新的人力资源管理模式。它运用信息化平台整合招聘、选拔、培训、绩效和薪酬管理，通过集中式的信息库、自动处理信息、员工自助服务、

外协以及服务共享，实现人力资源管理的便捷化、科学化和系统化，达到降低成本、提高效率、改进员工服务模式的目的。新希望集团的 EHR 建设，使得企业的招聘、培训、绩效考核以及学习集中企业，便于整个集团的统一管理，也提高了管理效率。另外，新希望集团还围绕工作的分工建立了一些日常人事工作的解决方案，员工的流动申请、工作的信息上下传达，再也不需要经过复杂费时的人事流动，直接提交给一些针对问题的解决方案，就可以实现整个集团内部有效的信息流动。

ERP 就好像是一个容器，不断地装载和吸收先进的管理思想和科学技术为之所用，然后把它们用于企业管理实践当中，直接指导生产与管理企业的各种资源。ERP 的未来在外延上，将继续与其他先进管理思想和技术融合。随着 IT 技术的发展，新的管理思想的出现，ERP 的发展呈现出数字化、网络化、集成化、智能化、柔性化、行业化和本地化的特点，不断吸收最新的技术成果，使得 ERP 具有强大的生命力。新希望集团企业通过信息化建设的“集中管理”提高企业整体反应速度和运作效率，通过信息的共享和分发避免因组织结构复杂而造成的信息失真及滞后；通过“协同商务”优化各业务过程处理机制，由信息系统推动企业业务过程展开，形成包括上、下游伙伴业务集成的核心应用，降低产业链整体交易成本，增强对买方市场的讨价还价能力，从而降低采购成本及生产成本，实现企业的低成本战略。

八、社会责任——民企回报社会典范

关于企业社会的定义有许多种，其中影响力比较大和被现在越来越多的企业所接受的是“利益相关者”理论，该理论认为企业社会责任是指企业通过企业制度和企业行为所体现的对股东、员工、合作伙伴、客户、消费者、社区、国家履行的各种积极义务和责任，是企业对市场和相关利益者群体的一种良性反应，也是企业经营目标的综合指标。它既有法律、行政等方面的强制性义务，也有道德方面的自愿行为，如图 9 所示。一个优秀的企业必然有着强烈的社会责任感，只有将自身的进步建立在整个社会的进步之中，才能真正实现企业的持续发展和目标。从 20 世纪 90 年代至今，随着经济全球化进程的不断深入，为树立品牌形象和增强影响力，越来越多的企业都把社会责任作为企业文化和战略计划的重要组成部分。

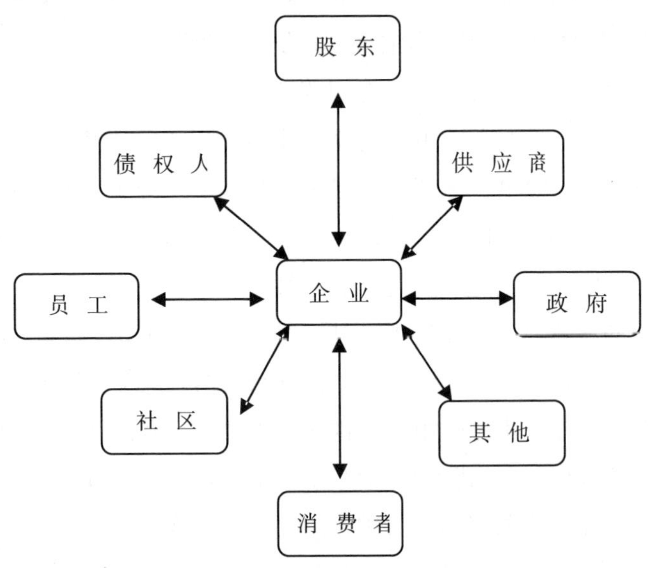

图 9　企业的利益相关者示意图

新希望董事长刘永好指出，国际上很多大公司能够持续发展，是因为对社会责任感的注重，对社会以回报，自身才能得发展，回报社会越大，自身发展越快。新希望将集团的宗旨定义为“为耕者谋利，为食者造福”，在从田园到餐桌的产业链条上，集团倡导和实践的优秀企业公民行为，以“阳光”“正向”和“规范”的价值取向开展经营活动，履行着“与客户共享成功、与员工共求发展、与社会共同进步”的承诺，不断开拓创新，引领行业发展，赢得了集团利益相关者的信任，实现了自己对社会的责任，为企业构建和谐社会发挥了榜样和引导作用。

（一）对股东：创造更多的价值

新希望集团坚持“以内涵式发展为主，外延扩张为辅”的发展战略，强化内部管理，加强成本控制，优化产品结构，不断开发新产品，积极培育新市场。近年来，克服了多种不利因素的影响，通过积极调整产品结构，努力挖掘内部潜力，对市场进行深度开发，使各项业务仍取得了较好的经营业绩，保持了持续稳健发展。各个公司资产清晰、责权明确，关联交易规范，最大程度保证了投资人、股东及相关各方的利益。

2013 年，我国经济延续 2012 年的经济发展态势步入结构性减速期，制造业投资下滑，实体通缩依然，消费增幅下降。纵观行业形势，2012 年末发生的“白羽肉鸡”舆情事件的后续影响、“H7N9 流感”疫情、消费疲弱、地震灾害等诸多不利因素，养殖业在 2013 年的持续低迷，加上饲料原料和劳动力成本持续上升，使家禽行业陷入了前所未有的困境。面对上半年宏观经济与行业发展的不利局面，公司新一届董事会在承续上届董事会优良传统和作风的同时，进一步明晰战略，部署全局，调结构、促转型，全面推进创新与变革。三季度，公司养殖与肉制品业务的亏损幅度逐步减小，饲料业务保持稳定，整体经营业绩有所回升。同时，公司积极推进国际化进程，随着 2013 年公司在海外市场的继续加大投入，公司的海外业务取得了较好的业绩，其饲料产品的销量、销售收入都有明显增长，利润亦有大幅提高。

1. 饲料

公司通过提高产品质量，优化产品结构，降低产品成本、对市场进行深度开发，精耕细作，努力扩大市场占有率等经营措施，克服了“猪链球菌病”“禽流感”疫情等的不利影响，经受住了行业竞争加剧的考验，充分体现了公司的抗市场风险能力。公司饲料生产与销售同步增长，盈利能力不断提高，成为公司主营业务收入和利润来源的重要组成部分。经过多年的努力和探索，公司已形成了独特的管理体系，产品质量不断提高，产品结构日趋合理，销售网络更加成熟，品牌知名度、客户忠诚度进一步提高。

饲料是公司的核心业务，处于公司农牧产业链的前端。当前公司的饲料产品结构仍是以禽料为主，因此2013年受“H7N9流感”等因素影响较大，饲料板块的整体销量有所下降。为应对行业整体下滑的不利影响，在新一届董事会的领导下，公司进行了一系列的改革，逐步调整业务结构，大力开拓猪料市场，从而使公司全年饲料销售收入的下降幅度小于其销量的下降幅度；同时，由于公司饲料产品主要采取成本加成与市场定价相结合的定价模式，饲料产品成本的变化可以很好地通过饲料产品销售价格的变化向下游传导，从而消除原材料价格上涨带来的成本压力。因此，公司饲料业务在2013年仍然保持了较好的稳定的利润。

2. 畜禽养殖

畜禽养殖是公司的重要业务，在公司农牧产业链中居于中间位置，连接着前端的饲料和后端的肉制品业务。2013年受整体市场环境的影响，公司养殖业务的销量有所下降，同时由于种苗价格长期低迷，公司养殖业务连续2年亏损，但同比亏损幅度减小。

3. 屠宰及肉制品加工

屠宰及肉制品加工业务在公司农牧产业链中最贴近消费终端，2013年受食品安全及公共卫生事件冲击较大，导致消费者的禽肉消费信心受到影响，加之禽肉产品市场整体而言供大于求，公司肉食板块的销量和销售收入在报告期内均出现下滑，禽屠宰业务连续2年亏损，但同比亏损幅度减小，而熟食成为其中亮点。报告期内，通过积极拓展销售区域和渠道、持续研发新品和优化产品结构、降低产品成本等举措，公司熟食产品的综合盈利能力得以提升，销量的同比增长带来了销售毛利总额的增长。

4. 金融投资

截至2013年年底，公司持有民生银行的股份数量未发生变化，仍为民生银行第一大股东，并获得了其业绩增长给公司带来的良好投资收益。基于对民生银行经营业绩和资本市场估值的判断，公司以人民币11.86844

亿元认购了民生银行2013年公开发行的可转换公司债，当期即获得了93753928.94元的二级市场投资收益。

（二）对消费者：提供安全、优质的产品和良好的服务

食品安全与消费者的生命和健康息息相关，也越来越受到社会的重视。品牌如果没有质量做支撑，就会变成无本之木，无源之水，最终也会被消费者抛弃。正如新希望乳业的一位负责人强调，任何一个品牌的产品出现问题，都会使整个集团的产品受到负面影响。新希望集团自成立来始终以质量为生命，不断为对消费者提供安全、优质的产品和服务。以新希望乳业为例，为确保产品质量安全，公司主要抓住以下工作重点。

1. 建立健全各项质量管理制度，规范质量管理工作

公司早在2001年就通过了ISO9001：2000质量管理体系认证，在质量管理上公司一直坚持引进先进的管理模式，有效利用ISO9001，GMP和HACCP等管理标准为指导，建立了一套严格的质量管理体系。根据要求，编制了原辅材料内控标准、半成品质量内控标准、成品质量内控标准、产品放行标准等质量管理文件数百个，覆盖了从产品设计到产品到达消费者使用完毕的全过程，做到了操作有依据，办事有规矩，管理有制度。各项制度定期经过内审、外审和管理评审以检查其执行情况，保证了质量管理工作规范化和长期化。

2. 加强生产现场管理，努力生产出高质量产品

生产部门根据技术操作规程、工艺文件和产成品内控指标等标准进行规范操作，同时做好操作记录，车间主任、班组长、值班主任、品保员对生产现场的操作质量和产品质量进行24小时现场跟班巡查和监控，确保了产品质量。牢固树立“质量是生产出来的”思想，做到了人人重视质量，人人把好质量工作。

3. 加强质量把关，努力为消费者提供满意产品

“一流的品质来源于一流的管理”。质量技术部始终坚持“五把关，三不放过”的原则，对每一天生产的每一批产品的每一个过程都不放过，严

格把关。通过领导重视、全员参与、严格规范、层层把关，为公司的产品树立了良好的形象，产品市场占有率逐年提高。“五把关，三不放过”就是严把原料奶检验关，严把原、辅料进厂关，严把过程控制关，严把产品入库关，严把出厂检验关。不合格的产品坚决不放过，有疑问的产品坚决不放过，不能让消费者满意的产品坚决不放过。

4. 培养和引进了一批高素质人才，确保了质量管理工作的稳定和持续改进

公司拥有一支高素质的质量管理队伍。在30名质量管理和检验人员中，25人具有大专以上学历，其中1名国家级乳品评鉴师，2名省级乳品评鉴师，4名高级食品检验员，多名中级食品检验和分析检验员。

5. 引进了高科技检验设备，提高产品市场竞争力

“工欲善其事，必先利其器”。为了增加产品的科技含量，提高产品在市场上的竞争力，在质量管理的区和国家检验设备配置上，公司不惜花费几百万元先后从南京、杭州等地，以及丹麦、美国等国家购置了多种精密分析仪器，尤其从丹麦购置的快速乳品全相分析仪器，用短短的90秒钟就可以将以前用4~5个小时才能检测出来的数据准确的测出，从而可以精确地控制生产过程中的各项指标，让消费者每天吃到的产品都是相同的脂肪、蛋白质、乳糖、乳固体，保证产品出厂合格率达到100%。确保了公司的产品质量稳定，使公司的质量管理水平发生了质的飞跃。

6. 对消费者满意度调查，出版专著宣传科学饮奶知识

对消费者满意度和饮奶调查，以期更好地满足消费者的需求。另外，为普及科学饮奶知识，新希望组织编制中国第一本全面介绍科学饮奶的专著，并向消费者免费赠送。这在业内引起广泛赞誉。

（三）对员工：用三大文化关注成长、培养能力

作为一个民营企业集团，新希望不但给正式员工统一提供养老、医疗、失业、工伤等保险，根据不同行业、产业情况，提供个性化福利，如商业保险、生日礼金、节日慰问等福利，而且更重要的用集团特有的三大文化关心员工，培育其能力，让员工与企业共同成长进步。

1. 像家庭——有凝聚力的亲情文化

新希望集团所提倡的企业文化要像家庭，就是提倡一种有凝聚力的亲情文化。像家庭，企业应该像家庭一样，和睦温馨，团结一致。母、子、父、女、兄弟之间，要互相关爱，互相支持，互相帮助，同甘共苦。在公司，一个值得注意的现象就是自发性捐助，比如一个员工遇到突发性事故而引起生活上的困难，其他员工就会自发地组织募捐，帮助其渡过难关，让员工真切地感受到家庭般的温暖。2006 年春节后，一位普通员工不幸患白血病，公司得知后马上发起倡议，全公司从一线生产员工到管理层纷纷伸出援助之手，共为这位患病的女员工募集了 10 余万元的医疗费。公司的这种亲情文化不仅感染着集团自己的员工，连一些经销商也深受感动，纷纷解囊来帮助这位员工。

2. 像军队——有执行力的严格文化

新希望集团所倡导企业文化要像军队，就是要倡导一种有执行力的严格文化，像军队一样，纪律严明，令行禁止。刘永好认为，新希望在管理上坚定不移地抓住了两个关键点。一是财务独立，子公司的财务一律接受总部直接领导。严格的财务制度使集团能够充分了解和把握下属公司的情况，杜绝了许多问题，从来没有发生过公司的大笔钱财被拐走的事。二是推行技术的垂直管理体系，保障了集团的技术创新，有效地遏制了只顾眼前利益的短期行为。企业规模做大之后，集团式的管理首先需要的是严明的制度和纪律。在这样的文化熏陶中，员工的执行力不断得到提高。

3. 像学校——有生命力的学习文化

像学校，优秀的企业也应该如同一所学校，让它的员工能够不断成长、提高。人才是企业第一发展战略，为提升员工素质，建设员工队伍，新希望成立了自己的商学院，选拔优秀的基层管理人才进行深造，给予合格的学员更大的舞台。另外，与清华大学联办 MBA 班，培养各级干部。同时，每年都要选派一大批企业中高层管理者到国外学习和接受培训。

（四）对养殖户：双赢发展

1. 诚信经营，带动产业

新希望的企业分布广泛，根据各地的区域优势特征，逐步形成以产业为主导，结合区域发展，促进农村经济发展的模式。结合山东特点，新希望旗下企业山东六和集团在山东、江苏建立了16个大型冷藏厂，各厂均与养殖户建立起一套规范的合同合作制度，实施“保值合同鸡”政策。这一制度有效减少了农民的养殖风险，提高了养殖收益，极大地拉动各地肉鸡养殖的发展。“一条龙”服务农户的数量已达35万户，合同养殖农户2万余家，成为当地农村经济的重要支柱产业之一。面对2005年禽流感带来的行业危机，新希望集团坚持诚信经营，担当起龙头企业的社会责任和使命，切实保护农民利益，贡献1亿元帮助农户应对危机。新希望集团利用规模经营的优势，在农业产业链的各环节之间合理分配利润、分享价值，解决了农业产业价值链不均衡问题，促进了企业、农民与市场的共同繁荣。

四川的洪雅和云南大理生态良好，具有奶牛养殖基础。新希望与洪雅县政府联手启动“新希望、新农村12345工程”，总投资和捐助为1.5亿元人民币，建设1500头奶牛的现代化养牛示范场，发展5万亩良种草场，建设3个新农村建设示范村。依托乳业产业，带动周边农户致富。在云南大理开展“2551”工程（创建一个驰名商标、十一五末出口创汇2000万美元，奶粉出口5个国家、致富5万农户），公司通过每年出资180万元，现已投入500余万元，建立“奶牛发展基金”，促进奶牛养殖发展，建立乳业基地。与奶农签订《生鲜奶牛奶购销合同》，实行鲜奶收购最低保护价等措施帮助少数民族贫困地区经济发展。

2. 科技引路，致富农户

新希望充分利用自身优势，联合国际知名机构和科研院所，以科技引导农户提高技术水平，增加收益。

新希望与加拿大海波尔公司合作，在四川江油和山东海阳建立基地，建设达到世界先进水平的优良种猪核心种群和繁育体系。还在重庆荣昌县建立优良地方猪保种基地，开发具有中国特色的种猪体系，形成年出栏2000万头以上优质安全三元杂交商品猪的生产基地。大规模的猪种改良，将为广大农民增收和新农村建设提供新的产业和强有力技术支撑。从根本上节约养殖户成本，提高产出效益。

新希望还利用企业规模化优势，与国际金融公司合作，向奶农无偿提供分层次的技术推广与服务，全面提高奶牛养殖管理水平，促进奶牛养殖与国际水平接轨。为增加农民收入提供保障。目前，新希望乳业在全国各地的乳品企业带动的农户超过10万户，牧草种植近百万亩，奶牛养殖10多万头。

3. 信贷支持，担保农户

为推进养殖业进一步的健康稳定发展，联合农业部和国家农业开发银行（或其他金融机构），共同出资组建山东省农业担保公司。为山东省内的养殖户改善养殖模式和扩大饲养规模提供各种担保，同时也为养殖户发展生产所必需的固定资产贷款提供担保。以实际行动积极推进社会主义新农村建设，填补我国农业保险的空白，为广大养殖户提供金融支持。

（五）社会公益

1. 光彩事业照农村

1994年，刘永好牵头和10名民营企业家发起《让我们投身到扶贫的光彩事业中来》的倡议，得到了广泛支持和响应。到目前，已有上万名企业家参与了光彩扶贫事业，投资总额达70亿美元，帮助300多万农民脱贫。作为光彩事业的创始人，新希望集团先后在贫困地区投资1亿美元，捐资0.15亿美元，兴建了14家扶贫工厂，每年向农民让利3000万元，并安置国有企业下岗、转岗员工10000多人。

2010年以来，在“新农村”建设方面，新希望集团已在四川、重庆、贵州、云南、山东等省市逐步开展产业带动的帮扶工作，联系和帮扶82个村走上了致富之路，发展建设原料种植和畜禽养殖基地4.6万亩，辐射带动的基地共300万亩、农户近300万户，使所在地农村农民年平均增收

700元以上。新希望还将建设3500个富农信息站，以及农业产业链全过程管理系统，为农户和经销商提供农业产业链全过程管理、市场供求、科技资讯、农产品交易等综合信息服务。为农户严控产品质量，对客户负责、对社会负责，已根植于新希望人心中，并成为企业文化的一部分。

2. 危难时刻显深情

1998年，长江、松花江、嫩江发生史无前例的特大洪灾，新希望集团在其工厂严重受灾的情况下，向灾区人民捐款捐物，共计310万元。并向松花江地区的灾民捐建15幢解困房。

2003年SARS期间，肉禽出口受到很大压力，进口原料价格暴涨。新希望集团为了应付这种难关，不但没涨价，还适当降低一些价格。SARS期间为农民让利2600万，帮助农民渡过难关。

从2008年的汶川地震，到后来的青海玉树地震，再到雅安芦山地震，新希望美好食品都把温暖及时送到灾区，力求赶在第一时间给灾区人民送去应有的物资和满满的关爱，在实际行动中体现出对灾区人民的不断慰问。新希望集团美好食品多次献爱心不仅体现在震后，各地发生洪涝等其他天灾时，也都赶在第一时间伸出援助之手，向世人传达了新希望集团美好食品一直以来的爱心奉献——有你有我就有新希望。

3. 直接捐款，无偿帮扶

新希望主要以产业带动和科技引导帮助农村的发展。但在相关的领域和地区也联合政府和企业、机构采用无偿直接帮助的形式为广大养殖户提供支持和全方位服务。向帮扶村捐赠医疗设施、树木、学生电脑，为乡村铺设自来水管道，改善村民饮水条件等直接提升农民的生活质量。在成都近郊锦江区三圣乡“东篱菊园”、在金堂县赵镇建立“锦金——新希望”农业基地，以直接补贴形式帮助农民引进珍贵菊花品种、扩大种植面积、建立菊花茶生产线，带动当地菊花的种植和加工产业，帮助农民增收致富，在城乡一体化建设进程中发挥积极作用。

新希望集团深知作为涉农企业，所需要承担的责任重大。在社会主义新农村的建设大背景下，公司正在积极实践着，并影响更多的农牧企业与新希望一起为中国社会的发展做出应有的贡献。今年两会期间，身为“做社会主义新农村建设排头兵”倡议发起人之一的新希望集团，一直实践着“排头兵”的诺言。未来 5 年，新希望计划将累计新增 10 亿元投入到新农村建设中，计划新增产值 80 亿元 ~100 亿元。主要在西部地区有重点的帮助 100 个村发展，对其他地方，更多地通过产业带动等形式帮助农村发展。2016 年的目标是帮扶 30 个村建设社会主义新农村，主要分布于川、渝、云、贵和山东五省市，争取用 5~8 年的时间达到新农村的建设要求。

总之，作为一个有责任感的企业，新希望将继续发挥自身的优势，以产业带动为主导，继续在新农村建设中发挥积极的作用，坚定不移的实现自己的承诺。

参考文献：

[1] 杨学儒，李新春．家族涉入指数的构建与测量研究 [J]. 中国工业经济 .2009，(05).

[2] 胡晓红，李新春．家族企业创业导向与企业成长 [J]. 学术研究 .2009，(04).

[3] 杨学儒，陈文婷，李新春．家族性、创业导向与家族创业绩效 [J]. 经济管理 .2009，(03).

[4] 李新春，刘莉．家族创业研究：一个理论研究的新范式 [J]. 吉林大学社会科学学报 .2008，(06).

[5] 朱沆，何轩．家族企业的关系治理与正式治理——相互控制的视角 [J]. 中大管理研究 .2007，(04).

[6] 李新春，陈灿．家族企业的关系治理：一个探索性研究 [J]. 中山大学学报 (社会科学版).2005，(06).

[7] 苏琦，李新春．内部治理、外部环境与中国家族企业生命周期 [J]. 管理世界 .2004，(10).

[8] 王志明，顾海英．社会资本与家族企业关系治理 [J]. 科学管理研究 .2004，(04).

[9] 陈凌，应丽芬．代际传承：家族企业继任管理和创新 [J]. 管理世界 .2003，(06).

[10] 李新春．经理人市场失灵与家族企业治理 [J]. 管理世界 .2003，(04).

[11] 沈松．新希望集团拟在重庆投资新项目 [J]. 饲料博览 (管理版).2007，(11).

[12] 陈小军．新希望集团携北京千喜鹤食品有限公司将在北京招"猪倌"[J]. 饲料博览 (管理版).2007，(11).

[13] 关崇威．新希望帝国 [J]. 新经济 .2012(17)

[14] 新希望入选 2008 最受赞赏中国公司行业榜 [J]. 饲料博览 .2009,(02).

[15] 川企百强出炉新希望集团问鼎冠军 [J]. 饲料博览 .2010，(12).

[16] 刘育贤．新希望集团业绩喜人 [J]. 四川统一战线 .1999，(04).

[17] 新希望集团简介 [J]. 致富天地 .2003，(05).

[18] 梁守勋，李少宇，罗仲平，赵韵新，许强．新希望集团的发展轨迹 [J]. 天府新论 .2000，(02).

[19] 尹晓阳，刘汝志，孔妍．"三否定"决策模式：新希望集团"基业长青"的秘诀 [J]. 财务与会计 .2011，(06).

[20] 张余华．家族企业所有权结构的演变分析 [J]. 华中科技大学学报 (自然科学版).2003，(09).

[21] 刘铧．家族企业的弊端与改革 [J]. 民族论坛 .2002，(06).

[22] 冉净斐．家族企业生命力何在 ?[J]. 创新科技 .2002，(12).

[23] 张余华．重新认识家族企业推动家族企业健康发展——中国首届家族企业国际研讨传统综述 [J]. 科技进步与对策 .2003，(01).

[24] 张余华．家族企业存在的理论基础与研究状况 [J]. 科技进步与对策 .2003，(04).

[25] 陈永为．家族企业核心竞争力刍议 [J]. 科技进步与对策 .2003，(07).

[26] 王迎春．我国家族企业上市相关问题研究 [J]. 科技进步与对策 .2003，(07).

[27] 叶国灿．论家族企业的局限性与回避 [J]. 当代财经 .2003，(05).

[28] 范忠宝 . 家族企业 : 家族矛盾协调机制的建立 [J]. 工业技术经济 .2003，(01).

[29] 金燕 . 家族企业的企业制度选择与效率边界 [J]. 管理现代化 .2003，(04).

第九章 益客：基于Thumps-up操作方案的描述性案例研究

摘要：本文以益客集团Thumps-up制度为对象，采用实地调研、描述性案例研究等方法，在相关理论文献分析的基础上，剖析了益客Thumps-up制度的原理和操作方法，并分析了建立在“简单正向”文化基础上的益客Thumps-up制度，作为一种组织激活和人力资源管理创新的简单操作方式，所激发的个体能量对实现经营目标的显著效果，揭示了益客这类中国劳动密集型农产品加工企业在组织设计、考核奖惩和员工激励等管理难点方面对人力资源和组织管理理论研究的贡献以及对管理实践的示范效应。并指出了以Thumps-up创造的文化为基础，推动企业持续改善、不断创新，从而提升企业的系统竞争力。

关键词：Thumps-up；组织激活；人力资源；创新；案例研究

一、问题的提出

视角一，益客集团的特点及人力资源创新需求：

益客集团是中国规模最大的肉鸡肉鸭产业链企业，是集种禽养殖、孵化育苗、商品禽养殖、饲料加工、屠宰分割、调理品及熟食研发生产与连锁销售为一体的大型农牧食品企业，每年肉鸡肉鸭供应量达3亿只，员工近万人。特别是屠宰分割加工，属于典型的劳动密集型业务，生产经营中有其特点和困境。第一，机械化、自动化升级速度受限：肉鸡肉鸭是非标准化产品，但中国消费者对肉鸡肉鸭的副产品（头、脖、掌、翅、内脏等）需求较大，对形状、颜色、完整度及标准化要求高，而目前很多生产加工环节机械化操作容易造成产品破损，合格率下降，所以工业化、自动化升级速度受限，仍然是更多依赖人工操作。第二，屠宰业务利润率比较薄：生产精细化和过程管理异常重要，生产中的成本控制对员工效率和责任心要求较高。第三，员工的需求特点：企业的一线员工大部分是周边村镇的农民，他们更关注即时的收入和即时的认可，而不是长期的职业规划或事业期待，而且年轻一代的“80后”“90后”员工很难接受传统的批评和批评方式，而对赞美和认同更为敏感。所以，在企业竞争加剧和人力资源新的发展趋势下，基于劳动密集型和非标准化的特点，决定了益客迫切需要一套更具创造力的组织管理系统，来提高一线操作员工效率和操作质量，最大限度消减人的惰性和代理成本，以形成新的竞争优势。

视角二，工业企业实现组织激活、持续改善的管理方法：

持续改善和精益生产作为工业企业或制造企业的一个有效管理理念和解决方案，在日本得到最好的实现。持续改善在日语里称为“Kaizen”，指微小的、逐渐的、连续地增加改善，起源于TWI（Training Within Industries）和MT（Management Training），当TWI在许多国家被引进时，在日本产生的影响最大，至少有一千万的日本企业界的领导、专业人员及员工都接受了TWI培训，对日本企业管理的理论和实践有深远的影响。随着Kaizen在日本工业广泛的应用，改进了企业一系列生产经营过程中的细节活动，在持续减少搬运等非增值活动、消除原材料浪费、改进操作程序、提高产品质量、缩短产品生产时间、不断地激励员工等方面效果突出，逐步降低了企业成本，提高企业竞争优势，为日本在世界工业中处于领先地位做出了很大贡献。Kaizen成为日本丰田的企业哲学，主导丰田的稳健前行。20世纪80年代初，担任GE公司CEO的杰克韦尔奇提出全员创新——群策群力，鼓励员工提出创造性的想法，通过成百上千次“群策群力”的会议，激活全球数十万员工，帮助GE实现了新产品推出达到25%的年增长率。

视角三，中国企业在学习国外优秀企业的过程中，往往是直接套用，而且急功近利，希望一步到位，达到效果。但是，优秀企业的管理成效和方法往往是经过长期的试错和积累实现的，如果不考虑自身特点，把别人的终点当作自己学习的起点，却往往适得其反。特别是跨行业学习过程中，更需要分析本行业和企业的特点，不能生搬硬套。

上述视角引发了我们的研究，益客作为劳动密集型农产品加工企业的代表，既借鉴了丰田的Kaizen、GE的全员创新的优秀管理方法，又结合了自身企业的特点，创立了适合自身的Thumps-up制度，本制度是否适用于其他类似企业？其创新之处何在？有无持续改进的必要？改进路径何在？这些问题，都对中国企业管理理论发展和企业实践创新有一定借鉴意义。

二、Thumps-up的理论基础与相关分析

Thumps-up主要是基于美国麦格雷戈“Y理论”，并借鉴丰田精益生产实践，以寻求员工的“自我管理”，从而达到管理效率和运营效益的提升。这里涉及人性的假设对管理措施的影响，而人性的假设直接决定了激励的方式和效果。

（一）关于X理论和Y理论

美国的行为科学家和管理学者道格拉斯·麦格雷戈于1957年11月的美国《管理评论》杂志上发表了《企业的人性方面》一文，提出了有名的“X理论—Y理论”。麦格雷戈把当时企业中对人的管理工作的传统观点叫做X理论，其要点包括：一般人的本性是懒惰的——他尽可能地少做工作；他缺乏进取心，不愿承担责任，情愿受人领导；他天生以自我为中心，对组织需要不关心；他本性反对变革。

麦格雷戈指出，当时企业中对人的工作以及传统的组织结构、管理政策、实践和规划都是以这种 X 理论为依据的。所以，管理人员在完成其任务时，或者用“强硬的”管理方法，包括强迫和威胁（通常采取隐蔽的形式）、严密的监督、以及对职工行为的严格控制；或者用“松弛的”管理方法，包括对职工采取随和态度、顺应职工的要求、以及一团和气等。也有管理人员试图吸取软硬两种办法的优点，推行一种“严格而合理”的管理方法，正如有的人讲的，“温和地讲话，但手中拿着大棒。”可是，这种管理方法同上面两种管理方法一样，指导思想也是 X 理论。

从 20 世纪初以来，从最强硬的到最松弛的各种办法都试用过了，但结果证明效果都不太理想。强硬的办法容易引起了各种反抗的行为，如职工的磨洋工、敌对行动、组织好斗的工会，以及对管理者的目标进行巧妙而有效的破坏。采用松弛的办法经常使得管理人员放弃管理，大家保持一团和气，在工作上马马虎虎。人们对这种温和的管理方法钻空子，提出愈来愈多的要求，而做出的贡献却愈来愈少。

麦格雷戈认为，X 理论所用的传统的研究方法是建立在错误的因果观念的基础上的。因此，需要有一个关于人员管理的新理论，把它建立在对人的特性和行为动机的更为恰当的基础上。于是他提出了 Y 理论，其要点如下：人们并非天生就对组织的要求采取消极或抵制态度的，他们之所以会如此，是由于他们在组织内的经历和遭遇所造成的；人们并不是天生就厌恶工作的，应用体力和脑力来从事工作，对人们来讲，正如游乐和休息一样，是自然的；外来的控制和惩罚的威胁并不是促使人们为实现组织的目标而努力的唯一方法，人们对自己所参与制定的目标，能够实行自我指挥和自我控制；对目标制定的参与是同获得成就的报酬直接相关的，这些报酬中最重要的是自我意识和自我实现需要的满足，它们能促使人们为实现组织的目标而努力；在适当的条件下，人们不但能接受而且能主动承担责任；不是少数人而是大多数人都具有相当高度的用以解决组织上问题的想象力、独创性和创造力，但在现代工业社会的条件下，一般人的智慧潜能只是部分地得到了发挥；企业管理的基本任务是，安排好组织工作方面的条件和作业的方式，使人们的智慧潜能充分发挥出来，更好地为实现组织的目标和自己具体的个人目标而努力。这个过程主要是一个创造机会、挖掘潜力、排除障碍、鼓励发展和帮助引导的过程。

麦格雷戈把 Y 理论叫作“个人目标和组织目标的结合”，认为它能使组织的成员在努力实现组织目标的同时，最好地实现自己的个人目标。所以，他认为关键不在于是采用“强硬的”方法或“温和的”方法之间进行选择，而在于要在管理的指导思想上变 X 理论为 Y 理论。这两种理论的差别在于，是把人们当作小孩看待，还是把他们当作成熟的成年人看待。由于 X 理论流传已久，所以不可能指望在短期内就使所有的企业都转而采用 Y 理论。但是，麦格雷戈认为，在当时已有某些与 Y 理论相一致的某些创新思想在应用上取得了一定的成果。这主要指的是：

1. 分权与授权

这种方法使职工有一定程度的自由来支配他们自己的活动并承担责任。更重要的是，来满足他们的自我需要。

2. 扩大工作范围

国际商用机器公司和底特律爱迪生公司倡导的这个想法同 Y 理论是颇为一致的，它鼓励处于组织基层的人承担责任，并为满足职工的社会需要和自我实现需要提供机会，它提供了很大的机会来开展与 Y 理论相一致的创新活动。

3. 参与式和协商式的管理

它可以鼓励人们为实现组织目标而进行创造性的劳动，在做出与他们的工作有直接关系的决策时，给他们提供某些发言权，并为他们满足社会需要和自我实现需要提供重要的机会。

4. 鼓励职工对自己的工作成绩做出评价

以往，按照 X 理论，是由上级给下级的工作成绩做出评价，这种做法实际上把职工看成是装配线只受检验的产品。美国的通用电气公司和安瑟化学公司等试行一种新的管理方法，要求职工为自己制定指标或目标，每半年或一年对工作成绩进行一次自我评定。在这种新的管理方法中，上级虽然仍起着重要的作用，但更侧重于鼓励职工对制订计划和评价自己的贡献承担更大的责任，有助于职工发挥才能和自我实现。

Thumps-up 就是吸收 Y 理论的精髓，通过具有娱乐和体育精神的活动，使员工喜欢工作，主动工作，发挥创造力，并在工作中主动承担责任。管理者就是要设定出相对公平和简易的规则，使员工清晰理解，并能使用这些规则对工作自我评价，自我实现，在实现自我的目标中实现了组织目标。

（二）中国文化传统中的激励思想和方法

中国古代的激励思想和方法多蕴含在政治、军事中，多是治国统兵实践经验总结，而这些思想也对中国近现代商业发展产生了重大影响。

1. 赏不可不平，罚不可不均

这是指管理者、统治者要赏罚严明，善于通过奖赏和惩罚这两种正、负强化激励手段，来达到鼓励先进，鞭策后进，提高绩效的目的。爱护下属不是溺爱，必须有必要的褒扬和处罚，恩威并施。古人认为，只有做到恩威并施，运用正负两种强化激励手段，才能“犯三军之众，若使一人”(《九地篇》)，得心应手地运筹帷幄，使之无敌于天下。

2. 士为知己者死

这就是管理者、统治者关心、爱护下属，满足下属生存和发展特别是心理情感的需要，与之成知己和至交，从而使下属不遗余力地为自己出力和服务。儒家孔子提出“仁”，主张“施仁政”，孙武则在《地形篇》中分析道：“视卒如婴儿，故可以与之赴深溪；视卒如爱子，故可与之俱死”。将帅如能像对待自己的爱子一样对待士卒，就能取得士卒的信任，甘愿追随自己赴汤蹈火。这样的军队，就将无往而不胜。当然，爱民不是空洞的，必须体现在满足臣民的需要上。统治者决策时，必须“唯民之承”(《盘庚》中篇)，顺应民心，使民成为顺民，从而形成凝聚力。

3. 上下同欲者胜（孙武《谋功篇》）

这属于目标激励，即管理者、统治者，引导上下心往一处想，劲往一处使，为实现特定的目标而不懈地努力。孙武非常强调“上下同欲”，将它列为五个制胜必备因素之一。“上下同欲”是作用极大的激励方法，军队战斗力强不强，治国政绩大不大，很大程度上取决于上下有没有共同目标，能不能团结一心，步调一致。上下同心同德则无往而不胜，上下离心离德则一盘散沙，不攻自破。上下同欲是取胜的必备条件，因而各种激励方法的采用，都必须促使上下同欲。

根据麦格雷戈的观点，中国传统的思想仍然属于 X 理论的范畴，而在中国企业管理界，也更多地受到中国传统治军思想的影响，企业领导者追求类政治的“恩威并施”，以此来树立权威。

（三）西方管理理论提出的激励方法

在 20 世纪以前，欧文等学者对激励进行了研究，但没有形成系统的理论。20 世纪初期，人们开始关注于研究如何调动组织中员工积极性的问题。逐渐形成各种激励思想和激励理论，并且经历了从把人看作是“经济人”到把人看作是“社会人”“自我实现人”“复杂人”的演变过程。由于对人的假设这一前提不同，提出的理论不同，主张的激励方法也就不同。

第一，经济人假设下“胡萝卜加大棒”的方法。针对当时激烈的劳资冲突，泰勒提出了“把蛋糕做大”的解决方案：即鼓励员工努力工作，通过专业分工等方式提高工作效率，多为企业创造利润；而企业则根据差别计件工资等方式针对每个员工的工作结果给予相应的报酬。显然，泰勒的解决方案是用金钱去刺激工人的工作积极性，这隐含了员工是“经济人”的假设：即假设员工都是追求经济收入最大化的。他还认为，人的情感是非理性的，会干预人对经济利益的合理追求，组织必须设法控制个人的感情。为此提出了一系列的管理控制制度，对违纪者进行处罚。人们把这种激励方法称为“胡萝卜加大棒”的方法。

第二，满足“社会人”的需求。“胡萝卜加大棒”的方法后来逐渐暴露出其局限性。到 21 世纪 20 年代前后，美国梅奥等人依据霍桑试验的材料提出了“社会人”的假设，初创了行为科学。这种理论认为，人不单纯只追求物质和金钱，他们还追求人与人之间的友情、安全感、归属感等方面的社会和心理的需要。满足人的社会需求，往往比经济报酬更能调动人的积极性。工人的社会需求的满足程度决定他们生产率的高低，物质刺激只具有次要作用。因而主张采取多种办法满足“社会人”的需求。如，创造良好的人际关系；明确人的责任；使做出成绩者得到提升；使人得到重视和发展等。在 Thumps-up 制度中，所设奖品都是日常生活用品，没有过于贵重的东西，但是每个人在光荣榜上都有位置，获奖的多少将一目了然，使奋斗者获得荣誉和工友们的赞赏，而且还会定期不定期在更高级别的大会上受到邀请和发表演讲，以满足人的社会需要。

第三，寻找人的自我实现。20 世纪 40 年代末，西方盛行“自我实现人”的假设。其核心思想认为人都有一种想寻求工作上的意义，充分发挥自己的潜能，实现自己的理想即“自我实现”的欲望。主张创造一种适宜的工作环境，促使人们的潜能得到充分发挥。“自我实现人”的观念使激励方法有了根本性的改变。前面两种方法都是从外部条件来满足人的需要，即实施外来的激励。这种理论认为，外来的激励和控制会对人产生一种威胁，造成不良后果。它主张内部激励，即通过自我激励和自我控制来调动人的积极性，满足人的自尊需要和自我实现的需要，这样人就会获得长足和持久的工作动力。Thumps-up 就是通过设定目标达成奖励，但并不会强制员工实施一定的行为，一旦有自告奋勇者来挑战目标并因此获得实惠后，更多的人将参与其中，自动自发，管理者鼓励员工自己设定目标以获得更多的奖励，管理者只是适时调整标准，组织兑现，从而员工通过自我激励获得自我实现。

第四，多种激励方法并用。60 年代末 70 年代初，美国心理学家和行为科学家沙因提出了“复杂人”的假设。上面所述的不同假设，各自反映出当时的时代背景，并适合于某些人。但人有着复杂的动机，不能简单归结为一两种，也不能把所有人都归结为同一类人，且人的动机变动性大。因此，必须根据不同的人及人的不同变化，采用适宜的激励方法。

益客扬弃了中国传统的激励思想，并借鉴了西方管理理论中激励思想的闪光点，在麦格雷戈思想和理论的基础上，创造了适宜本集团员工特点和工作特点的Thumps-up，以奖为主，将“罚”重新定义，不奖等于罚，少奖即是罚。

三、研究方法和资料获取

（一）研究方法

1908年案例法在哈佛商学院开始被引入商业教育领域。由于商业领域严重缺乏可用的案例，哈佛商学院最初仅借鉴了法律教育中的案例法，在商业法课程中使用案例法。案例研究一直是管理理论研究的重要方法，尽管案例研究法有它的局限性，但是案例研究的优点也特别突出，能够以更开放的心态看待研究中获得的大量结构化、半结构化和非结构化的数据和资料；而且案例研究直接来自实践证据，因此更具有现实有效性。特别是创新性的管理革新往往与既有的主流理论和主流经验有出入，因此案例研究更能够突破既有的观念和理解，从而形成创新型的结论和认识，并以此丰富既有的理论。特别是像益客Thumps-up这样的案例，本身样本相对单一，案例研究法可能是相对可行的方法。本文具体采用描述性案例研究方法，它比较适合用来长期观察企业系列性变化过程，同时有利于保持案例事实的客观性，呈现案例的原貌和细节，便于更深入地理论探讨。

（二）案例资料的获取

为确保案例相对完整地呈现，本文通过多种渠道和方式收集资料和数据：①文件和档案纪录，通过对公司留存的当时和历史文件进行查阅，并对工厂上墙文件和工作人员手头文件进行对照和验证。②现场深入访谈，通过开放式、焦点式等多种访谈形式进行，分别对企业管理层、生产人员、财务人员进行访谈，并对访谈内容录音记录，每次访谈至少有两位研究者参与，确保访谈过程的效度。③直接观察，研究小组实地考察了案例研究的场所，观察了员工的工作状态，体验了因正向激励所产生的良好工作氛围和竞争状态。④本文研究小组有任职益客总部的成员，也有成员当初直接参与设计和实施了 Thumps-up，对案例本身和案例研究方法比较清楚，保证了案例资料的完整和新颖性。这些多渠道的资料来源相互补充与印证，使得研究可信度得到保障。

四、益客 Thumps-up 制度构建和运行机制

（一）益客 Thumps-up 的概念和制度框架

益客 Thumps-up 是在“Y”理论和“持续改善”理念指导下，管理者根据改善的要求，每天、每周、每月设置工作目标，通过员工自主管理，实现各项指标来获取相对应数量和种类的拇指，从而获得相对应物质奖励与精神奖励的全面、正向的激励制度。

在“持续改善”的理念下，管理者确定一定周期内的改善项目，设置工作任务，员工根据工作任务方向自主安排、实施，达成改善项目就会获得相应的拇指，未达成不奖励、不处罚，员工累积获得的拇指数量越多，得到的奖励越大，从而推进公司改善项目的实施，达到公司与员工的双赢。同时，员工也可以针对工作场所现状，自动提出改善的方向和目标，与管理者沟通达成一致，申请一定得奖励。

“Thumps-up”是目标管理的一种正面激励办法，可提高操作指标、员工工作激情和提高员工素质，同时“Thumps-up”也是一种长期的绩效考核，是给优秀的爱岗敬业的员工准备的前方“悬挂”的目标奖品，只有努力工作，蹦高就能够得着奖励。目前“Thumps-up”制度主要用于激活组织的最小单元，从而带动整个组织的活力。

Thumps-up 制度将奖励分为三个层次：银拇指、金拇指、钻拇指，员工完成目标后，根据目标类型换取不同的拇指类型，不同拇指类型对应不

同的物质奖励，员工可以选择月度或者年度兑现物质奖励（表 1 拇指奖品兑换表）。

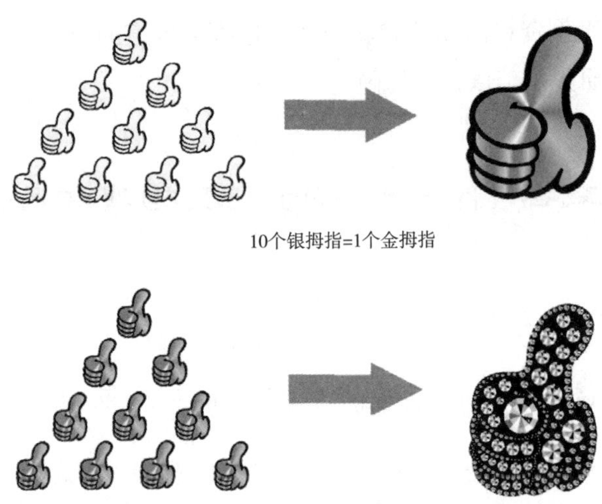

10个金拇指=1个钻拇指

图 1　拇指兑换

表 1　拇指奖品兑换表

条件	奖品
10个银拇指	洗发水、护发素、沐浴露、唇彩、电动剃须刀、电话充值卡
20个银拇指	抱枕、情侣保暖抱枕、时尚雨伞
30个银拇指	单人电热毯、时尚韩版手袋
5个金拇指	电吹风、被套、U盘、加厚暖冬被子、保暖内衣
8个金拇指	床上4件套、飘飘龙靠垫、时尚手表
1个钻拇指	拉杆箱、电磁炉、蒸汽喷雾挂烫机、电话充值卡
3个钻拇指	微波炉、取暖器、MP4、自选护肤品、名牌香水
5个钻拇指	服装券、施华洛世奇水晶饰品、自选护肤品
8个钻拇指	智能手机、相机、自选护肤品
10个钻拇指	笔记本电脑、电动自行车、洗衣机、32寸液晶电视、冰箱

（二）作为组织激活系统的 Thumps-up 制度的构成要件

1. 重塑组织权责，规范 Thumps-up 的界定

Thumps-up 制度的构建过程需要重新梳理公司各层级的管理职责及管理重点，将之前的部门、区域管理下放至班组管理，实现最小单元的直接管理，减少了管理层级，班组长有权选择本班组的人员及配套资源，在班组内分配资源，实现班组资源最优化，并可以决定本班组人员的拇指数量，这样在真正意义上实现了最小单元的充分授权，从而最大限度地提高了基层管理人员的自主能动性，激活组织的最小单元。

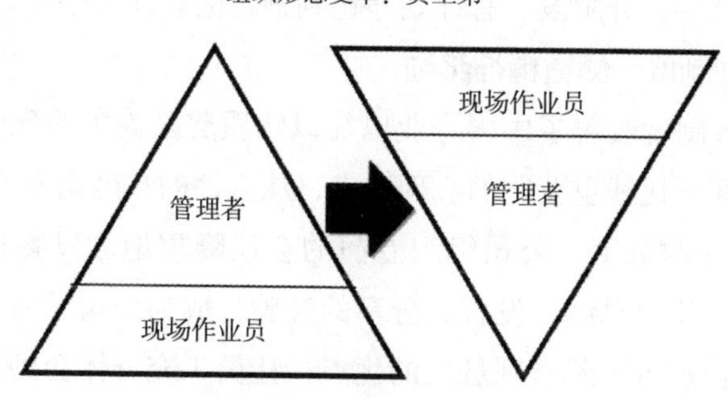

图 2　组织形态变革

2. 改变工作方式，实现班组间竞赛

益客认为把工作变换成体育竞赛，更能让工作产生乐趣，激发员工团队协作精神和团队工作协作技术。

Thumps-up 制度实现 PK 的方式是将具有相同工作性质的岗位分成 N 个小组（一般为 2~3 个），为这些小组设置共同的目标，各小组集中资源工作，首先完成目标的可以获得相应的拇指，从而调动班组的积极性。

3. 量化管理目标、实现可视化

益客认为把奖励变换成对应的实物，更能具体化、形象化地体现员工具体岗位提高操作指标所创造的价值。Thumps-up 制度将目标管理简单化、可视化，方便员工理解与操作，主要分为两个方面：

（1）目标可视化管理。

Thumps-up 制度将目标具体细化成量化、可操作的指标，并将指标上墙，使员工清晰地了解自己的工作目标。

（2）结果可视化管理。

公司设置拇指公示墙，员工实现目标后，会获得相应的拇指，并将相对应的拇指贴在员工的名字后边，员工可以随时看到自己的拇指数量，提高员工的积极性。

4. 每日更新指标，保持日常化改进

Thumps-up 制度将改进日常化，管理者可以根据改善要求，每日设定不同的指标，通过员工目标的实现来达到改善的目标。它是一种小的、连续的、渐进的改善，分阶段、有计划地达到预定的利润水平绩效方法。

5. 重视激励制度，侧重精神奖励

Thumps-up 制度改善了中国企业以往以物质奖励为主的现状，充分认识到中国人“面子比钱重要”的心理追求，从人性的角度出发实施奖励。

对于做得好的员工，公司组织专门的会议隆重地颁发物质奖励，同时邀请员工在会议上总结、发言，分享的经验，成为公司学习的榜样。在这个过程中，管理者不断看到员工的优点，让员工充分体会到被尊重的感觉，员工对公司的信任度提高，一改以前对公司的种种误解、歪曲，促使员工更加努力地工作，无形中创造一种公平、正向、积极的团队。

6. 成就感及时获得，奖励即时可见

为保证实施效果，Thumps-up 制度规定公司每天下班后由各班组向生产部上报拇指获得申请单（包括班组、姓名、达到指标、拇指种类、数量、考核人签字、当天日期等），由专人按标准审核汇总，并经生产经理签字后反馈给班组。

班组根据反馈于次日班前会张贴拇指，公布结果，并邀请优秀员工代表分享心得及经验，从而增强员工的成就感。

所以，Thumps-up 是每日的绩效驱动，而不是一个月事后的绩效评价，能够有效对工作改善提出即时的动力和指导方法。

（三）Thumps-up 制度的实施收益

1. 员工素质提高，团队更和谐

对于基层员工来说，相对于物质激励而言，“面子”有时候更重要。Thumps-up 制度中拇指只奖给做得优秀的员工，从而激发员工的荣誉感，让员工为了获得更多的拇指而努力，员工整体素质由此不断提高。管理者由“粗放式”管理向“人性化”管理转变，不断看到员工的优点，肯定员工的业绩，人格魅力、管理能力逐步提升。这样，整个团队更加和谐，团队凝聚力增强。

2. 经济效益提升，利润更丰厚

案例小组在益客集团的一家下属公司进行调查，以 2012 年 1—6 月份的数据为样本，从所实施的指标中，抽取 5 个指标进行分析，得出如下数据：

与活动实施之前相比，在抽取的指标中：小胸出成率指标提高了 21.18%，胸碎肉带油率降低了 32.3%，鸭掌带月牙合格率提高了 17%，库台换装效率提高了 61.18%，装车效率提高了 40.30%，整体工作效率显著提升。

6 个月实现毛利润 523214.80 元，扣除成本后净利润为 493904.80 元（成本主要为拇指物质奖励所花费的费用）。平均拇指支出成本占收益的比例为 5.87%。收益远高于奖励的成本。

（四）Thumps-up 制度的推广过程控制

Thumps-up 制度从开始实施到相对成熟的过程并不是一帆风顺的，在不同阶段，也出现了不同的困境。

在实验阶段，由于第一次实施此项制度，很多人未能充分理解，员工把这项活动当作游戏，持观望态度，并不注重奖励；部分管理者也不重视，未持续跟踪、奖励不及时，而且怕麻烦，应付了事。

鉴于此，Thumps-up 工作小组为让员工相信，先从一个区域开始实施，并且在班前会隆重发奖、拍照、张贴表扬，第一批获得奖励的员工自豪感增强，干劲陡增，其他员工开始逐渐尝试。

但是实验阶段为了能调动员工的积极性，目标设置较低，员工可以轻松完成，获得物质奖励员工过多，从而导致进入推广阶段时，奖励泛滥成风，拇指奖变相成为福利奖、整体涨工资，无优劣之分。此时，Thumps-up工作小组开始对执行方案进行修订，以保证激励效果。

Thumps-up 制度需要管理者根据实际情况不断改进指标，由于管理者的能力不同，导致在制度实施过程中出现许多问题：有的考核者不会利用指标，造成指标设置不合理、指标评估不公平的现象；个别欠缺管理经验或人格管理不到位的管理者，把奖励当成讨好员工的道具，随意发放奖励等。

根据以上现象，工作小组对参与此制度的管理者进行培训和督导，使其认识 Thumps-up 制度是激发员工工作动力的工具。同时工作小组引导管理人员进行人性化管理，有效地对员工进行评估；管理人员结合工作实际，不断规范、改善指标，指标设定逐步适宜。

经过以上过程，益客集团 Thumps-up 制度逐渐走入规范期，在集团下属各公司正式推广。

五、讨论：益客 Thumps-up 的制度创新

（一）西方经典理论的有益尝试与中国传统理念的大胆突破

益客深入理解 Y 理论的精髓，并将其具象为可感知的物化呈现方式。益客突破在中国几千年的“赏罚并重、恩威并施”的传统文化理念，在局部大胆尝试“只奖不罚，少奖即是罚”的理念，并演化为一套可复制的体系，取得了明显的经济效益。

（二）Thumps-up 综合人力资源管理的不同理论和实践，创造了适合本企业特点的管理工具

Thumps-up 制度的目标是激活组织的最小单元，充分发挥每个员工的积极性。关于组织激活、员工激励的方式在管理学类书籍中颇多，但在中

国企业案例中可圈可点的不多。益客 Thumps-up 制度充分地融合了目标管理、持续改善、员工激励、人性管理等管理理念，开创出一套属于民营企业的激励工具和方法，在基层员工自主工作的基础上，实现持续改善的目标，实现企业与员工的共同成长。

命题 1：Thumps-up 制度就是把目标管理、持续改善、员工激励理论可视化、简单化，使理论知识成为切实可行的管理工具，并成为一个持续的过程。

（三）自我管理与团队竞争有效融合，实现创新的拓展

Thumps-up 制度先期是员工自己与自己竞争，员工只需要做出改善就可以获得拇指，改善越多，拇指越多，获得的奖励越多。随着 Thumps-up 运行的日渐成熟，逐渐引入 PK 机制，将工作关系变成竞技比赛，通过相互之间的竞争、比赛，促进工作效率的提升、工作质量的改善。

命题 2：Thumps-up 制度推倒之前的区域、部门的管理界限，实现了最小组织的充分授权，将一线员工管理奠定坚实的基础。

（四）全面绩效管理方面的创新实践

20 世纪 90 年代初期绩效管理刚刚由西方引入中国，现阶段中国企业还处在绩效管理的摸索期，适应于农牧行业、民营企业、劳动密集型行业的绩效管理方式还没有成熟，并且更多地以惩罚为主，导致员工对于绩效管理的抵触心理。

员工队伍的激活是益客绩效管理的核心点，尝试过绩效考核、简单的绩效管理等方式后，益客在发现每种方式弊端的过程中，不断探索属于自己的管理方式，Thumps-up 制度就是在这个过程中产生的。

命题 3：Thumps-up 制度直达一线员工的需求和期待，并即时体现员工工作价值，严格兑现，提高员工对组织的信任，实现物质和精神的双收益，是全面绩效管理在中国企业的创新。

（五）Thumps-up 是自我管理的控制系统

马斯洛的需求管理的最高境界是自我实现，自我实现是作为“社会人”的最高追求。益客 Thumps-up 制度从“社会人”假设出发，将员工看作是具体自主管理能力的个人，正向引导员工，为员工完成目标准备资源，充分挖掘员工的自我管理能力，并对这个体系进行控制管理。

命题 4：Thumps-up 制度以引导、正向激励为主，调动员工的积极性，实现自我管理。

六、益客 Thumps-up 制度工具性应用和持续改进

中国很多民营企业管理者往往只讲思想理念，不讲工具操作，只讲战略规划，不讲执行策略，从而使思想和战略落空，无法形成可见的效益，而且很容易形成上下级的互相指责和抱怨。上级会认为下级没有执行力，能力不足，素质不够，下级反而认为上级只会讲假大空的话，不会做实际的事，而导致公司战略的落空。Thumps-up 则是理念、制度和工具的结合体，一旦在组织内部运转成熟，就可以将这种管理思想和工具进行扩大应用，进而从一个点扩展的管理的全局，成为一个公司管理的基石，也成为公司战略落地的抓手和工具。

益客战略专注于肉鸭产业，致力于成为“世界鸭王”，这就决定了行业市场竞争中，在产品品质、运营效率、市场营销等方面集团必须持续改善和领先。根据迈克尔·波特教授的竞争战略理论，企业的利润将取决于：同行业之间的竞争，行业与替代行业的竞争，供应方与客户的讨价还价以及潜在竞争者共同作用的结果。竞争战略就是一个企业在同一使用价值的竞争上采取进攻或防守行为。流行的战略是降价，既打到对方，也损害自己，形成负效应，进入恶性循环。正确的竞争战略为：总

成本领先战略（Overall-cost-leadership）、差异化战略又称别具一格战略（Differentiation）、集中化战略又称目标集中战略、目标聚集战略、专一化战略（Focus）。

对于益客，在确定公司战略时，从集团总体战略上来讲，更多地是以专一化战略，即聚焦于农牧行业细分领域——肉鸭产业，并将肉鸭产业做到极致。虽然在产品上益客持续投资差异化的肉鸭新品种和肉制品新产品，但中短期，在生产领域更多地执行成本领先战略，这也是根据行业竞争环境做出的选择。

肉鸭行业现有竞争企业之间的价格竞争非常激烈，无论是鸭苗价格、毛鸭价格还是肉鸭产品价格甚至每天都有若干次价格调整和频繁波动，而在在大规模农业生产的背景下，产品基本上是标准化或者同质化的，实现产品差异化的途径相对比较少，养殖业的长周期型特点和生食肉品终端产品的消费特点，决定了短期内难以实现产品差异化，而且大部分客户使用产品的方式比较趋同。这些现实条件决定了益客生产领域的成本领先，才有利于市场竞争。

成本领先战略包括将产品简单化，去除不必要的花哨，聚焦在品质，以及改进设计型成本领先战略、材料节约型成本领先战略、人工费用降低型成本领先战略、生产创新及自动化型成本领先战略，这些环节或领域的成本领先，需要企业在管理方面对成本给予高度的重视，确保总成本低于竞争对手，但实现这些方面的领先，则需要一套管理体系和工具才能实现。益客在 Thumps-up 基础上，举一反三，融会贯通，进行创造性工具应用，将其作为精益生产和标杆管理等降本增效措施推行的管理哲学和管理工具，从而使 Thumps-up 具有了广泛意义，推动了益客微创新和标杆化管理的实现。

（一）精益生产和微创新

1.Thunps-up 在精益生产中的应用

“专家在一线，高手在民间”，如何激活最基层的员工是精益生产工作的重点，也是衡量精益生产开展成败的重要标志。精益生产项目小组成员的工作现场将是一线基层岗位，工作的重要内容将是盯、靠、想、试、改、推。工作的区间将是兄弟公司、同行业优秀公司、跨行业优秀生产现场。基层岗位的创新激励实现多样化。Thumps-up 奖励机制将是最基础的工具，创新者姓名命名、“创新能手”“小诸葛”“智多星”等荣誉称号，实物、现金奖励等充分的应用。对于基层员工，益客并不追求实现行业颠覆性的革新和发明，而是关注于生产工艺、设备和流程、产品质量与卫生、劳动强度、工作环境等各方面的持续改善，又称为微创新。根据 Thumps-up 理念和工具，这种创新成果会得到即时的奖励和尊重，而且审核小组不会轻易否定一个项目创意，也不会因为项目创新的大或小来评价做还是不做，而是鼓励员工尝试，哪怕微小的革新和改善也收到鼓励和尊重，因为在益客看来，这些微小的改变，一旦有了足够的数量，日积月累，将会形成集聚效应，引发巨大的变化，甚至颠覆式的变革，形成同行难以超越的竞争优势。

比如，根据《益客集团肉食事业部精益改善项目评比方案》，事业部成立审核小组，负责各公司上报项目的验证、审核、批复及项目价值核定。评比分为项目数量、项目质量两个方面，项目数量权重 50%，得分 = 项数 × 50%；项目质量（价值）权重 50%，项目价值每 1000 元计 1 分，无推广性的以本公司单月价值计算。可以在集团公司内推广的，以推广公司单月的创值计算；不能以价值衡量的，安全方面的每项价值 1000 元 ~3000 元；工作环境改善及强度降低等不能以准确价值计算的，每项价值 500 元 ~2000 元，以上两项由生产技术部经理核定，生产管理部总经理审核后确定数额，即时奖励。

每月 15 日前，汇总上月各公司改善情况并公布，每季度次月 20 日前公布评比结果并颁发红黄旗，不但鼓励公司内部的竞争，而且鼓励公司之间的竞争。连续两次以上获得第一名的，奖金数额翻倍计算。但是各公司上报项目必须真实、准确，不得重复上报，不得虚报。对重复上报的现象，每发现一项扣除项目数 5 项。对虚报现象，每虚报一项扣 10 项。

2. 应用成果

益客鼓励全员改善和全员微创新，而且有明确的奖励和内部竞争，在这种氛围下，特别是在员工生产领域，员工具有极大的参与热情，创新改善的成绩斐然，较少的投入，却带来了极高的投资回报率。同时，这种微创新充分发挥了基层员工的创造力和想象力，每个人都有正能量，都有灵性，人人更多的是同自己竞争，从而形成良性竞争氛围。

表 2　4.1 ~ 5.15 精益生产改善成绩公布表

4.1 ~ 5.15精益生产改善成绩公布表											
公司名称	申报项数	审核项数	项数得分（权重50%）	改善投入（万元）	价值得分			改善收益	价值得分（权重50%）	总得分	名次
					质量	安全	环境、劳动强度				
JNLH	105	68	34	3.4217	22	10	108	11.67	70	104	1
SQEX	84	66	33	0.55	40	13	85	11.50	69	102	2
SYYK	90	68	34	19.78	40	11	81	11.00	66	100	3
ZKHT	87	60	30		32	12	95	11.58	69.5	99.5	4
FXSY	98	76	38	0.024	42	6	74	10.17	61	99	5
ZKRJ	60	53	26.5	0.808	34	4	68	8.83	53	79.5	6
SDGG	82	50	25	2.5324	22	8	77	1.43	53.5	78.5	7
XYZK	56	50	25	11.8	22	10	73	8.75	52.5	77.5	8
HZYZ	69	44	22	0.3225	30	9	56	2.18	47.5	69.5	9
YKJP	77	39	19.5	0.083	16	3	69	7.33	44	63.5	10
SQYX	63	44	22	0.054	22.5	10	48	6.71	40.25	62.25	11
ZKKH	48	40	20	0.3	12	10	59	6.75	40.5	60.5	12
PYFZ	58	36	18	16.9342	27	5	43	18.40	37.5	55.5	13
XZYK	31	31	15.5	0.013	16	12	34	5.17	31	46.5	14
TGEX	32	27	66	0.942	17	5	40	5.17	31	44.5	15
XYDD	28	25	12.5	19.45	25	2	33	5.00	30	42.5	16
CWGG	38	27	13.5	4.2758	16	0	36	4.33	26	39.5	17
TGYX	27	21	10.5	1.569	14	0	36	4.17	25	35.5	18
合计	1183	825		83.3456				140.14			

但是，鉴于前期益客设置了一个投资回报周期要求，即当年投资当年收回成本，这也限制了很多创新项目的实现。2015 年 6 月，基于这种微创新所形成的良性态势和客观回报，集团将投资回报的要求放宽到 3~5 年，这将会有数倍的创新项目涌现。

（二）标杆管理

益客标杆管理是与 Thumps-up 和精益生产紧密相连的。在微创新和 Thumps-up 执行过程中，将现有的创新项目或者改善，不管是工序、工艺还是设备，以及操作手法、产品呈现等各方面，无论是提高效率还是降低劳动强度，不管是产生增值收益还是降低成本，都可以树立自己的标杆，通过有效的 Thumps-up 激励和精益改善，使其他类似事项或其他公司同类事项达到标杆的要求，并有可能通过改善，超越原来的标杆，成为新的标杆，循环往复，不断提升集团整体的水平。

（三）有待改善的地方

当然，益客在实施 Thumps-up 制度过程中还存在许多困惑及需要改进的地方，主要包括以下几个方面：

1. 应用范围单一，未涉及管理层

目前益客 Thumps-up 制度主要适用于基层员工，管理层没有涉及，主要原因为：

第一，管理层工作内容涉及面广，很难提炼出单一指标进行对比、改进。

第二，管理层主观性工作内容较多，不好量化、可视化。

对于管理层的激活及激励是益客下一步需要改进与完善的重点内容。

2. 管理指标设定的合理性

指标设计的合理性是 Thumps-up 制度能否顺利实施的关键，由于管理者的管理经验、工作背景不同，不同管理者在设置绩效指标时的水平不同，从而导致益客在实施本制度过程中不同公司实施效果不同。规范指标设计的流程、步骤等是益客 Thumps-up 制度需要考虑的问题。

3. 充分授权下的集权

Thumps-up 制度实行班组管理，班组长的权力非常大，决定员工的拇指数量及奖励的程度，在制度实施过程中会出现班组长徇私舞弊等情况，如何在授权的情况下适当集权是 Thumps-up 制度权责分配过程中的关键点。

七、结论

本文系统地描述了益客 Thumps-up 制度的构成框架及实施流程，益客 Thumps-up 在激励方式方面做出的创新，为中国民营企业进行激励创新提供了有益借鉴。Thumps-up 制度整合了目标管理、持续改善、全面绩效管理、人性假设等管理理念，以“社会人”为假设，充分调动员工的积极性，激活组织。当然益客在实施 Thumps-up 制度的过程中也非尽善尽美，激励方式、指标设置等方面仍需改善，但是瑕不掩瑜，益客 Thumps-up 制度对中国民营企业激励及人力资源管理创新方面的示范作用不可低估，具有很强的实践复制能力。

参考文献：

[1] 陈锋．企业文化提升创新能力研究 [J]. 管理工程学报，2009，（23）：40-44.

[2] 毕蛟．麦格雷戈和 X 理论—Y 理论 [J]. 管理现代化，1989，（1）：46-47.

[3] 董虎．员工激励理论的研究与探索 [D]. 哈尔滨工程大学硕士论文，2004 ：9-21.

[4] 林泽炎主编．中国企业人力资源管理操作方案 [M]. 北京 ：中信出版社，2001.

[5] 李爱莲．人力资源管理 [M]. 北京：中国广播出版社，2001.

[6] 梁均平．人力资源管理 [M]. 北京：经济日报出版社，1997.

[7] 中国人力资源开发编辑部．新世纪首届人力资源开发与管理论坛精彩集萃 [J]. 中国人力资源开发，2004（4）.

[8] 缪文卿．基于人力资本产权特征的国有企业经理内生激励机制 [J]. 管理工程学报，2003，17(4):91-94.

[9] 迈克尔·波特．竞争战略 [M]. 北京：华夏出版社，2005.

第十章　粤海：水产养殖的神灯

摘要：广东粤海饲料集团（以下简称粤海）以水产养殖为主业，以研发创新为着力点，勇于开发高新技术，打造水产行业的产业链发展新模式。近年来，粤海以促进我国水产养殖事业可持续发展为己任，本着诚信为本、自强不息的精神，通过产业结构调整和风险规避管理，大胆进行股份制改革和集团化发展，实现了企业的跨越式前进，构建了以种苗、饲料、养殖、加工一体化的完整产业链，不断朝着打造最强、最大的优质水产饲料企业集团的目标前进。

关键词：水产养殖；研发创新；产业链；高新技术企业

一、引言

广东粤海饲料集团是一家集饲料研发、生产、销售于一体，以水产动物饲料、水产种苗、添加剂预混料、水产品养殖为主营业务的国家火炬计划重点高新技术企业，是我国大型的集团化优质水产饲料生产基地，国家重点高新技术企业、广东省重点农业龙头企业。集团下属14家子公司分布于广东、广西、福建、浙江等沿海地区，现年生产能力达100万吨。集团现有员工2500多人，本、专科及以上学历者达36%，其中博士、高级工程师20余名，硕士、中级工程师40余名。广东粤海饲料集团以促进我国水产养殖事业可持续发展为己任，以赶超行业先进水平为目标，打造中国最强、世界一流的水产饲料企业集团。

二、文献回顾

伴随水产养殖业的发展，我国水产饲料业获得迅速发展，并成为世界上水产饲料市场容量最大的国家。我国水产饲料业经历了20世纪80年代的萌芽阶段、90年代初步发展阶段、2000年至今的规模化发展阶段，近年来一直保持良好发展势头。2005年我国的水产饲料产量为984万吨、增长率为20.02%，2006年为1280万吨、增长率为30.08%。2007年以来受多种因素影响，水产饲料增长率一直低于10%，2006年至2010年水产饲料占全国商品饲料总量比例一直维持在9% ~ 11%。根据我国目前海洋和江河捕捞产量零增长的政策，水产品总量增长将基本由水产养殖产量来提供，水产饲料的市场需求量将进一步得到增加。根据我国发布的"全国渔业发展第十二个五年计划(2011—2015年)"推算，到2015年，我国鱼、虾、蟹的养殖产量在3000万吨以上，水产饲料使用量在2000万吨以上。

从"六五"至今，国家和地方通过立项攻关，已基本摸清了我国主要水产养殖品种的生存、生产和健康所需要的营养元素。相继开展了"我国主要养殖鱼类的营养需求和鱼饲料配方的研究""主要水生动物饲料标准及检测技术的研究""鱼类营养及饲料配制技术的研究"等项目研究，取得了一些成果：①取得了主要水产养殖动物，如草鱼、青鱼、团头鲂、鲤鱼、罗非鱼、鳗鲡和对虾等不同生长阶段的营养需求和配合饲料的主要营养参数，为实用饲料的配制提供了理论依据；②制定了水产饲料的质量检测技术和饲料生物学综合评定技术标准，建立了一批国家、省部级渔用饲料检测机构，使渔用饲料工业生产走上正规化；③查清了我国水产养殖饲料源，对常用饲料源进行了营养价值评定，为高效使用人工配合饲料的开发提供了依据；④研制了主要养殖品种的人工配合饲料，如鳗鲡、中国对虾、鲤鱼等饲料已达到或接近国际水平，开发了一些名贵品种如鳜鱼、长吻鮠、大口鲶、斑鳢、中华鳖、鲟科鱼类等的沉性或浮性人工饲料；⑤开发了一批渔用饲料添加剂及预混料，研制了草鱼、鲤鱼、中国对虾等品种的高效优质复合预混料配方，开发了具有中国特色的中草药添加剂，对水中稳定型维生素C衍生物、氨基酸微量元素螯合物、各种酶制剂和活菌制剂等也做了很好的研制、开发与应用工作；⑥颁布了草鱼(SC/T1024-2002)、鲤鱼(SC/T1026-2002)、鳗鲡(SC/T1004-1992)、虹鳟(SC/T1030-1999)、罗氏沼虾(SC/T1066-2003)、中华鳖(SC/T1047-2001)、真鲷(SC/T2007-2001)、牙鲆(SC/T2006-2001)、中国对虾(SC/T2002-2002)和大黄鱼(SC/T2012-2002)的饲料标准。

目前，国产鲤鱼、草鱼、罗非鱼、鳗鲡、对虾、罗氏沼虾和鳖的商品饲料的质量已接近或达到国际平均水平。但由于我国水产动物营养研究起步晚，人力和物力的投入也相对较少，在鱼虾类营养生理和营养参数等应用基础研究方面与国外先进水平的差距仍然较大：①基础研究不足，缺乏系统性；②水产专用添加剂的开发不足；③冷水鱼营养研究滞后；④对亲鱼营养和开口饲料研究不足；⑤对水产饲料原料的开发与质量控制不够，能量饲料短缺；⑥粗放式水产养殖，配合饲料覆盖率低；⑦水产营养研究滞后，饲料科技含量低；⑧环境污染。直接投喂投喂糠麸、饼粕类这些农副产品加速了养殖水域环境的污染，使养殖对象疾病频生；⑨水产饲料企业多，市场竞争无序。

三、开疆辟土，打造粤海王朝

（一）中国超强、世界一流的水产饲料集团

广东粤海饲料集团致力于与客户构建双赢、多赢的长期合作关系，致力于每个粤海人的综合能力不断提升，聪明才智得到充分发挥，意见建议得到高度重视，实际困难得到切实解决。每个员工、每个合作伙伴都能分享粤海发展的利益和荣誉，堂堂正正做人，开开心心做事，使粤海真正成

为行业精英向往、汇聚和精进之地。广东粤海饲料集团以促进我国水产养殖事业可持续发展为己任，以赶超行业先进水平为目标，打造中国最强、世界一流的水产饲料企业集团。

（二）粤海发展历程大事记

1994 年 1 月，湛江市对虾饲料公司与香港甲统开发有限公司合资成立湛江粤海饲料有限公司，虽然当时饲料年销量只有几百吨，但在生产工艺和销售思路空白的条件下是个重大突破。

1995 年，虾料销量突破四千吨，迅速成为当时虾料行业第一品牌。

2002 年 4 月，收购广东大家庭水产饲料工业有限公司，当年即实现扭亏为盈。

2003 年 9 月，广东粤佳饲料有限公司注册成立并开始筹建，2004 年 6 月湛江市海荣饲料有限公司从霞山区三岭山搬迁到官渡工业园与粤佳共用厂房，2005 年 3 月公司正式投产开业。

2004 年，湛江粤海饲料有限公司成功改制重组，完成国有企业向股份制企业转变，粤海迎来发展春天，昂首跨越发展。改制后，粤海几乎每年都获得 20% 以上的增长速度，平均以一年接近一个厂的发展步伐在前进。

2006 年 3 月，湛江粤海水产种苗有限公司注册成立，成为业内最早引进 SPF 南美白对虾亲虾的企业之一。

2006 年 11 月，广东大家庭水产饲料工业有限公司更名为中山粤海饲料有限公司，开始驶入发展快车道。

2006 年，粤海第二次创业，在捍卫虾料市场地位的同时，开始重点发展海水鱼料，短短两三年时间里，把海水鱼料业务做到全国第一品牌。

2007 年，是粤海发展史一个重要里程碑。广东粤海饲料集团隆重成立，湛江粤海饲料有限公司更名为广东粤海饲料集团有限公司，标志着粤海迈入集团化管理。

2007 年 2 月，广西粤海饲料有限公司注册成立并开始筹建，2008 年 6 月正式投产开业。

2007 年 3 月，浙江粤海饲料有限公司公司注册成立并开始筹建，2008 年 5 月正式投产开业。

2007 年 3 月，湛江粤海水产生物有限公司注册成立。

2007 年，“粤海牌”水产饲料获得“中国名牌产品”荣誉称号。

2008 年，集团东海对虾良种基地竣工，拥有现代化的车间和先进的设施设备，可容纳亲虾 2 万尾。

2010 年 7 月，湛江粤海水产有限公司注册成立。

2009 年 8 月 4 日，江门粤海饲料有限公司注册成立并开始筹建，2010 年 8 月 11 日正式投产开业，当年获得销量 10 万多吨的惊人成绩。

2011 年，粤海生物公司扩建标准化生产新车间。

2012 年 8 月，粤佳基地四大项目投产庆典，集团发展史上又一新的里程碑（湛江海荣年产 10 万吨淡水鱼料车间、粤海生物年产 1 万吨水产生物制剂车间、粤海包装年产 3000 万条包装袋车间、粤海科技年产 2 万吨预混料车间）。

2012 年 3 月，福建粤海饲料有限公司注册成立并开始筹建，2013 年 7 月试产，2014 年 3 月正式投产开业。

2013 年 4 月，徐闻前山对虾良种基地建成投产，集繁育与养殖于一体。至此，种苗公司已建成三家亲虾基地。

2013 年，粤海正式进军淡水鱼料领域，湛江海荣承担起粤海第三次发展创业的重任，站在巨人肩膀上腾飞。

至 2014 年，粤海集团饲料销售超 55 万吨，年产值超过 40 亿元，现有员工 3000 多人，8 家饲料公司、5 家非饲料公司分布于广东、广西、浙江、福建、山东等沿海地区。

2015 年，粤海又开起了挑战 70 万吨，三年内突破 100 万吨，跻身到世界一流水产饲料企业行列的新航程。

四、独领风骚，共筑科技殿堂

科学技术创新是企业生存和发展的基本前提。在当前新的国际国内环境下，加大技术创新力度，更是企业增强发展能力、应对市场竞争的必然选择。在我国，企业实现技术创新的途径大致有两条：一是自主创新；二是模仿创新，引进、消化、吸收和再开发，实现二次创新。从全国企业的现实条件来看，主要途径应是引进再创新，即使是国外大企业，由于一个企业的技术不可能都居于领先地位，往往也采取先购买其他公司的专长技术，进而再创新的策略。企业创新活动的具体形式，因企业而不同，如建立研究与开发机构、实行产学研合作、组建创新联合体等。然而广东粤海饲料集团却掌握着自主创新能力，以有创新需求的科学技术团队和有创造精神的企业家为主，从获取信息、选择产品着手，寻求技术源，把技术、资金和生产条件组合起来进行技术开发，完成创新过程，转化为现实经济优势，独领水产饲料行业风骚。

（一）积极与外界合作，走产学研相结合的道路

广东粤海饲料集团建设有省级技术中心和工程中心，科技部湛江海洋产业基地，以及与高校共建的研发中心和健康养殖示范基地，为粤海产品的技术开发提供了强大的技术支撑。粤海饲料产品以其高科技、高品质在行业中享有盛誉。集团坚持“技术制胜”战略，精心打造企业的核心竞争力，自主开发核心技术的能力，在国内外处于领先水平。投资数千万建立了广东省省级企业技术中心、广东省水产动物饲料工程技术研究开发中心、科技部湛江海洋产业基地水产技术服务中心，与中国海洋大学、广东海洋大学、中山大学、中科院南海所等高校和科研院所合作，坚持产学研合作的项目运作模式，为粤海产品技术开发提供了强大的技术支持。

广东粤海饲料集团省级企业技术中心，于2005年投资两千多万成立

建成，以省级技术中心为平台，通过实施技术创新项目，充分发挥企业的人才、技术与资金优势，结合市场需求，精心打造粤海饲料品牌，提高企业综合竞争力，保证粤海饲料产品在行业内的领先地位；粤海集团拥有广东省唯一一家水产动物饲料工程技术研发中心，负责集团的技术配方改进、市场跟踪和养殖效果实验分析，不断提高粤海产品核心竞争力，实现产品的换代升级；集团是国家火炬计划重点高新技术企业，具有强大的研发实力，通过国家火炬计划的顺利实施，进一步奠定了科技研发的基础，引领国内水产饲料的发展，产品技术达到国际先进水平。不仅如此，粤海饲料集团与多家科研机构合作，硕果累累，由集团与中国海洋教育部重点实验室联合成立的“青岛研发中心”，开发有自主知识产权的高效新型核心产品，提高粤海饲料的核心竞争力，抢占水产饲料制高点；由集团、中山大学与湛江市海洋生物技术实验室联合成立的“健康养殖示范基地”，对湛江整个对虾养殖产业的技术革新和养殖模式的发展起到带头示范作用；由集团与广东海洋大学合办的“南方水产疾病预防研发中心”，通过产学合作，在鱼病、虾病防治方面成果丰富，引领水产养殖业健康稳定的发展。此外，集团成立水产动植物营养院士工作站，为企业的科学技术研发注入活力。

（二）注重科研队伍的培养

科学技术人才是企业竞争的焦点，是智力的根本源泉，精干的科研队伍是企业进行自主研发的根基。世界著名的管理咨询公司麦肯锡公司预言：世界将陷入一场“人才争夺战”。得人才者得天下，古今中外，概莫能外，随着知识经济的发展，这种现象越来越明显。现代企业的技术创新需要大量的知识储备和智力投入。据统计，世界500强企业中，高新技术产业研究开发所需科技人员数量为传统产业的5倍；而制造等非研究开发部门中，技术工人比传统制造业多70%。世界化学业巨头巴斯夫公司（BASF）仅从事高新技术研究与开发的专业人员就超过1万人，其中有1700人获得自然科学高级学位。

广东粤海饲料集团深知人才是企业科学技术的保证，拥有强大的科学技术团队，集团的技术后盾，主要协助新产品开发、水产饲料与养殖关键技术攻关与技术升级。专家委员会成员有中国工程院院士，中国海洋大学博士生导师，长江学者特聘教授，国家杰出青年基金获得者，著名水产动物营养专家，国务院特殊津贴专家，国家十五“863”专家组专家，中国水产学会常务理事及水产动物营养和饲料专业委员会主任委员麦康森院士；仲恺农业工程学院副校长，研究员，博士生导师，中国水产学会副理事长，中国水产学会鱼病学专业委员会副主任委员，欧洲鱼病学家学会中国区负责人，广东水产学会副理事长吴灶和教授，长期从事水产动物病害控制理论和水产免疫学研究；苏州大学教授，硕士生导师，著名水产动物营养专家，中国水产学会动物营养与饲料研究会副主任委员叶元土教授，在鱼类营养研究以及饲料配方技术方面进行了长期而富有成效的工作；中科院南海海洋研究所研究员，博士生导师，广东省应用海洋生物重点实验室主任，中国科学院海洋生物资源可持续利用重点实验室副主任，中国甲壳动物学会副理事长胡超群教授，长期从事对虾繁育、育种和病害研究工作；广东海洋大学水产学院院长，教授、博士生导师，珠江学者特聘教授，广东省海洋开发研究中心主任谭北平教授，长期从事海水鱼虾贝类营养生理与营养免疫学的研究；华中农业大学客座教授李学雄，主要从事南美白对虾苗种选育和无公害养殖技术研究以及产业化示范工作，长期活跃在华南沿海对虾养殖第一线，具有丰富的实践经验。此外目前集团现有员工 2500 人，拥有专职的研发人员 50 余名，其中包括博士、高级工程师 10 余名，硕士、中级工程师 40 余名，研发团队年龄结构合理，技术力量雄厚，在业界享有盛誉。群英荟萃，集思广益，成就粤海如今一流的专家团队，集团科技团队勇于探索和创新，矢志不渝地投身水产饲料技术的研发，凭借领先的技术，雄厚的综合实力，以前沿的技术和尖端的产品引领水产饲料行业的发展。

（三）科研成果与社会效益

没有科技支撑的产品不能长久，仅靠引进消化吸收来发展的企业不能做大。面对激烈的市场竞争，提高产品质量、推陈出新才能赢得顾客；靠自主创新掌握核心技术，开发自己的产品才能叫响品牌；永不满足，精益求精才能持续发展。自主创新无疑是企业发展的不竭动力。

广东粤海饲料集团二十年风雨兼程，硕果累累，主要研发项目有20多种：低盐度养殖凡纳对虾环保型饲料的研制与产业化；花生麸和豆粕在水产饲料中的高值化利用关键技术研究及产业化；新蛋白源在水产动物饲料上的应用；湛江海洋产业基地检测技术服务中心技术改造；鲈鱼环保型高效配合饲料技术推广应用；水产饲料中低值复合蛋白源的高质化利用研究及产业化；人工虾塘水体生物修复关键技术及产业化；广东对虾产业化推进关键技术集成与示范项目；粤海水产饲料垂直B2B电子商务平台的开发；ERP专项技术在企业的应用示范推广；粤海牌水产经济动物饲料产业化；湛江对虾产业技术服务平台；湛江市对虾养殖科普创新基地；金鲳鱼环保型配合饲料的研发与产业化推广；南美白对虾配合饲料产品创新与产业化升级等，功夫不负有心人，集团也收获了共计10多项重要获奖项目：维生素对南美白对虾生长及免疫系统的影响；藻类定向培育技术在高位池对虾养殖中的应用；新蛋白源在南美白对虾饲料中的应用；ERP专项技术在企业的应用示范；新型高效水产动物（凡纳对虾）饲料的研制；华南地区对虾产业高效技术；环保型对虾饲料及抗病添加剂的研制；华南地区对虾产业高效技术；亲虾配合饲料的研发与产业化；海水养殖鱼类新型高效无公害饲料的研究与开发；海水养殖鱼类新型高效无公害饲料的研究与开发；低盐度养殖凡纳对虾环保型饲料的研制与产业化等。

图1　广东粤海饲料集团所获荣誉展示

广东粤海饲料集团目前已经获得 10 多项专利成果：环保型南美白对虾配合饲料，一种对虾用复方中草药抗病添加剂；低盐度养殖凡纳对虾环保型配合饲料；低盐度养殖凡纳对虾添加剂预混料；鲈鱼环保型高效配合饲料；红笛高效配合饲料；虎纹蛙高效配合饲料；腐植酸凡纳对虾配合饲料；一种海水鱼环保配合饲料；一种通用型海水鱼饲料添加剂预混料。

广东粤海饲料集团目前已经获得众多项奖项：2007 年华南地区对虾产业高效技术广东省科学技术一等奖；1997 年粤海牌斑节对虾饲料广东省科技进步三等奖；2004 年新蛋白源在南美白对虾饲料中的应用广东省科学技术三等奖；2006 年新型高效水产动物（凡纳对虾）饲料的研制广东省科学技术三等奖；2008 年海水养殖鱼类新型高效无公害饲料的研究与开发湛江市科学技术一等奖；2005 年 ERP 专项技术在企业的应用示范湛江市科技进步三等奖；2006 年环保型对虾饲料及抗病添加剂的研制湛江市科学技术三等奖。

广东粤海饲料集团在水产饲料行业科技中做出了巨大贡献，率先推出环保型对虾饲料，提升在对虾饲料业界的技术领先优势；率先推出对虾后期功能饲料，延伸配方饲料的技术内涵；成功研制南美白对虾饲料亲虾人工配合饲料，填补该领域的国际空白；率先推出淡化养殖南美白对虾饲料，开创不同地区不同养殖模式下饲料配方技术的新思维；隆重推出环保型鲈鱼配合饲料，促进鲈鱼的健康养殖；首创对虾开口料系列产品，促进对虾养殖的可持续发展；主持制定鲈鱼、黄鳝配合饲料国家标准。

（四）全方位的技术服务

广东粤海饲料集团不仅注重技术的研发与创新，同时大力推广技术服务。服务是根本的理念，服务从本质上讲是客户导向的，以解决客户问题为宗旨。因此是满足客户需求的根本，而产品仅是满足客户需求的手段。服务是源、产品是泉，服务主导产品能够具有更强的针对性，从而取得竞争优势。没有服务，就没有客户关系，就没有客户满意，就没有产品销售。销售始于服务，只有做好服务，才能做好销售。多年来，根据自身的发展，制定独特的技术服务理念。

第一，学标杆示范户建立与管理。标杆就是寻找一个具体的先进榜样解剖其各个先进指标，研究它背后的成功要素，向其对标学习，发现并解决企业自身的问题，最终赶上和超越它的一个持续渐进的学习、变革和创新的过程。具体为集团在海南西线区域、湛西区域、湛东区和东海区共五个区域选取 14 家公司，84 家示范户进行全程地跟踪和指导，通过定时、定期地指导检查来发现问题并总结问题。

第二，全方位技术指导。在广东湛江、广西钦州、海南三亚建立了 3 个水产病害检测中心，与广东海洋大学合作建立了南方病害防治中心，对各地病害发生情况实行分类汇总，信息与资源共享，提升对养殖市场的敏感度；发送《粤海通讯》等技术刊物，巡回举办养殖技术培训班、病害防治技术讲座等活动，普及虾农养虾知识，提高虾农养虾水平与养殖理念，提供技术咨询和指导；常年安排技术人员赴养殖现场了解情况，聘请权威养殖专家下一线为养殖户排忧解难，并通过电子邮件、电话等手段提高服务率。集团拥有一支敬业、高素质、经验丰富的营销队伍，业务员、售后服务人员全部由中国海洋大学、广东海洋大学等高校的水产养殖专业毕业的大学生或具有丰富养殖经验的技术人员组成。集团 200 多名业务员都是优秀的养殖服务专家，加上国内外知名专家巡回服务，务求服务到家。集团免费发送《粤海通讯》等技术资料，并通过定期监测、电话、现场、信息网络等方式为客户提供全方位、多层次的技术服务，提高了养殖户的技术水平，促进了养殖业的健康发展。

第三，技术服务站设备与运作。广东粤海饲料集团积极倡导和推广绿色对虾养殖技术，在广东湛江、深圳，海南三亚，广西北海、钦州等地建立了 5 个病害检测中心，1 个高标准的绿色水产品加工基地；在深圳、三亚、钦州、北海以及湛江市东海岛、南三镇建设了面积达 5000 多亩的绿色对虾食品生产基地研究示范点。养殖基地设施完善，配有淡水、咸淡水、海水养殖，600 多个试验桶的小试试验系统，几百亩水面的高标准中试试验系统和产业化基地，每年进行几十个试验，推出优质、环保、质量稳定的粤海系列产品。集团建有设备齐全的研发、检测实验室和设施完善的小试、中试试验基地，结合市场需求，精心打造粤海饲料品牌，提高企业综合竞争力，保证粤海饲料产品在行业内的领先地位。实验室配备有高效液相色谱仪、气相色谱仪、原子分光光度计等大型检测分析设备，为粤海产品技术升级提供硬件保障。由专业检测人员对原料、饲料成品、水质等进行检测，保证粤海产品原料优质，产品合格才允许出厂，并为客户提供细致周到的检测服务。

十多年来，粤海饲料以高科技、高品质在水产饲料行业中享有盛誉。绿色环保、安全高效优质产品源于严格的质量管理，在通过采用 ISO9001 质量管理体系及 HACCP 食品安全管理体系进行科学管理。产品质量控制从原料接收到原料粉碎到电脑配料再到混合到制粒到成品包装等工序整个生产过程采用全封闭全自动化由电脑实行全程跟踪监控，高度确保了产品的品质。集团拥有强大的专业技术人才队伍和先进的检测设备，实行对每批原料和成品的多种营养成分进行检测。在实施“高起点、高科技、高品质、高信誉”的四高质量方针的同时，依托集团的科学技术优势、人才优势、资金实力和管理优势，在近几年的发展中，人才队伍不断地扩充，实力不断地增强。

五、言信行义，点燃激情梦想

企业文化，或称组织文化，是一个组织由其价值观、信念、仪式、符号、处事方式等组成的其特有的文化形象。它是企业在生产经营实践中，逐步形成的，为全体员工所认同并遵守的、带有本组织特点的使命、愿景、宗旨、精神、价值观和经营理念，以及这些理念在生产经营实践、管理制度、员工行为方式与企业对外形象的体现的总和。

粤海经历了二十多年的风雨发展，也形成了企业独有的一套企业文化体系，这套精神体系指引着粤海的员工，向着辉煌的明天迈进。

（一）粤海的人文化品格："土文化"

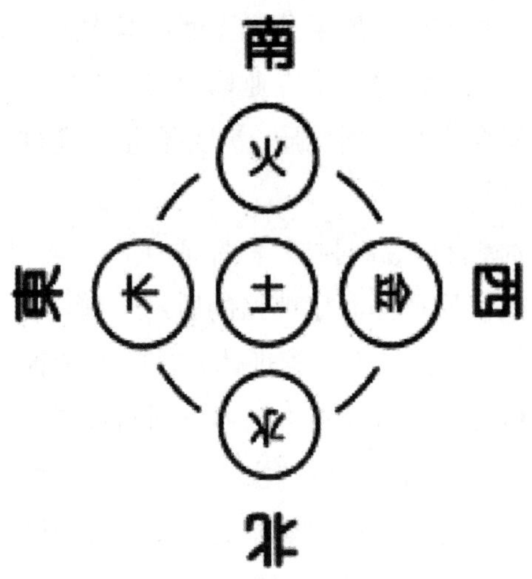

图 2　土文化的内核

这张图精确的提炼了土文化的内核，即包容万物，与之共生，承载奉献，始终如一。五行之说在中国传统文化中有着重要意义和深远的影响：土因为承载万物，在五行中居于中心位置；土，代表了大地，作为万物之母，自古以来受到国人的崇拜和赞颂；通过对粤海企业和粤海人的了解，集团发现粤海的特质与土文化背后精神具有高度的契合性；因此，将土文化的品格和粤海人的特质结合起来，打造更加生动，更具内涵的企业文化——土文化。具体说来，包含了粤海人应该具备的以下品质：

责任：承载并滋养万物。

务实：奉献但不求名利。

忠诚：始终如一，不离不弃。

包容：包容一切，与之共生。

超越：自我更新，生机勃勃。

家园：落叶归根，万物永恒的家。

（二）粤海使命：水产与环境相和谐，美食与健康得益彰

水产养殖行业要实现可持续发展，必须加强环境保护工作。粤海作为具有高度责任感的水产饲料企业，一方面将通过不断改进技术，提升产品质量，最大限度降低产品对环境的污染，使养殖与环境和谐发展，在创造价值，带动客户致富的同时，为环境保护及行业可持续发展做出贡献；另一方面，粤海深知水产品与人们的健康生活息息相关，将通过自身不断努力，提供更加安全、丰富的产品，实现美味与健康相结合，造福人民。

（三）粤海愿景：打造中国最强，世界一流的水产饲料企业

粤海人勇于探索和创新，矢志不渝地投身水产饲料技术的研发，以前沿的技术和尖端的产品引领水产饲料行业的发展；同时通过建立与养殖户、经销商的深度联系，为客户创造最大的价值，不断提升自己的影响力，凭借领先的技术，强大的品牌，雄厚的综合实力，成为中国最强，世界一流的水产饲料企业。

（四）粤海价值观：言有信，行有义，粤海一家；德有馨，业有为，勇争第一

粤海的价值观聚合了个人品行追求、对工作事业的态度以及对家庭责任的态度，这短短的20个字看似简单，却寓意深远，是我们每个社会人都值得仔细品读和践行的人生操守。具体说来，将价值观解读如下：

1. 言有信

无论对于企业还是个人，守信是最基本的要求，信誉是最珍贵的资产。

粤海人要以诚信为本，言必行，行必果，对承诺负责。

2. 行有义

每个人的行为要符合正义，坚持道义，公正合理。

不因私利放弃底线、伤害情义，敢于同不正当的行为做斗争，积极传播正能量。

3. 粤海一家

企业是一个大家庭，家和万事兴。

粤海人困难面前责任共担，成果面前利益共享。

全体员工上下一心，同舟共济是粤海战无不胜的关键。

4. 德有馨

做人做事，以德为先。

粤海人坚持忠、仁、义、礼、智、信为基本修养，把道德修养和人格完善放在利益之前，致力于成为受人尊敬的人。

5. 业有为

粤海人无论从事什么岗位，应尽己所能，做出成绩，对企业有所贡献，对社会有所奉献，这是实现自我价值的途径，也是每个粤海人的追求。

6. 勇争第一

粤海人不满足于现状，积极面对未来挑战，敢于争做第一。

主动突破自己，勇于探索，不断创新，追求卓越，打造粤海灿烂未来。

（五）粤海经营理念：诚信为本粤海一家自强不息厚德载物

粤海本着开诚布公、言必行、行必果的做事态度，谋求公司、公司员工、客户多赢共生、长久合作。

同时，坚持创新、与时俱进，只要努力，就有前进，善始善终，勇担大任，人尽其才，物尽其用，粤海集团凭着这些最朴实又最普遍的经营理念，在经营管理的道路上走出了自己的特色与辉煌。

（六）粤海的社会责任

企业社会责任概念最早产生于西方国家，不同学者对其有不同的定义。随着人们对“企业社会责任”认识不断提高，社会环境的不断改变，“企业社会责任”的概念和内涵也随之改变，经历了复杂的发展过程后，才形成了现代企业社会责任理念。

一般认为，企业社会责任是指企业在追求经济效益、实现企业自我发展的同时，承担对经济、环境和社会可持续发展的社会责任，强调企业要对社区、自然环境、员工、股东和利益相关者负责，同时要把企业社会责任融入企业的发展战略运营中，实现企业的长远发展。它包括以下10大原则：

人权：①企业应在其所能影响的范围内支持并尊重对国际社会做出的维护人权的宣言；②不袒护侵犯人权的行为、劳动；③有效保证组建工会的自由与团体交涉的权利；④消除任何形式的强制劳动；⑤切实有效地废除童工；⑥杜绝在用工与职业方面的差别歧视；

环保：⑦企业应对环保问题未雨绸缪；⑧主动承担环境保护责任；⑨推进环保技术的开发与普及；

反腐败：⑩积极采取措施反对强取和贿赂等任何形式的腐败行为。

粤海集团在企业社会责任方面也做得十分出色。比如，粤海饲料接团春节慰问农村困难户活动，很好地展现了粤海集团为优秀企业，扶持社会、发放福利、为人民谋幸福的责任与担当，这些公益活动，都给当地群众带来了福音，同时，粤海积极组织员工培训和员工活动，致力于提升员工的工作福利和待遇，吸引更多优秀的员工进入公司，这些都在践行着一个优秀企业的标准与担当。

六、精干高效，运筹乾坤大道

1994年，在白斑杆状病害重创整个对虾养殖业之时，当时还在湛江市霞山区担任技术研发工作的郑石轩逆流而上，组建了湛江粤海饲料厂。这次看似不按常理出牌的举措，最终被证明是眼光独到的。经过20多年的发展，当初的湛江粤海饲料厂经过股份制改造、集团化组建和系列并购与合作，如今已经发展为一家集饲料研发、生产、销售于一体，以水产动物饲料、水产种苗、添加剂预混料、水产生物制剂、水产养殖和水产品加工为主营业务的国家火炬计划重点高新技术企业。可以说，粤海二十几年的发展历程就是中国虾料发展的一个缩影，也是粤海创造价值、求新、求变的具体表现。这个过程当中，如果把粤海比喻成一艘前行的航船，以郑石轩为首的管理层无疑是这艘航船的舵手，那么粤海究竟是如何经营管理、运筹帷幄，才从当初只有几十位员工的一个规模较小的国有企业发展成为今天对整个中国水产饲料行业起决定作用的企业集团的呢？

（一）股份制改造和集团化发展，实现企业大跨越、大发展战略

20 世纪 90 年代末，南美对虾业掀起了一股热潮，粤海凭借技术优势，占领了整个虾料市场的半壁江山。2000 年，在当时全国的虾料总产量还不到 10 万吨的情况下，粤海的虾料产量已超过 3 万吨。但随着市场形势的改变，恒兴、海大等一批新兴企业迅速崛起，瓜分了虾料市场，粤海的发展速度慢了下来，国有企业的体制的缺陷也逐渐暴露。为了改变这种不利的现状，2004 年，郑石轩果断地将国有性质的粤海改革成经营者和员工共同持有股票的股份制企业。事实证明，粤海实现转型之后，获得了比较大的发展。一方面在投资决策上减少了很多审批程序，很多重大决定经过充分论证可行性后就可以实施了，虽然经营的风险有所加大，但能够更及时地抓住发展的机遇。另一方面改制后打破了原先人事制度上的“铁饭碗”，员工的危机意识加强了，改制前企业的员工是难进也难出，改制后更利于高端人才的引进，而对于那些不合格的员工能够及时调整或辞退。此外，改制后企业在管理上更加注重与现代企业接轨，体制建设和企业文化建设不断增强。从整体效果上讲，完成了股份制企业体制改革后的粤海几乎每年都获得 20% 以上的增长速度，平均以一年接近一个厂的发展步伐在前进。

改制后，粤海通过规模扩张、合并、收购等方式，已经由原先只管自己一个公司变成了要管好几个公司。2006 年 3 月，湛江粤海水产种苗有限公司注册成立，成为业内最早引进 SPF 南美白对虾亲虾的企业之一。2006 年 11 月，广东大家庭水产饲料工业有限公司更名为中山粤海饲料有限公

司，开始驶入发展快车道。在这种情况下，粤海需要一个集团化的架构，建立明确统一的规范、制度，并且把部分权力下放到各个分公司，将粤海的模式、理念贯穿下去。因此，2007 年，粤海再一次成为行业的焦点——粤海与广东粤佳、湛江粤荣、广东大家庭水产饲料有限公司等企业联合起来，顺利组建了广东粤海饲料集团，正式踏上了集团化操作的道路。组建集团是粤海寻求大发展的战略举措，进行集团化操作之后，粤海在生产经营、利益分配上着重实施了系列改革。首先开展的是对股东利益及权力的重新整合，促使各个分公司的人、财、物更加方便调剂；其次，通过集团的管理，将粤海的品牌灌输到分公司，让分公司都享有粤海强大的品牌效应；第三就是在经营上加强沟通协调，发挥采购优势，降低生产成本。组建集团之后，公司生产能力不足，拖慢发展步伐的状况得到了有效解决，从此公司走向了大跨越大发展的道路。

（二）调整产业结构，形成饲料、渔药、苗种完整的产业链条

水产饲料一直是粤海的主打板块，从粤海的发展历程不难看出，从 1994 年发展至今，粤海经历了三次创业，而每次创业，都对粤海的产业结构调整、产品多元化发展和产业链的完善起到了关键作用。1994 年 1 月，湛江市对虾饲料公司与香港甲统开发有限公司合资成立湛江粤海饲料有限公司，这是粤海的第一次创业。当时粤海的主打产品是虾料，公司成立之初粤海就从荷兰引进了两条生产规模可以达到 3 万吨的生产线，虽然当年粤海的虾料销量只有几百吨，但在国内虾料生产工艺和销售思路空白的条件下，粤海此举仍是一个重大突破。1995 年，粤海的虾料销量迅速突破了四千吨，使得粤海一跃而成为中国虾料行业的第一品牌，可以说，粤海的第一次创业是成功的。2006 年，粤海进行了第二次创业，在捍卫虾料市场地位的同时，开始重点发展海水鱼料，并着重生产海鲈、金鲳鱼、生鱼等高档海鱼饲料。在短短两三年的时间里，粤海又把海水鱼料业务做到了全国第一品牌，第二次创业也取得了骄人的成绩。为了进一步扩大鱼料

板块的销售量，2013年，粤海进行了第三次创业——正式进军淡水鱼料领域，湛江海荣正式投产。2014年，粤海在粤西市场试水的罗非鱼料上创造了几百万的利润，同时，粤海罗非料产品凭借当月单产产销规模第一荣获了“年度饲料产品”行业大奖。2015年，粤海将全面进军珠三角、华中地区、华东地区，而且除了罗非鱼，其他的草鱼、鲫鱼四大家鱼等淡水品种也会全面开展。由此可以看出，粤海以虾料起家，到之后发展海水鱼料和淡水鱼料，如今，在水产饲料板块，粤海无论是从产品品种和产品规模上而言，都得到了跨越式发展。

除了饲料板块的大力发展，粤海在发展过程中还同时制定了鱼药和苗种的发展战略，如今已形成了从种苗、饲料、养殖、加工到微生态制剂的完善的产业链条。早在2006年3月，湛江粤海水产种苗有限公司注册成立，成为业内最早引进SPF南美白对虾亲虾的企业之一；2007年3月，湛江粤海水产生物有限公司就注册成立，开始对海虾和海鱼的系列药品进行研发和生产。2011年，粤海生物公司扩建标准化生产新车间，种苗公司海南对虾良种基地竣工。2012年8月，粤海生物年产1万吨水产生物制剂车间正式投产。从2011年开始，粤海的水产药品每年都以30%~50%的速度增长，现在粤海的药品能够做到年销售收入3000万的水平。由于生物药品的利润率比较高，服务于饲料的作用比较大，同时又能获得较好的回报，所以2015年粤海正在进行GMP申报的工作，当GMP车间建成以后，粤海拟用3—5年的时间，将渔药板块做到年销售收入1个亿。在种苗投入上，粤海不仅在海南、遂溪等地建立了自己的原种场，而且在苗场的规模和数量上也达到了较高的水平。

（三）通过协同创新管理，提高整个集团系统资源的布局与整合

随着水产饲料行业的环保成本和劳动力成本的不断提升，整个行业的微利时代已经到来。怎样在低利润的空间内不断发展，对于饲料企业而言无疑是一个巨大的考验。以郑石轩为首的粤海管理层认为，企业要发展、

要创新，必须掌握三个能力：学习能力、总结分析能力和趋势预测能力。基于这一认识，粤海在生产管理过程中注重加强各部门的系统整合能力，将采购、销售、研发机生产等部门和环节最高效、有机地整合在一起，减少各部门仅从自身角度考虑和处理问题的可能性；同时，注重将各部门人才进行整合，形成一个强大的系统，协同作战，提高企业自身综合竞争力。近年来饲料原料价格每年都像坐过山车一般起起落落。例如豆粕高可达 4000 元 / 吨，低可至 3000 元 / 吨，鱼粉低至 8000 元 ~9000 元 / 吨，高至 15000 元 ~16000 元 / 吨，对于原料价格的大起大落，需要从业者对原材料的采购、价格走势等进行分析最终确定资源配置，及时做出准确判断和定位。粤海要求各部门员工在遇到问题时，不要埋怨，而是及时收集相关信息，并将问题第一时间反馈会总部做出调整，第一时间与客户进行沟通并取得客户的理解与支持。对于职业经理人和管理人员，应该对各部门的信息进行整合，综合研判并做出决定。

粤海在建厂和产品多元化的发展中，也充分体现了对整个系统资源的布局与整合。粤海于 2002 年就收购了广东大家庭水产饲料工业有限公司，后改名为中山粤海饲料有限公司。之后，在珠三角的虾料市场，恒兴、粤海、海大的竞争趋于白热化，形成了三足鼎立的局面。随着中山粤海逐渐满产，珠三角的虾料供不应求，由湛江粤海每年运往珠三角的虾料运费每年都高达几百万。为了增加竞争力，扩大市场份额，2009 年粤海在经过详细的市场考察后，在江门开始筹建江门粤海饲料有限公司，并于 2010 年 8 月正式投产开业，当年就获得销量 10 万多吨的惊人成绩，成为最大的生产高档对虾和鱼饲料的单体企业。江门粤海饲料有限公司的建成投产，大大提高了粤海饲料在珠三角市场的竞争力，快速提高了粤海饲料的市场占有率，并为缓解珠三角地区优质水产饲料供应紧张的局面做出了积极的贡献。在进军淡水鱼的品种选择上，粤海作为后起之秀，首先将目光瞄准在品牌缺失、市场混乱的罗非鱼料上，罗非鱼料主要集中在粤西和海南，粤海进军淡水鱼时，罗非鱼在海南的市场已经被“通威”“恒兴”“裕泰”“统一”四分天下，而粤西依然是一个没有品牌的混沌之地。因此，粤海对罗非鱼市场的推进又以在粤西首推为主。从2014年粤海在罗非鱼料上取得的而成绩来看，又一次证明了粤海的独到眼光及对市场的精准判断和布局。但粤海在在建新厂这个问题上，并不是要求到处开花，而是非常注重效率。只有当所有的厂满负荷供不应求后，才会考虑建新厂，并通过这种方式最大限度地提高设备和人员的效率，同时，在人员的布局上，也充分地发挥其效率，从而体现更大的竞争优势。

粤海通过长期的运筹帷幄和布局谋篇，集团发展至今已拥有下属14家下属子公司，分别分布于广东、广西、浙江、福建等沿海地区，年生产能力达100万吨。集团旗下的“粤海牌”“粤佳牌”“海佳牌”“海荣牌”“海轩牌”系列水产饲料可满足不同客户、不同养殖品种的需求，市场占有率处于行业前列，产品荣获“中国名牌”等多项称号，获得了社会高度肯定。

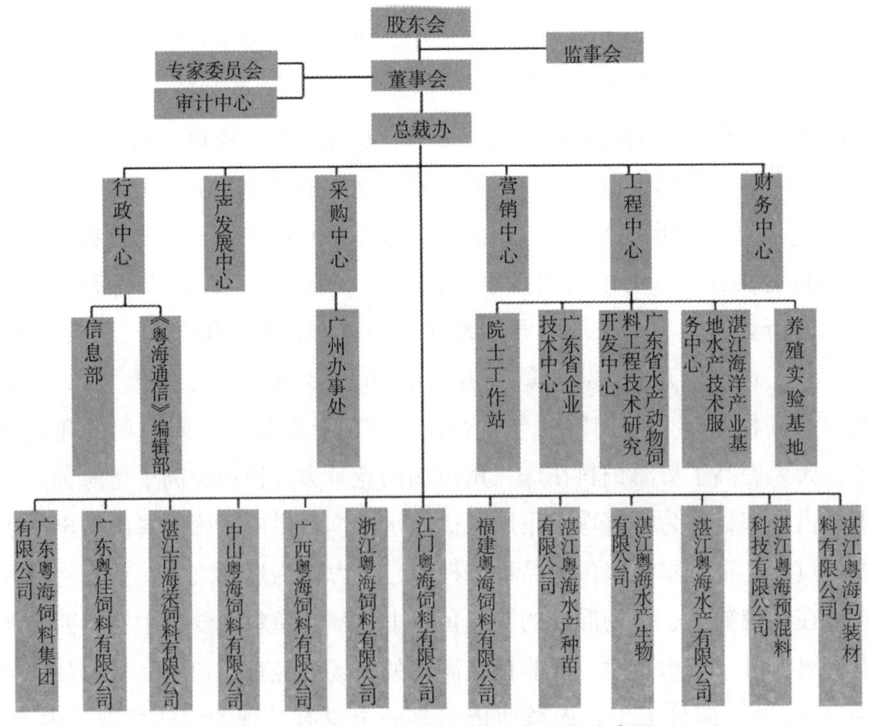

图3　粤海集团的组织架构和子公司分布图

（四）寻求战略合作者，实现利益共享的强强联合

2013 年 11 月，大北农欲作价 14 亿元入股粤海 40% 股份一事，一度被媒体炒得沸沸扬扬。之后，有传言说收购已进入审计阶段，更有人说收购已经完成，甚至有人认为粤海与大北农之间有对赌协议，所以粤海才会在 2014 年高调冲量。对于各种传言，董事长郑石轩曾经在媒体上正面回应过，他指出，“粤海是开放的，这种开放包括行业的交流、各种探讨合作”“一直以来，我们的交流和合作都没有减缓过。我们和世界一流的公司也有聊过，包括泰高、嘉吉，甚至在国内，通威、新希望等”。他同时指出，“任何企业想与粤海合作，一定要达到几个基本条件：第一，以粤海人为主；第二，认可粤海的价值和行业地位；第三，对粤海的发展带来帮助，对我们的员工发展也带来帮助，这是我们基本的要求。所以，我们和谁聊都一样，要求都不变”。

在粤海一直以开明包容的态度积极地寻求战略合作者的同时，粤海也意识到，一个企业的发展壮大，应该符合自己和外部环境的规律，而不应盲目地追求规模。企业之间应该本着相互尊重、相互学习、相互包容、求同存异的原则进行合作。2015 年 4 月 18 日，广东粤海饲料集团与中山市泰山饲料有限公司（以下简称泰山）签订合作协议。此番合作，粤海出资持有泰山 60% 的股份，泰山原有股东持股 40%。双方达成全面合作，将重点发力珠三角淡水鱼料市场。这也是粤海自 2004 年改制以来，迄今为止投入最大的一次商业行动。此次合作之所以能够在短时间内顺利达成，源于两家企业的企业文化和经营理念都非常相近，粤海和泰山都是由国企改制而来的企业，走过的路径较为相似，在企业认同感方面更加容易互相包容。中山市泰山饲料有限公司投产于 1987 年 6 月，是中山市产销量最大的饲料企业、中山市农业龙头企业，获得过国家部优产品、广东省名牌产品等光荣称号。2014 年，泰山饲料总产销量达 16 万吨，产品销售额超过 5 亿元，其中水产料占总销量的 50% 以上。作为广东省第一批饲料企业，泰山饲料以优良的品质及悠久的历史享誉珠三角市场。目前泰山拥

有两个饲料生产基地，位于阜沙的新生产基地采用具有国际先进水平的牧羊成套设备，现有6条生产线，每天可生产水产饲料超1000吨，近期还计划增加1条时产12吨的膨化线，新增仓容4000平方米。位于中山港的新泰生产基地拥有自有2000吨级的码头以及畜禽、鱼料生产线三条，时产饲料20吨，有容量8000吨的立桶库和6000吨的原料仓库。与泰山合作后，粤海将填补在珠三角地区的淡水鱼料产能空缺，同时提高珠三角地区、粤东地区的虾料市场份额。在虾料方面，粤海一直处于领先地位，在海水鱼方面是行业翘首；而泰山在淡水鱼特别是草鱼方面是首屈一指，畜禽方面也是有一席之地，因此，粤海和泰山的合作可谓是优势互补，强强联合。此次与泰山合作，对于正在全国布局谋篇，“立志打造中国最强、世界一流的水产饲料企业集团”的粤海无疑是一个重大机遇。

（五）在注重风险防范管理的同时，促进行业的规范化发展

对于饲料行业而言，玉米、豆粉、鱼粉这些原料价格的波动很大，原料价格的上涨会直接造成企业生产成本的增加。为了防范原料价格波动带来的风险，粤海将主要原料的采购权都集中在集团总部，由总部统一采购，力争在采购环节获取一定的议价能力，严把质量关的同时降低原料成本。粤海还通过现货市场和期货市场相结合的方式来防范风险，总部在对原料的采购中，一般仅采购能满足3—4个月生产的原料，其他原料则通过在期货市场上进行远期交易，同时通过套期保值的做法规避风险。另外，粤海人勇于探索和创新，矢志不渝地投身水产饲料技术的研发，通过不断改进饲料配方，在保证质量和品质的前提下，在大量的试验后适当地采用一些非常规的材料来替代价格较高的原料，同时通过降低生产成本，降低煤耗、电耗来控制成本，而不是简单将原料价格的提升直接转嫁到消费者身上。

粤海通过建立与养殖户、经销商的深度联系，为客户创造最大的价值，不断提升自己的影响力。通过20多年的发展，随着粤海产业链条的

逐渐完善，粤海现在在种苗、技术、资金、产品方面均为其客户提供全面的指导及服务。粤海追求与供应商建立长期的战略合作伙伴关系，通过稳定的关系降低双方的成本，通过紧密的合作一起为下游的客户做好服务，扩大市场，共同获利。尤其是在市场不稳定时，为了帮助养殖户降低风险，减少损失，粤海做了大量工作。一方面，粤海通过加强对进口优质苗种的推广，降低养殖户的养殖成本，提高其成功率和盈利水平。粤海投放的虾苗的存活率高，通常 80~90 天就能上市。在虾价一路走低时，粤海会通过向养殖户增加收购来最大的努力地维持虾价；每年春节前后，因为持续低温，一些鱼塘的金鲳鱼都被冻得浮头了，粤海会想尽一切办法联系加工厂，收购金鲳鱼，减少养殖户的损失。另一方面，在养虾成功率提升，虾产品大量上市，国内市场供大于求时，粤海还鼓励养殖户在南山岛、福光等条件较差的地方养鱼，帮助养殖户们积极转型和多样化发展，在粤海帮助下的养殖户基本都赚了钱。

水产养殖行业要实现可持续发展，必须加强环境保护工作，粤海作为具有高度责任感的水产饲料企业，一直努力致力于行业的规范化发展。当前国内饲料企业竞争激烈，行业的发展很不规范化，首先表现在价格很不稳定，恶意斗价的行为非常普遍。价格战的后果，养殖户可能有短期的好处，但长期来看容易出现以假乱真、以次充好的现象，最终殃及整个养殖业的良性发展。其次表现为赊销现象严重。以前虾料市场利润高，赊账经营是一种比较合理的方式，而现在竞争处于白热化的状态，虾料市场的整体利润下降，如果回款率没有超过 90% 一般都会赔钱。在这种状况下，虾料市场必须改变赊账经营的现状，向现金交易发展，这也是饲料行业健康发展必须要走的道路。粤海两三年前就在营销模式上开始了转型，现在几乎过渡到 100% 现金交易的模式。对于大家都非常关注的品质问题，粤海一方面通过不断改进技术，提升产品质量，最大限度地降低产品对环境的污染，使养殖与环境和谐发展，在创造价值，带动客户致富的同时，为环境保护机行业可持续发展做出贡献；另一方面，粤海深知水产品与人们的健康生活息息相关，以对虾养殖为例，虾料有问题，不仅影响一家养殖户，邻近虾塘也将被污染，最终这个区域的虾产品都将检测出药物残留，进而引起消费者恐慌，后果是非常恶劣和严重的。因此粤海每年在环保饲料研发上的投入相当可观，在产品质量上秉承精益求精的态度，对原料及生产过程严格检验和监控，始终为客户提供稳定、可信赖的产品。

（六）完善薪酬激励机制同时加强企业文化建设，提高员工的积极性和企业的凝聚力

粤海集团现有员工2500人，拥有专职的研发人员70余名，其中包括博士、高级工程师10余名，硕士、中级工程师40余名，研发团队年龄结构合理，技术力量雄厚，在业界享有盛誉。粤海相信，企业的生存与发展最重要的是人，最根本的是人，最值得关注的也是人。粤海充分重视人才在企业发展中的作用，提供多种培训和锻炼的机会，积极为人才成长创造平台，不仅尊重人才，更进一步培育和发展人才，成为人才的摇篮；在人才使用上，任人不唯亲，举贤不避亲，唯才是举，以能为用，根据人员才能和特质将合适的人安排在核实的岗位上，并通过业绩来考核检验胜任能力，确保是人才在粤海都有发光发热的位置。粤海认为企业的成长与发展是全体粤海人努力的结果，因此，粤海坚持与利益相关者共享发展成果，在企业实现理想发展的情况下，为股东提供高于行业平均投资回报的收益，为员工提供高于行业、具有竞争力和吸引力的薪酬待遇。为了留住人才，提高员工的归属感和积极性，粤海从2014年下半年开始采取了股权激励的方式，并以绩效为导向，不断提升企业的绩效管理能力，将绩效考核的结果作为员工薪酬分配基础依据。

粤海坚持以完善的制度体系作为管理基础，通过制度化明确管理标准，降低沟通成本，提升执行力。粤海根据战略要求和业务特点进行组织设计和人员合理配置，通过精简机构减少不必要的层级或岗位，避免人浮于事，提升工作效率；在进行管理决策和制定各项管理制度时，粤海从人性化的角度出发来设计满足人的合理需求，用制度管人，用流程管事是粤海走向规范化和现代化的要求。粤海坚持以制度和流程作为管控的基础，

通过建立完善的制度，明确部门和个人的责任和权限，为每个人的工作成果和行为提供清晰的标准，实现对人的有效管理。通过规范和优化管理及业务流程，提高工作运转的效率，降低管理和沟通成本，不断提升企业的竞争力。高效的执行力是粤海实现远大目标的保障，粤海强调令出必行，禁出必止，各个部门和员工严格遵从上级指令，按章办事，通过严格的执行来维护公司规章制度的权威性，通过奖惩分明的措施保证制度和指令执行到位。粤海倡导领导干部要做到以身作则，率先垂范，要在言行举止上成为员工的表率，获取员工的信任和尊重；倡导每位员工明确自己岗位的职责和要求，对于分内的工作不推诿，不找接口，对于上级指令和公司政策坚决贯彻，不清楚的及时提出或请教，确保深入理解相关要求，防治执行偏差。

企业文化是一个企业的精神和灵魂，一个缺少文化支撑的公司，就像是贫瘠的土地，无法长出郁郁葱葱的参天大树。粤海发展的历程，是二十多年风雨坎坷的创业史，充满惊涛骇浪，历经重重艰辛和波折。但质朴、勤劳、执着的粤海人，同心同德，不畏困难，披荆斩棘，一路前行。在取得丰硕成果的同时，更积累了优秀的文化基因：忠诚、责任、奉献、务实、亲如一家。在粤海的企业文化建设中，粤海集团形成了以“土文化”为底蕴，以使命、愿景、核心价值观为核心，以经营管理理念为主题，以文化管理制度和员工行为规范为保障的具有粤海特色的企业文化体系。这些精神财富不仅是粤海克服困难，走向成功的关键，也是粤海未来乘风破浪，实现伟大目标的保障。

七、粤海一家，齐奏成功乐章

进过多年的高速发展，水产饲料的买方市场基本形成，水产饲料企业要摆脱困境，必须实施营销创新，采用顾客满意的理念，准确定位，重视品牌建设与维护，并提出具有实践意义的营销创新方向。特别在营销理念创新、产品创新、定位创新、渠道创新、促销创新、组织创新和服务营销等方面提出具体的措施与方法。水产饲料企业要善于分析市场，秉承顾客满意的理念，运用STP理论，努力寻找差异化，找到属于自己品牌的蓝海。粤海集团在营销方面的表现十分出色，“阳光行动”等一系列营销活动极大地推动了企业的全面发展。

具体说来，为什么水产饲料营销需要创新的理念、方法和措施呢？因为水产饲料营销环境变了，一切都得改变。水产饲料市场由卖方转为买方市场；由简单的几家竞争变成群雄并起；部分省市水产养殖受到限制，养殖面积在缩小；渠道在变化；经销商在变化；养殖户也在变化，如果水产饲料企业墨守成规，秉承传统的营销理念与方法，很难适应变化了的饲料营销环境。实施营销创新业已迫在眉睫。水产饲料的营销重心可以从以下几个方面思考和着手：

（一）服务营销谋求共赢

所谓服务营销，指的是企业在充分认识消费者需求的前提下，为满足消费者需要在营销过程中所采取的一系列服务活动。追寻服务营销的起源，似乎很简单，养殖环境逐渐变差，养殖风险不断增加，饲料企业借助自身的优势，为养殖户提供包括种苗、水质管理与病害防治、饲料投喂甚至是流通与加工方面的服务，帮助养殖户取得成功，同时降低了饲料销售的风险。

然而，对于企业来说，要真正做到实质性的服务并不容易。当前水产饲料行业基本形成了“群雄并立”的局面，每一个企业集团都有相当大的市场覆盖面，要为终端客户提供服务，对基层业务员的数量和质量都有较高的要求。其次需要一整套和服务相适应的机制，目前大部分企业对业务员的考核还是销量导向型，而不是服务导向型，这就造成业务员把绝大部分精力放在渠道工作方面，无法对终端提供有效的服务。再次，服务营销需要完整的产品配套，除了饲料还需要种苗、药物等，这对企业的融资能力也是一个考验。

企业为终端客户提供各种物资和技术服务，确保其养殖过程顺利，最终目的是增强客户对企业的认同感和依赖性，确保饲料主业不断发展，同时开拓出更多的新的业绩领域。当然，在这个过程中，基层养殖户不仅大大降低养殖风险，而且能获得更多的技术、信息，有利于个体经营能力的提升，从这个角度看，服务营销的终极目标是双赢。无论什么样的思路，只要能真正提升养殖户的效益，并最终促进行业的整体发展，就是可贵的。谈某个企业的营销模式，必须建立在这个行业发展水平的基础上，就中国水产业集约化程度低、抗风险能力弱的现状看，粤海目前所重视的服务营销，很好地实现了自己的价值。

（二）关键环节——服务团队的打造和管理

服务营销这两年受到了粤海公司的极大重视。这种直接深入终端的服务，着眼点就是帮助客户提升水平，创造效益。在粤海集团的服务营销战略中，“养殖模式”被当成核心，在推介一整套“从头到尾”养殖方法的过程中，企业必须配套提供一系列人员、技术、跟踪服务、信息交流等等，而海大近年来在人才招聘、人员配备等方面也投入了大量的资源，所有这一切，都是为了增加客户对企业的认同感和依赖性，最终带动主业的发展和开拓新的业绩增长。

在服务手段中，推荐模式是最常用的。中山粤海饲料有限公司副总经理郑真龙曾经提到过，他们极力向养殖户推荐养殖模式，但主要是引导，并不强势。在粤海集团发给养殖户的养殖日志上，他们将珠三角南美白对虾养殖模式总结、提炼为养殖条件、放苗前、放苗以及放苗后管理 4 个部分共 16 项，而其中每个小项也会细化为少则两三个注意事项，多则八九个注意事项。在具体实施操作过程中，最关键的则是落地和持续推进。服务体系的主体是所有销售人员，而不是专职服务人员。在总结、提炼养殖模式之后，业务员就要以其具体的服务来推广养殖模式，并将之落实为养殖户的养殖实践。业务员通过日常巡塘，帮养殖户测水，调水，根据天气及养殖特点，给养殖户提供建议等方式来提供服务，而且这些服务是计入业绩考核的。

服务营销，其核心是各种理念的落地和持续推进，并根据实际情况灵活变化。在粤海的服务体系中，养殖日志是一个重要的部分，细化到每天天气如何，投料管理与水质管理如何做，池塘情况怎样，如何处理应对等。养殖日志能够使业务员对客户的养殖情况更加了解，有助于养殖模式的真正执行，也能使养殖户能及时发现问题、总结经验，学会算账，最终得到提升。

粤海主推的养殖模式，主要来自各地比较优秀的养殖户。其实对于一些常规养殖品种，例如草鱼、罗非鱼、对虾等，各种管理技术已经很成熟，各地也不乏经验丰富的养殖老手，养殖户能否养殖成功，很大程度上在于有没有把日常的管理真正做到位。据了解，海大各分子公司都对业务员的服务工作有非常明晰而严格的考核，这种日常的“贴身”工作是促使养殖户把各种管理做到位的有效措施。

（三）“阳光行动”

阳光行动是粤海集团打造的成功营销方案之一。它通过造势和灵活政策抢开新客户来提升销量，通过灵活政策吸金来提高回收率规避风险，通过高效服务来提升养殖成功率，很好地完成了目标，使得粤海的产品和影响力得以推广。具体说来这个过程又包括了以下几个具体行动：

1. 造势运动

企业主要通过横幅造势和宣传资料造势，抢占了农民的眼球，并且对活动的推广起到了很好的宣传作用。计划挂出横幅500条、宣传发放资料60000本，并且把发放以及悬挂的具体地点——养殖乡镇、密集虾塘和经销商店都列示详细，足以看出企业造势的决心。

2. 经销商恳谈会及宣传推广会

恳谈内容主要包括商讨开发和稳定养殖户方法、引导继续转型、控制赊销风险（现金为王思路）、推广成功养殖模式（虾王成功经验推广）、提高服务质量、统一市场价格等。

3. 开发——制定新客户开发数量奖

公司对具体开发新客户的人数提供了很细致的提成以及考核奖励，这也极大地促进了员工的信心和调动了员工的积极性。

4. 吸金——制定预存款回收额冠军奖

该政策很好地提高了公司的现金流数额，确保了账款的周转及时。

5. 服务

公司通过以下四个方面——召开中小型养殖技术交流会、技术服务站建设与管理、标杆示范户建立与跟踪服务，分别制定了详细的考核及管理细则，真正把服务做到了稳定、持久、全程的监控和保障，真正为农民谋福利，实现了企业与客户的双赢。

八、变革突破，勇攀行业巅峰

2014 年“大发展、大跨越、高增长、大激励”战略目标，促进广东粤海饲料集团的大发展，大跨越。2015 年集团又及时的提出“大变革，大突破，齐分享”这一重大战略目标，为公司指明了 2015 年前进的道路。大变革，即技术变革：系列产品的扩展，性格比同行优先，实践是检验真理的标准；营销变革：以客户的成功为标准，推动成功养殖模式，塘头推动，高手示范，共同致富；管理变革：向对手学习，向先进学习，要比过去进步，要比别人进步更快，管理者就是服务者、带头者、能者，充分体现团队的力量。“变革转型”大师拉姆·查兰曾言：“现在，到了我们彻底改变企业思维的时候了，要么变革，要么破产。”在市场竞争激烈的今天，变革对于企业来说是堂必修课。打破旧有的企业发展机制，没有人会拒绝改变，但是人们都拒绝被改变。企业是由员工构成的，因此任何企业要成功的实现战略转型都是极为阵痛的，战略的选择是有所为和有所不为，任何企业的战略转型都面临着阵痛，而今粤海不惧苦难，不惧一切，众志成城，未来实现大变革。

大突破，即新品种突破、新区域突破、优势区域突破、薄弱区域突破、管理突破、技术突破、宣传突破、激励分享突破、产量突破、质量突破和服务突破。具体为：优势区域优势品种扩大优势；薄弱地区新品种的快速突破；高效服务、以客户成功为粤海的标准；进攻是最好的防御，通过差异化产品系列，分别在质量、价格、折扣等主动进取；集中人力物力，以优势兵力各个击破；“合抱之木，生于毫末；九层之台，起于累土；千里之行，始于足下”。粤海饲料集团立足自身，组织全员从不断发现身边的问题入手，对各岗位存在的问题点进行查找问题源、筛选立项、实施改善，将技术创新、销售行动有效渗透到各个岗位。生命在于运动，而企业的生命在于变革，在于顺应时代、呼应潮流的革故鼎新。预计2016年在区域、品种、板块全面飘红；外树标杆，内部竞争，与以前比有明显进步，与行业比优势扩大，与内部比排名靠前，突破和做第一成为粤海新常态。

齐分享，即发展平台、能力提升、职位提升、薪酬提升、股权分享、利润分享、名誉分享、文化分享。对企业内部员工，齐分享是粤海饲料集团在长期经营管理过程中所形成、倡导，并经过筛选提炼而形成的物质文化、行为文化、制度文化和精神文化的总和。优秀的企业文化对内是一种向心力、对外是一面旗帜，是企业应对市场竞争、创建一流企业和打造百年品牌的重要法宝。分享是企业组织中的生命线。好像一个组织生命体中的血管一样，贯穿全身每一个部位、每一个环节，促进身体循环，提供补充各种各样的养分，形成生命的有机体。分享企业精神和企业文化，完成企业管理根本目标的主要方式和工具。管理的最高境界就是在企业经营管理中创造出一种企业独有的企业精神和企业文化，使企业管理的外在需求转化为企业员工自在的观念和自觉的行为模式，认同企业核心的价值观念和目标及使命。而企业精神与企业文化的培育与塑造，其实质是一种思想、观点、情感和灵魂的沟通，是管理沟通的最高形式和内容。没有分享，就没有对企业精神和企业文化的理解与共识，更不可能认同企业共同使命。企业分享更是管理创新的必要途径和肥沃土壤。许多新的管理理念、方法技术的出台，无不是经过数次沟通、碰撞的结果，以提高企业管理沟通效率与绩效为目的，其根本目的是提高管理效能和效率。与员工沟通分享，“开诚布公”“推心置腹”“设身处地”，分享抱有“五心”，即尊重的心、合作的心、服务的心、赏识的心、分享的心。只有具有这“五心”，才能使沟通效果更佳，尊重员工，学会赏识员工，与员工在工作中不断地分享知识、分享经验、分享目标、分享一切值得分享的东西。内部分享只要与员工保持良好的沟通，让员工参与进来，自下而上，而不是自上而下，在企业内部形成运行的机制，就可实现真正的管理。只要大家目标一致，群策群力，众志成城，企业所有的目标都会实现。那样，公司赚的钱会更多，员工也将会干得更有劲、更快乐，企业将会越做越强，越做越大，为社会创造的财富也就越多。

未来，广东粤海饲料集团将以“水产与环境相和谐，美食与健康得益彰”为使命，“打造中国最强，世界一流的水产饲料企业”为愿景。打造粤海时代，即“模式更适合，成功更保障；效果更优异，成本更可控；服务更到位，系列更全面；产品更安全，市场更广阔。”粤海深知水产养殖行业要实现可持续发展，必须加强环境保护工作。粤海作为具有高度责任感的水产饲料企业，一方面将通过不断改进技术，提升产品质量，最大限度降低产品对环境的污染，使养殖与环境和谐发展，在创造价值，带动客户致富的同时，为环境保护及行业可持续发展做出贡献；另一方面，粤海深知水产品与人们的健康生活息息相关，将通过自身不断努力，提供更加安全、丰富的产品，实现美味与健康相结合，造福人民。粤海人勇于探索和创新，矢志不渝地投身水产饲料技术的研发，以前沿的技术和尖端的产品引领水产饲料行业的发展；同时通过建立与养殖户、经销商的深度联系，为客户创造最大的价值，不断提升自己的影响力，凭借领先的技术，强大的品牌，雄厚的综合实力，成为中国最强，世界一流的水产饲料企业，跻身世界一流水产饲料企业行列！

参考文献：

[1] 庄捷生，罗宙纶．粤海有海泰山有山山海联盟粤海与泰山携手合作发力珠三角淡水鱼料市场 [J]. 广东饲料，2015,（4）:10-11.

[2] 郑石轩．全面解读粤海饲料、渔药、苗种发展战略，肯定改革提速粤海发展 [J]. 当代水产，2015,（3）:36-40.

[3] 郑石轩．环保，水产饲料研发的关键点 [J]. 海洋与渔业，2015，（3）: 130-131.

[4] 郑石轩 .2013 年饲料销量要突破 50 万吨 [J]. 当代水产，2013，（5）: 66-68.

[5] 改革创新锐意进取做最优质的水产饲料企业 [J]. 广东饲料，2008，（3）: 11-14.

附录
正大：中国饲料产业的开创者

摘要：农业永远是我国国民经济的发展基础，农业企业作为农村经济实体直接参与农业的生产、流通、服务各个环节，担当着我国农业体系转变以及农业全球化竞争的重要职责。作为农业企业典范的正大集团通过多年经营已经发展成为以生产饲料为龙头的育种、养殖、食品加工、国内外销售等综合性农业经营的现代化企业集团。本文在文献梳理的基础上使用规范的案例分析方法，运用实地访谈和二手资料收集等具体方案，以正大集团作为分析对象，对其从产生到不断壮大的过程进行了细致的梳理。通过案例分析得出了以正大为代表的当今中国农业企业在发展壮大中应具备的重要特质：①采用卓越的家族管理；②具有先进的企业文化人才观；③具备时刻引领行业方向的科技敏感性；④采取一条龙一体化运营；⑤企业发展始终与国势紧密协同。

关键词：正大集团；农业企业；饲料产业；产业链

一、引言

中国自古以来就是一个农业大国，农村也多次在中国社会进程中扮演重要角色。自改革开放以来，中国国民经济发展一直保持着高速增长，国民经济实力和综合国力不断提高，但由于长期以来施行城乡分割的二元结构体制以及剪刀差式的农业反哺工业战略，使得中国在城市化水平不断提高、经济不断增长、社会事业不断发展的同时，农业和农村的发展相对滞后，城乡居民收入差距日益扩大，这不仅对中国经济的健康可持续发展造成了不利影响，还可能引发一系列的社会问题。

经验告诉我们，农业永远是我国国民经济的发展基础，是新时期实现全国范围内工业化、城镇化的保障。这其中，涉农企业实则担当着我国农业体系转变以及中国农业全球化竞争的重要职责，涉农企业作为农村经济的一种实体直接参与农业的生产、流通、服务各个环节，不仅能够有力带动本地区经济的发展，促进地域农业水平的全面进步，还能够吸纳农村剩余劳动力，有效增加农民收入，因此涉农企业的发展实际上是解决我国“三农”问题的关键环节之一。国家也确立了“农业产业化经营是促进农业结构战略性调整的重要途径，扶持产业化就是扶持农业”的战略思想，提出“扶持农业产业化就是扶持农业，扶持龙头企业就是扶持农民”的规划方案。

然而，在欣欣向荣的大方向背后，我们必须看出当前中国农业经济发展其实正在经历重大的变革和挑战，农业产业化程度相对欠佳，农业现代化程度和科技成果转化为生产力的效率相对低下，农产品品质、安全有待提升，国际上与农产品相关的贸易壁垒亟待打破。从农业企业层面来看，农业企业的发展壮大实际上有两条道路可以选择，一是通过横向一体化实现规模效益；二是通过纵向一体化实现企业整体内部价值链的不断增值。通过调查可以发现，当前学界和企业界对企业的一体化战略仍存在较大的分歧，但通过分析正大集团的发展历程可以证明，企业通过一体化能够较为有效地增强对自身价值链的管控能力，最大限度发挥企业各要素的优势，实现规模经济，对提升企业竞争力，促进行业发展，推动农业经济整体大步向前具有重要意义。

二、文献回顾

（一）农业企业产业化相关研究

当前国内外学者在农业产业化领域已经初步形成了一套比较完备的理论体系，相对于国外学界比较完善、成熟的研究体系，国内学界的分析研究大多集中在理论与实际情况的契合层面。

哈佛大学的JohnM.Davis和Roy出版的著作《A Concept of Agribusiness》正式开启了农业产业化研究的大门，在文献中作者提出了农业生产经营形式的一种全新的理念，即Reardon、Codron等学者从农业产业化经济视角出发，提出了农产品标准化与等级化在全世界农产品贸易体系中其实一直扮演着十分重要的角色。研究指出，利用微观经济学理论分析研究农业生产要素与农业产业化的促进关系以及其形成的内在规律所得出的结果与用发展经济学眼光进行研究得到的结果大相径庭。1990年代，美国农业经济学家Gail L和Clearance W出版了《农业经济学和农工联合体》一书，他们在研究中分析了全球化条件下“农工联合体”的问题，其研究更多在于考虑农业和工业不均等增长、农工联合体再生产销售中可能出现的竞争关系。在此之后农业产业化在学界引起了一阵巨大的研究风潮，Evans、Stephens、Stiglitz、Barry等学者关注了农业产业化可能给社会发展和经济进步带来的影响，并研究了其分析评价方法，这一系列研究可以看作是对当时农业产业化研究的概括总结。

我国学者对农业企业产业化的定义相对较多，目前并没有一种定义上的研究范式。丁力（1999）区分了不同类别的农业产业化状态，提出了“农业产业化实际上是农民的产业化和政府的产业化相结合”的论断，在此基础上，其深入分析了两类农业产业化的异同，发现“农民的产业化”的主体是农民，其具备灵活合理的市场机制，“政府的产业化”的主体是政府或政府认定的企业（可以理解为政府的代行者），政府产业化往往会经历因体质和运行机制不适应带来的发展窘境。生秀东（2000）通过研究表明农业产业化的组织形式取决于农户与社会环境的连接方式，农业产业化主要有三种形式，即公司加农户、市场加农户、服务组织加农户，其中公司加农户是当前农业产业化的主要形式。在企业运行方面，陈德玉（1997）提出发展壮大龙头企业必须有效发挥企业自身的技术作用，技术不仅指企业在经营领域的技术禀赋，还包括企业的经营机制。黄征学（2004）通过利用模型进行度量，分析了塞飞亚集团的成功案例，认为农业产业化的成功在于企业、农户和政府三方合作的合理有效博弈，农业产业化是解决当前中国剩余劳动力问题的一种有效思路。

（二）农业产业链相关研究

农业产业链的相关概念最初形成于20世纪40年代，当时由于战争导致农产品需求扩张，美国农业因此开启了大规模扩张，率先进入产业化经营阶段，也正是在该时期产生了农业产业链的概念。

20世纪90年代初是我国农业产业链模式的探索时期，农业产业链逐渐吸引了学界的重视，有越来越多的国内学者关注农业工业化问题。杨俊杰（1992）通过研究认为农业与其相关产业的经济隔离以及相关服务体系不健全是造成农业效率低下的深层障碍，进而提出了应建立农业产供销一条龙管理服务体系的概念，认为产供销一条龙的服务体系可以有效解决影响农业经济效益的各类信息价值不对称问题。任海深（1995）认为农业产业化实际上包括生产专业化、经营一体化、管理企业化、布局区域化和服务社会化及各层面，但在实际运行中最关键的任务是控制好农业产业链，主要工作应落实在农业产业链的链接、增长、活性化以及不断优化方面。赵绪福、王雅鹏（2004）认为农业产业链其实反映着产业之间的关系，其研究更关注于农业产业链中个产业之间的管理效应，与此同时还研究了个产业之间相互作用的强度和机理，最后，其指出农业产业化经营实际上强调了通过农业产供销一体化实现农业增效和农民增收。桂寿平，张霞

（2006）提出“农业产业链管理应当与价值链管理相结合”的思路，认为产业链管理的最终目标在于将战略附加值高的环节识别出来并加以利用，通过企业整体的协调运作获得更高的产业链价值。蒋逸民（2008）比较了供应链管理和产业链管理的异同，认为农业产业链管理的出发点和目标不应该仅仅局限于企业，应明确产业链管理的目标是提升整条产业链的价值和效率，实现产业链和企业价值的最大化，因此农业产业链管理的重心在于从组织层面解决由于协作关系带来的效率问题，与此同时通过资源整合解决整条价值链资金、信息、物流的流通问题。

我们可以看出，近年来农业产业以及农业企业相关的问题得到了越来越多国内外学者的重视，农业企业也逐渐成为工商企业中的重要研究对象。针对我国的实际情况，学者对我国农业发展、农业企业战略、农业产业链、农业价值链以及农业一体化的研究层出不穷，但分析研究实际农业企业实际运行状况的研究相对较少。此外，案例研究作为一种独特的研究方式，一方面可以将已有理论与实际情况有机结合，另一方面还可以为企业提供有价值的参考信息，对企业、产业以及整体国民经济的发展具有巨大的促进作用，因此本篇借助案例研究的方法梳理正大集团的成长状况具有重要的理论意义和实际指导意义。

三、异国创业——正大集团的发展历程

（一）正大集团简介

正大集团由泰籍华人实业家谢易初、谢少飞兄弟于1921年在泰国曼谷创建，在中国以外称作卜蜂集团(Charoen Pokphand Group)。公司从农作物种子的销售开始，逐步壮大，经过80余年的持续、稳步发展，形成了由种子改良—种植业—饲料业—养殖业—农牧产品加工、食品销售、进出口贸易等组成的完整现代农牧产业链，已经成为国际知名的大型跨国企业集团，在

农牧业、电信、石化、摩托车、零售、国际贸易、医药、房地产和金融等领域实现了多元化发展。成为世界现代农牧业产业化经营的典范。

目前，集团业务分布在泰国、中国、印尼、新加坡、马来西亚、美国、土耳其、葡萄牙、印度、越南等20多个国家和地区，员工近20万人，年营业收入150多亿美元。下属400多家公司，其中有十多家公司在纽约、伦敦、曼谷和雅加达等资本市场上市，多次被美国《未来》杂志评选为亚洲十大优秀企业之一。

表1　2005年全球排名前25位饲料企业名录及产量

公司名称	总部	预计工业饲料总产量/（千t/年）	排名
嘉吉/农标	美国	16800	1
正大	泰国	15200	2
董多湖/普那璃	美国	12000	3
泰森食品	美国	10100	4
Zen-noh Co-operative	日本	7600	5
泰高	荷兰	5800	6
Ucaab Co-operatives	法国	4100	7
ABNA	英国	3900	8
Sadia	巴西	3900	9
Smithfield	美国	3400	10
Perdigao	巴西	3300	11
AIM Alliance Natition/AHAS	美国	3200	12
希望集团	中国	3200	13
Ridley	澳大利亚	3100	14
普乐维美	荷兰	3000	15
Bachoco	墨西哥	2800	16
DLG	丹麦	2600	17
Perdue Farms	美国	2600	18
Gold Kist	美国	2400	19
BOCM Pauls	英国	2400	20
Evialis/Guyonarch	法国	2300	21
J D Heiskell	美国	2300	22
Gln Sanders	法国	2200	23
Cehave Landbouvbolang	荷兰	2200	24
Veronesi	意大利	2200	25

目前，正大集团在中国的农牧业投资遍布全国，除了青海、西藏之外所有的省市自治区都有投资项目，总数达到 100 多个，在中国投资额近 50 亿美元，员工人数超过 8 万人，年销售额超过 300 亿人民币。形成包括正大饲料、正大食品、正大肉鸡、正大鸭业、正大种籽、易初莲花、大阳摩托、正大摩托、正大制药（包括正大青春宝、正大福瑞达和正大天晴等）、正大广场等具有广泛知名度的企业、品牌和产品。曾有知名经济学家提出，正大集团是到中国投资最早、项目最多、效益最好的外资企业之一。1994 年以来，在由世界著名财经杂志《远东经济评论》评选的“亚洲 200 领先企业”中，正大集团 6 次位居泰国企业之榜首。

2003 年 9 月，正大集团董事长谢国民先生被美国《财富》杂志评选为全球最具影响力的 50 位商界领袖之一。2005 年 10 月，美国《财富》杂志评出亚洲商界领袖 25 强，正大集团董事长谢国民先生位于其中。2006 年 6 月，首次“2006 全球华人企业 500 强”及“2006 全球华人富豪 500 强”颁奖授牌大会排行榜公示，正大集团董事长谢国民家族以 104 亿元人民币的总资产位列 2006 全球华人富豪的第 52 名。2006 年 9 月，国家质检总局在北京人民大会堂隆重召开大会，表彰获得 2006 年中国名牌产品的企业，正大牌猪饲料、禽饲料以优异的品质荣获中国名牌产品。

（二）集团业绩分析

由于集团属于跨国企业，集团的上市公司较多，因此，在这里用企业发展总体数据和在中国香港上市的卜蜂国际有限公司的发展做一介绍。正大集团的总体发展情况：2005 年，集团年销售额达 150 亿美元，工业饲料总产量达 15200 千吨 / 年，总产量是中国第二大公司——希望集团的 5 倍。卜蜂国际有限公司于 1987 年 10 月成立，作为泰国卜蜂集团投资于中国及亚洲其他地区之农牧及工业业务之控股公司，并为最早投资在中国之外资企业集团之一。在中国之农牧企业投资，业务包括产销饲料、良种繁育、畜禽饲养、鸡鸭屠宰及食品加工等。除西藏及青海两区外，本公司之投资企业超过100家，覆盖所有省、市及自治区。自2002年以来，集团在中国的年产量都在700万吨以上，2005年，正大集团在中国销售额达300亿元。

（三）集团发展历程

正大集团是以农业起步，经过了创业、起飞、光大等几个阶段，逐渐形成了多元化跨国企业集团，这里主要谈集团在海外的创业史、正大集团在中国的发展及正大集团对中国饲料业的影响。

1. 南洋寻梦——独闯异国

遥远的东方，是一片神奇的土地。勤劳勇敢的炎黄子孙，在“老外”看来，也是一个难解之谜。这些自称龙的传人的人们，为了谋求生计，沿着黄河、长江艰难地跨越国门，漂洋过海。最令人不可思议的是，他们开始时是真正的穷光蛋，除了祖先留下的“三把刀”（菜刀、剪刀、剃刀）功夫外，可以说赤手空拳，一无所有。然而，在这瞬息万变的世界里，当人们在很短的时间里再把视线投向他们时，他们已在异国他乡站稳脚跟，有的甚至驰名世界，有的甚至已经执一方、一国经济之牛耳了。

泰国是一块幸福的国土，她名字的字面意思是：自由之地。而且值得一提的是泰国是唯一一个逃过西方殖民统治的亚洲国家。华侨史学者们因此称这里为“唐人乐土”。现在华人在泰国的人数已经达到660多万人，占总人口的9%，其中6成以上是广东潮州人。

1896年，“正大集团”的创始人谢易初诞生在广东澄海县（现为澄海区）的一个农民家庭。当他降生后，父亲给他起了个名字叫进乾，但他在读私塾的时候，却把自己的名字改成了“易初”。私塾先生说：“易者，更易、改变之所谓也；初者，当初也；易初者，改变当初之困苦、创造来日之兴旺者也。”也许正是他这种自小就有的革新思维，才成就了其后来的一番事业。1922年8月2日，一场历史上罕见的风灾突如其来地袭击了潮汕地区。望着被飓风摧残得面目全非的家园，26岁的谢易初决定远走他乡，到南洋谋求生路。他的父亲谢锡生早年为了生计，也曾奔波于南洋，未曾发财又回到乡里务农。谢锡生知道泰国是个农业国度，谢易初从小喜欢园艺种植，他的理想没准可以在泰国实现，这也是他的名字中埋藏已久的愿望，作为谢家长子，他必须改变这个世代相传的贫困。

谢易初到了泰国曼谷，在同宗的帮助下，租了一间小屋，靠仅有的8个银圆做起了菜籽生意，赚了一些钱后，成立了正大庄菜籽行。谢易初一边经营正大庄，一面着手调查曼谷的种籽市场。正值27岁年龄的谢易初，精力充沛、头脑灵活，加上一心要干大事业，他每天工作十五六个小时，有生意时做生意，没生意时则去找老乡、跑市场。一段时间后，谢易初感到了困难，店中的种籽越来越少，而在曼谷的种籽批发被垄断在几个人手中，他们哄抬名优种籽价钱，欺负新入行的人。1924年，谢易初乘船回到澄海，精心挑选一批品质优良的种籽，运到曼谷。因为质高价优，谢易初的正大庄在客户中建立了信誉，订单多起来。谢易初立即招来族人及家人帮手，自己亲自去泰国各地调查种籽的销售市场，掌握了第一手资料。回到正大庄，他又着手开辟了一块样板田。名种菜籽埋在地下经发芽长出幼苗，有的已开花、结果。客户来选购种籽时，谢易初会把他们带到样板田。如此看得见、摸得着的种籽销售新鲜、务实，大受客户欢迎，那里的农民一下子就把这个出售菜籽的中国农民当成了朋友。在他的种子店里，买主没有用完的过期菜籽可以免费退换，对积压下来的次等菜籽，他毫不犹豫地扔掉。他的菜籽生意做得十分红火，一年后，他就用出售菜籽的积蓄，在曼谷越谷嵩越路的巷子口租了一间小房子，创办了正大庄种子店。1941年12月7日，日军开进曼谷，事业蒸蒸日上的正大庄被迫关门停业。谢易初被迫在新加坡的吉洞渔村暂住，以打鱼为生。栖身新加坡的日子长达3年零8个月，直到1945年，日本宣布无条件投降，第二次世界大战结束。已49岁的谢易初回到了曼谷、回到正大庄，然而等待他的只是“正大财政上仅存的白米百余仓”。20年的血汗就这样付诸流水，谢易初来不及伤心，就立即重整旗鼓。此时正值战后，泰国经济面临复苏，谢易初抓住一切商机，正大庄开门营业。谢易初看准的是鸭毛出口，两年时间，正大庄重获新生，利润大增。谢易初不仅是最好的菜种的销售者，而且是它的培育者，他始终向往着田野，醉心于良种的培育。1948年，谢易初将商务理顺的正大庄交给弟弟谢少飞管理，自己返回故乡去完成计划多年的事业——创办颇具规模的选种农场。谢易初对弟弟说："这里的一切都交给你了，用心做会越来越好。我回去办选种农场，一两年后就可以给你提供源源不断的优质种籽。另外，你也要经常将这边客户的需要告诉我，我来培育。"80年前，泰国还没有自己的西瓜，谢易初就引进中国台湾的西瓜，在泰国土壤和气候条件下反复驯化，使泰国有了自己的脆甜可口的西瓜，后来又培育了泰国木瓜和其他蔬菜新品种，由他培育的优良菜种，行销中国泰国和东南亚各地，至今，泰国人仍在享用着谢易初培育的西瓜和木瓜。正大集团这种由开创人所建立起来的既出售种子，又培育生产种子的传统，现在仍然如此，正大集团的种子企业拥有6个生产菜种的农场，还有两个种子研究中心，最早把现代科学用于提高地球20纬度左右和20纬度以下地区菜种素质的研究。今天，泰国所有的菜，在正大都能找到菜籽，正大的菜籽在泰国的销售量第一，泰国饭桌上的菜，60%以上是正大公司出售的菜籽生产的。随着菜籽行的生意越做越兴隆，谢易初又在泰国南部和马来西亚开设了分店，并在气候与华南接近的泰国清迈购买土地开办正大蔬菜培植实验农场，使原来单一销售菜籽的公司变成了培植、改良、经销蔬菜良种的经济联合体。这就是今天正大集团的前身。

2. 事业起飞——二代继承人子承父业

泰国是一个农业大国，集团的继承者们认为，一切与农业相关的行业都应该是他们的业务范围，正大庄只是一个店铺，远远不够发展需要，要想大规模全面发展，应该成立一个农业企业集团。1953年，在家乡读完中学的谢易初之子谢正民、谢大民回到曼谷，协助叔叔谢少飞打理正大庄的事务。也正是这一年，谢易初在泰国正式注册了集团公司，取名为"Charoen Pokphand Group"，简称"卜蜂集团"，他的中文含义是"发展与吃有关的事业"，注册资金为500万株（泰国货币单位）。以后向东南亚和欧美市场拓展，一直沿用卜蜂这一名号，只有在中国才称为“正大集团”。

图 1　正大集团第二代领导人合影，从左至右依次为：谢国民、谢正民、谢大民和谢中民（为了表达对祖国的思念，谢易初给自己的 4 个儿子分别取名谢正民、谢大民、谢中民、谢国民，中间几个字连起来是“正大中国”）

谢易初的长子正民、次子大民，在曼谷开始了资本主义制度下的再度创业，他们没有在叔叔经营的正大庄的福荫下纳凉，再次白手起家，以一台粉碎机，一个小作坊开始，从资本的原始积累做起，卜蜂公司开始在泰国火红起来。1953 年，恰好是谢易初先生创办正大 30 周年，谢正民从一位退休将军那里得到了一份意外的馈赠——一台粉碎机，这台机器，把迟到的工业文明带到了传统的作坊。正民和大民从此开始了新的创业，伴随着粉碎机的轰鸣声，卜蜂公司在泰国各地发展了第一批代销商。

1964 年，25 岁的老四谢国民脱颖而出，他建立并且领导了卜蜂公司的科研机构，严格按照现代营养学的要求，研制成功了泰国饲料生产史上的第一个科学配方，从此结束了泰国饲料业只能加工、出售饲料原料的漫长历史，开创了泰国饲料业生产第一代饲料完成料的新阶段。卜蜂公司为泰国做还有一件有意义的事情，就是把粉状的饲料做成了颗粒状饲料，把各种营养成分包含在一个个小小的饲料颗粒里，让喜欢挑食的鸡把各种必要的营养一股脑儿全吃下去。1966 年，正大集团从瑞士引进了颗粒饲料机，这是东南亚地区第一台颗粒饲料机，生产出的饲料颗粒大小适中，集合了所有营养，又便于肉鸡一口吞下。自那以后，正大的饲料销售直线上升，科学的配方为正大赢得了巨额利润。正大集团真正的发展应该是从 1971 年与美国的爱白益加公司合作开始。爱白益加当时是美国最大的养鸡公司，拥有最先进的养鸡技术和现代化的机械设备。在美国人的眼里，当时的正大集团仅仅是个颇具规模的农业企业，其实质依旧是农业社会里的手工作坊。这种看法难免苛刻，但正大在 1971 年之前的作为确实偏于保守，尤其是在饲养家畜的技术方面比较落后。谢氏兄弟并不在意美国佬的嘲笑，他们需要的正是最新的技术、最新的设备和最新的管理。谢氏兄弟意欲发展的势头给美国人留下好印象，双方遂坐下来谈判合作事项。正大出场地、人员，并且负责销售，爱白益加投入资金和最新养鸡技术，双方共享利润。应该说正大集团从其 1953 年成立以后的近 20 年时间里，各种饲养业技术偏落后，与美国人的合作，以及留美的遗传学博士余如桐的加盟彻底改变了这一局面。20 世纪 80 年代的泰国，每年平均屠宰五六百万头肉猪，其中有 120 万 ~150 万头是正大（卜蜂）集团下属种猪公司提供的种猪。并且，正大“一条龙”的养鸡模式由于少了中间商的盘剥，农户的养殖成本降低了，鸡肉的价格大幅下降。让泰国人吃上了价格低廉的鸡肉。一个让人惊叹的事实是：泰国的鸡肉 15 年没有涨价，“正大鸡”功不可没。在此之前，泰国的鸡肉比牛肉和猪肉还贵。正大集团的事业不断壮大。从 20 世纪 60 年代开始，就向跨国公司发展；1960 年，在香港创办了正大贸易进出口公司；1969 年，正大饲料公司、正大渔业公司相继在印度尼西亚诞生。

3. 谢国民——光大“正大”事业

图 2 泰国首富：正大集团总裁谢国民

非常权威的亚洲经济刊物《亚洲金融》在 1988 年载文，称泰国华裔商人谢国民是“亚洲最杰出的企业家”。他所领导的“正大集团”在全世界各地共拥有 26 个饲料厂，年产量达到 50 万吨之巨。1987 年，“正大集团”跻身世界 500 家大型企业的行列。泰国国王曾亲自授予谢国民泰国政法大学商业荣誉博士学位，以表彰他对泰国经济发展的贡献。因为泰国人吃的每日三餐都少不了正大集团生产的食品，因此谢国民被人称为“农牧巨子”。

1939 年，出生于曼谷的谢国民是“正、大、中、国”四兄弟中排行最小却也是最受父亲赏识的一个。小时候，父亲为了让他学习中文，送他回汕头念书。后来他又到中国香港学习经济管理和商务。大学毕业后他回到泰国。但父亲没有让他马上进入正大集团，而是吩咐他在其他公司谋职，以积累从商经验。

谢国民先在泰国的国营蛋类合作社等单位工作了近 5 年之久，使他经历了没有“太子”光环的磨难。1963 年才到父亲创办的正大集团任职，由于吃苦勤奋，在他身上看不到富家子弟常带有的骄气，却显露出了卓越的组织管理才能和深谋善断的企业家气魄，给父亲留下极佳的印象。进入正大工作后，谢国民十分拼命，并很快崭露头角。1968 年，谢易初经过反复考虑，决定将集团的大权移交给 29 岁的谢国民，使其成为正大集团的总裁。当时，人们纷纷猜测，谢国民作为“最小”的儿子，何德何能被委此重任？其后，在谢国民掌权后的业绩，以及和兄长们默契的配合中，人们不难发现，发展和创业同样难，而能够推动大业发展的领导人，其突出的共性，是具有坚强的意志，以及懂得如何调动别人的意志。

谢国民是一个成熟的有战略眼光的企业家，他说：有些企业项目的生产，如饲料、养猪、养鸡等，在泰国发展到一定的程度，就要扩大投资地域，以世界的原料为原料，以世界的市场为市场，这样，该企业的项目才能在更大的空间获得生根、开花、结果的机会。

寻求更大的市场，这是正大集团多年来的一贯路线。20 世纪 60 年代，正大集团将目光放在东南亚和中国香港。20 世纪 70 年代，正大集团的资本扩展到中国台湾、中东和美国。1975—1978 年，正大集团在美国连开了三间公司，这个面向全球的美国市场，对正大集团在海外的扩展至关重要。1977 年，正大（卜蜂）集团的名字传到中国台湾。正大就像一匹快马，在一个恰当的时机进入到水草丰茂的地方，于是它迅速补充体能，然后以更充沛的精力向更辽阔的天地奔去。对于这样一匹良驹，它自然会受到各方面的礼遇，各种优惠和荣誉纷至沓来。“当时，只要正大需要贷款，国内的四大银行马上就会办理，而且基本上没有额度限制，要多少都看正大。”说起当年的辉煌，一位已经离职的正大高级管理人员感慨不已，“从空气里赚钱和用别人的钱赚钱成了我们经常挂在嘴边的话。”到 1997 年，中国四大国有银行给正大的贷款已经超过 10 亿美元，接近其在中国的注册资本 11 亿美元。1989 年，谢国民在听取公司属下汇报时，得知正大集团在海内外所拥有的分公司数字已达 100 多家。望着墙上的世界地图，上面密密麻麻插满小红旗，那是正大的所到之地。谢国民没有认真点过那小红旗到底有多少，但他知道正大已经今非昔比，绝不是 1953 年初创时期的正大了。到 1996 年，正大在中国的投资规模已经仅次于本土泰国。

谢国民是一个具有良好政治素养的企业家，他往往能从对政治大势的准确判断中为企业赢得良好的发展空间。1989 年后，不少外商对中国的政治经济局势持保留态度，而不敢加大甚至维持对华的投资。谢国民敏锐地判断出中国下一步必将迎来一个经济高速发展的新时期，于是在中国香港等地公开表示相信中国的改革开放会进行下去，并宣布正大将继续加大在华的投资。在谢国民的眼里，机会远比金钱重要得多，因为抓住了机会才会有钱挣。他认为："商家最看重的是机会，讲究天时、地利、人和。我就是有一万个亿也不能跑到美国去做电信，因为他们已经把这方面的事业铺满了，没有机会和空间了。真的有这样一笔钱，为什么不去有空白地的国家投资呢？我了解中国的民情，我了解中国人需要什么。"并且，中国市场拥有其他任何一个国家的企业都没有的条件。"他们有 13 亿人口的市场""单单中国的市场容量就相当于 20 多个国家"。此时，正大进入中国刚刚 10 个年头。为了进一步提升企业知名度，也为下一步扩张打下基础，谢国民策划了一次正大历史上迄今为止最为成功、影响最为深远的公关活动。正大出资与上海电视台成立正大综艺公司，制作出由大众参与的娱乐节目《正大综艺》在中央电视台播出。在当时国内大众娱乐节目还不多见的情况下，《正大综艺》一经推出立即在社会上引起轰动，正大也在一夜之间成为家喻户晓的知名品牌。

谢国民的这种积极姿态，赢得了中国政府的赞扬，同时也为正大的进一步扩张奠定了良好的政治环境。此后一段时间，正大集团在中国的发展一度十分迅猛，在短短几年时间内，正大的产业群扩展到农牧、水产、石化、房地产、医药、零售、摩托车、电讯等 9 个领域，仅农牧集团旗下就有上百家企业。甚至在一些当时尚未对外开放的领域，比如零售、金融等，正大也得到政府的特许而率先进入。"那时，能在正大工作被看成是一件很荣耀的事。集团麾下人才济济，可以说聚集了全球的众多业界精英，其盛况在当时的企业中无人能出其右。"一位曾供职正大人士对此回忆时依然是一脸的兴奋，"我们就像坐上了正大这列幸福快车。"的确，正大这艘企业航母，扩张得实在太快了，甚至有人开玩笑说“每天早上醒来，正大的版图上就会又多了一面红旗”。

正大集团在家族第二代管理者的领导下，不断革新农牧业的经营理念，在壮大优势产业和主导产业的同时，还积极涉足其他行业，如电讯、石化、房地产、医药、零售、金融、机械和传媒等领域，成效卓著，跻身于东南亚规模最大和最具影响力的企业集团之列。经过 80 多年的发展，正大集团形成了以农牧、水产、种子、电信、商业零售为核心，石化、机车、房地产、国际贸易、金融等共同发展的业务格局。1994 年以来，在由世界著名财经杂志《远东经济评论》评选的“亚洲 200 领先企业”中，正大集团 6 次位居泰国企业之榜首。2005 年 10 月，美国《财富》杂志评出亚洲商界领袖 25 强，正大集团董事长谢国民先生位于其中。今天，谢国民再一次把目光转到海外，扩大了在俄罗斯、乌克兰、英国和中国的投资。

四、回报家乡：中国饲料业的开创者

（一）饮水思源——正大集团的中国心

正大集团的创始人与继承者们一直与中国有着密切的联系，谢易初先生虽然身在海外创业发展，但心中始终怀有一颗赤诚的中国心，所以他给四个儿子起名为正民、大民、中民、国民，中间字合起来是“正大中国”。谢易初的孩子是在中国上的学，他也一直来往于国外与家乡之间，几乎没有间断过。也正因此，正大集团，一个华人家族企业，成为中国改革开放后第一个在大陆投资的外商集团。

1979 年，经过漫长严冬的中华大地向全世界传递了改革开放的信息。谢国民永远也不会忘记父亲临终时嘱咐他和 3 个哥哥的遗训：“不要忘记故土，要为中国多办好事。”他经常对身边的人说：“我出生在泰国，但我是地地道道的汕头人，我祖籍是澄海。饮水思源，我对中国有一种特殊的感情。投资中国，是正大无悔的选择。”他也曾信心十足地告诫他的下属：“中国的开放政策一定会长久，会使中国越来越富，我在中国的投资也会越来越多。”这既是其独到眼光的体现，也是其中国情结的凝聚。20世纪80年代中后期，当中央电视台《正大综艺》的主题曲《爱的奉献》响遍中国时，大部分中国人可能还不知道，这个央视最“火”的综艺栏目正是由泰国的正大集团出资赞助的。透过《正大综艺》栏目，很多人知道了泰国有个“正大集团”。但是，真正了解“正大集团”的人并不多。作为世界上最大的农牧企业集团之一，正大集团独特的现代化养殖经营模式，在带动中国农民就业和促进农民增收方面产生了很大的社会效益。正大集团坚持养殖业“高投入、高产出、低成本”的发展思路，努力发展现代化、封闭式的养殖场。这种现代经营模式所带动的就业机会比传统养殖模式增加一倍以上，而且经济效益高、成本低，可确保环境和食品安全，有利于提高产品国际竞争力，降低市场风险。

（二）正大集团在中国的投资

伴随着中国新时代的发展历程，正大集团已经成为外商在中国投资企业中的领军企业集团。正大集团作为全球第二，亚洲最大的饲料企业，其投资的重点在中国，并领先进入中国农牧业、饲料业。1979年，正大集团率先进入中国市场，投资1000万美元在深圳兴办了第一家现代化饲料、家禽养殖公司，取得了深圳第001号中外合资企业营业执照。1984年6月，正大集团在长春市建立吉林正大有限公司，是中国饲料行业第一家中外合资企业。1985年8月，正大集团与上海松江县（现为松江区）合作的上海大江公司成立，公司实行一条龙连贯作业，是正大集团在大陆建立的第一个一条龙企业，也是全国第一个农牧业一条龙企业。1989年6月，正大集团加快了在中国投资的步伐，同年在青岛市投巨资建设青岛正大有限公司，是中国第一个从种禽、饲料、饲养到屠宰、加工、熟食生产的一条龙特大型农牧企业。此后的十多年，正大集团不断加大在中国的投资力度。

1992年，德大项目建成投产，年加工粮食60万吨，生产饲料18万吨，鸡苗1000万只，肉鸡产品3万吨，成为吉林最大的外商投资农业项目。1998年，正大集团在中国的饲料企业生产能力达1200万吨，占全国的10%左右；年产鸡苗近4亿只，鸡肉产品30多万吨，出口10多万吨。截至2006年底，正大集团已经在中国设立的农牧企业已达100多家，员工人数已经超过8万人，累计投资额近50亿美元，年营业收入300多亿人民币，逐步发展成为地域分布广、行业多元化、品牌知名度高、品质优异的大型跨国企业。

自1980年，邓颖超到曼谷看望谢易初老人开始，我国高级领导人多次接见过正大集团带头人，对正大集团第一个到中国投资，给予了高度评价，并希望正大能做外商投资的典范。在中国各级政府的大力支持下，正大集团抓住改革开放的历史机遇迅速发展。可以说，正大集团是在华投资规模大、项目多、金额大的外商投资成功企业之一，而正大集团在农牧业和饲料业的投资，更是首屈一指。2006年9月，国家质检总局在北京人民大会堂隆重召开大会，表彰获得2006年中国名牌产品的企业，正大牌猪饲料、禽饲料以优异的品质荣获中国名牌产品。

正大集团在华投资企业地区分布广，行业多元化。主要投资领域情况如下：

1. 农牧企业

农牧企业是正大集团在中国的主要投资领域，下属公司已经超过100个，包括饲料事业、种鸡事业、鸭事业、鸡肉食品事业、猪事业、水产事业、种子事业等。正大集团带给中国的“公司＋农户”的经营方式，不仅提供优质产品，负责回收成品，还提供饲养技术、指导农户生产管理，促进了中国农牧业的发展。正大集团引进美国、丹麦等国的先进饲料生产设备，在中国各地兴建现代化饲料厂，并采用世界领先技术，按照不同养殖对象和不同生长周期的营养需求合理配方，生产的一系列畜禽和水产饲料，品质优良，畜禽育成率、饲料报酬率高，显著提高了广大养殖户的经济效益。正大集团引进国外优良品种，在中国大力发展畜禽和水产养殖，坚持科学的饲养管理和严格的兽医防疫体系，通过科学的、先进的规模化养殖，获得较高的经济效益。集团以为消费者提供健康、安全、放心食品，提高人民生活水平为己任。“公司 + 农户”的家禽养殖模式，对养殖户实行统一管理，家禽屠宰加工及熟食品厂均采用荷兰、美国等国家的设备，保证了禽肉食品的新鲜、营养和美味。所生产的食品符合现代生活需要，畅销全国并远销海外市场。

正大集团在中国致力于农产品种籽改良研发，兴办蔬菜种籽培育基地，生产销售各种优质高产的粮食、蔬菜种籽。几年来，正大的优良品种推广到中国十多个省区，已成为国内种子界的知名品牌。

2. 商业零售

正大集团旗下的易初莲花超市，自 1997 年在上海浦东新区营业以来，以“为广大顾客提供最大的利益和天天低价的优质商品为经营目标，已经在上海、北京、天津、杭州、武汉、广州、汕头、泰安等城市开业了 39 家连锁店，销售额以每年平均 20%~30% 的速度增长，现在已经成为集团在华的第二大主营业务，在消费者中享有很好的口碑。根据集团的战略规划，易初莲花将得到更快发展，计划在全国开业 100 家连锁店，在促进城乡商品交流和提高城市居民生活水平方面发挥更大作用。

3. 工业

正大集团在中国从事摩托车和汽车零配件的制造。控股的洛阳北方易初摩托车公司旗下有洛阳和花都两个摩托车生产基地，主要生产 50~150ML 六大系列 50 余个品种的摩托车，大阳牌和正大牌摩托车的市场占有率逐年攀升。正大集团在河南、贵州、福建等地创建生化工程工厂，开发生产金霉素、磷酸氢钙、赖氨酸等产品，生产规模在全世界名列前茅。同时，工业集团还有一些中、小规模的企业，有的生产摩托车化油器和汽车空调，有的生产水泥，还有的生产皮革、塑料布、无毒 PVC 卷筒式百叶窗、塑料栅栏、雨衣、啤酒、化妆品、服装和运动鞋等产品。

4. 药业

20 世纪 90 年代，正大集团开始在中国涉足制药业。正大制药集团辖有正大天晴药业股份有限公司、山东正大福瑞达制药有限公司、安康正大制药有限公司、海南萱华药业有限公司、杭州正大青春宝药业有限公司等企业。2000 年 9 月，正大制药集团以中国生物制药有限公司的身份在中国香港联合交易所创业板成功上市，2003 年 12 月成功转至中国香港联合交易所主板。

5. 房地产业

正大集团在中国上海等地进行工业住宅区、办公大楼和民用住宅等多项房地产开发。投资近 5 亿美元兴建的正大广场，位于浦东陆家嘴金融贸易区，建筑面积 24 万多平方米，是集购物、休闲、娱乐、餐饮、观光为一体的多功能超级购物休闲中心。

6. 传媒

上海正大综艺电视制作有限公司是国内第一家中外合作的电视节目、广播节目、广告摄制及媒体代理的专业公司。公司占地 10000 多平方米，拥有两座现代化电视节目摄影棚，可满足大型乐队实况直播的成音要求。

7. 金融业

中国稳定的金融环境和产业环境为正大集团提供了良好的业务发展机会，正大集团金融业在中国保持了良好的经营业绩。它包括德富泰银行、正大国际财务公司和正大企业国际有限公司，主要是为在中国的企业提供各种金融服务。

8. 捐资社会公益事业

正大集团领导热心家乡的公益事业，从 1980 年至今，正大先后在汕头、澄海等地捐资兴建了学校、医院、体育馆等项目；还向中国农业大学、浙江大学和华南农业大学各捐赠了一个“正大鸡肉发展中心”，并提供科研、生产、管理等方面的条件，培养中国未来现代化畜牧人才；与复旦大学合作举办“正大管理发展中心”，捐资北京大学合作成立“正大国际中心”。2006 年 12 月，正大集团农牧食品企业荣获“全国畜牧行业优秀企业”，正大集团农牧食品企业中国区家禽事业线王进圣总裁荣获“全国畜牧业优秀工作者”荣誉称号。

（三）正大饲料对中国饲料业的提升

通过《正大综艺》在中央电视台连续20多年的播出，正大集团在中国可谓是家喻户晓，正大饲料是中国公认的知名品牌：时间早（1979年），工厂多（100多家饲料厂，其中70%以上是合资、合作企业），分布广（几乎遍布所有的省、市、自治区），产量大（自2002年以来，年产量都在700万吨以上），销售额最高（年营业额300多亿元人民币），技术水平和产品品质好（全部采用世界饲料协会标准）。使得正大饲料成为中国农村养殖业最知名、最受欢迎的首选品牌饲料之一。

正大集团作为由农业起步的多元化大型跨国企业，在国际上，卜蜂集团使用的是“CP”商标和“莲花”图形标识。在中国国内使用的是“正大”商标和“方圆”图形标识。正大集团作为华侨创办的公司，为抓住改革开放机遇加快对中国的投资管理，集团于1980年在中国香港设立了“正大国际投资有限公司”，并于1986年在国内申请注册了“正大”和“方圆”图形商标，国内为该文字商标和图形标识的第一注册地，且仅限集团在中国使用。这也是当年创办正大庄的商标，外方内圆代表了创业者的思想。外方是原则，告诫做人要忠实、勤劳、爱国爱民；内圆代表在经营上可以灵活多样，但不能离开这个四方的原则，要对社会有贡献，不能只是为了赚钱。1996年以前中国不允许外商在中国设立投资性公司，1996年国家政策放开后，正大集团所属的港资公司即在中国香港上市的卜蜂国际有限公司于1996年3月12日在北京注册成立了“正大（中国）投资有限公司”，是为中国法人，并自2002年1月1日起被正大国际投资有限公司确定为“正大”和“方圆”图形商标在国内的唯一授权许可使用人。

回顾正大集团在中国农牧事业的发展，可以总结出正大集团发展的几个特点：

第一个在中国引进了工业饲料（配合饲料）的概念，使中国的养殖业开始了从传统养殖到现代化养殖的转变，帮助中国培育了饲料工业。

第一个在中国引入动物营养概念，使料肉（蛋）比大幅度提高，节省了大量的粮食资源。

第一个在中国建立了原种鸡场——艾维茵肉用原种鸡，使中国从此不需要再从国外引进种鸡，节省了大量外汇，并使中国的肉鸡质量达到国际水平，成为世界重要的鸡肉出口国家。

伴随着中国新时代的发展历程，正大集团已经成为外商在中国投资企业中地域分布广、行业多元化、品牌知名度高、品质优异的领军企业集团。正大集团在中国的农牧业投资项目共100多个，几乎遍及中国的所有省市，正大集团目前在中国的饲料企业已经达到98家，其中63家为合资、合作企业，饲料厂超过100家，绝大部分为与各省、市粮食局、畜牧局等中国方面合资、合作的企业。20多年来，在各级政府和社会各界的信任和大力支持下，在广大消费者的信赖、赞誉下，正大集团秉承“利国、利民、利企业”的经营宗旨，在饲料业、农牧业的投资经营中取得了较好的发展业绩，同时对推进中国在饲料业和畜牧养殖业方面的进步，做出了历史性贡献。

集团引入了动物营养概念，首创全价配合饲料，提高了饲料质量，推动了科学养殖，使料肉（蛋）比大幅度提高，节省了大量的粮食资源。中国虽然是农业大国和饲养大国，但长期以来主要是农民分散养殖，饲养质量差，效益低。一直到20世纪80年代，这种状况都没有改变。正大集团在中国首先引入了先进的动物营养概念，使用现代饲料生产技术和饲料配方生产饲料，首创出全价配合饲料，大大提高了饲料质量。正大进入中国率先向农民提供真正意义上的工业饲料饲喂畜禽，改变了传统的饲养方式；正大的饲料标准、饲料产品及生产性能指标均达到国际先进水平；饲喂安全可靠，营养价值高；用优质的原料、先进的配方和现代化设备生产出一流的产品，赢得了广大养殖户信赖，正大饲料品牌已成为农民饲养用户的首选品牌和最安全、放心的品牌之一。20多年来，正大集团以诚信为本，把质量看作是公司的生命线。正大集团生产的正大牌饲料在生产过程中严格按国家标准组织生产，并制定实施了相当于国家标准甚至比国家标准更严格的企业标准。“正大”饲料产品有数百个品种，分为：禽饲料、猪饲料、水产饲料和牛羊饲料四大系列。主要以正大禽饲料和正大猪饲料为主。各种饲料均采用泰国正大集团专家多年精心研制而成的配方，并配以进口鱼粉、豆粕、多种氨基酸、矿物质等数十种优质原料。为满足不同客户的需要，除有全价配合饲料以外，还生产有肉鸡、蛋鸡、猪用浓缩饲料。正大饲料的特点是：不掺色素和激素，对人畜没有任何危害，营养全面平衡，适口性好，抗病力强，成活率高，整齐度高，畜禽生长迅速，饲料转换率高，肉质鲜美。20 世纪 80 年代中期，中国的生猪料肉比约为 5 ~ 7:1，蛋鸡料蛋比 4 ~ 6:1，1994 年生猪料肉比提高到 3.2 ~ 4.0:1，提高了 36.0% ~ 51.4%，蛋鸡料蛋比提高到 2.8 ~ 3.0:1，提高了 30% ~ 50%，有力地促进了科学饲养业的发展。正大饲料也在全国饲料统检及各省、自治区质量抽查中被认定为合格产品。正大饲料也在多个省、自治区被授予或评为“省级名牌产品”省级著名商标“省级免检少扣品”省级饲料土业协会推介产品“用户满息产品”等荣誉称号。

集团推行科学饲养，对中国饲养业的发展具有革命性意义。粮食对中国来说是一个战略性问题，一方面粮食生产受到各方面条件的局限，另一方面粮食消费增长迅猛，从长远来说，要解决这一矛盾，必须走开源（增加粮食生产）和节流（提高粮食利用率）并举的路子。众所周知，发展饲料工业，对于促进粮食加工、转化与增值，节约饲养业用粮，提高农业综合效益极其重要，从这个意义上看正大饲料对中国农牧业的贡献更大。

集团引入现代饲料生产概念和技术，用现代企业管理方式经营，为中国饲料企业树立了榜样，促进了中国饲料企业管理的成长。正大集团进入前的 20 世纪 70 年代，当国外在研究动物营养标准和快速发展饲料工业的时候，中国还谈不上有饲料工业，所谓的饲料企业，基本都是粮食部门下属的年产数百吨左右的加工厂，只能粗放地生产简单的混合饲料，谈不上配合饲料，处于低级阶段，1980 年全国饲料总产量仅为 100 万吨。正大集团看准了中国改革开放以后亟待发展的广阔的饲料市场，率先投资开发饲料工业，带来了先进的技术、设备和成熟的管理经验，更带来了饲料养殖业的一些新观念，促进了中国饲料业的快速发展。

正大在引进国际先进饲料生产设备的同时，用现代饲料生产概念和技术进行饲料生产，用现代企业管理方式进行经营，也为中国的饲料企业树立了榜样。正大集团是第一个在中国引入了工业饲料的概念，农民们从正大不仅得到先进的饲料配方，还不断得到技术上的指导。“那时，农民非常愿意买正大的饲料，公司门前等着提货的车队排成了长龙。”一位曾在正大工作多年的员工回忆当年的盛况，“集团每年仅在农牧一个系统的获利都有几亿人民币。”自从正大集团进入中国以来，正大集团下属各饲料公司依靠科技进步，积极开展国际质量认证，建立了完善的质量保证体系，并积极调整产品结构，开发新产品，不断提升产品的科技含量，技术改造和技术创新成果显著。正大集团下属的多家饲料企业经过各省、自治区的评估认证，成为“外商投资先进技术企业”，并通过IS09001:2000质量体系认证，具有标准化的质量管理体系和管理队伍。正大集团始终坚持通过自身的不断努力，保持企业的技术先进、产品先进和管理先进，有力地推动了中国饲料行业的发展。以湖南的情况为例，1984年正大尚未在岳阳投资前，岳阳仅有大小饲料33家，年总产量仅有2.4万吨，每吨饲料创利税12.14元。正大岳阳有限公司投资生产以后，岳阳地区饲料工业年产量为75万吨，年产值17.6亿元，每吨饲料创利税160元，年产万吨以上的饲料企业发展到22家，使饲料工业成为仅次于石油化工业的岳阳第二大支柱产业。这从一个方面说明，正大的投资促进了饲料市场的竞争，使饲料行业由粗放式经营逐步向集约式经营转变，大大提高了劳动生产率和经济效益。

正大集团从成立之初至现在，始终在饲料生产技术、产品品质、内部管理、品牌建设、营销及渠道管理、售后服务等方面走在饲料行业的前列，也给中国各地的饲料厂家起到了示范带头作用；提高了农民饲养水平，带动了中国农民从传统养殖到现代化养殖的转变，培养了大批畜牧业、饲料业的人才。

正大集团企业历来重视对农民饲养技术的培训，以使农民成为养殖业的内行，使其养殖规模不断扩大，效益不断提高。三十多年来，正大集团在各地的农牧企业举办各种培训班、讲习班、推广会，受益农民多达上千万人次。正大集团对农民持续不断的培训，对提高中国整个畜牧业的饲养水平有着巨大的推动作用。同时，正大集团重视对内部员工的培训在业内也是非常有名的。正大提供对各级主管和员工的各种类型的持续培训，涉及职业道德、专业知识、工作技能、管理水平诸多方面，使主管和员工成为本行业的从业强者。

为了加强对中国农业、畜牧业人才的教育和培训，正大集团还拿出数亿元人民币捐赠给中国农业大学、浙江农业大学、华南农业大学等建立肉鸡饲养中心、培训中心，为北京大学、复旦大学等众多院校改善教学环境，资助中国教育事业。正大同中国饲料工业协会也有长期友好往来，捐款支持协会设立饲料科学发展基金。二十多年来，随着中国农牧业、饲料业的快速发展，人才的流动性也较大，但环视当今农牧业、饲料业的一些骨干企业中，相当多的各类人才都直接或间接受到过正大的培训和影响。正大集团被誉为饲料行业的“黄埔军校”。

正大集团促进了农牧业、养殖业发展，增加了农民收入，提高了人民生活水平。由于饲料业与种植业、养殖业联系紧密，正大集团在中国饲料业的投资，大大推动了上下游产业的发展，有力地带动了当地农民脱贫致富，同时为社会提供了上百万个就业机会，大幅度地增加了人民的年收入，也促进了畜禽业发展，增加了城乡市场肉、蛋、奶供给，改善了人民生活水平。

改革开放二十多年来，中国的农牧业、饲料业取得了辉煌成就。特别是近 10 年来，饲料工业以年平均 10%左右的速度增长，发展成为门类比较齐全、功能比较完善的产业体系。2004 年，饲料产品总产量达到 9660 万吨。按照目前中国的养殖量，一年需要饲料 1.6 亿吨左右，因此中国的饲料工业将在不断深化和进步中持续发展，前景广阔。

在改革开放的三十多年中，正大饲料与中国的农牧业、饲料业共成长。改革开放为正大饲料提供了历史机遇，中国经济社会的发展推动了正大饲料事业在中国的发展；另一方面，正大饲料的发展也为中国的改革开放和社会经济发展贡献了力量。正大饲料在农牧业的投资经营不仅促进了中国的现代化农牧业生产经营，而且在一定程度上促进了中国“三农”问题的改善，增加了农民收入。在中国新一轮经济社会发展中，仍然需要外资发挥作用，而外资发展更需要中国。中国积极推进以人为本、全面协调、构建和谐社会的可持续发展观同正大集团的使命和愿景相吻合。

目前，正大集团正在进一步整合农牧业、饲料业的投资经营，并将食品业列入正大的核心业务之一。打造“百年正大”“做世界的厨房”“做人类能源的供应者”，已成为正大集团的新的历史使命。

五、百年老店：古典而新颖的家族管理

（一）古典而新颖——开放式的家族管理

正大集团对家族管理的转变，可以说是既保留了家族中成功的核心素质，又融入了适应新环境的开放理念，充分体现了集团领导人的观念变革，也使得企业集团能保持活力常在。

第一代创始人精诚团结，永不分离。正大集团在创业初始表现出了极强的团结精神。老大谢易初在泰国刚刚站稳脚跟以后，就马上回老家把放鹅的弟弟带了出来，与其一同创业，自此没分过家。

20世纪60年代中后期，集团在泰国饲料市场已经确立了领导地位，公司也早已不是原来的正大庄所能比的了。当时，谢少飞是谢氏家族的“总当家”，但他一直有个忧虑，因为集团的成功是四个侄子的功劳，他的十几个孩子不应该成为集团的受益者。因此，他对大民讲了心中的所想，要他去和当时还在新加坡的谢易初商议分家。但是，当谢易初听到此话时断然否决了分家的想法，说：“你们叔叔的孩子还都小，两个大的也在外国上学，没到过农村，不了解农民情况，他们可能做不好。如果分开，正大

庄可能站不稳，他们可能要受苦，你们要发扬光大正大庄。”老哥的话使谢少飞潸然泪下。直到今天，谢家的两支后代再也没提出过分家的事情。现在，由正大庄发展起来的种子农化企业，仍然是正大集团 8 大企业中的一个，在泰国同类企业中遥遥领先。

第二代继承者让贤互敬，共谋大计。正大集团的商标外面是一个方形，里面是一个圆，做事情的原则就是外面要方，不能改变，圆则意味着具体的事情在原则的范围内可以灵活处理。对于家族企业来说，最难在方圆之间平衡的恐怕是如何处理家族的事情。但是正大集团的家族内部传承却是做的精彩合理，是一个具有东方色彩而又表现了现代意识的故事。1989 年，正当正大集团各项事业顺利发展的时候，时任集团董事长的谢正民却毅然做出了一个决定——退休。作为谢氏家族的第二代带头人，他得到了家族和集团成员的一致拥戴，为何要急流勇退呢？正民认为：弟弟的能力胜过了他，他应该主动退下来让贤。接下来商议由谁来接替大哥。二弟和三弟并没有争权夺利，大家一致推举老四来掌管集团。退休后的正民和大民，被董事会一致推举为集团永久的名誉董事长，受到两个弟弟和集团同事的尊敬和爱戴。谢国民特意把两位兄长的办公室安排在总部大楼的最高层。谢家兄弟相亲相爱、互相让贤的故事，在社会上被传为美谈。正是家族的这种安排，使得集团避免了内部的劳损，充分发挥了家族的人才资源，稳定了集团长期发展的核心治理机制。还有，四兄弟争“抢”孝敬母亲的故事，也是中国家庭的优良传统，这是家族内部凝聚力的一个表现形式。而谢国民也不负众望，带领集团快速的发展，使得正大的事业遍布全球许多国家和地区，正大集团也成为泰国最大的饲料企业集团。

第三代家族的管理，打破世袭制。20 世纪 80 年代，谢国民在集团总部宣布了一个惊人的决定：就是打破家族世袭制，谢氏家族的下一代子女，不得按照世袭制惯例进入正大集团，在集团以外做出突出成绩者，需经董事会研究批准，方可进入。这个决定即刻成了集团总部的舆论热点。大民说：中国古老的传统不能都接受下来，海外华人企业为何“富不过三代”，就是因为只用自己的子女，不用家族以外的人才，子女不能干就完了。谢国民说：这样做对家族来说，是加法，甚至是乘法，而非减法。如果你的孩子真有本事，就让他去创建新公司，另创一个天下，让他自己去获得社会的承认。

华人到海外创业的历史，是一部内容丰富的生活教科书，其中也记载着不少家族“富不过三代”的悲剧。一家在整个东南亚享有盛名的华侨五兄弟，创造了第一代的辉煌，第二代还可以维持，第三代继承者却成为只会享受的公子哥，毁掉了前辈开创的事业，流落到澳洲自杀了。有的家族企业传到第三代，就有几十个继承者集中在一个企业里面，争权夺利闹分家，“窝里斗”，硬是把自己斗垮了。在正大集团里，谢国民先生自己的子女，没有一个在集团的核心产业中服务的。谢国民的长子涉足房地产业、传媒业；次子涉足连锁超市业，主要在中国发展；小儿子从事电讯业，都凭自己的实力做得非常出色。谢国民说：“一个成功的企业家如果没有经过风浪，没有吃过很多苦，要取得大成功是不可能的，哪怕他是天才。”谢国民给了三个儿子发挥才能的机会，但是一开始又不让他们当董事长。他给每个儿子都聘请一位强有力的专业人才当董事长，使儿子有高度的压力。他还要求他们一天最少要工作12个小时，只有星期天，没有星期六，因为他坚信不多做事情，不多了解事情，就不会比人家强。正大集团要进入中国大市场时，他的二儿子首先请缨。谢国民欣然同意，并把沃尔玛的原副董事长请来帮助儿子。一次，他们两人在工作中发生了矛盾，儿子向谢国民汇报，谢国民严厉地说：“以他在沃尔玛担任过副董事长的资历，他是你的老师，你要向他学习。你不要想他错的方面，一定去想他对的方面，他绝对是对80%，错20%。你对20%，错就错80%。一个好的学生要得到好的老师教育，就要做一个乖乖孩子，百分之百照做，学会以后，才能自己去加减乘除。”

正是有了前面家族内部的合理安排，正大集团的事业才没有因为开始时是个家族企业而陷入惯有的弊病，也正是因为企业的这种适应不同时代和企业发展不同阶段的要求而变革管理的思想，使得正大的事业能一直蒸蒸日上、发扬光大。

（二）重组脱困——企业发展中的战略管理

正大集团的发展并非一帆风顺，也时有风浪。然而，苦难是金，渡过危难，可以使企业更加稳健发展。

在1997年10月开始的“亚洲金融风暴”中，正大集团的母国泰国竟变成了风暴的中心。在这次风暴中，泰国损失严重，众多企业纷纷破产，大量工人失业，至1987年12月底，泰铢贬值65.92%。在短短数月内出现“多米诺骨牌”效应，金融风暴最后祸及大部分亚洲国家。同时，东南亚的华人企业集团资本亦急剧减少，损耗惨重，像印尼华裔首富林绍良逃往新加坡避祸；著名泰国华商郑午楼的京华银行因未求得新的投资者，而被泰国央行收购了99%的股权；盘谷银行为了继续经营，不得不向中国台湾求援。在金融风暴期间，泰国的金融公司关掉了50多家，银行也倒闭了好几家。银行紧缩信贷，纷纷向企业追债。当时，正大集团不少贷款本来要到2003年才到期，但银行还是照追不误。长期资金变成了短期借贷，流动资金大大减少，加上泰铢贬值、股市暴跌，企业根本无法开展正常业务。作为泰国最大的企业，正大集团也未能幸免。在危机漩涡里，企业必须积极进行变革，否则终将在竞争的浪潮里被吞噬。

像亚洲大多数家族控制的企业集团一样，正大集团也是一个典型的金字塔结构，如图3所示：

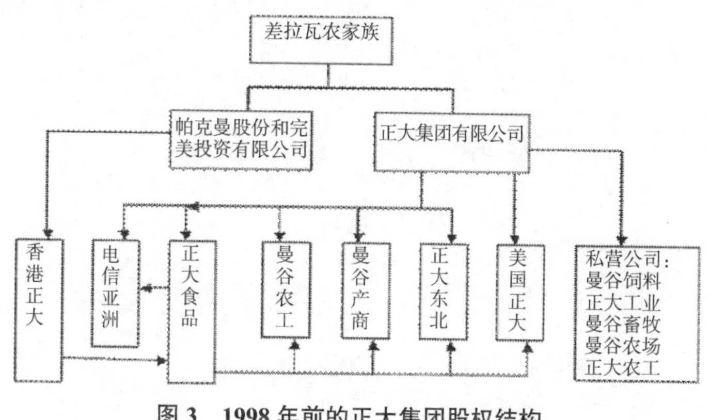

图3　1998年前的正大集团股权结构

第一层是差拉瓦农家族，他们是集团最终控制者。第二层是该家族拥有的私营公司，包括正大集团有限公司、完美投资有限公司和帕克曼股份有限公司，这三个公司是正大集团真正的核心企业，直接或者间接地控制着集团内所有的私营和上市公司，统称正大集团。第三层包括数家公开上市的公司，有泰国上市的正大食品、曼谷农工、曼谷产商、正大东北、电信亚洲和在中国香港上市的香港正大。

1997 年亚洲金融危机，使正大集团各项业务受到重创。为了对付经济衰退，从 1998 年到 2000 年，正大集团在集团内部进行了产权重组。重组分三个部分：一是正大食品向曼谷农工、曼谷产商和正大东北的全体股东发出收购要约，用正大食品发行大新股替换他们原来持有的各公司股份。二是正大食品向正大集团发行 5000 万股认股权证，总价值 10 亿铢，占正大食品扩股后资本金的 18.32%。三是正大食品向正大集团购买其全资控股的 9 家私营公司，正大集团同意与正大食品签署非竞争协议，正大集团授予正大食品品牌在泰国的独家使用权。为了筹措资金，正大食品新发行 1.535 亿股新股，其中 4.350 万股被用来替换曼谷农工、曼谷产商和正大东北的股票，从而全盘收购这 3 家公司。重组后，正大食品拥有这 3 家公司的股权提高到 89.4%、72.1% 和 90.2%。这样正大集团直接拥有的正大食品的股份上升到 44.3%，重组后股份如图 4 所示。

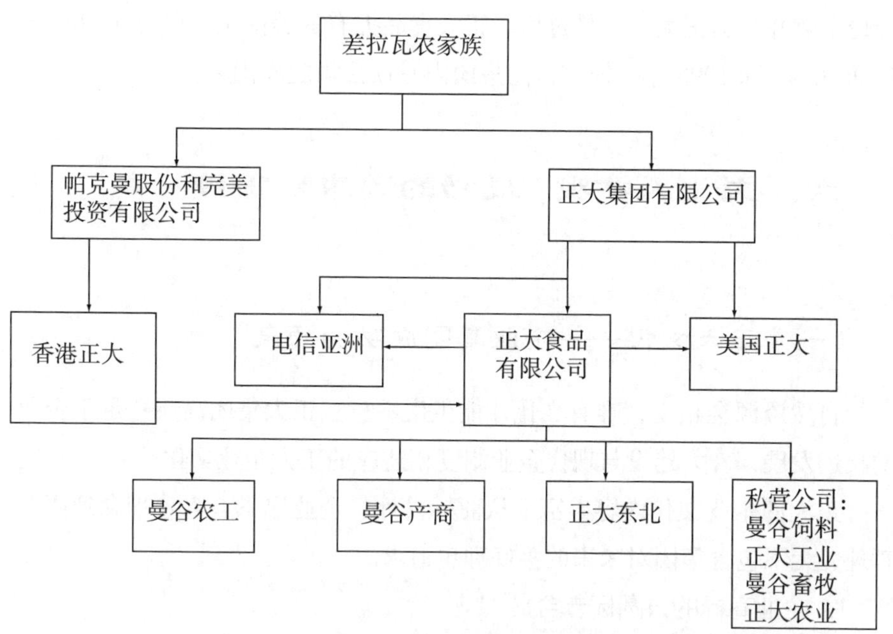

图 4　重组后正大集团的股权机构图

重组后正大食品的业绩有了明显的提高，甚至是重组前后 5 年中的最好表现。重组后，正大食品的业绩逐年提高，股价也节节上升，从 1998 年的 20 铢升到 2000 年 4 月的 80 铢。这反映了公司管理层的正确决断。

表 2　正大食品重组前后的财务信息（亿铢）

年份	净损益	总资产	净资产	每股净收	总资产回报率	净资产回报率	股息	股息支付率
1999	41.04	409.24	245.75	23.86	0.100	0.167	12.00	50%
1998	37.84	305.91	136.24	26.11	0.122	0.274	5.00	19%
1997	-11.56	28.86	72.62	-10.14	-0.048	-0.159	—	—
1996	13.67	220.11	78.26	12.02	0.062	0.175	5.00	42%
1995	13.33	207.36	70.37	11.72	0.064	0.189	5.70	49%

这次重组，帮助了集团处于困境的附属公司转危为安，其结果是，集团内所有公司的业绩都有提高，没有一方受损。2000 年 7 月，正大集团再度发力，正大食品宣布向美国正大注入现金，购买正大集团持有的大部分

股份来兼并美国正大。交易过后，正大食品拥有的美国正大股份从36%升到96.3%，同1998年一样，帮助集团内亏损公司脱离困境。

六、文化人才观：成功的源泉和保障

（一）正大文化——企业集团成功的源泉

自然资源会枯竭，唯有文化才能生生不息。正大集团高层立足于企业的长远发展，着力建设与现代企业制度相适应的正大企业文化。

正大的企业文化内容丰富：从商标设计、企业愿景、人才理念到商业哲理，无不包含集团对未来的美好理想追求。

1. 企业商标的方圆标志含义

方形代表坚定的原则，圆形代表灵活的策略。

2. 企业愿景

正大集团想把自己打造成为世界厨房，引领世界厨房革命，做人类能源的供应者，为人类提供优质的蛋白质能源，提供“生命之食品”“精神之食品”“生活之便利”，是公司永恒的追求。

3. “三利”商业哲理：利国、利民、利企业

利国就是为国家创造效益，为国家创造经济效益的同时，创造和发展社会效益。利民就是为人民创造效益，使生产者能够早日过上小康生活，使消费者能够得到质优价廉的商品。利企业就是为企业创造效益，企业在不断开发新产品，满足消费者需要的同时，也为企业创造经济效益。正大集团一直关心和支持中国的经济、社会发展，始终坚守“对国家有利、对人民有利、对公司有利”的“三利”原则，注重与中国各级政府维持良好关系，积极为当地政府创造就业与税收。正大集团现任董事长谢国民先生曾经概括了正大的事业观：“取之于民，用之于民，盈利不是企业的唯一追求，为中国人民提供更多、更好的产品与服务更加重要。做的事业要对社

会有贡献，对人民大众有利，这样才能得到政府和农民朋友的支持，才能发展壮大。”多年以来，正大集团在中国有所为、有所不为，只做有利于国家和人民的事，深受中国各级政府和合作伙伴欢迎。

4. 企业宗旨：爱的奉献

正大集团教育员工，爱国、爱家、爱公司、爱顾客、爱个人，爱是正大集团无私的奉献；全心全意，忠诚可靠，积极勤奋，吃苦耐劳，知恩达理，不断创新是集团的正气所在。

正大集团形成了一整套的企业文化，要求企业：

重视科技、提升品质。重视新科技的引进，引进最先进的生产工艺和种植、养殖品种，并加以改良生根，同时也非常重视品质的稳定及领先地位，以维护顾客的利益。

利益结合、成果共享。正大集团坚信，在符合共同利益的原则下，获取合理的利润，才能不断茁壮成长、长远为民生福祉做出贡献。因此，始终把公司的发展与合作伙伴的利益紧密结合在一起，不仅提供优质产品，又负责回收成品，还提供饲养技术、指导与管理能力训练，以满足消费者日新月异的需求。

现代管理、永续经营。正大集团高层着眼于企业的长远发展。不急功近利，更积极推行现代管理制度，此乃支持起连贯经营体系的另一重要因素。只有良好的管理制度，着眼长期发展，才能集结天下英才，集众人之智慧能力，达到整体效果。为此，正大集团对各级人才之招募、培育、任派与奖励，以及管理作业制度之建立、执行、追踪改进、都投下甚大心力。“人才第一”、制度化管理是正大集团高层的管理哲学，并且身体力行，在企业界成为一大特色。并配合长期性的战略性投资行为，来巩固连贯经营的生生不息，故得以领先竞争者。

秉承“产业多元化、市场国际化、人才本地化”的综合发展战略，和“只做对国家有利的事、只做对人民有利的事、只做对公司有利的事”的经营原则。

（二）正大的人才观：集团长期发展的保障

集团认为，人才是最珍贵的企业资源，要理解人、尊重人、依靠人、凝聚人、培养人，以人为本，重视每一位员工的创造性，提高每位员工的责任心。谢国民先生强调："人才是最珍贵的企业资源，要把世界上的人才都当成正大的人才。"正大集团认为企业的优秀业绩源于员工的努力、创新、激情和忠诚。一直以来，正大集团这种以人为本的精神引领正大从一个小公司发展成今天的跨国公司，员工是正大集团最宝贵的财富。正大集团为员工提供了平等的工作机会，管理者和员工之间形成了亲密无间的工作氛围，企业凝聚了大批优秀人才。变革的速度要求正大集团不断调整，尤其是如何继续发展、激励和留住合格的、有潜力的、能与集团在中国的远大未来一起成长的员工成为正大集团首要的任务。

最初，正大集团的家族色彩和传统意识比较多。随着经营范围的不断扩大，尤其是近十年来，配合长期性投资行为，正大集团大力引进国外一整套先进的管理制度和组织制度，从各级人才的招募、培养、任派、奖励，到生产经营各环节作业制度的建立、执行及追踪改进，都有其一整套科学的程序和具体措施。在集团核心领导的组成和各级人才的吸收培养方面，主要措施有：

1. 改变家族企业形象

近年来，集团注意吸收没有血缘关系或姻亲关系的得力人员进入董事会，将原来由谢氏第二代（四兄弟）及其亲戚组成的 7 人董事会扩大为 13 人。同时还正式做出决定，为了集团事业的兴旺，谢氏第三代不得进入集团高级领导层（他们认为，谢氏第三代中真有能力者，在自力开拓其他事业方面也定会成功的）。在亚洲金融风暴期间，谢国民的三个儿子都经历了最大的压力，他认为这种磨砺是用多少钱都买不到的，在这个风浪里面谁能够挺过去，谁就会很有前途。谢国民认为："一个事业的成败，就好像树要倒掉一样，是上面先烂掉，不是根，所以领导层很重要。我们要把事业和感情分开，每个人都有好朋友，有恩人，但是他们的本领不适合这个事业，怎么办？最好的办法有两个，一是人尽其才，让他去做他擅长的事情。第二种办法是付薪水，让他当顾问。”谢国民把企业的创始人称为永久功臣，他们可以提早退休，薪水照拿，享有所创下来的企业所有的奖励，直到过世为止。新创的企业呢，完全照国际标准，你进来，你可以买公司的股份，但如果不是特殊需要，不能做负责人，不能因为是以前创业的功臣就在新的企业加官晋爵。此外，还逐步实行股份化，允许和鼓励集团员工持有集团股份，目前集团所属企业的部分股票已正式上市。

2. 采取本土化原则

在人才的使用上，谢国民还采取本土化的原则，在哪个国家开创事业，就大胆地用哪个国家的人才，积极选拔、培养和使用当地人才，使他们才得其所、才尽其用。在他的企业里很多重要的岗位都是做在国的人撑着。正大集团在中国的20多家公司，中高层领导岗位上大多数是中国人。谢国民说：“中国有现成的专业化人才，他们熟悉国情，就不要再花20年或者10年的时间去培养，那样太浪费，太慢了，在中国的企业就要站在中国巨人的肩膀上，才能再上一层楼。”正大集团推行“人本主义”，对人才知人善任，用其所长。正大聘请国外的饲料和畜禽养殖技术、企业管理等方面的高级专家指导经营生产。

3. 重视吸收和开发各类优秀人才

近年来，集团不惜重金吸引和聘用国外第一流的技术专家和高级管理人员到正大任职，负责集团系统的组织设计和管理。这些聘用的高级人才在集团的事业开拓和发展中发挥了很大的作用。如正大集团管理副总裁陈定国博士，原是中国台湾一家大集团的高级职员也是知名度较大的经济管理专家，到正大任职后，为集团发展尽心尽职。为配合中国市场的开发，近年来，集团从中国台湾高薪聘请了30多位高级专家，派驻中国合资企业工作，这些专家管理经验丰富，语言相通，在大陆又享受“台胞”的优惠待遇，更有利于正大集团投资中国事业的发展。

除高级专家外，正大还重视中低级技术和管理人员的培训吸收。为此，正大集团立足未来，制定了长远的人才规划，十多年来，正大每年都从国内外名牌院校及社会广泛选拔各类人才作为储备干部。据介绍，其主要渠道未自农业院校。一般从学生入校第二学年开始，集团就开始通过提供奖学金，在假期组织学生到所属公司企业参观实习及举办各类文娱活动等方式进行考察、挑选，培养学生对正大集团的兴趣。学生毕业为最后一个学期正式签订聘用合同。

4. 重视知识的更新和人才培训工作

现代知识日新月异，正大集团除规定录用的员工就职前都须经过各类专门培训外还对全体员工包括集团总裁，进行定期轮训，学习和吸收世界最新科学技术和管理经验。

5. 不拘一格量才录用

只要肯吃苦，求上进，工作任务完成的好，在正大集团都有晋升的机会。我们考察中见到的部门经理、企业负责人大都在25~35岁之间，大学毕业二三年担任厂长、经理的并非少数。集团员工的能力与工作量是与工薪紧密挂钩的。一般只要能够完成本职工作，每年都可加薪，年终视公司、部门工作实绩还发给数量可观的奖金。对所属员工，集团提供免费住房、免费医疗和保险，以鼓励员工安心工作。谢国民计划将来组织一个管理委员会去物色人才，他说：“不怕自己的能力不够，最怕的是不懂得请能力强的人来帮忙。不要什么事情都以为自己了不起，哪怕你就真的了不起，你一天最多工作16个小时，如果你能够找到一百位比你强的，那你的力量就增加了一百倍。”集团领导者的开明之举以及致力人力资源开发的行之有效的措施，极大地激发了个体员工的事业心、责任感，其聪明才智也得到充分发挥，这实际上是正大集团发展迅速、事业成功的根本所在。

七、科技领先：做饲料业的领跑者

（一）重视科技：保持领先优势

正大集团从其创始人谢易初开始便留下了重视技术的传统。现任总裁谢国民曾在他的高层管理人员会议上说："你们永远记住，没有技术、没有人才，就没有正大。"集团非常重视新科技的引进，引进最先进的生产工艺、技术设备、产品配方、优良品种，并加以改良。谢国民曾说：有资本还不足，尚须晓得引进现代技术为用，否则钱亦会输光的。重视科技、重视人才，把企业经营和科学研究、人才使用结合起来，这是他成功的保证。谢国民强调现代化高技术对于产品的重要性。他在 1986 年出任总裁后仍经常卷起衣袖亲自做各种饲料配方的实验。其属下的饲料厂选料严格，电脑控制生产程序、检查产品质量，保证出厂词料质优价廉，在市场竞争中占优势。他的实验场研究改良的玉米品种，其产量比普通玉米高 3 倍，且营养价值高。他从英国引进和经过进一步改良的鸭，只要喂养 47 天就有 3 公斤重，少脂肪，且不用水养，肉也比中国的北京鸭香嫩好吃。

正大集团认为，公司经营体系的良性运转和效益的提高，首先得益于科技的进步。高科技的投入和领先地位保证了正大集团产品的任务、市场销路和良好的信誉。在谷物育种方面，正大集团引进世界著名的迪卡部玉米良种；在肉鸭方面，引进英国著名的樱桃谷鸭；在肉猪方面，引进世界所有的名种；在肉鸡方面，引进了美国艾维恩祖父母代种鸡；在养虾方面，与日本三菱合作发展虾种培育；在农业机械方面，和美国姜弟尔农机公司合作；在防疫药品及农药方面和世界著名的孟山都、礼来药品公司等合作；在肉品加工方面，与美国奥科斯麦尔公司合作等。正大集团不仅重视世界先进的科学技术的引进，更重视加以改良研究。对于新产品、新市场的开发，常有十年以上的领先投资行动。巩固经营的不断创新，以保持集团产品在世界竞争中的有利地位。高科技投入带来了高的经济效益，由于采用了世界第一流的饲料配方，精选的优良种苗，实施了严格的技术管理，也就取得了最佳的饲料报酬率。据介绍，正大集团所属的农场，鸡的肉料比是1∶1.8，蛋料比是1∶2.4，猪的肉料比是1∶3，虾的肉料比是1∶1.7，一只肉鸡养48天就可以达到2公斤重，达到世界领先水平。

（二）严把质量，提升品质

公司秉承“生产道德、销售人品”的理念，严格质量管理，确保品质。正大饲料在进入中国市场一开始，就把产品质量视为企业的生命，建立完善了一整套健全的质量管理和保证体系，做出了对用户质量保证的承诺，在客户和养殖户中赢得了非常高的信誉。

第一，优质的产品离不开先进的技术和设备。正大集团各饲料厂均采用国际上最先进的饲料生产设备，全电脑控制，自动化程度高，这是保证高质量的最基本的物质基础。各饲料厂的全套生产设备，全套自动化控制系统，饲料加工设备等大部分从美国、德国、英国等先进国家引进，饲料生产工艺先进，这确保正大能够将优质产品投放到市场。另外，公司的化验仪器、检测设备更是在国内外达到一流，各饲料厂设有相当规模的化验室，对公司所有的原料、成品能够进行科学、先进、快速、精确的检测，从而保证了产品生产过程中的品质控制。

第二，正大饲料采用国际上一流的配方，把产品配方看作公司最为核心的技术，聘请大量的拥有动物营养学博士学位的技术人员对配方潜心研究，精心搭配，研究出一流的配方。配方设计中还严格按国家有关法律法规办事，绝不使用违禁违规药品，确保产品高质量、无药残。各种产品还针对不同的市场，由各公司技术服务部精心组织安排市场对比试验，并根据对比试验的结果，对配方进行适当调整，以满足养殖户不同时期对产品的质量需求。

第三，全面引入国际上先进的ISO9000质量管理体系，下属多家企业成立了ISO推行小组，在结合正大集团原有的质量管理体系的基础上，将

ISO 质量管理工作贯穿于企业运作的全过程。截止到 2005 年底，大部分饲料厂都获得了 ISO9001 ：2000 的认证。

第四，在生产前把好原料进口关。正大饲料采用无公害玉米、进口鱼粉、豆粕、多种氨基酸、矿物质等数十种优质原料。各饲料厂在引进原料时，规定了原料过磅前须经过 30% 检验，并进行各种掺假检查、镜检检查，方可进入厂区过磅，过磅后卸货时，还须对每包进行检查，以保证原料的品质。

第五，生产后把好成品出厂关。正大集团各饲料厂在生产过程中每批取一个半成品样，留样观察；每个品种取一个样，送化验室化验备案。在这个基础上，到成品出厂时，每个品种再取一个成品样化验对照，并按规定的存放时间存放观察，各项指标都合格的，才放行出厂；稍有不合格的坚决回机重新处理，坚决不让一包不合格的产品流入市场。

第六，负责质量管理的人员保证。正大集团特别重视对质量管理人员的培养，产生出一大批获得职业资格证书的质量专业技术人员，他们分布在正大集团下属的各个饲料厂，严格有力地贯彻了正大集团对质量要求的监控和实施。正大集团技术总部专家巡回到各饲料厂对品管人员进行培训，使他们了解和掌握集团内部最先进的检测方法和检测技术，不断对知识进行更新。各饲料厂还委派质检人员出外接受培训，通过学习提高了检测能力，更好地控制原料和成品的质量。

第七，完善的售后服务，完善的配套服务是产品质量的延伸，正大集团坚持深入到乡村、销售现场、养殖户户头三个层面加强现场指导，根据养殖户所选的不同饲料，具体讲解产品的使用方法和注意事项等，让养殖户听得懂、记得住、用得上，释疑解惑。在此同时，行销人员进行充分的调查研究，将客户的每一条意见都带回公司，反馈给配方专家，从而使我们的产品真正适合客户的需要。

正是在以上各个环节上，正大集团严格要求，严格执行，才使正大饲料赢得广大用户的高度信任，也使得正大集团在中国饲料的发展中，获得同行业的高度赞誉。正大集团下属的多家企业也获得所在的各省、市、自治区的“外商投资先进技术型企业”“质量放心产品”“用户满意企业”“AAA”级信用企业“省级名牌产品”“省级免检产品”等多项荣誉称号。如南通正大获得“2004年中国饲料行业信得过产品”等荣誉称号；银川正大在2005年12月获得“宁夏名牌产品”；驻马店正大在2006年1月1日获得“河南省免检产品”；2005年11月，为表彰正大对中国饲料工业发展的贡献，中国饲料工业协会专门颁发给正大一块奖牌，表彰正大饲料企业“对中国饲料工业发展所做的特殊贡献。

八、独特经营：农牧工商“一条龙”

（一）农牧工商“一条龙”：给农民最大的关怀

泰国正大集团在不到八十年的时间里，成为泰国第一家多国性公司和东南亚最大的农牧工商连贯经营的企业集团，并跻身于世界名列前茅的农业企业之林，是以其独特的经营方略分不开的，他们的成功奥秘，在于其用农牧工商业，上、中、下游连贯经营体系。正大集团事业扎根农业，正大八十年来的发展也是从传统农业经营方式向现代农业经营方式转变的过程。其发展轨迹可以描述为：种子销售—种子培育—饲料业—养殖业—农产品加工业—产品销售业。形成了一个完整的农业经营链条，成为现代农业产业化经营的经典范例。

正大集团相信，只有让农民得到实实在在的利益，自身才能不断发展壮大。所以正大集团始终以服务农民为主，以农民利益为中心。正大集团采用“公司＋农户”的独特农业投资模式，使公司和农民建立了紧密的经济联系。农民得到急需的资金、良种、技术和销售渠道，还大大减少了种植、养殖风险。公司得到广阔而稳定的市场和充足可靠的货源，可以集中精力于技术改进、产品更新换代及市场开拓。公司和农户互取所长，各避其短，组成了完整的现代化农业产业链。谢国民认定真正有效的经营是

“既利人又利己”，用他自己的话说，“我们不是从合作者那里赚钱，而是和他们一起富裕。只有这样才能互利互惠，共同发展，”而这正好呼应了正大集团“利国、利民、利企业”的商业哲理。

当营养科学带动饲料业兴旺发展的时候，谢国民的目光已经远观到了养殖业，1964 年，谢国民开始研制饲料配方时，一直也在思考做好饲料以后的事情。他对同事说：做好饲料是为了发展养殖业，不发展养殖业，就没有动物吃你的饲料。当饲料完成料的研制获得成功后，他就抓紧建立了自己的养殖企业，从寻找理想的良种到建立自己的试验农场，集团花费了大量的精力。1970 年，卜蜂公司从美国引进了 AA 种鸡，建立了自己的养殖业。但是，这对公司的规模化生产和养殖来说，才仅仅是个开始，集团很快发现，鸡肉价格高高在上，只有少数人才能享用，而扩大养殖规模却不是一个公司所能为的，需要发动农民，但是，农民从公司买来了鸡仔和饲料，可是，养大了能否卖出和能否卖个好价是个问题，还有，能否养大也是问题，农民承担不了这些风险。即使说，饲料企业、种鸡企业和各中间商赚了农民的钱，但风险由农民来承担，这样的市场状况很难发展大规模的养殖业。谢国民决定寻找一条新的经营之路，经过多次考察，最终确定找到了一条让农民、消费者和生产企业相互有利，三位一致的经营之路，那就是公司和农户结合——一条龙经营方略。其要点是：公司通过契约和农民合作，把饲养、收购、加工于销售连贯作业，去掉中间商，把成本降下来，让农民多赚一些，让企业家承担风险。市场是一条龙生命所在。龙头是公司的饲料和种子，龙身是农户，龙尾是加工厂。把个体生产纳入集团的购销，这种现代企业管理和分散小生产的有效结合，是正大集团经营的一大特色，也为联合国及众多发展中国家所瞩目。

正大集团认为，饲料的配方于生产，种禽、畜、苗的培育、孵化于改良等，都是技术复杂，质量要求高的环节，需要有高质量的技术管理人才和大量的资金投入及集中生产，这应由集团自己来做。集团加工、销售和出口需要的数以亿计的商品肉鸡、肉猪都由集团自繁自养，从场地、劳力、投资管理等方面看，都是不现实也是不合算的，由千万个分散自营农户生产，产量少、成本高、商品率低，也无法适应现代化大规模商品生产的需要。于是，正大集团采用集团与农户挂钩的适当规模集约经营方式。

从1977年起，正大集团先后实施了两个发展契约户的计划：一个是"依瓦计划"，由集团所属的曼谷农场公司在北柳府依瓦村挑选43户农民，养猪1.2万头，其中母猪1800头；另一个是"拉差"计划，由集团所属的曼谷禽畜加工公司主持，在春武里府是拉差村挑选180多户农民，养肉鸡200万只。这个计划由正大集团、地方政府、曼谷银行和农户四方配合，政府帮助选择地点，挑选家境贫寒、诚实正派，有一定劳动力的农户为契约户，并协助修建公路等；契约户把土地抵押给曼谷银行(没有土地的则由正大集团提供担保)，银行为农户提供添置必须设备的贷款和流动资金贷款，正大集团所属公司为农户提供贷款担保和提供设备、鸡苗、饲料、技术培训、防疫指导等，并在所有方面进行服务和监督。据介绍，参加"计划"的农户只要遵守协议，听从指导，严格按集团要求的去做，经营决无风险，收益也比较固定，开头五年内，每个农户每月纯收入可达四到五千铢（160美元~200美元），五年还清贷款后，鸡舍和所有设备都归农户所有，每月纯收入可达八千到一万铢（320美元~400美元）。据介绍，得益于正大集团的农户现已有5000多户了。这是一条巨大的龙身，和农户合伙，给农民带来了相当丰厚的利益，一个养鸡农户一年可以养殖4万~20万只鸡，养鸡农户一年纯收入相当于人民币4万元~16万元，对不发达国家的农民来说，这是一个令人鼓舞的数字。

在为农户服务的同时，集团的受益也是明显的，即保证集团生产的鸡苗、饲料、药物、设备等有稳定的销路，集团所属加工企业有一个可靠均衡的原料来源，这给公司带来了巨大规模的肉鸡生产能力。一年数亿只鸡，源源不断地向公司输送，显示了任何养鸡企业都不敢想象的巨大威力。养殖业的发展又反过来带动了饲料业，卜蜂公司的鸡肉的饲料在泰国市场的占有率达到了35%~60%，销售额全国第一。此外，该"计划"也符合政府"扶持贫困户"的宏观决策，使银行既能够完成政府下达的向农民贷款（目前泰国政府要求各工商银行年贷款总额中贷给农户的不得少于

20%）的要求，又能保证贷出资金的回收，真正做到了国家（政府）、社会（消费者、银行等）、集团（投资者）和农户四有利。巨大的生产规模加上各个环节上排除了中间商的介入，大大降低了鸡肉的成本，一条龙的实行，让消费者吃上了价格低的鸡肉，事实上，泰国鸡肉15年没有涨价，曾经属于高价格的鸡肉现在降到了猪肉、牛肉价格之下，成为大众餐桌上最便宜的肉食。正大的养殖和加工为农民提供了数万个就业岗位，带动了许多家庭脱贫致富。

（二）独特经营方略，成就伟业

今天，正大集团已经发展成为以生产饲料为龙头的育种、养殖、食品加工、国内外销售等综合性农业经营的现代化企业集团，他们成功的奥种在于农牧工商，上、中、下游连贯的经营方略。目前，集团实行“一条龙”垂直整合，在向深加工等高附加值的产业延伸，正大的农牧事业分为六大连贯阶段：谷物事业、饲料事业、禽畜水产事业、动物保健防疫事业、食品加工事业、零售配销事业。谷物事业，主要从事育种改良及生产饲料原料种子，如玉米、高粱及香米良种等，在泰国市场上，正大生产的玉米种子占40%左右；饲料事业，正大集团在世界上共有25家全价饲料厂，其中18家在国外，年产各种畜、禽、水产饲料300多万吨，是世界上最大饲料集团之一。禽畜水产事业，主要运用现代化大饲养手段，从事种鸡、种猪和肉鸡、肉猪、蛋鸡及养虾生产。在泰国，70%的鸡苗，60%的种猪，40%的肉鸡都来自正大集团。集团还生产肉猪100多万头，虾场2万多泰亩。动物保健防疫事业，主要从事各类畜禽、水产抗生素药品和农药等方面的研究、生产、销售和服务。食品加工事业，正大集团在屠宰场、冷藏库、肉品加工厂等方面都有较大的投资。如肉鸡加工，通过分割，占体重40%的鸡胸肉、腿肉、翅膀就相当于整鸡出售的价值。碎肉、下脚料加工成肉丸、罐头等，即使骨头也加工骨粉出售饲料，综合利用的结果是成倍地提高了产品的附加值。市场销售事业，正大集团在国内设有200多家烤鸡零售店，还和其他的连锁店合作设置零售网点，扩大市场销售。

这个垂直整合的连贯作业体系，把各阶段的原料采购、产品生产、成品销售有机地结合起来，做到环环相扣，灵活经营，以群体力量，创造出低成本、高附加值的经营绩效。正大在中国的投资，也是“一条龙垂直整合”战略与“公司＋农户”模式的再实践。正大集团先投资建立饲料厂、种鸡场，然后再建立养鸡场、屠宰加工厂、饲料原料厂和原料生产基地（如玉米种植），逐步形成比较完整的产业链条，如北京大发正大、吉林德大、青岛正大等项目，对促进当地“菜篮子”工程建设和农村经济发展，都起到了重要作用。由于谢国民的企业经营哲学和他对泰国经济发展所做出的贡献，受到了泰国王室和泰国政府的赞赏，先后被泰国国务院、科学技术与能源部、外交部等政府部门聘请为经济顾问，5次获得泰皇御赐的荣誉称号。

九、成功之道：把握机遇，与中国同发展

正大集团在中国的成功归于集团正确的发展观念，正大集团的发展观是：正大集团注重可持续发展，以便更好地为社会和经济的发展做出贡献。

（一）植根中国——饮水思源回报故土

正大集团的两位创始人和第二代经营者都有着血浓于水的中国情结，多年来一直关心和支持中国的发展，中国实行改革开放后，正大集团积极响应中国政府的号召，率先进入中国投资，并始终坚守“对国家有利、对人民有利、对公司有利”的“三利”原则，注重与各级中国政府维持良好关系，积极为当地政府创造就业与税收，正大集团在北京大学、复旦大学、北京农业大学设立培训中心，培养企业人才，正大尊重合作伙伴，在合作中，主要起用原企业人才并合作愉快，显示出正大集团谢国民董事长的理念：“世界的人才，世界的知识，世界的市场，不分国界。”多年来，正大集团与改革开放的中国共同成长。

作为一个华裔实业家，受益于中国的改革开放政策，谢先生也不忘

对祖国的深深回报，多年来，谢国民先生一直努力促进中泰两国的友好交往，为两国人民架设了一座合作交流的桥梁，他热心家乡公益事业的桑梓情怀和慷慨义举给人留下深刻印象。正大集团连续十年与中央电视台合作“正大综艺”，不但丰富了中国人民的精神生活，开辟了中国文化综艺节目的先河，也使得正大集团在中国家喻户晓。在2003年的“非典”期间，正大集团也积极向中国政府捐赠了1000万元。多年来，谢国民先生热心中国社会公益事业，积极回报社会正大集团还无偿捐助国内外教育事业，并多次捐助国内各大学和其他教育研究机构，积极扶贫救灾，正大集团为中国社会公益事业累计捐款现金达3亿元人民币。取得了良好的社会效益。2004年，易初莲花捐资300万元用于中国的野生动物保护。

（二）最困难的时候也不放弃中国市场

谢国民不但看好了中国，而且在最困难的时候还是盯着中国，紧紧地抓住有发展空间和机会的中国不放。为应对亚洲金融危机，正大集团把联华的股份以10块钱一股卖掉了75%，以便保住在中国的方便店，因为中国方便店这个行业发展的空间和机会太大了。谢国民说：“在那种情况下，我们不能停，停就是灭亡，我们还要大发展，所以我们要保住有能力竞争的行业，保住我们竞争的机会和空间。现在回想起来，那时候我们保中国市场的决定是正确的。”许多人认为，如果当时正大集团放弃中国市场，也没有问题，因为他们早就把鸡蛋放在好几个篮子里面了。但谢国民说，虽然现在篮子很多，鸡蛋也很多，但他最看好那一个篮子是中国，所以放的鸡蛋相对地多些，因为要把握住中国这十年的机会。事实证明，中国这十年的经济发展等于五六十年。正大集团在中国取得的辉煌成果正是对一心报效祖国的炎黄子孙最好的回报。

（三）坚持品质第一，打实发展根基

正大集团的宗旨就是满足客户和消费者对优质产品的需求，一贯坚持“品质第一”的经营理念。无论是兴办饲料加工厂、食品加工厂还是超市，

正大集团都是高起点，严要求，对最新的加工技术不断追求，使用高质量的原材料，应用最先进的技术设备和高素质的员工，在研究开发方面巨额投资等，这一切都是正大产品高质量的保证。成功做到这一点，就可为企业取得长期而可持续的经济效益和发展。

（四）强烈的社会责任感，保护生态环境

正大集团始终认为环保和企业发展息息相关，企业要对社会负责，不能以破坏环境来换取企业的发展。正大集团专门针对环境保护制定了《废水处理》《保护臭氧层及世界气候变化》等 7 个标准，从原料加工生产到消费者自始至终考虑环保因素。在北京大发正大等加工企业，正大集团都投入巨资兴建污水处理设备，使得废水排放完全达到国家标准。

（五）看好未来

正大集团愿与中国人民携手共创美好未来。作为全球发展势头最强劲的国家，中国无疑具有无与伦比的竞争优势。因此，正大集团也特别重视中国战略。在未来十年，正大集团计划对蓬勃发展的中国再增加投资，为中国人民提供更多、更好的产品与服务。正大集团是有信心的，他们在农牧业、水产业方面都是世界上的大公司，比如他们的虾鱼是销往全世界的，占美国市场份额的 5%。这方面的事业他们还没有进入中国，他们最好的猪种才开始进入中国，他们最拿手的蛋鸡也没有进入中国。

正大集团在中国有 6 个色拉油工厂，现斥资 5000 万元人民币对其进行重组，欲打造中国色拉油老大。下一步，正大集团计划扩展在中国的食品事业、水产养殖业和养猪事业，推进农牧企业的整合，加快物流支持体系的建设，进军连锁快餐事业，并坚定不移地加快易初莲花超市发展。正大集团对在中国的发展前景充满信心，8 万多正大人正努力描绘一幅美好画卷，以更多、更好的产品与服务来点缀中国人民的生活。

参考文献

[1] 丁力 . 论两类农业产业化 [J]. 经济理论与经济管理 ,1999,（3）:60-65.

[2] 生秀东 . 农业产业化的陷阱——论政府、企业、农民各自目标对农业产业化经营的影响 [J]. 中州学刊 ,2000,（2）:9-12.

[3] 陈德玉 . 农业产业化的关键是培育壮大龙头企业——关于永丰公司的思考 [J]. 中国农村经济 ,1997,（8）:80-81.

[4] 赵绪福 , 王雅鹏 . 农业产业链、产业化、产业体系的区别与联系 [J]. 农村经济 ,2004,（6）:44-45.

[5] 黄征学 . 农业产业化实现路径之探讨——来自塞飞亚集团公司的经验 [J]. 中国农村观察 ,2004,（3）:12-20+80.

[6] 杨俊杰 . 论高新技术在农业上的渗透、扩散与应用前景 [J]. 软科学 ,1992,（3）:50-54.

[7] 任海深 . 抓好产业链推进产业化——烟台市农业产业化发展的思考 [J]. 中国农村经济 ,1995,（10）:32-34.

[8] 桂寿平 , 张霞 . 农业产业链和 U 型价值链协同管理探讨 [J]. 改革与战略 ,2006,（10）:78-80.

[9] 蒋逸民 . 关于农业产业链管理若干问题的思考 [J]. 安徽农业科学 ,2008,（22）:9748-9749.

[10] 王爱群 . 吉林省农业产业化龙头企业发展研究 [D]. 吉林农业大学, 2007.

[11] 王凯 , 韩纪琴 . 农业产业链管理初探 [J]. 中国农村经济 .2002, (05).

[12] 李军民 . 国外农业产业链运作的经验 [J]. 新农村，2007，(05).

[13] 朱铁辉 . 中国农业产业化的“四阶段”论 [D]. 中国农业科学院, 2006.

[14] 曹芳 , 王凯 . 农业产业链管理理论与实践研究综述 [J]. 农业技术经济，2004，(1).

[15] 王学林 . 中国农业龙头企业运行机制研究 [D]. 四川大学，2006.

[16] 雷俊忠 . 中国农业产业化经营的理论与实践 [D]. 西南财经大学,

2004.

[17] 薛风雷 . 对于优化农业产业链的思考 [J]. 农村经济与科技，2010，（2）.

[18] 李杰义 , 何菊芳 . 农业产业链视角下“以工促农”机制构建的对策研究 [J]. 农村经济，2010，（8）.

后 记

记得1997年为中国农业科学院饲料研究所的挑战集团做企业发展战略的咨询项目，当时谈起全价饲料和预混合饲料，我还是一脸茫然，对饲料行业几乎一无所知。随后的近二十年里，我在中国人民大学一边从事教学研究，一边开始长期跟踪正大集团、新希望集团、温氏集团、大北农集团、双汇集团、康达尔股份、安佑集团等一大批优秀的中国农业企业，为他们咨询、培训、做顾问和独立董事。我一直有个信念：学术研究一定要为社会主义现实服务，尽量专注某个领域开展“立体”研究，以取得“综合”效果。当我开始接触畜牧饲料企业经营和农场管理的时候，我感觉我可以把终生的精力献给她了！经过近二十年的努力，我大概做了以下几个方面的工作。

第一，持之以恒地收集畜牧饲料行业的信息和数据，建立行业动态数据库，最后的学术成果是每年出版一本《中国饲料产业发展报告》和《中国畜牧产业发展报告》。在全国畜牧、饲料主管部门统计数据的基础上，我们在大约1000家畜牧饲料组织机构（政府主管部门、饲料行业咨询机构、典型的企业）建立了兼职信息员，定期汇总分析行业数据。每年主持中国畜牧饲料行业大型的企业调研活动——千百十调研工程，即通讯调查1000家典型的畜牧饲料企业（在企业填写调查问卷的基础上再由调查员针对问题进行电话沟通）；走访调查100家代表性的畜牧饲料企业（问卷调查分析+现场深度访谈）；最后从中筛选出十家最具竞争力的大中型畜牧饲料企业，每个企业均由6名以上专家成员深入企业几个月时间，深度调查，现场访谈，全面搜集资料。通过对“千百十”调研活动的总结分析，我们收集了大量的第一手资料与数据，可以与官方的统计数据进行对照和分析，尽量总结出相对客观的资料和数据。

第二，持之以恒地研究中国畜牧饲料经济，学术成果就是《中国饲料经济研究》。从经济学和管理学的角度规范地研究中国畜牧饲料经济问题，是我最主要的工作，先后主持了循环经济成长模式仿真研究（36107003）、江苏虾蟹产业链规划设计研究（36107034）、基于循环经济的饲料安全研究（36105163）等中国人民大学科研课题。在《管理世界》杂志2007年4期上发表的《产业组织、产业链整合与产业可持续发展》这篇近三万字的文章，基本上概括了我近几年研究的结论：如果不解决中国千家万户低水平的养殖现状，中国饲料行业不可能可持续发展！中国饲料可持续发展的根本出路就是以饲料行业龙头企业为主体，将整个畜牧产业链整合起来，从而提高养殖的组织规模和科技水平，形成从养殖场到餐桌的完整的畜牧业经济体系。通过研究，首次界定了饲料经济的概念和体系，系统分析了饲料产业的需求与供给状况、产业集中度、产业细分和饲料安全等关键问题，提出了健康养殖园区、饲料产业链建设、提升产业综合竞争力、饲料安全工程、大企业战略、大联盟战略等实用的政策建议。

第三，持之以恒地研究中国饲料企业的管理运营，学术成果是《中国饲料企业管理研究》。近几年我先后主持了中国农牧企业案例研究（36106375）、中国饲料企业运营研究（36105248）、多元化还是专业化：正大集团（中国区）战略规划研究（36106430）、中国饲料企业难点研究（36105248）、河北凯特集团发展战略与市场营销设计（36106158）等中国人民大学科研课题，并且在中国人民大学主讲涉农企业管理课程。在科学研究的基础上，结合中国饲料行业的具体情况，分析了环境混沌与企业资源连动优化是农牧企业经营管理的基础，提出了饲料企业的精确营销、主动人力资源管理、GEIF战略模型、四大经营策略等经营新观点，并在一些优秀的饲料企业运用，得到了实践检验。

第四，持之以恒地开展畜牧饲料行业的教育培训工作，成果是深受饲料行业欢迎的广为流传的《中国农牧企业经营宝典》《中国饲料行业王牌营销员全套课程》《经销商致富宝典》等培训 VCD 光盘，并且还主持了国家社会科学基金重大课题《开放条件下的中国农产品价格形成与调控机制研究》和教育学“十一五”规划国家一般课题《新农村建设中校企合作的职业教育的机制与策略研究——以农牧行业为例》（课题批准号：BJA060050）。同时，与正大集团、新希望集团、温氏集团、大北农集团、双汇集团等企业一起，培训了经销商大约数万人次、养殖户近十万人。

第五，持之以恒地研究中国本土农牧企业经营管理的案例，成果是《大赢家》（中英文）。中国畜牧饲料企业创造了世界奇迹——展现了中国畜牧饲料行业的辉煌与成就。与中国涉农企业经济奇迹不对称的是，国内外大专院校 MBA 学生学习的案例没有一家是中国畜牧饲料行业的。为了传播中国畜牧饲料企业的经典管理案例，我在中国（包括香港、澳门）若干大学开设了中国农牧企业案例精讲课程，也在访美的过程中在斯坦福大学、耶鲁大学、哥伦比亚大学中开设中国农牧企业管理案例的讲座。

回顾往事，五个方面的立体研究虽然取得了一定的成绩，但是研究还处于开创期和基础期，只是构建了一个学术框架，很多研究还有待进一步深化和细化。这正是我今后的努力方向。

中国人民大学农业与农村发展学院成立以来，非常支持中国畜牧饲料经济的研究。党委书记靳诺同志亲自出席我们的大型论坛；校长刘伟教授专门为我们“中国畜牧饲料产业研究中心”的成立揭幕。更令人感动的是，我国著名经济学家、90 多岁高龄的刘国光老先生亲自审阅并欣然为本书作序。著名“三农”问题专家温铁军教授非常关心本书的出版，并在百忙之中为本书作了序言。先生之德，山高水长。这不但是对我本人的鼓励，也是对整个畜牧饲料行业的支持。在此表示衷心的感谢！我一定不辜负老先生的期望，加倍努力工作，为报效祖国而奋斗终生！

感谢我的研究生团队为本书的写作和出版付出了巨大努力，他们精力旺盛、思路清晰、效率极高！他们是王录安、刘家贵、刘一江、王博、刘士星、许程、阳哲东、冯璐、王嵩、邵一丹、刘政等同学。

因为时间仓促，书中错误在所难免，文责自负。请读者多提批评意见，等再版时一并修改。

张利庠

于中国人民大学明德主楼

2016 年 1 月 9 日